高职高专“十三五”规划教材

# 岩矿鉴定技术

主编　张惠芬　谭宏雪　李慧萍　刘益萍
主审　熊玉旺　武俊德

北　京
冶 金 工 业 出 版 社
2018

## 内 容 提 要

本书主要讲述了矿物、岩石的基本特征及鉴定方法，共分为9个学习情境。主要内容包括：矿物及矿物学的基本知识，矿物的物理性质及其常用的鉴定方法，自然金属、非金属元素的晶体化学与物理性质及主要鉴定特征，岩石学基础知识，岩浆岩结构、构造及其主要的矿物成分，各类岩浆岩的鉴定特征及描述方法，沉积岩的结构、构造及其主要的矿物成分，各类沉积岩的鉴定特征及描述方法变质岩的结构、构造及其主要的矿物成分，各类变质岩的鉴定特征及描述方法。

本书为高等职业院校地矿类专业的教学用书，也可供环境地质调查与评价、矿产综合利用与评价、环境保护行业、进出口矿产品商检及从事矿业工程领域的工程技术人员参考。

**图书在版编目(CIP)数据**

岩矿鉴定技术/张惠芬等主编. —北京：冶金工业出版社，2018.9

高职高专“十三五”规划教材

ISBN 978-7-5024-7883-4

Ⅰ.①岩…　Ⅱ.①张…　Ⅲ.①岩矿鉴定—高等职业教育—教材　Ⅳ.①P585

中国版本图书馆CIP数据核字（2018）第211160号

出版人　谭学余

地　　址　北京市东城区嵩祝院北巷39号　邮编　100009　电话　(010)64027926

网　　址　www.cnmip.com.cn　电子信箱　yjcbs@cnmip.com.cn

责任编辑　郭冬艳　美术编辑　彭子赫　版式设计　禹　蕊

责任校对　郭惠兰　责任印制　牛晓波

ISBN 978-7-5024-7883-4

冶金工业出版社出版发行；各地新华书店经销；三河市双峰印刷装订有限公司印刷

2018年9月第1版，2018年9月第1次印刷

787mm×1092mm　1/16；16.75印张；403千字；255页

**39.00**元

**冶金工业出版社　投稿电话　(010)64027932　投稿信箱　tougao@cnmip.com.cn**

**冶金工业出版社营销中心　电话　(010)64044283　传真　(010)64027893**

**冶金书店　地址　北京市东四西大街46号(100010)　电话　(010)65289081(兼传真)**

**冶金工业出版社天猫旗舰店　yjgycbs.tmall.com**

# 前　言

岩矿鉴定是应用各种物理和化学方法，对组成地质体的矿物、岩石和矿石进行观察、鉴定和研究，确定其种类及特征的技术方法。作为一项基础性地质工作，它是地质观察和研究的重要组成部分，是地质工作者应当掌握的基本技能之一。岩矿鉴定不仅在对地质体、地质作用过程、矿床成因及成矿规律等认识方面具有一定的理论意义，而且对了解矿物、矿床中有益与伴生有用元素及有害元素的分布及其赋存状态，制定有效的选矿工艺流程，综合利用矿产资源以及发现新矿种，确定寻找新矿床及评价其远景的岩石矿物学标志等方面，都具有重要的实际意义。在进行地质工作的全过程中，能否做好岩矿鉴定工作，在一定意义上反映出地质工作的完善程度和研究深度，在某些方面还反映出地质成果的精密度和准确度。因此，重视和抓好岩矿鉴定工作，能够全面有效地提高地质工作的质量。

“岩矿鉴定技术”是高职高专地矿类专业的主干课程，立足于让学生掌握矿物、岩石的基本特征及鉴定方法。编者在前辈编写教材的基础上，结合多年的教学和生产实践经验，以现代高职高专教育理念为先导，以项目为引领，构建理实一体的教材结构，突出实用性和操作性，力求做到在内容编排上深入浅出，主次得当，体现先进性和系统性，在使用上易学、易懂和易通。

本书初稿于2016年10月完成，作为讲义已在云南锡业职业技术学院矿产地质与勘查专业、矿物加工技术专业教学中使用了两年。在本次编写过程中得到了教学和实践经验丰富的教授及行业专家们的审阅和指点，几经修改，终成正稿。

全书共分为9个学习情境：情境1着重介绍矿物及矿物学的基本知识；情境2重点介绍了矿物的物理性质及其常用的鉴定方法；情境3主要讲述自然金属、非金属元素的晶体化学与物理性质及主要鉴定特征；情境4重点介绍岩石学基础知识、岩浆岩结构、构造及其主要的矿物成分；情境5重点介绍各类岩浆岩的鉴定特征及描述方法；情境6主要介绍沉积岩的结构、构造及其主要的矿物成分；情境7重点介绍各类沉积岩的鉴定特征及描述方法；情境8主要介绍变质岩的结构、构造及其主要的矿物成分；情境9重点介绍各类变质岩的鉴定特征及描述方法。

本书由云南锡业职业技术学院国土资源工程系的张惠芬老师、谭宏雪老师承担主要编写任务，李慧萍老师和王鹏鹏老师承担次要编写任务。参与本书编写工作的还有：云南锡业职业技术学院的张梅老师、曾华姣老师、陈麒老师，云南锡业集团（控股）有限责任公司的刘益萍高工、武俊德高工和熊玉旺高工。本书的编写人员均为具有丰富实践经验且长期从事地矿专业的教师及工程技术人员，编写人员的具体分工为：情境1由张惠芬和谭宏雪共同编写，情境2由王鹏鹏和谭宏雪共同编写，情境3由张惠芬、李慧萍和谭宏雪共同编写，情境4由谭宏雪、张惠芬和张梅共同编写，情境5由谭宏雪、王鹏鹏和陈麒共同编写，情境6由王鹏鹏和李慧萍共同编写，情境7由张梅、张惠芬和曾华姣共同编写，情境8由王鹏鹏和刘益萍共同编写，情境9由曾华姣、李慧萍和谭宏雪共同编写，张惠芬、谭宏雪和李慧萍负责全书的统稿及校核与审订。

本书在编写过程中，得到了云锡控股公司及学院各级领导的大力支持，云南锡业集团（控股）有限责任公司的武俊德高工和熊玉旺高工对书稿进行了认真细致的审阅，提出了许多中肯的意见和建议，在此表示衷心的感谢！

由于作者水平所限，书中存在不完善和错漏之处，敬请广大读者指正。

编　者

2018年6月

# 目　录

# 学习情境一　矿物学基础知识

**内容简介**

本学习情境主要介绍了矿物及矿物学概念，以及矿物晶体的相关知识。所谓矿物是指在各种地质作用中所形成的天然单质或化合物。它们具有一定的化学成分和内部结构，从而有一定的形态、物理性质和化学性质；它们在一定的地质和物理化学条件下稳定，成分、结构比较均一，是可以独立区分出来加以研究的自然物体，是组成岩石和矿石的基本单位。当前矿物学只把矿物作为主要研究对象，而在矿物学领域所称的矿物是晶质固体，而非晶质固体称为准矿物。晶体是指内部质点在三维空间呈周期性平移重复排列而形成格子构造的固体。

通过这些内容的学习，使学生具备能够区分晶体和非晶质体、能利用模具对几种常用对称型进行操作、能识别47种几何单形特征以及观察双晶类型和特征的技能。

## 项目一　矿物及矿物学认识

**【知识点】** 熟记并理解矿物及矿物学的概念；掌握矿物学研究的基本对象。

**【技能点】** 能正确区分矿物与准矿物。

### 一、矿物及矿物学的概念

矿物在地壳中的分布很广泛。如盐湖中的盐；砂金中的金；花岗岩中的石英、长石和云母，铅锌矿中的方铅矿和闪锌矿等都是矿物。所谓矿物，是指在各种地质作用中所形成的天然单质或化合物。它们具有一定的化学成分和内部结构，从而有一定的形态、物理性质和化学性质；它们在一定的地质和物理化学条件下稳定，成分、结构比较均一，是可以独立区分出来加以研究的自然物体，是组成岩石和矿石的基本单位。由于地质条件的复杂性和多样性，矿物的成分、结构及其形态、性质也有不同程度的差异，但这种差异只发生在一定范围之内，其主要的成分、结构仍不改变。这种不变的属性便构成了矿物种的属性，就是实现这一矿物种与其他矿物种相互区别的特征。而在一定范围内产生变化的部分，就为详细研究矿物的形成条件、用途等提供了依据。

任何一种矿物都只在一定的地质条件下才是相对稳定的，当外界条件改变到一定程度时，原有的矿物就要发生变化，同时生成新的矿物。例如黄铁矿与空气和水分接触，就会发生变化生成褐铁矿。

应该指出，组成岩石或矿石中的矿物，它们在空间上、时间上的集合是有一定规律的，这决定于矿物的成分与结构，同时与形成时的地质条件密切相关。

在地壳演化的过程中，由各种地质作用形成的物质是多种多样的，它们可以呈固态（如磁铁矿、黄铜矿、石英、石盐等）、液态（如水、自然汞等）、气态（如火山喷气中的二氧化碳、水蒸气等）或胶凝体（如蛋白石等）而存在。地壳的大气圈、水圈和岩石圈也是根据物质存在的主要物理状态来划分的，但由于气态和液态物质各有其特殊的属性而纳入其他学科的研究领域，因此当前矿物学只把矿物作为主要研究对象。特别说明，在矿物学领域所称的矿物是晶质固体，而非晶质固体称为准矿物，即具有一定化学成分的天然固态非晶质体。在实验室条件下，虽然可以通过人工获得某些成分和性质与天然矿物类似的物质，但由于它们系人工合成而不是天然地质作用的产物，故称为“人造矿物”或“合成矿物”。陨石、月岩来自其他天体，其中的矿物称为“陨石矿物”、“月岩矿物”，或称它们为“宇宙矿物”。

矿物学就是以矿物为研究对象的一门地质基础学科，它是研究地壳物质成分的学科之一。

## 二、矿物学的研究内容

矿物学是地质科学的一门分科。它是研究地壳物质成分特性及其历史的学科之一，它不仅研究矿物的成分、结构、形态、性质、成因、产状、用途及其内在联系，而且还研究矿物在时间和空间中的分布规律及其形成和变化的历史。

近年来，随着科学和技术的发展，扩大了矿物的概念，它包括了宇宙空间及地球内层形成的自然产物。因此，有人认为矿物是自然过程中所产出的单质或化合物，矿物学则是研究这些产物及其变化过程的，因此它是研究整个自然界（即不仅是地壳）物质成分特性及其演变历史的科学。

## 三、矿物学与其他学科的关系

矿物学、岩石学和地球化学同是研究地球物质组成的三门地质基础学科。矿物是岩石和矿石的基本组成单位，是地壳、地幔、月球、星际物质（陨石）演化过程中元素的存在和运动的一种基本形式，它直接保存和记载着该矿物乃至岩石、矿石所经历的地质作用过程及其物理化学条件的丰富信息，因此，矿物学是岩石学和矿床学的基础。对岩石和矿石物质组分的鉴定及其成因的研究，都离不开矿物学，而绝大多数矿物都是晶质体。因此，结晶学又是矿物学研究的基础。

地球化学也与矿物学联系十分密切。在地壳中不断运动着的自然元素，在矿物中结合成暂时稳定的统一体，而后通过矿物的破坏又各自分开。故苏联著名地球化学家费尔斯曼说过：“矿物是元素迁移的中间站”。要研究元素在时间、空间分布和运动的规律，必须要有广泛的矿物学基础。

随着科学技术的不断发展，地史学、地层学与矿物学的关系也日益密切起来。在实际工作中，往往用矿物组合来对比、划分地层。目前矿物学已广泛应用于岩相古地理分析，根据重矿物的组合及含量变化，追索物源和恢复母岩；用具有变价元素（如 Fe，Mn 等）的矿物确定氧化、还原条件；一些指示矿物能直接标志水介质酸碱度，如 $FeS_2$ 的同质多象白铁矿和黄铁矿的存在，分别标志着介质的酸性和碱性。

构造地质学、地质力学与矿物学的关系也越来越密切。地壳受构造应力作用，往往使岩石、矿物破坏、变形和发生结构位错等。受构造变形的岩石常常具有某种特殊的组构(对天然岩石来说，组构指结构、构造及其优选方位)。20 世纪 70 年代以来，许多构造地质学家大力强调显微构造分析在构造地质学中的作用，用测定塑性变形岩石组构及其中矿物的显微构造，揭示宏观构造的应变规律、应力状态和运动方式，以追索岩石形成的条件和构造运动的历史。

综上可以看出，矿物学与多种地质科学有着密切的联系，它们相互紧密配合，协同研究，方才可能使我们对地壳各方面的属性及其发展历史取得全面的了解和认识。

矿物学与其他自然科学的关系也是十分明显的。数学、物理学、化学的理论和技术成就，促进了矿物学的理论基础和实验技术手段的提高。此外，矿物的形成和破坏涉及元素的结合和分解，这又充实了物理化学、胶体化学和生物化学研究的内容。因此，矿物学与这些学科也有着重要的联系。

## 思考与练习

1. 何谓矿物与准矿物，两者之间的本质区别？
2. 矿物与人造矿物有何区别？
3. 简述矿物学与其他学科之间的关系？

# 项目二 晶体对称与晶体形态

【知识点】 掌握晶体、非晶质体的基本概念及特征。

【技能点】 能够正确区分晶体和非晶质体。

## 一、晶体与非晶质体的概念

晶体是内部质点在三维空间呈周期性平移重复排列而形成格子构造的固体，是人类日常生产生活中随时可见的一种物质，我们厨房里的食盐、冰糖、刀叉、陶碗，冬天的冰雪，大地里的土壤和岩石，工厂里的许多固体化学药品等都是由晶体组成的。非晶质体是与晶体相对立的概念，它也是一种固态物质，但内部质点在三维空间不成周期性平移重复排列。

在晶体中，一种质点（黑点）周围的另一种质点（小圆圈）的排列相同，即每个黑点都被分布于三角形顶点的三个圆圈所围绕，而每个圆圈均居于以两个黑点为端点的直线中央，如图 1-1a 所示。这种质点局部分布的规律性叫作近程规律或短程有序。不仅如此，晶体中每个质点（黑点或圆圈）在整个图形中各自都呈现规律的周期性平移重复，把周期重复的点用直线连接起来，可获得平行四边形网格。可以想象，在三维空间，这种网格将构成空间格子。这种质点排布方式在整个晶体中贯穿始终的规律称为远程规律或长程有序。在非晶质体如玻璃体中，质点虽然可以是短程有序的（每个黑点为三个圆圈围绕），但不存在远程规律，与液体的结构相似，如图 1-1b 所示。

在一定的条件下，晶体和非晶质体是可以相互转化的。由非晶质体调整其内部质点的排列方式而向晶体转变的作用，我们称之为脱玻化或晶化作用。相反，晶体因内部质点的

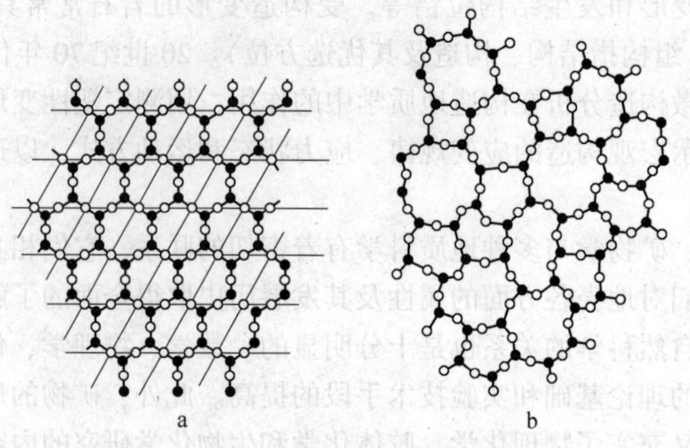


图 1-1 晶体（a）与玻璃（b）中质点平面分布示意图

规则排列遭受破坏而向非晶转化的作用，则称为玻璃化或非晶化作用。

## 二、晶体内部的格子构造

任何晶体，不论其外形是否规则，也不论其化学组成简单还是复杂，其内部的原子或离子总是在三维空间呈周期性平移重复的规则排布，从而构成具有一定形式的空间格子构造。空间格子便是表征晶体这一共同规律性的模拟立体几何图形，如图 1-2 所示。从图1-2可以看出，对于任何一个空间格子来说，总是可以被划分为由一系列四边形所组成的二维平面网格，且这些平行四边形的形状、大小及其内含在相同方向上都是完全相同的，彼此间可借助于以平行四边形的两组交棱为单位平移矢量而形成周期性的重复。

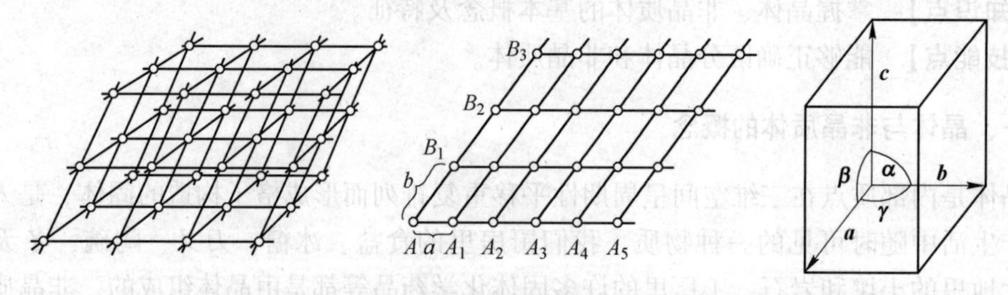


图 1-2 一般空间格子形式、二维平面网格与单位平行六面体

基于同样的考虑可知，任何一个三维平移重复的空间格子总是可以被划分为由一系列彼此完全等同且相互重叠的平行六面体。每个平行六面体的三个棱长，恰好就是三组相应行列上的结点间距。这样的平行六面体即是空间格子的最小单位，因此，也称为单位平行六面体，这是晶体结构中的基本单元，犹如构成晶体的“细胞”，称为晶胞。显然，晶胞应是能够充分反映整个晶体结构特征的最小结构单元，晶体就是由晶胞在三维空间平行叠置而又毫无间隙地堆砌而构成的。

同一晶体由相同的晶胞组成，但对于不同种类的晶体而言，各自晶胞所含原子或离子的种类、数目、大小和形状都可能不尽相同，由此才表现出了每种晶体各自的个性特点，从而形成了千姿百态、性质各异的天然晶体世界。

对于一个具体晶体而言，晶胞的形状、大小与对应的单位平行六面体完全一致。晶胞本身的特征，与对应晶格中三组交棱上的三个平移矢量 $\boldsymbol{a}$、$\boldsymbol{b}$、$\boldsymbol{c}$ 以及它们两两间的夹角

**α**、**β**、**λ** 有着密切关系。**a**、**b**、**c**，**α**、**β**、**λ** 合称为晶胞参数或晶体参数。如果不考虑晶胞大小，那么晶胞的形状总共有 7 种不同的形式，如图 1-3 所示。

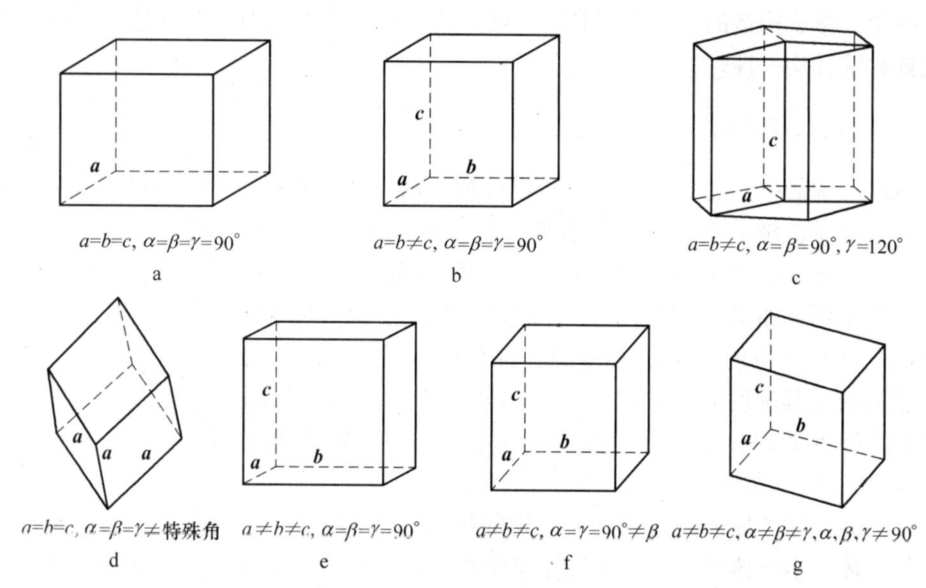


图 1-3　单位平行六面体的七种形式及其晶胞参数

a—立方格子；b—四方格子；c—六方格子；d—菱面体格子；e—斜方格子；f—单斜格子；g—三斜格子

## 三、晶体的基本性质

由于晶体是具有格子构造的固体。因此，也就具备了晶体所共有的、由格子构造所决定的基本性质。现简述如下。

### （一）自限性

自限性是指晶体在适当条件下可以自发地形成几何多面体的性质。由图 1-4 可以看出晶体为平的晶面所包围，晶面相交成直的晶棱，晶棱会聚成尖的角顶。

晶体的多面体形态，是其格子构造在外形上的直接反映，晶面、晶棱与角顶分别与格子构造中的面网、行列及结点相对应，它们之间的关系示意可参看图 1-4。

晶体多面体形态受格子构造制约，它服从于一定的结晶学规律。

### （二）均一性

因为晶体是具有格子构造的固体，在同一晶体的各个不同部分，质点的分布是一样的，所以晶体的各个部分的物理性质与化学性质也是相同的，这就是晶体的均一性。

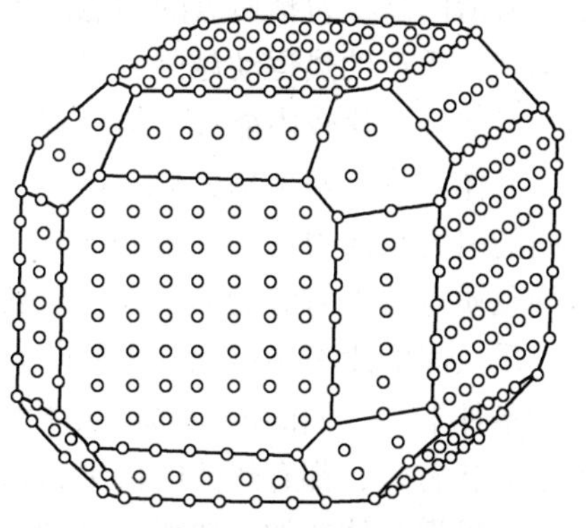

图 1-4　晶面、晶棱、角顶与面网、行列、结点的关系示意图

但必须指出的是，非晶质体也具有其均一性。如玻璃的不同部分折射率、膨胀系数、

导热率等等都是相同的。但是如前所述，由于非晶质的质点排列不具有远程规律，即不具有格子构造，所以其均一性是统计的、平均近似的均一，称为统计均一性；而晶体的均一性是取决于其格子构造的，称为结晶均一性。两者有本质的差别，不能混为一谈。液体和气体也具有统计均一性。

（三）异向性（各向异性）

同一格子构造中，在不同方向上质点排列一般是不一样的，因此晶体的性质也随方向的不同而有所差异，这就是晶体的异向性。如矿物蓝晶石（又名“二硬石”）的硬度随方向的不同而有显著的差别，如图1-5所示。平行晶体延长的方向*AA*可用小刀刻动（其硬度值约为4），而垂直于晶体延长的方向*BB*则小刀不能刻动（其硬度值约为6）。又如云母、方解石等矿物晶体，具有完好的解理，受力后可沿晶体一定的方向，裂开成光滑的平面。在矿物晶体的力学、光学、热学、电学等性质中，都有明显的异向性的体现，这些将在矿物的物理性质部分叙述。此外，如晶体的多面体形态，也是其异向性的一种表现。

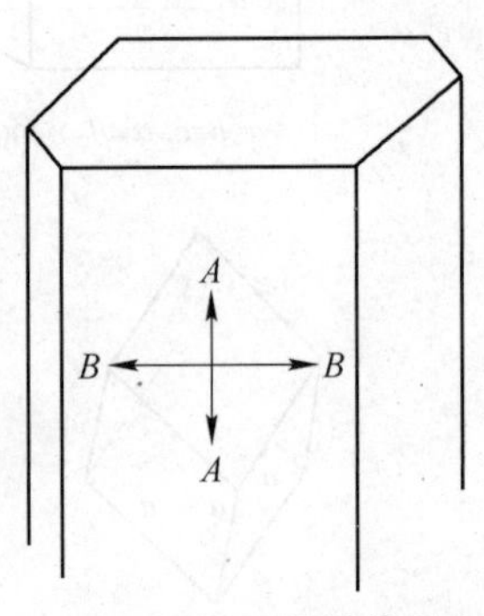

图1-5　蓝晶石晶体的硬度
*AA*与*BB*方向硬度不同

非晶质体一般是具等向性的，其性质不因方向而有所差别。

（四）对称性

晶体具有异向性，但这并不排斥在某些特定的方向上具有相同的性质。在晶体的外形上，也常有相等的晶面、晶棱和角顶重复出现。这种相同的性质在不同的方向或位置上做有规律的重复，就是对称性。晶体的格子构造本身就是质点重复规律的体现。对称性是晶体极其重要的性质，是晶体分类的基础。

（五）最小内能性

在相同的热力学条件下，晶体与同种物质的非晶质体、液体、气体相比较，其内能最小。所谓内能，包括质点的动能与势能（位能）。动能与物体所处的热力学条件有关，温度越高，质点的热运动越强，动能也就越大，因此它不能直接用来比较物体间内能的大小。可能用来比较内能大小的只有势能，势能取决于质点间的距离与排列。

晶体是具有格子构造的固体，其内部质点是作有规律的排列的，这种规律的排列是质点间的引力与斥力达到平衡的结果。在这种情况下，无论使质点间的距离增大或缩小，都将导致质点的相对势能的增加。非晶质体、液体、气体由于它们内部质点的排列是不规律的，质点间的距离不可能是平衡距离，从而它们的势能也较晶体大。也就是说在相同的热力学条件下，它们的内能都较晶体大。实验证明，当物体由气态、液态、非晶质状态过渡到结晶状态时，都有热能的析出；相反，晶格的破坏也必然伴随着吸热效应。

这里把晶体的加热曲线（见图1-6）和非晶质体的加热曲线（见图1-7）对比如下：

当晶体加热时，起初温度是随着时间逐渐上升的。当达到某一温度时，晶体开始熔解，同时温度的上升停顿了，此时所加的热量，用于破坏晶体的格子构造。直到晶体完全熔解，温度才开始继续上升。在温度停顿的时间内，晶体吸收了一定的热量而使自己转变为液体，这些热量称为熔解潜热。由于晶体的格子构造中各个部分的质点是按同一方式排列的，破坏晶体各个部分需要同样的温度。因此，晶体具有一定的熔点。

非晶质体则与之不同，由于它们不具有格子构造，所以它们没有一定的熔点。例如，将玻璃加热时，它首先变软，逐渐变为黏稠的熔体，最后变为真正的液体。在这一过程中没有温度的停顿，其加热曲线为一光滑的曲线。

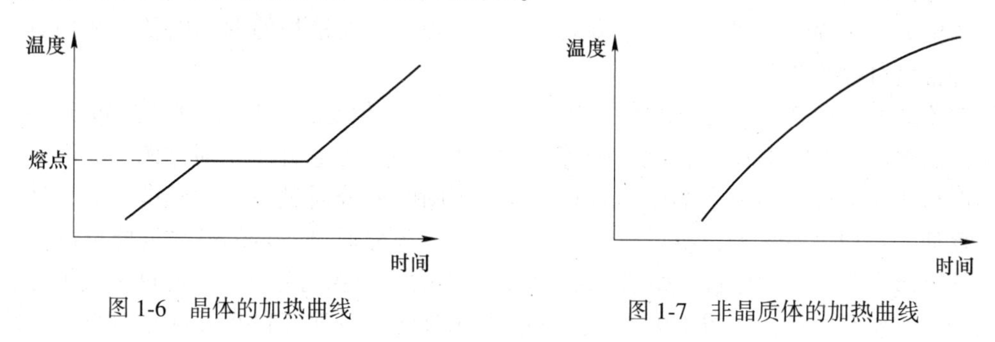


图 1-6　晶体的加热曲线　　图 1-7　非晶质体的加热曲线

（六）稳定性

晶体由于有最小内能，因而结晶状态是一个相对稳定的状态，这就是晶体的稳定性。这一点可以由晶体与气体、液体中质点的运动状态的不同来说明。

在气体中，质点作直线的前进运动，质点运动的方向只有与其他质点相碰撞时才改变。因此，气体有扩散的性质，趋向于占有最大的体积。

在液体中，质点联系比在气体中紧密，质点运动时彼此不分离。质点的运动存在双重性，即质点一方面振动，同时质点的位置也在相对的移动。因此，液体可以流动，液体的形态决定于容器的形态。

晶体是具有格子构造的，质点只在其平衡的位置上振动，而不脱离其平衡位置，因此晶体是一个相对稳定的体系。结晶状态是一个相对稳定的状态，要使其向液态或气态转化，必须从外界传入能量。正是由子晶体具备了稳定性，才能使其格子构造以及其规律的几何外形得以保持。

固态非晶质体从质点运动的角度来看类似晶体，或把它视为黏度极大的液体。质点处于振动状态，质点的相对移动极为困难，但时间长了这种运动仍可以显现出来，在温度较高时，这种运动较显著。因此非晶质体相对于晶体而言是不稳定的，有自发地向晶体转变的趋向。

## 思考与练习

1. 晶体与非晶质体的概念？
2. 晶体和非晶质体在内部结构和基本性质上的根本区别是什么？
3. 晶体的基本性质有哪些？

# 项目三　晶体的宏观对称和分类

**【知识点】**　理解对称概念、晶体对称特点；掌握晶体外部对称要素的种类及相应的对称操作、晶体对称要素组合定理对称型及其晶体对称的分类方案。

【技能点】 能利用模具对几种常用对称型进行操作。

## 一、对称的概念

对称就是物体或图形中相同部分有规律的重复。对称的现象在自然界和我们日常生活中都很常见。如蝴蝶（见图 1-8）、花冠（见图 1-9）等动植物的形体以及某些用具、器皿，都常呈对称的图形。

对称图形要求必须由两个以上的相同的部分组成，但是，只具有相同的部分还不一定是对称的图形。如图 1-10 是由两个全等的三角形组成，但它并不是对称图形。因此，对称的图形还必须符合另一个条件，那就是这些相同的部分通过一定的操作（如旋转、反映、反伸）可以发生重复；换句话说也就是相同的部分通过一定的操作彼此可以重合起来，使图形恢复原来的形状。如图 1-8 所示，蝴蝶的两个相同部分可以通过垂直平分它的镜面的反映彼此重合；如图 1-9 所示，花冠通过围绕一根垂直它并通过它中心的直线旋转，可以多次重复其原来的形象。

图 1-8 蝴蝶的对称

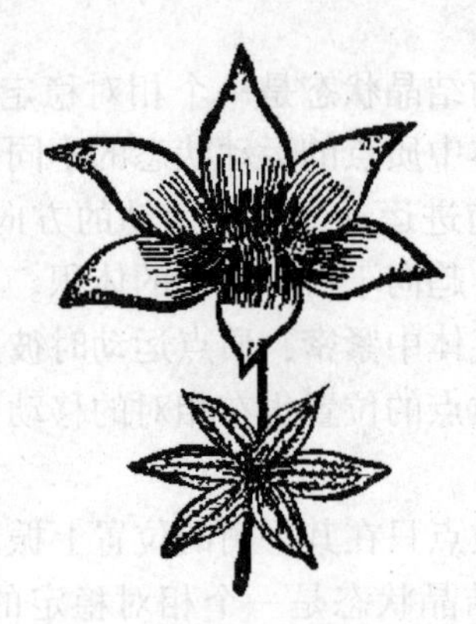
图 1-9 花冠的旋转对称

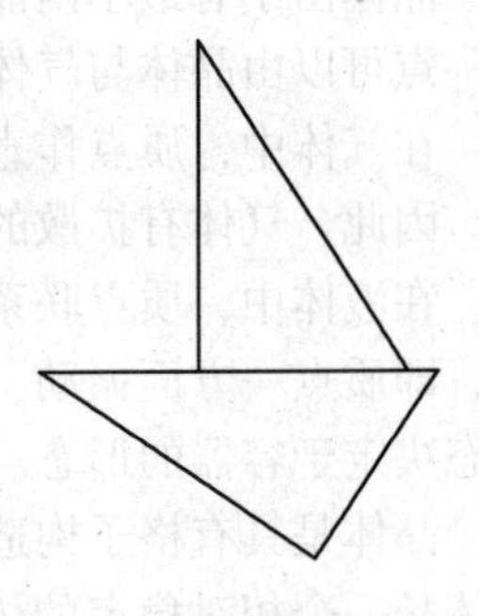
图 1-10 不对称的图形

## 二、对称要素和对称操作

如前所述，欲使对称图形中相同部分重复，必须通过一定的操作，这种操作就称之为对称操作。例如，欲使图 1-8 中蝴蝶的两个相等的部分重复，必须凭借一个镜面的“反映”，欲使图 1-9 的花瓣重复，必须使花冠围绕一根直线“旋转”等。在进行对称操作时所凭借的辅助几何要素（点、线、面）称为对称要素。

晶体外形可能存在的对称要素和相应的对称操作如下。

### （一）对称面（*P*）

对称面是一个假想的平面，相应的对称操作为对于此平面的反映。它将图形平分为互为镜像的两个相等部分，如图 1-11 所示。

图 1-11a 中，$P_1$ 和 $P_2$ 都是对称面（垂直纸面），因为它们都可以把图形 *ABDE* 平分成两个互为镜像的相等部分；但图 1-11 b 中之 *AD* 则不是图形 *ABDE* 的对称面，因为它虽然把图形 *ABDE* 平分为△*AED* 与△*ABD* 两个相等部分，但这两者并不是互为镜像，△*AED*

的镜像是$\triangle AE_1D$。

晶体中对称面与晶面、晶棱可能有如下关系（如图1-12所示）：

（1）垂直并平分晶面；

（2）垂直晶棱并通过它的中心；

（3）包含晶棱。

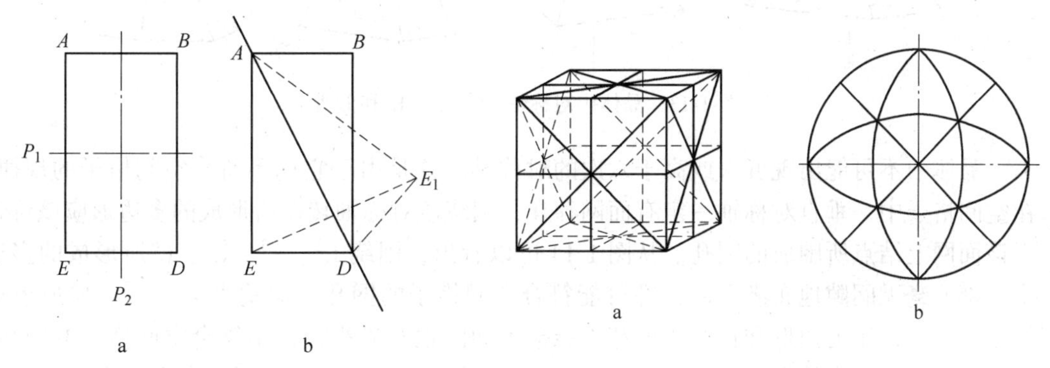


图1-11　$P_1$和$P_2$为对称面（a），$AD$非对称面（b）

图1-12　立方体的九个对称面9$P$（a）及其赤平投影（b）

对称面用$P$表示，在晶体中可以无或有一个或几个对称面。在描述中，一般把对称面的数目写在符号$P$的前面，如立方体有九个对称面（图1-12a），记作9$P$。

对称面是通过晶体中心的平面，在球面投影中，它与投影球面的交线为一大圆。因此，在赤平投影图上水平对称面投影为基圆，直立对称面投影为基圆的直径线，倾斜对称面投影为以基圆直径为弦的大圆弧。立方体九个对称面的赤平投影见图1-12b。

## （二）对称轴$L^n$

对称轴是一根假想的直线，相应的对称操作是围绕此直线的旋转。当图形围绕此直线旋转一定角度后，可使相等部分重复。旋转一周重复的次数称为轴次（$n$）。重复时所旋转的最小角度称基转角$a$，两者之间的关系为$n=360°/a$。

对称轴以L表示，轴次$n$写在它的右上角，写作$L^n$。

晶体外形上可能出现的对称轴如表1-1所列。

**表1-1　晶体外形上可能出现的对称轴**

| 名　称 | 符　号 | 基转角/(°) |
|---|---|---|
| 一次对称轴 | $L^1$ | 360 |
| 二次对称轴 | $L^2$ | 180 |
| 三次对称轴 | $L^3$ | 120 |
| 四次对称轴 | $L^4$ | 90 |
| 六次对称轴 | $L^6$ | 60 |

一次对称轴$L^1$无实际意义，因为晶体围绕任一直线旋转360°都可以恢复原状。轴次高于2的对称轴，即$L^3$、$L^4$、$L^6$称高次轴。

图1-13举例绘出了晶体中对称轴$L^2$、$L^3$、$L^4$、$L^6$。

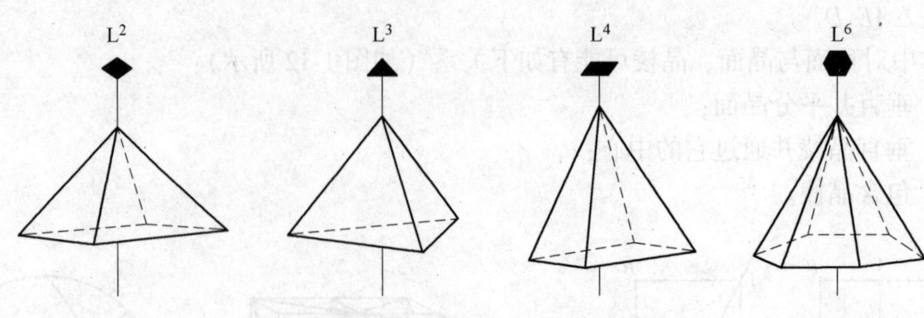


图 1-13　晶体中对称轴 $L^2$、$L^3$、$L^4$和 $L^6$举例

晶体中不可能出现五次或高于六次的对称轴。这是由于它们不符合空间格子的规律。在空间格子中，垂直对称轴一定有面网存在，围绕该对称轴转动所形成的多边形应该符合于该面网上结点所围成的网孔。从图 1-14 可以看出，围绕 $L^2$、$L^3$、$L^4$、$L^6$所形成的多边形，都能毫无间隙地布满平面，都可能符合空间格子的网孔。但垂直 $L^5$、$L^7$、$L^8$所形成的正五边形、正七边形和正八边形却不能毫无间隙地布满平面，不符合空间格子的网孔，所以在晶体中不可能存在五次及高于六次的对称轴，这一规律，称为晶体的对称定律。

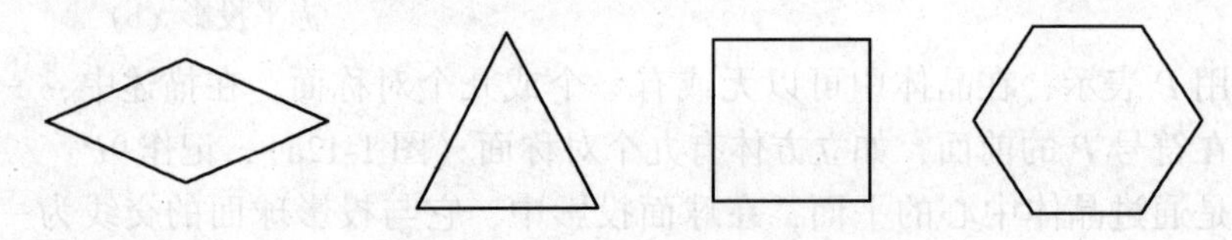

图 1-14　垂直对称轴所形成的多边形网孔

在一个晶体中，可以无也可以有一种或几种对称轴，而每一种对称轴也可以有一个或多个。如立方体有 $3L^4 4L^3 6L^2$（图 1-15）。在晶体中，对称轴可能出露的位置为晶面的中心，晶棱的中点或角顶。对称轴为通过晶体中心的一条假想的直线，它们为投影球的直径。在赤平投影图上，直立的对称轴的投影点位于基圆中心（见图 1-15 中的一个 $L^4$），水平的对称轴的投影点位于基圆上（见图 1-15 中的两个 $L^2$和两个 $L^4$），倾斜的对称轴投影点位于基圆内（见图 1-15 中四个 $L^3$和四个 $L^2$）。在图 1-15 中还可以明显看出立方体的 $L^4$、$L^3$和 $L^2$分别是四个、三个和两个对称面的额交线，其赤平投影落于对称面投影的交点。

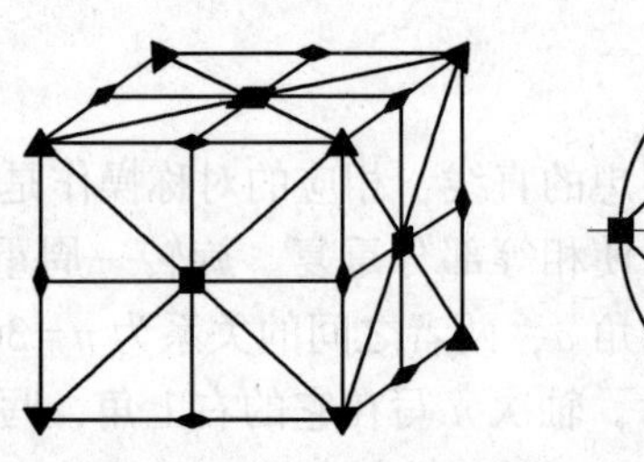

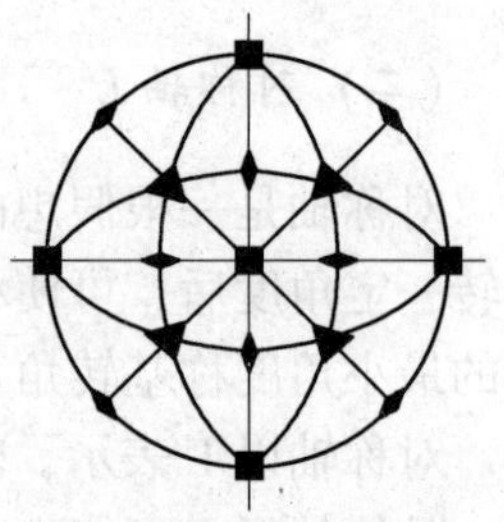

图 1-15　立方体的 $3L^4 4L^3 6L^2 9PC$ 及其赤平投影

（三）对称中心（C）

对称中心是一个假想的点，相应的对称操作是对此点的反伸（或称倒反）。如果通过此点做任意直线，则在此直线上距对称中心等距离的两端，必定可以找到对应点。

在晶体中，若存在对称中心时，其晶面必然都是两两平行而且相等的。这一点可以用来判别晶体或晶体模型有无对称中心的依据。

（四）旋转反伸轴

旋转反伸轴是一根假想的直线，相应的对称操作是围绕此直线的旋转和对此直线上的一个点反伸的复合操作。图形围绕此直线旋转一定角度后，再对此直线上的一个点进行反伸，可使相等部分重复。

（五）旋转反映轴

旋转反映轴为一假想的直线，相应的对称操作为旋转加反映的复合操作。图形围绕它旋转一定角度后，并对垂直它的一个平面进行反映，可使图形的相等部分重复。

## 三、对称型和晶体的对称分类

对称型是指晶体中所有外部对称要素的集合，也称为点群。

晶体的对称分类，见表 1-2。

**表 1-2　晶体的对称分类**

| 晶族 | 晶系 | 对称特点 | 对称类型 | 对称型符号 | | 晶　类 |
|---|---|---|---|---|---|---|
| | | | | 圣弗利斯符号 | 国际符号 | |
| 低级晶族 | 三斜晶系 | 无 $L^2$，无 P | $L^1$ | $C_i$ | 1 | 单面晶类 |
| | | | C | $C_1=S_2$ | 1 | 平行双面晶类 |
| | 单斜晶系 | $L^2$或 P 不多于一个 | $L^2$ | $C_2$ | 2 | 轴双面 |
| | | | P | $C_{1h}=Cs$ | m | 反映双面 |
| | | | $L^2PC$ | $C_{2h}$ | 2/m | 斜方柱 |
| | 斜方晶系 | $L^2$或 P 多于一个 | $3L^2$ | $D_2=V$ | 222 | 斜方四面体 |
| | | | $L^22P$ | $C_{2v}$ | mm(mm2) | 斜方单锥 |
| | | | $3L^23PC$ | $D_{2h}=V_h$ | mmm(2/m2/m2/m) | 斜方双锥 |
| 中级晶族 | 四方晶系 | 有一个 $L^4$或 $L_i^4$ | $L^4$ | $C_4$ | 4 | 四方单锥 |
| | | | $L^44L^2$ | $D_4$ | 42(422) | 四方偏方面体 |
| | | | $L^4PC$ | $C_{4h}$ | 4/m | 四方双锥 |
| | | | $L^44P$ | $C_{4v}$ | 4mm | 复四方单锥 |
| | | | $L^44L^25PC$ | $D_{4h}$ | 4/mmm(4/m2/m2/m) | 复四方双锥 |
| | | | $L_i^4$ | $S_4$ | $\bar{4}$ | 四方四面体 |
| | | | $L_i^42L^22P$ | $D_{2d}=V_d$ | $\bar{4}2m$ | 复四方偏三角面体 |
| | 三方晶系 | 有一个 $L^3$ | $L^3$ | $C_3$ | 3 | 三方单锥 |
| | | | $L^33L^2$ | $D_3$ | 32 | 三方偏方面体 |
| | | | $L^33P$ | $C_{3v}$ | 3m | 复三方单锥 |
| | | | $L^3C$ | $C_{3i}=S_6$ | $\bar{3}$ | 菱面体 |
| | | | $L^33L^23PC$ | $D_{3d}$ | $\bar{3}m(32/m)$ | 复三方偏三角面体 |

续表 1-2

| 晶族 | 晶系 | 对称特点 | 对称类型 | 对称型符号 | | 晶　类 |
|---|---|---|---|---|---|---|
| | | | | 圣弗利斯符号 | 国际符号 | |
| 中级晶族 | 六方晶系 | 有一个 $L^6$ 或 $L_i^6$ | $L_i^6$ | $C_{3h}$ | 6 | 三方双锥 |
| | | | $L_i^6 3L^2 3P$ | $D_{3h}$ | $\bar{6}2m$ | 复三方双锥 |
| | | | $L^6$ | $C_6$ | $\bar{6}$ | 六方单锥 |
| | | | $L^6 6L^2$ | $D_6$ | 62（622） | 六方偏方面体 |
| | | | $L^6PC$ | $C_{6h}$ | 6/m | 六方双锥 |
| | | | $L^6 6P$ | $C_{6v}$ | 6mm | 复六方单锥 |
| | | | $L^6 6L^2 7PC$ | $D_{6h}$ | 6/mmm(6/m2/m2/m) | 复六方双锥 |
| 高级晶族 | 等轴晶系 | 有四个 $L^3$ | $3L^2 4L^3$ | $T$ | 23 | 五角三四面体 |
| | | | $3L^2 4L^3 3PC$ | $T_h$ | m3（2/m3） | 偏方复十二面体 |
| | | | $3Li^4 4L^3 6P$ | $T_d$ | 43m | 六四面体 |
| | | | $3L^4 4L^3 6L^2$ | $O$ | $\bar{4}3$（432） | 五角三八面体 |
| | | | $3L^4 4L^3 6L^2 9PC$ | $O_h$ | m3m（4/m32/m） | 六八面体 |

注：划下画线的为常见的重要对称型。

## 思考与练习

1. 何谓对称面、对称中心、对称轴及旋转反伸轴？
2. 何谓对称型？

# 项目四　单形与聚形

**【知识点】** 熟悉并掌握单形、聚形概念；单形的分类；47 种几何单形特征。

**【技能点】** 能识别 47 种几何单形并判断其特征。

## 一、单形与聚形的概念

### （一）单形的概念

单形是由对称要素联系起来的一组晶面的总合。换句话说，单形也就是通过对称型中全部对称要素的作用可以使它们相互重复的一组晶面。因此，同一单形的所有晶面彼此都是等同的，它们具有相同的性质以及在理想情况下晶面彼此同形等大。如图 1-16a 中所示的单形为立方体，它的六个正方形晶面同形等大，通过其对称型中的对称要素的作用可以相互重复。

单形符号简称形号，它是指在单形中选择一个代表面，把该晶面的晶面指数用“{}”括起来，用以表征组成该单形的一组晶面的结晶学取向的符号。

单形是由对称要素联系起来的一组晶面，晶轴是在服从晶体固有对称性的前提下，依

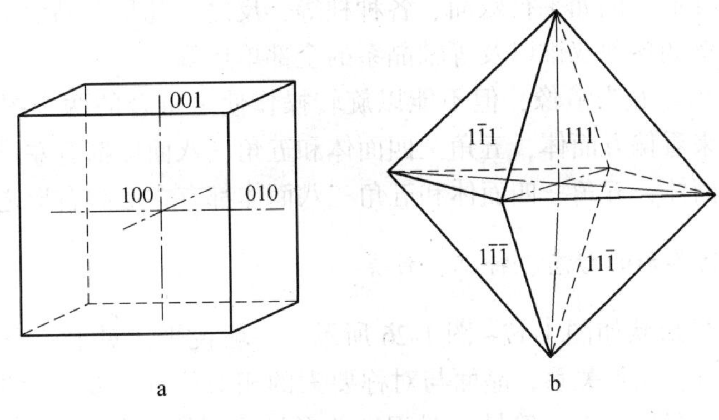


图 1-16　单形

a—立方体；b—八面体

对称要素选择的。因此，同一单形的各个晶面与晶轴都有着基本相同的相对位置。如图 1-16a 中的立方体的每一个晶面都与一个晶轴垂直面且与另两个晶轴平行；图 1-16b 中八面体的每一个晶面都由三个等长晶轴组成。因此，同一单形的各个晶面的指数的绝对值不变，而只有正负号的区别。

（二）聚形的概念

由两个或两个以上单形聚合而成的晶形称为聚形。单形的聚合不是任意的，必须是属于同一对称型的单形才能相聚；换句话说，也就是聚形也必属于一定的对称型，因此，聚形中的每一单形的对称型都与该聚形的对称型一致。

判别一个聚形是由何种单形所组成，可依据对称型、单形晶面的数目和相对位置、晶面符号以及假想单形的晶面扩展相交以后设想单形的形状等进行综合分析。

## 二、单形的种类

一个对称型最多能导出 7 种单形，对 32 种对称型逐一进行推导，最终将导出结晶学上的 146 种不同的单形，称为结晶单形。

在这 146 种结晶单形中，还有许多几何形状是相同的，如果将形状相同的归为一个单形，则 146 种结晶单形可以归纳为 47 种单形。在几何形态上不同的 47 种单形，称为几何单形。

（一）单形的分类

（1）一般形与特殊形。这是根据单形晶面与对称要素的相对位置来划分的。凡是单形晶面处于特殊位置，即晶面垂直或平行于任何对称要素，或者与相同的对称要素以等角相交，则这种单形即称为特殊形；反之，单形晶面处于一般位置，即不与任何对称要素垂直或平行（等轴晶系中的一般形有时可平行三次轴的情况除外），也不与相间的对称要素以等角相交，则这种单形称为一般形。

一个对称型中，只可能有一种一般形，晶类即以其一般形的名称来命名。

（2）开形和闭形。根据单形的晶面是否可以自相闭合来划分，凡是单形的晶面不能封闭一定空间者称开形，例如平行双面、各种柱等，反之，凡是其晶面可以封闭一定空间者，则称为闭形，例如各种双锥以及等轴晶系的全部单形等。

（3）左形和右形。互为镜像，但不能以旋转操作使之重合的两个图形，称为左形和右形。从几何形态来看偏方面体，五角三四面体和五角三八面体都有左形和右形之分。从几何形态来看偏方面体，五角三四面体和五角三八面体都有左形和右形之分。

### （二）47 种几何单形的形态、特征、种类

47 种几何单形的形状如图 1-17～图 1-26 所示。一般说来，对于一个单形的描述，包括晶面的形状、数目、相互关系，晶面与对称要素的相对位置以及单形横切面的形状等。当晶体定向后，晶面符号（单形符号）是识别单形最重要的依据。本部分只对 47 种几何单形作概述。

现将它们按低（图 1-17）、中（图 1-18）、高级晶族（图 1-19～图 1-26）依次描述如下。

#### 1. 低级晶族的单形

低级晶族共有七种单形，如图 1-17 所示。

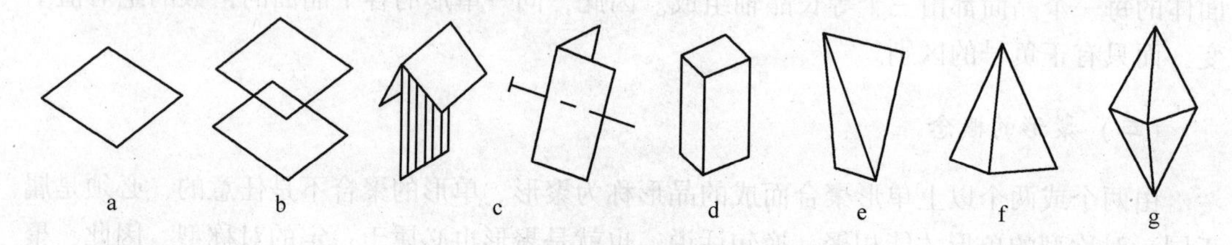


图 1-17 低级晶族的单形（7 种）

a—单面；b—平行双面；c—反映双面及轴双面；d—斜方柱；e—斜方四面体；f—斜方单锥；g—斜方双锥

（1）单面。由一个晶面组成（见图 1-17a）。

（2）平行双面。由一对相互平行的晶面组成（见图 1-17b）。

（3）双面。由两个相交的晶面组成。若此二晶面由二次轴 $L^2$ 相联系时称轴双面；若由对称面 P 相联系时称反映双面（见图 1-17c）。

（4）斜方柱。由四个两两平行的晶面组成。它们相交的晶棱互相平行而形成柱体，横切面为菱形（见图 1-17d）。

（5）斜方四面体。由四个不等边的三角形的晶面所组成。晶面互不平行，每一晶棱的中点，都是 $L^2$ 的出露点，通过晶体中心的横切面为菱形。这一单形仅见于斜方晶系 $3L^3$ 对称型中，形号 {hkl}（见图 1-17e）。

（6）斜方单锥。由四个不等边三角形的晶面相交于一点而形成的单锥体，锥顶出露 $L^2$，横切面为菱形，仅见于斜方晶系 $L^2 2P$ 对称型中，形号 {hkl}（见图 1-17f）。

（7）斜方双锥。由八个不等边三角形的晶面所组成的双锥体。犹如两个斜方单锥以底面相联结而成。每四个晶面会聚于一点，横切面为菱形。仅见于斜方晶系 $3L^2 3PC$ 对称型中，形号 { hkl }（见图 1-17g）。

上述低级晶族七种单形中，三斜晶系仅见单面（当不具对称中心时）和平行双面（当具对称中心时）；单斜晶系增加了双面和斜方柱；斜方晶系又增加了斜方单斜、斜方双锥和斜方四面体，而这三种单形都分别只出现于一个特定的对称型中。

2. 中级晶族的单形

在中级晶族中，除垂直高次轴（*Z* 轴）可以出现的单面或平行双面之外，尚可出现下列 25 种单形。现分类简述如下。

（1）柱类。属于本类的单形系由若干晶面围成柱体，如图 1-18 所示。它们的交棱相互平行并平行于高次轴（*Z* 轴），因此在其形号中，*Z* 轴上的指数为 0。按其横切面的形状可分为如下六种单形：即属于四方晶系的四方柱、复四方柱，属于三、六方晶系的三方柱、复三方柱、六方柱、复六方柱。值得指出的是复三方、复四方和复六方不等于六方、八方和十二方，因为复柱晶面的交角是相间地相等的。

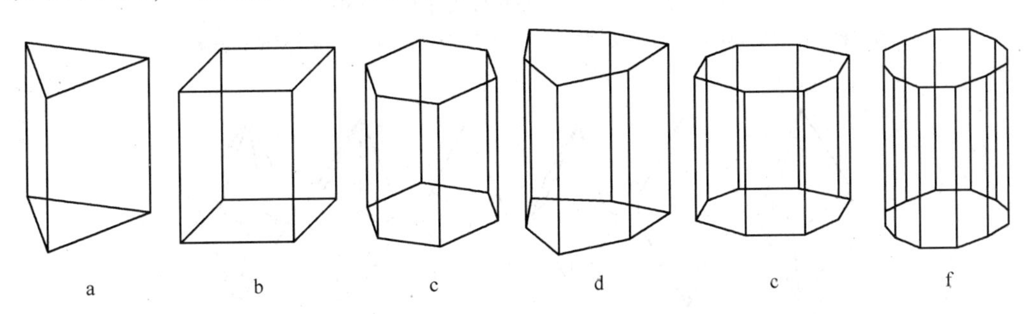


图 1-18　中级晶族的柱类单形（6 种）

a—三方柱；b—四方柱；c—六方柱；d—复三方柱；e—复四方柱；f—复六方柱

（2）单锥类。属于本类的单形系由若干晶面相交于高次轴上的一点而形成的单锥体，如图 1-19 所示。与柱的情况相似，按其横切面的形状，可分为属于四方晶系的四方单锥、复四方单锥，属于三、六方晶系的三方单锥、复三方单锥、六方单锥、复六方单锥等六种单形。

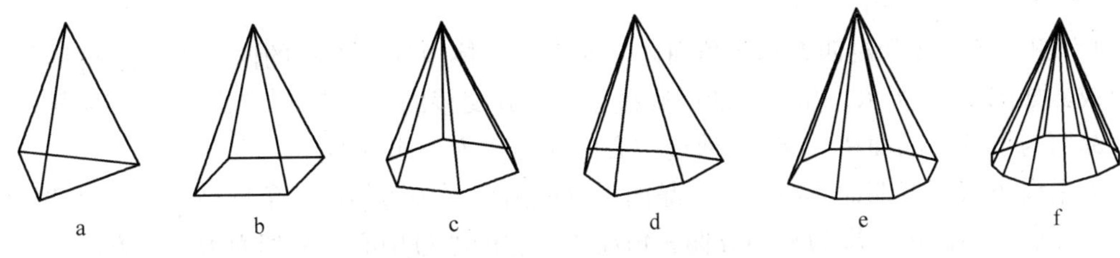


图 1-19　中级晶族的单锥类单形（6 种）

a—三方单椎；b—四方单椎；c—六方单椎；d—复三方单椎；e—复四方单椎；f—复六方单椎

（3）双锥类。属于本类的单形系由若干晶面分别相交于高次轴上的两点而形成的双锥体，如图 1-20 所示。同样地，根据横切面的形状，可以分为属于四方晶系的四方双锥、复四方双锥，属于三、六方晶系的三方双锥、复三方双锥、六方双锥、复六方双锥六种单形。

（4）偏方面体类。组成本类单形的晶面都呈具有两个等边的偏四方形，如图 1-21 所示。与双锥类似，上部与下部的晶面分别各自交高次轴于一点，但不同的是围绕高次轴上下部晶面不是上下相对，而是错开了一定角度。

1）三方偏方面体，上下部各有三个晶面，共由六个晶面组成，通过中心的横切面为复三方形。见于 $L^3 3L^2$ 对称型中。

2）四方偏方面体，上下部各有四个晶面，共由八个晶面组成，通过中心的横切面为复四方形。见于 $L^4 4L^2$ 对称型中。

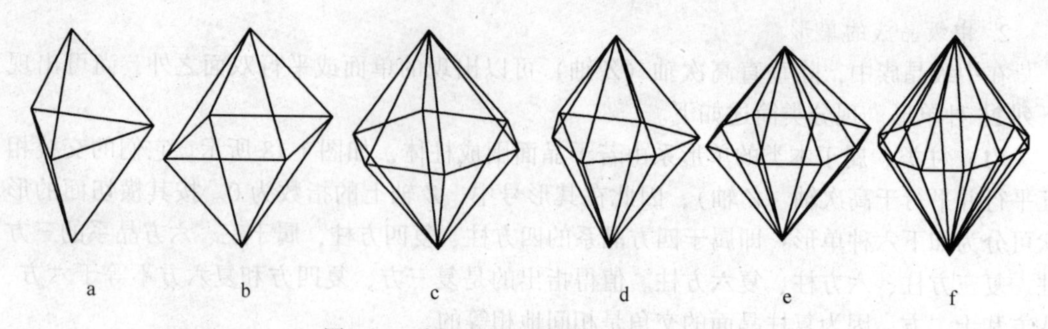


图 1-20　中级晶族的双锥类单形（6 种）

a—三方双椎；b—四方双椎；c—六方双椎；d—复三方双椎；e—复四方双椎；f—复六方双椎

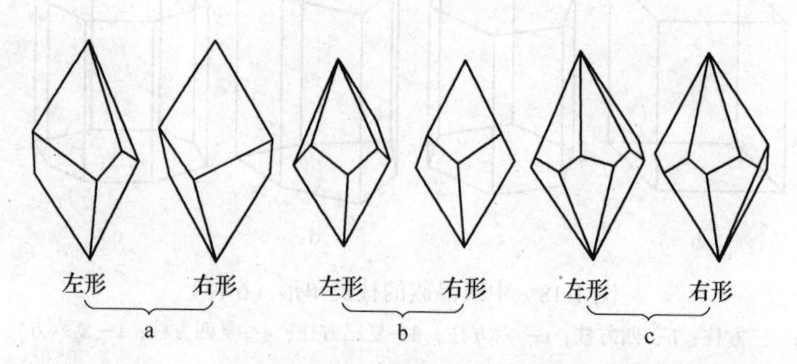


图 1-21　中级晶族的偏方面体类单形（3 种）

a—三方偏方面体；b—四方偏方面体；c—六方偏方面体

3）六方偏方面体，上下部各有六个晶面，共由十二个晶面组成，通过中心的横切面为复六方形。见于 $L^6 6L^2$ 对称型中。

4）四方四面体和复四方偏三角面体。四方四面体由互不平行的四个等腰三角形晶面所组成，如图 1-22 所示。晶面两两以底边相交，其交棱的中点为 $L_i^4$ 的出露点，围绕 $L_i^4$ 上部二晶面与下部二晶面错开 90°，通过中心的横切面为正四方形。

如果设想将四方四面体的每一个晶面平分成两个不等边的偏三角形晶面，则由这样的八个晶面所组成的单形即为复四方偏三角面体。它的通过中心的横切面为复四方形。

5）菱面体与复三方偏三角面体。菱面体由两两平行的六个菱形的晶面组成，如图 1-23所示。上下各三个晶面均各自分别交 $L^3$ 于一点，上下晶面绕 $L^3$ 相互错开 60°。

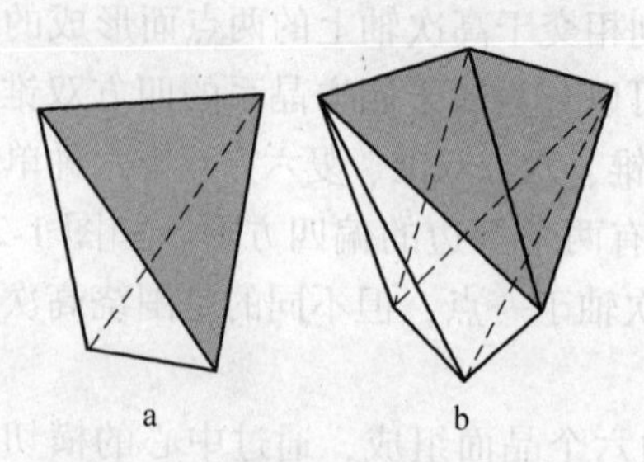


图 1-22　中级晶族的四方四面体和复四方偏三角面体单形（2 种）

a—四方四面体；b—复四方偏三角面体

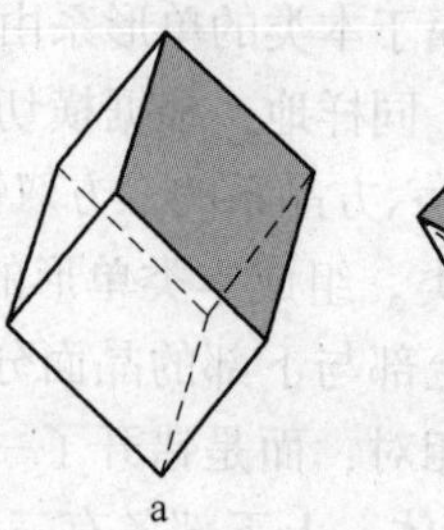


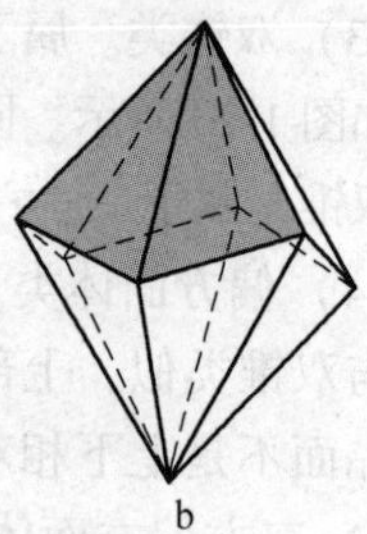


图 1-23　中级晶族的菱面体与复三方偏三角面体单形（2 种）

a—菱面体；b—复三方偏三角面体

如果设想将菱面体的每一个晶面平分为两个不等边的偏三角形晶面，则由这样的十二个晶面所组成的单形即为复三方偏三角面体。围绕 $L^3$ 它的上部六个晶面与下部六个晶面交错排列。

3. 高级晶族的单形

高级晶族共有 15 种单形，为了便于描述和记忆，我们将其分为三组：

（1）四面体组。四面体，由四个等边三角形晶面所组成，如图 1-24 所示。晶面与 $L^3$ 垂直；晶棱的中点出露 $L^2$ 或 $L_i^4$。

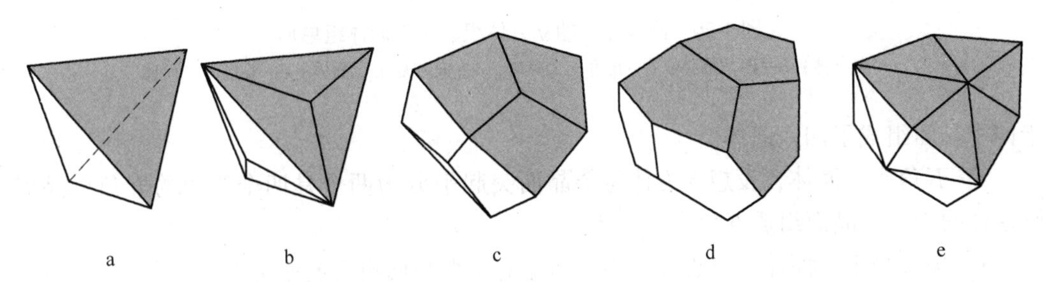

a　b　c　d　e

图 1-24　高级晶族的四面体组单形

a—四面体；b—三角三四面体；c—四角三四面体；d—五角三四面体；e—六四面体

1）三角三四面体，犹如四面体的每一个晶面突起分为三个等腰三角形晶面而成。

2）四角三四面体，犹如四面体的每一个晶面突起分为三个四角形晶面而成。四角形的四个边两两相等。

3）五角三四面体，犹如四面体的每一晶面突起分为三个偏五角形晶面而成。

4）六四面体，犹如四面体的每—个晶面突起分为六个不等边三角形而成。

（2）八面体组。八面体，由八个等边三角形晶而所组成，如图 1-25 所示。晶面垂直 $L^3$。

与四面体组的情况类似，设想八面体的每一个晶面突起平分为三个晶面，则根据晶面的形状分别可形成三角三八面体、四角三八面体、五角三八面体。而设想八面体的—个晶面突起平分为六个不等边三角形则可以形成六八面体。

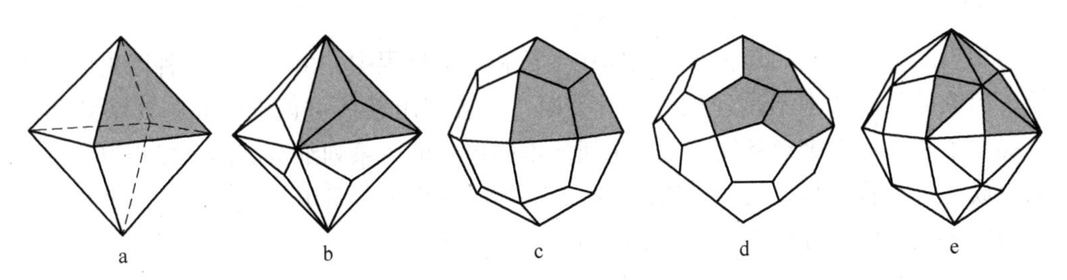

a　b　c　d　e

图 1-25　高级晶族的八面体组单形

a—八面体；b—三角三八面体；c—四角三八面体；d—五角三八面体；e—六八面体

（3）立方体组。立方体，由两两相互平行的六个正四边形晶面所组成，相邻晶面间均以直角相交，如图 1-26 所示。

1）四六面体，设想立方体的每个晶面突起平分为四个等腰三角形晶面，则这样的二

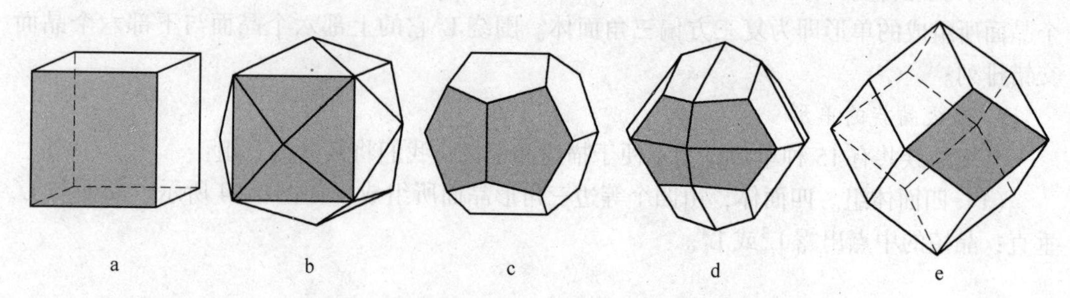


图 1-26　高级晶族的立方体组、十二面体组单形

a—立方体；b—四六面体；c—五角十二面体；d—偏方复十二面体；e—菱形十二面体

十四个晶面组成了四六面体。

2）五角十二面体，设想立方体每个晶面突起平分为两个具四个等边的五角形晶面，则这样的十二个晶面组成五角十二面体。

3）偏方复十二面体，设想五角十二面体的每个晶面再突起平分为两个具两个等长邻边的偏四方形晶面，则这样的二十四个晶面组成偏方复十二面体。

4）菱形十二面体，由十二个菱形晶面所组成。晶面两两平行。相邻晶面间的交角为 90°~120°。

## 三、歪晶与晶面条纹

### （一）歪晶

由于晶体在生长过程中不可避免地要受到外界环境因素的影响，即使在同一晶体的不同个体上，本应该出现的一些晶面却没有出现，有时即便是不同个体的对应晶面数目相同，但这些对应晶面的形状和大小也完全不同。这种在外界环境因素影响下形成的偏离理想形态的晶体称为歪晶。

### （二）晶面条纹

与理想晶体所不同的是，实际晶体在生长和溶解过程中，由于受到各种因素的影响和制约，形成的晶面常常不是理想的光滑平面，而表现出某些可识别的规则形状的晶面条纹。晶面条纹也称为聚形条纹，它是由属于不同单形的一系列细窄晶面反复相聚、交替出现而组成的直线状平行条纹。例如，电气石晶体的柱面上常具纵纹，它们是由平行晶体延伸方向的三方柱和六方柱单形的细窄晶面交替聚合而成。

## 思考与练习

1. 何谓单形、聚形？
2. 何谓歪晶？
3. 中级晶族的单形主要有哪些？

# 项目五　晶体的连生与双晶

【知识点】 熟悉平行连生概念、双晶概念与双晶要素；几种常见双晶类型。
【技能点】 学会观察双晶类型特征。

## 一、晶体的连生

自然界中，矿物的晶体不但能够形成多种多样外形的单体，而且还常常形成两个或两个以上的单体聚合生长在一起，此种现象就称为晶体的连生。如果连生在一起的晶体，彼此之间没有一定的排列规律，而只是以偶然的方式连接在一起，就称为不规则的连生。自然界中，多数矿物都是不规则连生的，例如水晶晶族，辉锑矿的柱状晶族等。但有些矿物晶体中，我们也可以见到他们的连生是有一定规律性的，这就称为规则的连生。双晶是晶体的连生中最常见、最重要的一种形式。

平行连生是指结晶取向完全一致的两个或两个以上的同种晶体连生在一起，具有平行连生关系的晶体称平行连晶。平行连晶外形上表现为各晶体的所有几何要素相互平行，其连生部位出现凹入角但内部结构呈连续贯通的格子构造。因此，从结构特点上来看，平行连晶与单晶体没有什么区别。

## 二、双晶

### （一）双晶的概念

双晶又称孪晶，是指两个或两个以上的同种晶体，其结晶学取向彼此呈现为一定对称关系的规则连生体。连生在一起呈双晶位的各单晶体之间，凭借某种几何要素（点、线、面等）实施对称操作（反伸、旋转、反映），可以达到彼此重合、平行或构成一个完整单晶体。在双晶的接合部位，多数都具有凹入角，而有的外形酷似单体，并不存在凹入角，但体现其内部结构特点的格子构造并非平行连续，呈共格面网过渡或相似面网衔接关系。

### （二）双晶要素

双晶要素是假想的点、线、面等几何要素，凭借其进行反伸、旋转、反映等对称操作后，可使双晶的一个单体的方位发生变换而与另一个单体实现重合、平行或拼接成一个完整的晶体。双晶要素包括双晶面、双晶轴和双晶中心。其中，双晶面和双晶轴在描述双晶特征中具有重要意义。

（1）双晶面：是一个假想的平面，通过该面的镜像反映可以使呈双晶位的两个单体实现重合、平行或拼合成一个完整晶体。从图1-27a石膏的燕尾双晶可以看出，双晶面tp两侧的晶体呈镜像对称关系。在实际双晶中，双晶面常常平行于单晶体的某个晶面，或垂直于某晶带轴。所以，双晶面的空间方位常借助与其平行的晶面符号来表达。如，石膏燕尾双晶的双晶面tp平行于单晶体的（100）晶面，可写作双晶面tp//（100）。

（2）双晶轴：为一假想直线，双晶的其中一单体围绕该直线旋转180°后，可与另一单体重合、平行或拼合成一个完整晶体。

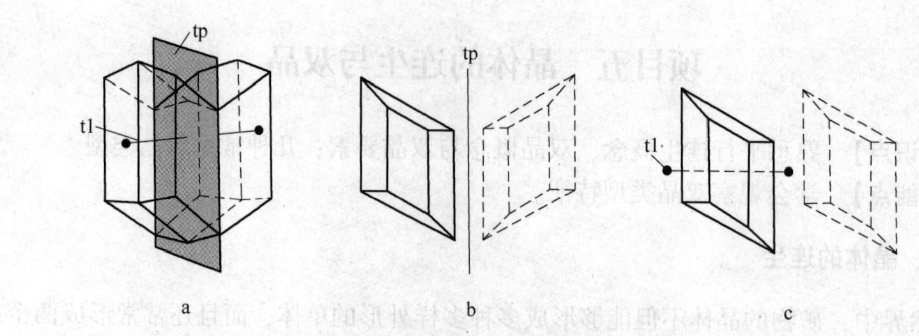


图 1-27　石膏的燕尾双晶（a）及其双晶面（b）和双晶轴（c）

(3) 双晶中心：为一假想的几何点，通过该点将双晶的其中一个晶体进行反伸操作后，两个单体实现相互重合、平行或拼合成一个完整晶体。

（三）双晶接合面

双晶接合面，即双晶单体间的实际接合界面。通常情况下，该接合界面可以是简单的平面或折面。但有时由于双晶单体的接合关系复杂，其接合面可以很复杂。由于双晶的单体往往结晶取向不一致，所以其接合面处的晶格并非呈连续一贯的面网，即接合面两侧的晶格取向是不一致的。从晶体化学的角度看，这种结晶取向不一致又能接合在一起的晶体，其接合面的晶格面网应当是个共格面网，只有这样它们才能“有机地”接合在一起。

（四）双晶律

双晶律，即双晶中单体的连生规律。双晶律一般以双晶要素与双晶接合面组合的方式来表述，也可有如下的一些命名方式：

(1) 以矿物命名：如果某双晶律常出现在固定的矿物中，就以某特征矿物的名称命名为双晶律。例如钠长石律、尖晶石律、云母律、文石律等等。

(2) 以发现地命名：有时为了纪念某双晶律的最初发现地，就以地名作为双晶律的名称。例如，正长石的卡斯巴律双晶（捷克斯洛伐克地名）、石英的道芬律（法国地名）、巴西律和日本律双晶等等。

(3) 以形态命名：一些双晶体的形态特殊，为便于记忆就以形态特征为名称。例如，金红石族矿物的膝状双晶（或肘状双晶）、十字石的十字双晶、石膏的燕尾双晶、黄铁矿的铁十字双晶等等。

（五）双晶类型

按照双晶各单体间接合方式的不同，一般把双晶分为两大类，即接触双晶和贯穿双晶。以下简述之。

1. 接触双晶

接触双晶是各邻接单体以简单的平面相接触构成的双晶。接触双晶又可进一步划分出简单接触双晶、聚片双晶、环状双晶和复合双晶等类型。

(1) 简单接触双晶：由两个单体以一个平面接合在一起而成的双晶。如石膏的燕尾双晶。

（2）聚片双晶：多个单晶体以双晶接合面彼此平行的关系生长在一起构成的双晶。如，斜长石的聚片双晶是由多个板状斜长石晶体以一组平行（010）的双晶接合面连生的双晶，其相间单晶体片的结晶学取向相同。

（3）环状双晶：指两个以上的单体彼此以简单接触关系呈环状或轮辐状连生而成的双晶。环状双晶中相邻单体的接合面为平面，若干接合面呈等角度放射状排列。按组成双晶的单体个数，可将环状双晶进一步分为三连晶、四连晶、五连晶、六连晶、八连晶等。

（4）复合双晶：是由两种以上的简单接触双晶关系组成的双晶复合体。例如，图 1-28 所示卡钠复合双晶中，单体 1 与 2 以及单体 3 与 4 彼此间按钠长石律接合，双晶轴⊥（010）；单体 2 与 3 之间按卡斯巴律接合，双晶轴//$Z$ 轴。在接触双晶当中，复合双晶是较为复杂的双晶类型，实际晶体中较为少见。

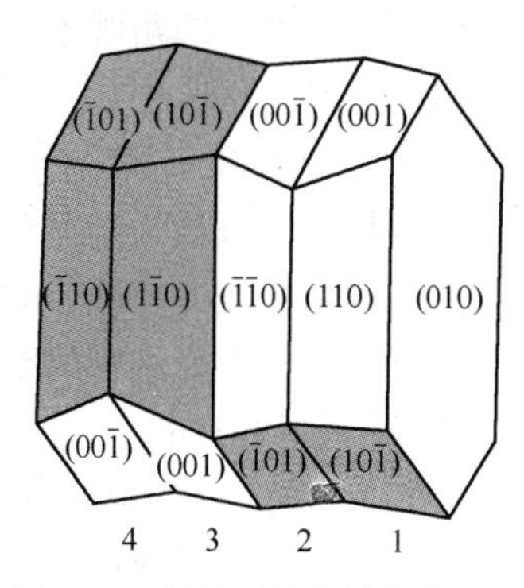


图 1-28 斜长石的卡钠复合双晶

2. 贯穿双晶

双晶的各单体彼此相互穿插，形成复杂的穿插接触关系，其接合面呈复杂折面。简单的穿插关系可以通过双晶接合面加以描述，但有时穿插关系太复杂只能描述其接合面的主要特征。如正长石的卡斯巴律双晶，其接合面可以描述为“以//（010）为主的曲折接合面”。贯穿双晶可以呈现许多不同的形态，如图 1-29 和图 1-30 所示。

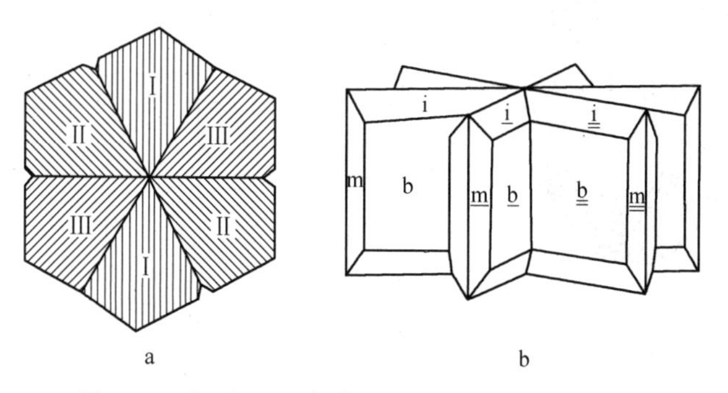


图 1-29 文石（a）与白铅矿（b）的贯穿三连晶

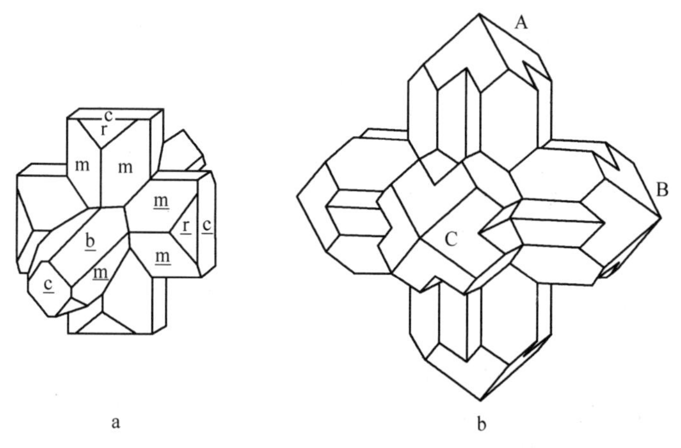


图 1-30 十字石（a）和钙十字沸石（b）按两种双晶律形成的贯穿双晶

（六）双晶的识别

实际晶体中，一些双晶有明显的宏观特征，易于识别，而有些双晶则需借助晶面上的微形貌才能识别。下面是一些常用的双晶识别标志。

（1）凹入角：由单形、聚形和本章上文的学习可知，单晶体均为凸多面体，平行连晶及双晶中单体的接合部位常常形成凹入角。所以，同种晶体上出现凹角有可能构成双晶。但需要注意，凹角既不是识别双晶的必要条件，也不是识别双晶的充分条件，尚需结合下述标志进一步鉴别。

（2）双晶纹和双晶缝合线：双晶表面常留有其接合面的线状痕迹，由于单体接合紧密呈细线状，所以称为双晶纹和双晶缝合线。双晶缝合线是一根孤立的线条，可以是直线，也可以是折线或曲线。双晶纹通常是一组平行线。例如，在斜长石聚片双晶⊥(010)方向，可见一组平直细密的双晶纹（图 1-31a）在石英道芬双晶的柱面可见一条细的曲线状缝合线（图 1-31b）；在正长石卡斯巴双晶⊥(010)方向可见一条折线状缝合线(图 1-31c)。缝合线有时不能直接被观察到，而要依据其他晶面微形貌的不连续性推断获得。如，具道芬双晶或巴西双晶的石英柱面上双晶缝合线两侧的晶面横纹不连续。

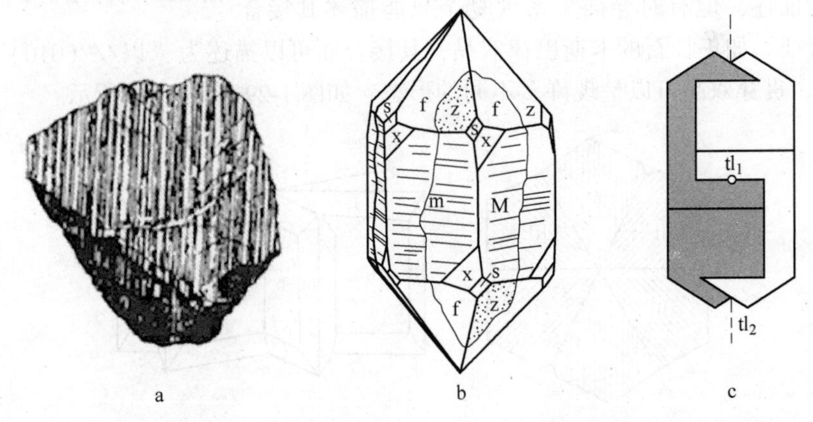


图 1-31　斜长石⊥(010)方向的聚片双晶纹（a）、石英道芬双晶柱面的曲线状缝合线（b）和正长石卡斯巴双晶⊥(010)方向的折线状缝合线（c）

（3）蚀像：蚀像也是识别双晶的标志之一。对于容易被风化刻蚀的晶体，其表面常常留有蚀像。由于双晶中单体的取向不一致，因而在相邻单体中的蚀象取向也不一致，据此能推定双晶的存在。此外，由于双晶接合面的格子构造不连续，容易出现结构“缺陷”，也是易被风化的薄弱部位，所以，沿双晶缝合线有时出现的线状排列的蚀象。

（4）假对称：任何晶体都有固定的对称性。如果某晶体的对称不符合其固有的对称特点，则该晶体应由双晶组成。

（七）双晶的成因

一般认为，双晶的成因主要有以下 3 种：

（1）在双晶位取向的晶核基础上生长。在晶体生长的早期成核过程中，两个或若干个晶核的位置处在双晶中单体的结晶学方位上，即呈“双晶位取向”。如果晶体继续长大，并逐渐连生在一起，最终就会发育成双晶。由这种方式形成的双晶称为生长双晶。因为从呈“双晶位”的晶核生长到彼此即将连接时，结晶就位的原子或离子等质点对于两个晶核上相似面网的就位概率相同，因而在接合面处形成共格面网。按共格面网形成双晶时所需能量较小，因而易于形成并稳定存在。生长双晶是最常见的一种双晶类型。

（2）同质多象转变。在同质多象转变过程中，驱动发生转变的物理化学条件不均一或发生不同结构转变的趋势近乎均等，因而可能导致晶体的一部分发生转变而另一部分不发生转变或晶体不同部位发生不同趋向的转变，最终使得原晶体的两部分呈“双晶位”关系。由同质多象转变方式形成的双晶称为转变双晶。

（3）机械外力的作用。晶体形成后，受机械外力的作用，晶格内的面网可能发生整体性滑移但不破裂，滑移的结果可能使晶体结构形成具“双晶位”特征的两部分，即构成双晶（图 1-32）。这种双晶称为机械双晶或滑移双晶或形变双晶。

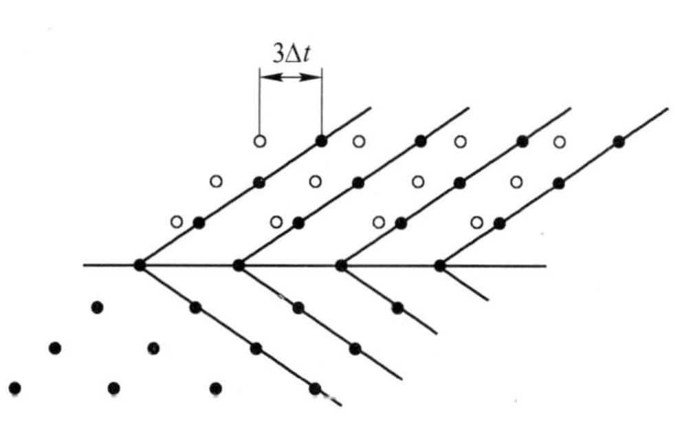

图 1-32　在剪切力作用下晶格产生机械双晶时面网上结点的滑移变形

（八）研究双晶的意义

在自然形成的矿物晶体中，约有 1/5 可出现双晶，其中一些非常重要的矿物晶体还总是出现特有的双晶类型，如斜长石的聚片双晶、正长石的卡斯巴双晶等，所以双晶是鉴定某些矿物、确定矿物空间取向的重要标志。

此外，机械双晶是地质构造变动的产物，据此可以确定构造运动的方向和强度，具有十分重要的地质意义。

在宝玉石和矿物晶体材料工业领域，有些矿物晶体的利用价值还与双晶密切相关，如双晶的出现会严重影响某些晶体的加工性能和光学效应，具双晶的水晶不能用作压电材料，具双晶的冰洲石不能用于制造光学材料等等。

因此，双晶是结晶学、矿物学、地质学、宝石学和晶体材料科学学科中一个颇具实际意义的研究领域。

## 思考与练习

1. 何谓晶体的连生？
2. 双晶要素主要有哪些？

# 项目六　晶体的习性与矿物的形态

**【知识点】** 理解并掌握晶体习性、矿物组分、共生、伴生等概念；矿物单体形态类型；集合体类型。

**【技能点】** 能正确描述矿物单体形态类型、集合体形态类型及双晶类型特征，能识别矿物的共生和伴生关系。

## 一、晶体的习性

矿物晶体在一定生长条件下，常趋向于形成某种特定的、习惯表现的形态特征，称为晶体习性。为了强调矿物晶体的总体外貌特征，一般都采用通俗形象的几何形态加以描述。

按照矿物单体在三维空间的发育比例可将其发育形态分为如下3种类型。

（1）一向延长型：晶体沿着某一个方向特别发育，成为柱状、针状或纤维状。电气石、绿柱石、水晶、角闪石和辉锑矿等矿物就常呈柱状或针状产出。

（2）二向延展型：晶体延两个方向相对更为发育，形成板状、片状、鳞片状、叶片状等形态。石墨、辉钼矿、云母、高岭石和绿泥石等矿物常呈片状、鳞片状，长石簇矿物常呈板状。

（3）三向等长型：晶体延三维方向的发育基本相同，呈等轴状、粒状等形态；等轴晶系的矿物如自然金、金刚石、黄铁矿、方铅矿、闪锌矿、磁铁矿、石墨、石盐和萤石。

基于矿物晶面发育的完整程度，将矿物的形态分为下面3种类型：

（1）自形：晶体发育程度完好，晶体外形由完整的晶面所包围。

（2）半自形：晶体部分发育完好，晶体外形仅部分被发育晶面所包围。

（3）它形：晶体发育程度较差，晶体外形上缺乏发育晶面，显示为不规则的表面或近似球形，有时充填在其他晶体颗粒空隙中。

## 二、矿物集合体形态

矿物的集合体是指由同种矿物的多个单体构成的聚集体。矿物集合体的形态是指同种矿物个体的形态及其集合方式。

自然界中绝大多数的矿物是以集合体形式产出的。集合体的形态特征取决于其矿物晶体的形态及集合方式。根据集合体中矿物单体颗粒大小可分为以下三种情况：肉眼或放大镜下可分辨单体者为显晶质集合体，显微镜下才能够辨认颗粒界线或单体的称为隐晶质集合体，显微镜下也不能辨识的则为胶态集合体。

（1）显晶质集合体。显晶质集合体通常根据矿物单体的结晶习性加以描述。组成集合体的矿物单体呈一向延伸者，根据单体的粗细可分为毛发状、针状、棒状、柱状集合体等。矿物单体呈二向延展者，依单体的大小，厚薄可分为鳞片状、片状和板状集合体等。矿物单体呈三向等长者则组成粒状集合体，按照其颗粒的大小不同，一般可分为细粒集合体（粒径<1mm）、中粒集合体（粒径1~5mm）和粗粒集合体（粒径>5mm）。

此外，还有一些形态特殊的显晶质集合体，常见的有：放射状集合体、纤维状集合体、树枝状集合体、晶簇。

（2）隐晶质和胶态集合体。分泌体在球状或不规则状的岩石空洞中，由胶体或隐晶质物质自洞壁逐层地向中心沉淀形成的矿物集合体。层与层之间由于在颜色或物质成分上的差异，常具有同心层状构造或不同颜色环带，如环带状玛瑙。

结核常由隐晶质或胶凝物质围绕某种其他物质颗粒（如砂粒、生物或岩石碎片等）为核心，自内向外逐渐生长而形成的球状、凸镜状、瘤状或不规则状的矿物集合体，直径一般在1cm以上。内部常具有同心层状、放射纤维状等构造，例如黄铁矿、菱铁矿等结核。结核形状多样，大小不一，如同鱼之大小的圆球群所组成的矿物集合体，称为鲕状集合体，如鲕状赤铁矿；若是像豌豆大小则称为豆状集合体。

钟乳状集合体由同一基底向外逐层生长而形成的，呈圆锥或圆柱等形状的矿物集合体。通常是由胶体凝聚或真溶液蒸发逐层板沉积而成。

根据集合体的外表形态特征，还常用形象物体类比的方法来加以描述，外形呈许多相互连接的半球，如珠串葡萄者称为葡萄状集合体，如葡萄石；外形上如肾状者，则称为肾状集合体，如肾状赤铁矿。

此外，矿物集合体还有一些不很常见但对某些矿物是比较特征的形态，例如毒砂、沸石的束禾状集合体；白铁矿的鸡冠状集合体；块状集合体，如高岭石等；肉冻状集合体，如蛋白石等；皮壳状、薄膜状集合体，如孔雀石等。

### 三、矿物的组合、共生和伴生

自然界地质体中的各种矿物，既可以是在同一地质作用下同时生成的，也可以有先后生成的关系之分。不论矿物生成时间的先后，只要在空间上共同存在的就称之为矿物的组合。

属于同一成因类型、同一成矿来源、同一成矿时期或成矿阶段所形成的不同矿物共存于同一空间的组合，称为矿物的共生组合。

不同成因或不同成矿阶段所形成的各种共同出现在同一空间范围的矿物组合称为矿物伴生。

### 思考与练习

1. 矿物集合体形态主要有哪些？
2. 何谓矿物共生和矿物伴生？

## 项目七　矿物的化学组成及矿物的分类

**【知识点】** 熟悉并掌握元素丰度；地壳元素丰度与矿物分布、类质同象、同质多象、胶体矿物、水的存在形式。

**【技能点】** 能正确区分类质同象和同质多象；掌握矿物分类的原则。

### 一、地壳中化学元素的丰度与矿物形成的关系

元素在地壳中的丰度是指元素在一定自然体系中的平均含量，常以克拉克值来表示。目前已知地壳中的元素近 100 种，它们的地壳丰度相差最高达 $10^{17}$ 倍；分布也极不均匀。克拉克值最大的 8 种元素如图 1-33 所示。其中，氧和硅离子所占比例极高，若考虑离子半径而把质量分数换算为体积分数，则氧离子占地壳总体积的 93. 77%，由此可知，地壳总体积上看是由其他离子充填其空隙的氧离子堆积体。

矿物的形成与地壳中元素的丰度有着密切关系，但地壳中各化学元素的分布是极不均匀的，最多的氧元素与最少的氡元素的含量相差竟达 $10^{18}$ 倍，其中 O、Si、Al、Fe、Ca、

Na、K、Mg 等 8 种元素占地壳质量的 99. 2%，详情如图 1-33 所示。

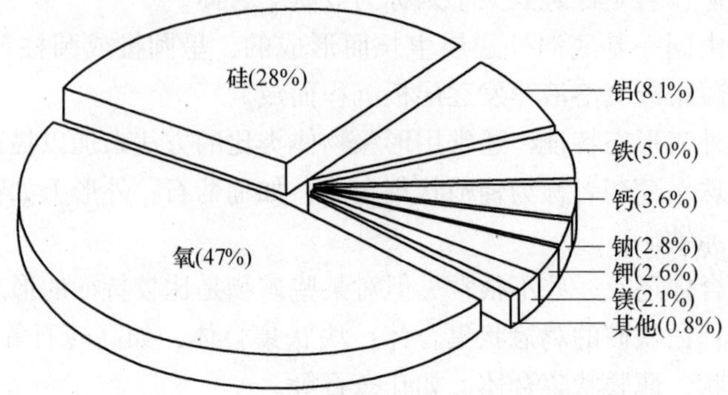


图 1-33　地壳中主要元素的质量分数

自然界中矿物的形成不仅取决于地壳中元素丰度，还与元素的地球化学行为有关。有些元素虽然丰度很低，如 Sb、Bi、Hg、Ag、Au 等，但趋于集中，可以形成独立的矿种，甚至富集成工业矿床。

## 二、矿物的化学成分类型

自然界的矿物，就其化学组分来说，大体可以分为两类：一类是单质，即由同一种元素构成的矿物，如自然金 Au、金刚石 C 等。另一类是化合物，即由多种离子或离子团构成的矿物，其中由一种阳离子和一种阴离子组成的称作简单化合物，如石盐 NaCl、方铅矿 PbS、赤铁矿 $Fe_2O_3$ 等；而有一种阳离子与一种络阴离子组成的称为单盐化合物，如方解石 $CaCO_3$、重晶石 $BaSO_4$ 等；若由两种以上的阴离子与同种阴离子或络阴离子组成的称作复化合物，如黄铜矿 $CuFeS_2$、磁铁矿 $Fe_3O_4$ 等；其中含络阴离子的复化合物称为复盐。复化合物的组成可以看成是由两种或两种以上的简单化合物或单盐以简单的比例组合而成。

## 三、类质同象与同质多象

类质同象是自然界矿物中普遍存在的一种现象。通常地壳中的稀散元素绝大部分不形成独立的矿物，而主要是以类质同象的形式赋存在一定的晶格中，因此加强矿物的类质同象和有用化学组分赋存规律的研究，对寻找某些特殊矿种和合理地综合利用各种矿产资源，以及探讨矿物形成的条件有着极为重要的实际意义。

同质多象是指同种物质在不同的物理化学条件（温度、压力、介质）下，能结晶形成若干种不同晶体结构的现象。例如碳，在压力不是很大的条件下结晶呈三方或六方晶系的石墨；但在很高的压力条件下则结晶成等轴晶系的金刚石。像这样化学成分相同二结构不同的晶体，称为同质多象变体。金刚石和石墨就是碳的两个同质多象变体。

## 四、胶体矿物及其化学组成特征

胶体及胶体矿物是一种或多种物质的微粒（直径约为 1~100nm）分散在另一种物质中构成的细分散体系。前者为分散质，后者为分散媒，它们均可以气、液、固三相存在。

若分散质的量远大于分散媒，称胶凝体；反之称胶溶体。分散媒为水而分散质为固相的胶凝体为水胶凝体。

胶体矿物绝大多数为天然形成的水胶凝体，其中的水称为胶体水，分散质称胶体微粒。胶体矿物的特性。在胶体矿物中分散质和胶体水的量比不定。胶体矿物是多相体系，并不是真正意义上的矿物，其固相的分散质可以为晶质也可为非晶质，如蛋白石（$SiO_2 \cdot nH_2O$）便是典型的胶体矿物，褐铁矿、硬锰矿、铝土矿、胶磷矿、表生菱锌矿等都属胶体矿物或胶体矿物老化的产物。

本质上说，胶体矿物的内部结构不是结晶体系，但某些较大的胶体粒子可能是结晶质的。一般而言，胶体矿物有如下重要特点：

（1）胶体矿物的比表面积极大，表面张力也极大，其形态多为球状或半球状。

（2）胶体矿物很不稳定，随时间推移很易老化或陈化。

（3）胶体矿物吸附能力很强，且吸附具有选择性。

## 五、矿物中水的存在形式

大多数矿物在形成过程中有水的参与，所以许多矿物中常以某种方式含有一定量的水。不同矿物中水的含量、存在形式不同，对矿物物理化学性质的影响也不同。

依据矿物中水的存在形式及其与晶体结构的关系，常常将矿物中的水划分为吸附水、层间水、沸石水、结晶水和结构水 5 种类型。

（1）吸附水。机械地吸附于矿物颗粒表面或裂隙中的中性水分子称作吸附水。此类水可呈气态、液态或固态，不进入矿物晶格，不属于矿物的化学组成、不写入晶体化学式。其含量随环境温度和湿度的不同而变化，在常压下被加热到 100℃ 以上时则可全部逸出且不破坏矿物晶格。

（2）层间水。层间水特指存在于某些具有层状结构的硅酸盐矿物晶格的结构层之间的，性质介于结晶水与吸附水之间的一种中性水分子。层状硅酸盐结构单元层间存在较大空隙，有水分子进入并滞留其中的空间条件；此外，上下结构单元层本身电荷未达平衡而显示的过剩负电荷和结构层间其他阳离子的吸附作用是水分子进入和滞留的动力学条件。不同矿物结构层间隙大小和吸引水分子的动力学条件不同，层间水的含量也有明显差异；相同矿物在不同环境条件下其层间水的量也不同，环境温度降低或湿度增大时层间水的量较高。

（3）沸石水。沸石水特指存在于沸石族矿物结构中的空洞和中性水分子，在低温潮湿环境中沸石水的量较高，反之则较低。由于沸石水在矿物中只能占据结构中的空洞和孔道这种特定位置，其含量便有一上限值，且上限值与其他组分的关系符合定比定律。

（4）结晶水。结晶水指在矿物中占据特定晶格配位位置的中性水分子。结晶水在矿物中的量是一定的，与其他组分呈固定比例关系。

（5）结构水。结构水又称化合水，指占据矿物晶格中确定配位位置的 $OH^-$、$H^+$ 或 $(H_3O)^+$ 离子，以 $OH^-$ 为最常见。这种水在晶体结构中的作用等同于阴、阳离子，与其他组分有固定的量化关系。

结构水与矿物中其他组分的联系十分紧密，其逸出温度高达 600~1000℃。如果结构水逸出，原矿物即完全解体。

从上述 5 种水的性质来看，结构水并非真正的“水”，而层间水和沸石水则是介于吸附水和结晶水之间的过渡型水，因而在晶体化学式中可写可不写。

## 六、矿物的化学式及其表示方法

矿物化学成分以矿物的化学式表达，只表示矿物化学成分中各种组分数量比的化学式称为“实验式”，如方沸石的实验式为 $4SiO_2 \cdot Al_2O_3 \cdot Na_2O \cdot 2H_2O$ 或 $H_2NaAlSi_2O_7$。这种化学式不能反映原子在矿物中的结合关系。

目前在矿物学中普遍采用的是“晶体化学式”或称结构式。这种化学式既表明矿物中各组分的种类，又能反映矿物中原子结合的情况。晶体化学式的书写方法如下：

(1) 阳离子写在化学式的开始，在复盐中的阳离子要按碱性的强弱顺序排列。

(2) 阴离子接着写在阳离子的后面；络阴离子则用方括号 [ ] 括起来。

(3) 附加阴离子通常写在主要阴离子或络阴离子的后面。

(4) 含水化合物的水分子写在化学式的最后面，并用圆点“·”把它与矿物中的其他组分分开。当含水量不定时，常用 $nH_2O$ 表示。如蛋白石 $SiO_2 \cdot nH_2O$。

(5) 互为类质同象代替的离子用圆括号（ ）括起来，它们中间以“,”分开，含量较多的元素一般写在前面。

例如：白云母 $KAl_2[AlSi_3O_{10}][OH]_2$，石膏 $Ca[SO_4] \cdot 2H_2O$，铁白云石 $Ca(Mg,Fe,Mn)[CO_3]_2$。

## 七、矿物的分类与命名

### (一) 矿物的命名

矿物的命名迄今尚无统一原则，或依矿物特征形态、物理性质、化学成分等固有属性命名，或依矿物的发现地或研究者命名。其中，以成分为主，辅以物性和形态等特征的命名能起到顾名思义的作用，是较好的命名依据，在矿物名称中较常见。但是，侧重矿物某方面特征的名称也很普遍，如表 1-3 所示。

**表 1-3 常见的矿物命名方式**

| 命名依据 | 举　例 |
|---|---|
| 形态 | 十字石（十字双晶）、方柱石（柱状）、石榴石（石榴籽形态） |
| 物理性质 | 橄榄石（橄榄绿色）、孔雀石（孔雀绿色）、方解石（菱面体解理）、重晶石（相对密度较大的透明矿物） |
| 化学成分 | 自然金、自然铜、自然硫、钛铁矿、铬铁矿、三水铝石、水锰矿、锆石 |
| 物理性质+形态 | 红柱石（浅红色，柱状）、绿柱石（绿色，柱状） |
| 物理性质+化学成分 | 黄铁矿（铜黄色）、黄铜矿（铜黄色）、方铅矿（立方体）、闪锌矿（半金属光泽）、铜蓝（蓝色）、白钨矿、蓝铜矿、菱镁矿（菱面体解理）、菱铁矿（菱面体解理） |
| 化学成分+形态 | 钙铝榴石（石榴籽形态） |
| 人名 | 鸿钊石、张衡矿、尤什津矿 |
| 地名 | 香花石、高岭石、包头矿、长城矿 |

矿物的中文名称中“石”、“矿”、“玉”、“晶”、“砂”、“华”、“矾”等是常见的词缀，它们多能准确反映矿物的一些特征。其中，呈金属光泽或主要用于提炼金属元素的矿物，一般称为××矿，如方铅矿、菱铁矿等；具非金属光泽的矿物大多命名为××石，如方解石、孔雀石等；晶莹剔透洁净无瑕的宝石类矿物称××晶，如水晶、黄晶等；一些宝玉石类矿物称作××玉，如刚玉、黄玉、硬玉等；常以细小颗粒产出的矿物称×砂，如辰砂、毒砂等；地表次生的松散状矿物称×华，如钴华、钼华等；易溶于水的硫酸盐矿物常称之为×矾，如胆矾、黄钾铁矾等。

（二）矿物的分类

矿物的分类方案很多，有以矿物中元素的地球化学性质为依据的地球化学分类，以矿物的产状和形成条件为依据的成因分类，以晶体化学为依据的分类。其中，以晶体化学为依据的分类便成为目前矿物学界广泛采用的矿物分类方案。

矿物的晶体化学分类体系包括大类、类、族、种等 4 个基本层次，依据各类别中矿物种的多少和晶体化学变化情况，还常分出亚类、亚族、亚种及变种或异种等亚层次，如表 1-4 所示。

**表 1-4　矿物的晶体化学分类体系**

| 级　序 | 划分依据 | 举　例 |
|---|---|---|
| 大类 | 单质和化合物类型 | 含氧盐矿物 |
| 类 | 阴离子或络阴离子种类 | 硅酸盐矿物 |
| 亚类 | 强键分布和络阴离子结构 | 岛状硅酸盐矿物 |
| 族 | 晶体结构类型和阳离子性质 | 辉石 |
| 亚族 | 阳离子种类和结构对称性 | 单斜辉石 |
| 种 | 一定的晶体结构和化学成分 | 普通辉石 |
| 亚种 | 完全类质同象系列中的端员组分比例 | |
| 变种或异种 | 形态、物性、成分微小差异 | 钛辉石 |

## 思考与练习

1. 矿物中水的存在形式主要有哪几种？
2. 何谓类质同象与同质多象？
3. 地壳中主要元素有哪些？

# 学习情境二　矿物学通论

**内容简介**

本学习情境主要介绍了矿物的物理性质及常用的鉴定方法。矿物物理性质包括：颜色、条痕色、光泽、透明度、硬度、解理、裂理、断口、弹性与挠性、脆性与延展性、密度、磁性；矿物鉴定的常用方法包括：肉眼鉴定、显微鉴定。

通过本学习情境的学习，使学生能够利用常用的岩矿鉴定工具对常见矿物的硬度、解理、裂理、断口、弹性与挠性、脆性与延展性、密度、磁性等进行描述及鉴定。

## 项目一　矿物物理性质

**【知识点】**　理解并掌握矿物的颜色、条痕色、光泽、透明度的概念及其相互关系；掌握矿物的硬度、解理、裂理、断口、弹性与挠性、脆性与延展性等的描述；矿物的摩氏硬度、密度、磁性。

**【技能点】**　能正确描述所观察的标本。

矿物的物理性质是其最重要的属性之一，是矿物化学组成和晶体结构的综合表现，因而是矿物鉴定的重要依据。不同成因的同种矿物的化学组成和晶体结构通常存在一定的差异，这种差异反映在矿物的物理性质上，使其成为矿物成因的重要标志。因此，掌握并研究矿物的各种物理性质对认识不同层次的矿物是十分必要的。

### 一、矿物的光学性质

矿物的光学性质是指自然光作用于矿物表面之后所发生折射和吸收等一系列光学效应所表现出来的各种性质，包括矿物的颜色、条痕、透明度及光泽等。

#### （一）颜色

矿物的颜色是矿物最明显、最直观的光学性质。通常意义上的矿物颜色是指矿物在自然光照射下所呈现的颜色。太阳光是由七种不同波长的色光所组成的，当矿物对它们均匀吸收时，可因吸收程度的不同，使矿物呈现出白色、灰色、黑色（全部吸收）；如果只吸收某些色光，就呈现另一部分色光的混合色。根据矿物颜色产生的原因，可将颜色分为自色、他色、假色三种。

（1）自色。自色主要取决于矿物的内部性质，由矿物自身的化学组成这一固有的因素引起的颜色。例如赤铁矿的樱红色，孔雀石的翠绿色等。自色是相当固定且具特征性的，因而是矿物的鉴定特征之一。

（2）他色。他色是矿物混入了某些杂质所引起的，与矿物的本身性质无关。他色不固定，随杂质的不同而异。如纯净的石英晶体是无色透明的（水晶），但含氧化铁则呈玫瑰色（即玫瑰石英），含锰就呈紫色（即紫水晶），含碳的微粒时就呈烟灰色（即墨晶）由于他色多变而不稳定，所以对鉴定矿物没有多大的意义。

（3）假色。由于光的干涉、衍射和散射等物理光学因素所引起的颜色，常见的假色为：锖色、晕色，变彩。

矿物颜色复杂多样，初学者不易辨认。表2-1列出一些颜色较为标准的矿物，供对照标本练习，识别矿物颜色。

**表2-1　常见矿物颜色**

| 颜色 | 矿物 | 颜色 | 矿物 | 颜色 | 矿物 | 颜色 | 矿物 |
|---|---|---|---|---|---|---|---|
| 绿色 | 孔雀石 | 锡白色 | 毒砂 | 铁黑色 | 磁铁矿 | 铜黄色 | 黄铜矿 |
| 蓝色 | 蓝铜矿 | 铅灰色 | 方铅矿 | 钢灰色 | 镜铁矿 | 金黄色 | 自然金 |
| 黄色 | 雄黄 | 红色 | 辰砂 | 褐色 | 褐铁矿 | 靛青色 | 铜蓝 |

注意：观察矿物时应在新鲜面上进行观察。

（二）条痕

条痕是矿物粉末的颜色。通常是以矿物在无釉瓷板上擦划得之（当矿物硬度大于条痕板时可将矿物碾成粉末，放在白纸上观察）。矿物的条痕可以消除假色的干扰，减弱他色的影响，可充分突显出矿物的自色。它比矿物颗粒的颜色更稳定，因而更具有鉴定意义。例如赤铁矿有暗红、钢灰、铁黑等多种颜色，然而其条痕却均为樱红色。

条痕对于不透明矿物和色彩鲜艳的透明、半透明矿物具有重要鉴定意义。但对于鉴定浅色的透明矿物没有多大意义，因为这些矿物的条痕几乎都是白色、灰白色或近于无色，难以区别。

观察条痕时，一定要注意，用矿物的新鲜部分在条痕板上轻轻擦划，力求获得较细的粉末，这样的条痕才准确。

（三）光泽

矿物表面对可见光的反射能力称为光泽。矿物反光的强弱主要取决于它对可见光的反射或吸收程度的大小，反射程度越强，矿物反光能力便越大，光泽也就越强；反之，则光泽弱。在矿物的肉眼鉴定中，通常根据矿物新鲜平滑的晶面、解理面或磨光面上反光能力的强弱，将光泽自强而弱大致分为以下三个等级：

（1）金属光泽。矿物表面反光极强，如同金属磨光面所呈现的光泽，如自然金、方铅矿、黄铜矿等。天然的金属单质及其互化物、大多数硫化物矿物均呈现金属光泽。

（2）半金属光泽。较金属光泽稍弱，暗淡而不刺目，一般呈未经抛光的金属表面的反光。如黑钨矿、磁铁矿等的光泽。一些半金属元素矿物、部分氧化物、硫化物矿物具有此种光泽。

（3）非金属光泽。非金属光泽是一种不具金属感的光泽。可再细分为：

1）金刚光泽反射能力较强，呈现出如金刚石表面那样灿烂耀眼的反光。如金刚石、闪锌矿、辰砂、锡石晶面上的光泽，金刚石、闪锌矿；部分氧化物矿物和含重金属元素的含氧盐矿物。

2）玻璃光泽反射能力相对较弱，如玻璃板表面所呈现的反光。如石英、方解石、萤石晶面上的光泽；绝大多数的透明矿物都具有此种光泽。由于光泽是矿物表面对光的反射能力，因此表面的平坦、光滑程度或集合体形态必然会影响到反射光的强度，从而常常使矿物表面产生一些特殊的光泽，如下：

①油脂光泽见于某些具玻璃光泽或金刚光泽，解理不发育的浅色透明矿物中，其不平坦断口的表面犹如涂了层类似脂肪油似的光泽，如石英、锡石断面上的光泽。

②丝绢光泽多出现在浅色或无色，具玻璃光泽的纤维状集合体矿物表面，如同丝织品所反射的那种光泽，如石棉、纤维石膏。

③珍珠光泽无色或浅色透明矿物的完全解理面上呈同蚌壳内壁上的那种柔和而多彩的光泽，如透石膏、滑石、白云母。

④蜡状光泽出现在隐晶质或非晶质透明矿物的致密块体上。矿物表面呈有如蜡烛表面的光泽，如块状叶蜡石、蛇纹石。

⑤土状光泽也称为暗淡光泽或无光泽，出现在细粒、粉末状或疏松多孔状透明矿物的集合体表面上，就像土块表面那样显得暗淡无光泽，如高岭石、褐铁矿。

矿物光泽的等级一般是确定的，但特殊光泽却因矿物产出的状态不同而异。因此，光泽是矿物鉴定的依据之一，也是评价宝玉石的重要标志。

### （四）透明度

矿物的透明度是指矿物允许可见光透过的程度。

矿物对光线的吸收能力除和矿物本身的化学性质与晶体构造有关外，还明显地与厚度及其他因素有关。因此，某些看来是不透明的矿物，当其磨成薄片时，却仍然是透明的，所以透明度只能作为一种相对的鉴定依据。为了消除厚度的影响，一般以矿物的薄片（0.03mm）为准。据此，透明度可分为透明、半透明、不透明。在肉眼鉴别矿物时，观察矿物边缘其后物体的清晰度将矿物的透明度同样分为透明、半透明、不透明。

（1）透明：能允许绝大部分可见光透过矿物的现象，可清晰的见到其后物体轮廓和细节，如水晶、方解石、萤石、冰洲石等。

（2）半透明：能允许部分可见光透过矿物的现象，仅能见到其后物体轮廓的阴影，无法分辨其轮廓和细节，如浅色闪锌矿、辰砂等。

（3）不透明：基本上不允许可见光透过矿物的现象，如磁铁矿、石墨、黄铁矿、方铅矿等。

注意：在观察矿物的透明度时，应注意选取合适的标本。如果矿物本身含有其他杂质及包裹物，具有裂隙或者表面风化程度较严重者，也将会影响到矿物的透明度。

以上所述的颜色、条痕、光泽和透明度都是由于矿物对光线的吸收、折射和反射表现出来的光学性质，所以上述各种光学性质之间，具有一定的内在联系，如表 2-2 所示。

表 2-2　矿物颜色、条痕、光泽、透明度间的相互关系简表

| 颜色 | 无色 | 浅色 | 彩色 | 黑色或金属色（部分硅酸盐矿物除外） |
|---|---|---|---|---|
| 条痕 | 白色或无色 | 浅色或无色 | 浅色或彩色 | 黑色或金属色 |
| 光泽 | 玻璃 | 金刚 | 半金属 | 金属 |
| 透明度 | 透明 | 半透明 | | 不透明 |

## 二、矿物的力学性质

矿物的力学性质是指矿物在外力作用下所表现的各种物理性质，它们包括硬度、韧度、解理、裂理和断口。

### （一）矿物的硬度

矿物的硬度是指矿物抵抗外力机械作用（如刻画、压入或研磨等）的能力。

在矿物的标本鉴定中，通常采用刻划硬度，即摩氏硬度作为鉴定依据。以十种硬度不同的常见矿物作为标准，构成了摩氏硬度计，如表 2-3 所示。

表 2-3　摩氏硬度计

| 硬度 | 矿物 | 硬度 | 矿物 | 硬度 | 矿物 | 硬度 | 矿物 | 硬度 | 矿物 |
|---|---|---|---|---|---|---|---|---|---|
| 1 | 滑石 | 3 | 方解石 | 5 | 磷灰石 | 7 | 石英 | 9 | 刚玉 |
| 2 | 石膏 | 4 | 萤石 | 6 | 正长石 | 8 | 黄玉 | 10 | 金刚石 |

用摩氏硬度计测定矿物的硬度的方法很简单，即将欲测矿物和硬度计中的标准矿物相刻画。例如某矿物能被石英所刻画，但不能被长石所刻画，则该矿物硬度必介于 6~7 之间，可以确定为 6.5，若某矿物和方解石刻画，彼此无损伤，说明二者硬度相等，即该矿物硬度为 3。但是必须注意，摩氏硬度只是相对等级，并不是硬度的绝对数值，所以不能认为金刚石比滑石硬十倍。另外有些矿物在晶体的不同方向上，硬度是不一样的。例如蓝晶石，沿晶体轴向方向的硬度为 4.5，而垂直该方向的硬度为 6.5。

大多数的矿物硬度比较固定，所以具有重要的意义。在野外，可利用指甲（2~2.5）、铜钥匙（3~3.5）、小钢刀（5~5.5）、钢锉（6.5）来粗略地测定矿物的硬度。

### （二）解理、裂理和断口

矿物晶体受力后，沿着一定的方向裂开成光滑面的特性称为解理。裂开的光滑面称为解理面。

矿物受外力作用后，在任意方向上呈各种凹凸不平的断面的性质称为断口。

解理和断口互为消长关系，即解理发育者，断口不发育，相反，不显解理者，断口发育。

矿物的解理按其解理面的完好程度和光滑程度不同，通常划分为四级：

（1）极完全解理：解理面极完好，平坦且极光滑，矿物晶体可劈成薄片，如云母、辉钼矿。

（2）完全解理：矿物晶体容易劈成小的规整的碎块或厚板状，解理面完好、平坦、

光滑，如方解石、方铅矿等。

（3）中等解理：破裂面不甚光滑，往往不连续，解理面被断口隔开成阶梯状，如辉石、白钨矿等。

（4）不完全解理：一般难发现解理面，即使偶见到解理面，也是小而粗糙的。因此，在破裂面上常见有不平坦断口，如磷灰石、锡石等。

有的把无解理者称为极不完全解理，晶体的破裂面完全为断口，如黄铁矿、石榴石等。

断口可描述为贝壳状断口（如石英断口）、参差状断口（如黄铁矿、磁铁矿等）。

观察解理和断口时应注意：

（1）解理面是鉴定矿物的一个重要标志，观察解理时，通常先看晶体破裂后是否出现闪光的平面（转动标本时，有是否闪光的小平面），就可知有无解理面，然后再根据解理面的完整程度确定解理的等级；

（2）观察解理时，注意区别晶面和解理面，解理为受力后产生的破裂平面，一般较新鲜，平坦有较强的反光；而矿物的晶面，有的表现出各种花纹或麻点，通常无明亮的反光，其表面显得黝黯。

裂理。裂理是指矿物晶体遭受外力作用时，有时沿着一定的结晶方向，但并非晶格本身等弱方向破裂成平面的性质。这种平面称裂开面。

裂理与解理的表现形式非常相似，但成因却完全不同。裂理是杂质、包裹体、固溶体等组分在矿物结晶过程中沿某些结晶学方向上均匀规则排列，致使该方向成为力学薄弱面，当受到外力作用时，表现出来的类似于解理的特性。显然，裂理不是矿物晶体固有的性质，如果矿物中不存在定向缺陷，该矿物就不具裂理。

### 三、矿物的其他性质

矿物除了具有上述物理性质以外还具备其他物理性质：

（1）相对密度（比重）：相对密度是鉴定和对比矿物的依据，是指纯净、均匀的单矿物在空气中（一个大气压）的质量与同体积纯水在4℃时质量之比。通常是用手掂估计矿物的轻重，将矿物的相对密度分为三级，重矿物——相对密度大于4（如重晶石、黄铁矿、石榴子石等）；中等矿物——相对密度在2.5~4之间（如石英、方解石等多数矿物）；轻矿物——相对密度小于2.5（如石墨、云母、自然硫、石膏、滑石等）。

（2）弹性：指矿物受外力作用（在弹性极限内）能发生弯曲形变，当外力取消后仍能恢复原状的性质，如云母。

（3）挠性：指矿物受外力作用能发生弯曲变形，但外力取消后不能恢复原状的性质，如绿泥石。

（4）脆性：指矿物受外力作用后易裂成碎块或粉末的性质，如方铅矿。

（5）磁性：指矿物可被磁场所吸引，甚至本身能吸引铁屑的性质。通常用普通磁铁测试，能被磁铁吸引的称为磁性矿物，如磁铁矿。

（6）导电性：矿物对电流的传导能力称为导电性。大多数金属光泽的矿物为电的导体（如黄铁矿、石墨、方铅矿等），而非金属光泽的矿物是电的不良导体，如云母、石棉、石英、方解石等。

矿物的其他物理性质还有很多，例如：压电性、热电性、放射性等，由于这些性质均需要有专门仪器才能够进行测定，因此这里不再一一阐述。若今后工作需要，可自行查阅有关参考书籍。

## 思考与练习

1. 试总结矿物的颜色、条痕、透明度和光泽之间的相互关系。
2. 矿物的解理与裂开有何区别？
3. 矿物的光学性质主要有哪些？

# 项目二　矿物鉴定的常用方法

**【知识点】** 了解矿物鉴定的常用方法；了解偏光显微镜、实体显微镜的结构构造。

**【技能点】** 能借助肉眼、放大镜、实体显微镜和一些简单工具观察矿物的性质进行初步鉴定。

正确地选择和运用各种方法识别和鉴定矿物，是地质、采矿、选矿、冶金等领域很重要且必不可少的环节。其目的就是确定矿物的种类，查明岩石或矿石中各种矿物的数量、分布及其组合情况，掌握矿物的性质及其变化规律等，为最终采用合理的选矿方法和实现资源的充分利用提供必要的数据支持，并且根据具体的情况和鉴定目的及要求选用适当的鉴定方法和研究方法。

在自然界中现已发现的矿物有接近3000种之多，而未被发现或未被正确鉴定出来的矿物不知还有多少种。所以矿物的研究和鉴定工作是从事矿物学研究工作人员和地质工作者的一项复杂而又艰巨的任务。鉴定和研究矿物要做到准确、快速经济，这就必须按照由简到繁的顺序进行。鉴定矿物的方法很多，而随着现代科学技术的发展，还在不断地完善和创新之中。总的来说是借助于各种仪器，采用物理化学的方法，通过对矿物化学成分、晶体形态和结构及物理特性的测定，以达到鉴定矿物的目的。

## 一、矿物的肉眼鉴定

肉眼鉴定是凭肉眼和放大镜、实体显微镜（双目显微镜）和一些简单工具（小刀、磁铁、条痕板等）观察矿物的外表特征和测定物理性质（颜色、条痕、光泽、透明度、硬度、密度、磁性、解理等），从而对矿物进行鉴定的简单方法。这种方法简便、易学，在矿业工程领域对原矿和选矿产品尤为适用。但是要达到快速、准确，需要经过一定的训练。特别是对细粒矿物的晶形、解理的观察，需要反复地对比和实践，多积累经验才能比较熟练地掌握这一简单而又重要的鉴定方法。一个具有鉴定经验的人，利用肉眼鉴定的方法，就能正确地把上百种矿物初步鉴定出来。通过肉眼鉴定可以知道矿物是什么，从而进一步选择鉴定的方法。因此肉眼鉴定矿物，是矿物鉴定的基础，是矿业工作者必须掌握的基本技能。

### （一）肉眼鉴定的方法

矿物肉眼鉴定的步骤和描述方法：

（1）观察矿物的形态。单体和集合形态。

（2）观察矿物的光学性质。颜色、条痕、光泽和透明度。

（3）实验矿物的力学性质。硬度、密度、解理、断口及其他力学性质（弹性、挠性、延展性等）。

（4）实验矿物的其他性质。磁性、发光性、可溶性、可塑性、气味等。

（5）借助某些简易化学实验进一步鉴别矿物。

在鉴定矿物时，上述方法和步骤应逐一进行观察和实验。但对于具体标本来说，不是所有特征都能观察到的，往往在一块标本上，要反复进行观察和实验，并且要抓住主要特征进行观察。

现以方铅矿为例来说明肉眼鉴定的方法过程。在鉴定某一矿物时，先要观察矿物的形态，如某矿物为立体外形，首先观察颜色、条痕和光泽，该矿物具有典型的铅灰色、强金属光泽和灰黑色条痕。进一步观察该矿物的硬度、解理、断口及密度等特征。它有较低的硬度、显著的立方体或阶梯状解理，以及手中掂掂感到密度较大。综合上述各种基本特征与教材中描述的每种矿物相对照，既可以迅速地确定该矿物为方铅矿。若矿物颗粒较细而晶体形态不甚发育时，还可以借助实体显微镜和简易化学分析方法鉴定。

### （二）鉴定注意事项

在肉眼鉴定过程中必须注意以下几点：

（1）前面所述的矿物各项物理特征，在同一个矿物上不一定全部显示出来，所以肉眼鉴定时，必须善于抓住矿物的主要特征，尤其是要注意那些具有鉴定意义的特征。如磁铁矿的强磁性，赤铁矿的樱红色条痕、方解石的菱面体解理等。

（2）在野外鉴定时，还应充分考虑矿物的存在都不是孤立的，在一定的地质条件下，它们均有一定的共生规律。如闪锌矿和方铅矿常常共生在一起。

（3）在鉴定过程中，必须综合考虑矿物物理性质之间的相互关系。如金属矿一般情况下颜色较深、密度较大、光泽较强，而非金属矿物则相反。

初学者想要熟练地掌握矿物的鉴定特征，就必须经常接触标本，反复实践，进行观察，实验对比、分析，找出相似矿物之间的异同点和每种矿物的典型特征。只有这样才能准确迅速地鉴定矿物。切记，不可以脱离标本死记硬背。此外，需注意鉴定矿物时要尽量选择新鲜面观察和实验，力求得到正确的鉴定结果。当然，肉眼鉴定准确度毕竟是有限的，对某些鉴定难度较大的矿物，只能做初步判断，详细鉴定需要选择适当的鉴定方法或研究方法，这样可以逐步缩小范围，确定矿物名称。

对于一些不常见、特征相似、结晶不好和晶粒微小的矿物用肉眼鉴定的准确性差。但仍可以根据矿物的特征和共生组合规律进行初步鉴定，为进一步选用其他的方法提供依据，所以肉眼鉴定是研究矿物的重要的基本方法。

## 二、透明矿物的显微鉴定

### （一）透明矿物鉴定使用的仪器设备

晶体光学是应用光学原理研究可见光通过透明晶体时所产生的光学现象及其规律的科

学。在地质学中，它是研究和鉴定透明矿物的重要方法之一。晶体光学的应用范围很广，它不仅用于岩石、矿物方面的研究，而且还可用于玻璃、药品、化肥等生产和科研部门。

在可见光中，矿物可分为透明、半透明和不透明三大类，非金属矿物绝大部分都是透明矿物。在鉴定研究透明矿物的工作中，应用最广泛的方法就是晶体光学法，也就是偏光显微镜研究方法。它是将样品磨成 0.03mm 厚的薄片，在偏光显微镜下，观察矿物的各种光学性质、从而达到鉴定矿物、研究样品的结构构造及工艺特征的目的。

1. 偏光显微镜

偏光显微镜是研究晶体薄片光学性质的重要仪器。它比一般的显微镜复杂，最主要的区别是装有两个偏光镜。其中一个偏光镜在载物台之下，称下偏光镜（起偏镜），自然光通过下偏光镜后变成偏光；另一个在物镜的镜筒中，称上偏光镜（分析镜）。两者透过偏光的振动面通常是互相垂直的。

2. 偏光显微镜的构造

偏光显微镜型号很多，但基本构造大体相似。现以江南 XPB-01 型偏光显微镜为例来说明它的构造，如图 2-1 所示。

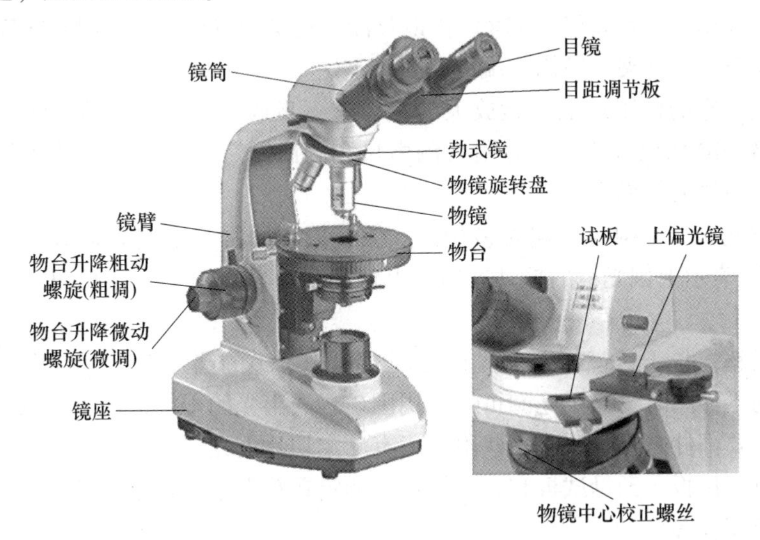


图 2-1　江南 XPB-01 型偏光显微镜

1）镜座。支撑显微镜全部的重量，其外形是直立柱的马蹄形。

2）镜臂。呈弯背形，其下端与镜座相连，上部都装有镜筒。

3）反光镜。反光镜是一个具有平凹两面的小圆镜，可以任意转动，以便对准光源，把光反射到显微镜的光学系统中去。使用时应尽量取得所需亮度，一般在弱光源或锥光鉴定时使用凹面。

4）下偏光镜。位于反光镜之上，由偏光片制成，从反光镜反射的自然光，通过下偏光镜之后，即成为振动面固定的偏光。下偏光镜一般可以转动，以便调节振动方向，通常以“PP”代表下偏光镜的振动方向。

5）锁光圈（光澜）。在下偏光镜之上，可以自由升合，用以控制光的透过量，缩小光圈可使光度减弱。

6）聚光镜。在锁光圈之上，由一组透镜组成。它可以把下偏光镜透出的平行光束聚敛成锥形的偏光，不用时可以推向侧面或下降。

7）载物台。为可以水平转动的圆形平台，圆周边缘有刻度（360°），并附有游标卡尺，可直接读出转动角度。物台中央有圆孔，是光线的通道。圆孔旁边有一对弹簧夹，用以夹持薄片。物台外缘有固定的螺丝，用以固定物台。

8）镜筒。镜筒为长的圆筒，连接在镜臂上。转动镜筒上的粗动调焦螺旋以及微动调焦螺旋，可使镜筒上升和下降，用以调节焦距。有的显微镜中，微动调焦螺旋有刻度，可以读出微动调焦螺旋的升降距离。通常是每小格等于 0. 01mm 或 0. 02mm。镜筒上端插目镜，下端装物镜，中见有勃氏镜、上偏光镜及试板孔，有的还有锁光圈。由目镜上端至装物镜处的长度称机械筒长。物镜后焦平面与目镜前焦平面间的距离称光学筒长。

9）物镜。它是决定显微镜成像性能的重要因素，其价值相当于整个显微镜的 1/5～1/2，是由 1～5 组复式透镜组成。其下端的透镜称前透镜，上端的透镜称后透镜。一般情况下，前透镜愈小，镜头越长，其放大倍数愈大。

每台显微镜至少有 3 个放大倍率不同的物镜，每个物镜均刻有放大倍率、数值孔径（N. A），有的还刻有光学筒长、薄片盖有玻璃厚度及前焦距等。一般显微镜附有低倍（3. 2×）、中倍（10×）及高倍（45×）物镜及油浸镜头（100×）。使用时按需要选用不同放大倍率的物镜，将其夹于镜筒下端的弹簧夹上。

10）目镜。它的作用是把物镜放大的物像进一步放大，而使眼睛便于观察。一般显微镜都有 5 倍、10 倍两种目镜，并附有测微尺和测微网。显微镜的总放大倍率等于目镜放大倍率与物镜放大倍率的乘积。

11）上偏光镜。结构与下偏光镜相同。但其振动面常与下偏光镜振动面垂直。通常以符号“AA”表示上偏光镜的振动方向。上偏光镜可以自由推入或拉出，有的上偏光镜还可以转动。

12）勃氏镜。位于目镜与上偏光镜之间，是一个小的凸透镜，可以推入或拉出。在观察细小矿物干涉图时，缩小光圈可挡去周围矿物透出光的干扰，使干涉图更清楚。

除以上主要部件之外，还有一些附件，有测定切片上光率体椭圆半径名称和光差程度的补色器、石膏试板、云母试板和石英楔；有测定颗粒大小、百分含量的物台测微尺、机械台、电动求积仪等。

3. 偏光显微镜的调节与校正

（1）装卸镜头。装目镜，将选好的目镜插入镜筒，并使其十字丝位于东西、南北方向。

装卸物镜，因显微镜的类型不同，物镜的装卸有以下几种类型；弹簧夹型的是将物镜上的小钉夹于弹簧夹的凹陷处，即可卡住物镜。江南 XPT-06 型偏光显微镜即属于此类型。另外还有转盘型、螺丝扣型、插板型等。

（2）调节照明（对光）。装上物镜和目镜后，轻轻推出上偏光镜和勃氏镜，打开锁光圈，推出聚光镜。目视镜筒内，转动反光镜直至视域最明亮为止。注意对光时不要把反光镜直接对准阳光，因光线太强易使眼睛疲劳。

（3）调节焦距。调节焦距的目的是为了使物象清晰可见，其步骤如下：

首先将观察的矿物薄片置于物台中心，并用薄片夹将薄片夹紧。

然后从侧面看镜头，转动粗动调焦螺旋，将镜头下降到最低位置。若使用高倍物镜，则需转动微动调焦螺旋使之清楚。

准焦后物镜与薄片之间的距离称工作距离，常用 F. W. O 表示。工作距离与物镜放大倍率有关，物镜放大倍率愈低，工作距离愈长，反之愈短。

（4）校正中心。在显微镜的光学系统中，载物台的旋转轴、物镜中轴、镜筒中轴和目镜中轴应严格在一条直线上。这时旋转物台，视域中心的物像不动，其余物像绕视域中心做圆周运动，不会将物像转出视域以外。如果它们不在一条直线上，旋转物台时，视域中心的物像绕另一中心旋转，并把某些物像转出视域之外。这不仅妨碍观察，甚至有时影响某些数据的测定。因此必须进行中心校正。显微镜中，一般目镜中轴、镜筒中轴和物台旋转轴都是固定的，只有物镜中轴可以调节，所以中心校正实际是调节物镜中心使其与物台中轴、物镜中轴、镜筒中轴一致。校正物镜中心一般是借助于安装在物镜上的两个校正螺丝来进行的，其校正步骤如下：

1）观察旋转工作台上的切片，在切片中找一小黑点，使位于偏光显微镜目镜十字线中心。

2）转动工作台，若物镜中轴与工作台中心不一致，黑点即离开十字线中心绕一个圆转动。圆的中心 S 即为工作台的中心。

3）将小黑点转至 01（此时距十字线中心最远）借物镜座上两个调节螺丝调节 S 与 O 重合，使得小黑点自 01 移回 001 距离一半。

4）如此循环进行上述三步骤可使偏光显微镜物镜中轴与旋转工作台中心重合。

（5）偏光镜的校正。在实际操作中，偏正显微镜的上、下偏光镜的振动方向应当正交，或东西或南北方向，并分别与目镜十字丝平行。有时只用一个下偏振镜来观测，必须确定下偏振镜的振动方向，因此操作时必须对偏振镜进行校正。

1）目镜十字丝的检测。一般要检查目镜十字丝是否正交，以及是否与上下偏振镜振动方向一致，同时选一块解理极完全的黑云母，移至目镜十字丝的中心，将解理缝平行于十字丝的一根丝，记下载物台的刻度数，再转动物台使解理缝平行于另一十字丝，记下载物台的刻度数，两个刻度数之差为 90°，说明十字丝正交。

2）下偏振镜振动方向的确定和校正。一般用黑云母来检查下偏振镜的振动方向，这是因为黑云母是一种分布广泛的透明矿物，在单偏光下很有特征。首先找一块解理和清晰的黑云母，移至目镜十字丝中心，拉出上偏光镜，转动载物台一周，观察黑云母颜色的变化，因为黑云母对解理方向的振动光吸收最强，所以使黑云母颜色达到最深时，解理缝的方向就是下偏光镜的振动方向。

3）上下偏振镜正交的校正。下偏振镜的方向校正好之后，取下薄片，推人上偏振镜，观察视域是否全黑即是否处于消光状态。如果全黑，则表明上下偏光的振动方向互相正交。否则，上偏振镜须进行校正，即转动上偏振镜，使视域达到最暗为止。转动时必须先松开上偏振镜的止动螺丝，校正好后再拧紧。

4. 偏光显微镜的保养

偏光显微镜是精密的光学仪器，又是教学和科研工作的重要工具。所以使用显微镜时要特别细心，注意保护并自觉遵守以下规则：

1）从箱内取出或搬动显微镜时，必须用一只手握住镜臂轻拿轻放防止震动。

2）使用前应进行检查，但不能随便拆卸显微镜零件。

3）使用显微镜各个部件时，动作要轻缓，装卸镜头时一定要拿稳，以防坠落损坏。显微镜的各种附件，一律放在盒子里，不准放在桌上或书上，以免不慎跌落造成损失。

4）镜头必须保持清洁。有灰尘时必须用专门擦镜头的软纸擦拭，以免损坏镜头。

5）下降镜筒时，应从侧面看镜头，切勿使镜头与薄片相接触，从而损坏镜头，特别是使用高倍物镜时，因其工作距离特别小，尤其要注意。

6）尚未学习使用和不知如何使用的部分和部件，切勿随便乱动。如需使用，应报告教师。

7）不得让显微镜晒到太阳，以防偏光镜或试板脱胶。显微镜还须防潮，不用时放入箱内并放上干燥剂。

8）显微镜用完后应将上偏光镜、勃氏镜推入镜筒内，以免灰尘落入。在镜筒上盖上镜盖。若无镜盖时则目镜不要取下，以免灰尘直接落入镜筒内。

9）使用完后必须登记，罩上罩子，若无罩子则放入箱内。

### （二）透明矿物的显微鉴定

只用一个偏光镜就是单偏光镜。在单偏光镜下可观察到矿物晶体的形态和多色性，研究矿物的突起、糙面和贝克线等。

#### 1. 解理及其夹角的测定

许多矿物都具有解理，但不同矿物解理的方向、完善程度、组数及解理夹角不同，所以解理是鉴定矿物的重要依据。

在磨制薄片时，由于机械力的作用沿解理面的方向形成细缝。在黏矿片的过程中，细缝又被树胶充填。由于矿物的折射率与树胶的折射率不同，光通过时发生折射作用，而使这些细缝显示出来，所以矿物的解理在薄片中表现为一些平行的细缝，称为解理缝。根据解理的完善程度不同，解理缝的表现情况也不同，一般可分为三级：

（1）极完全解理。解理缝细密而直长，贯穿整个矿物晶粒，如黑云母。

（2）完全解理。解理缝较稀、粗，且不完全连贯，如角闪石。

（3）不完全解理。解理缝断断续续，有时只能看出解理的大致方向，如橄榄石的解理。

解理缝的清晰程度，除了与解理的完善程度有关外，还受矿物与树胶的折射率的相对大小控制，两者相差愈大，解理缝愈清楚；反之解理缝就不清楚。所以有些矿物虽有解理，但由于折射率与树胶相近而在薄片中看不到解理或解理缝不明显，如长石类矿物就是如此。

解理缝的宽度除了与解理的性质有关外，还与切面方向有关。当切片垂直解理面时，解理缝最窄，并代表解理的真实宽度，此时提升镜筒，解理缝不向两边移动，当切片方向与解理面斜交时，则解理缝必然大于真实宽度。这时提升镜筒。解理缝要向两边移动。当切片方向与解理面的夹角 $\alpha$ 逐渐增大，则解理缝逐渐变宽，而且越来越模糊。当 $\alpha$ 角增大到一定程度解理缝就看不见了，这个夹角称为解理缝的可见临界角。另外切片方向与解理面平行时也看不到解理缝。所以有解理的矿物，在薄片中不一定都能看到解理缝，主要受切面方向的控制。

解理夹角的测定：有些矿物具有两组解理，如角闪石和辉石。具两组解理的矿物，其解理夹角是一定的，所以测定其夹角也可帮助我们鉴定矿物。解理夹角在矿物晶体中是一定的，但在切片中由于切片方向不同，其解理角大小有一定差别。只有同时垂直于两组解理面的切面才能反映出两组解理的真正夹角。所以测定解理夹角时，必须选择垂直于两组解理面的切面，这种切面的特点是：两组解理缝清楚，提升镜筒时，解理缝不向两边移动。

测定解理夹角的步骤如下：

（1）按上述原则选择垂直于两组解理面的切面。

（2）转动载物台，使一组解理缝平行十字丝竖丝，记下载物台读数 $\alpha$。

（3）旋转物台，使另一组解理缝平行目镜竖丝，记下物台读数 $\beta$，两次读数之差即为解理夹角。

2. 颜色和多色性、吸收性

矿物的颜色是由光波透过矿片时经过选择性吸收后而产生的。若矿物对白光中各色光吸收程度相等，即均匀吸收，则矿物为无色透明。若是对白光中各色光是选择性吸收，则光通过矿片后，除去吸收的色光，其余色光互相混合，就构成该矿物的颜色。

颜色的深浅（又称颜色的浓度），是由矿物对各色光波吸收能力大小决定的，吸收能力大颜色就深，反之就浅。吸收能力除与矿物本身性质有关外，还与薄片的厚度有关。

均质体矿物只有一种颜色，而且颜色深浅无变化。非均质体矿物的颜色和颜色深浅是随方向而变化的。因非均质体的光学性质随方向而变化，对光波的选择性吸收和吸收能力，也随方向而变化。因此在单偏光镜下旋转物台时，许多具有颜色的非均质体矿物的颜色和颜色深浅要发生变化而构成了所谓多色性和吸收性。

多色性是指矿片的颜色随振动方向不同而发生改变的现象。

吸收性是指矿片的颜色深浅发生变化的现象。

非均质体矿物的选择性吸收与矿物本身的光学性质有密切关系。

3. 薄片中矿物的边缘、贝克线、糙面及突起

薄片中的矿物由于与树胶的折射率有差别，在单偏光镜下，当光通过两者的交界处时要发生折射、反射作用，从而产生一些光学现象，表现为边缘、贝克线、糙面及突起。

（1）矿物的边缘与贝克线。在两种折射率不同的物质接触处，可以看见比较黑暗的边缘，称矿物的边缘。在边缘的附近还可看见一条比较明亮的细线，升降镜筒时，亮线发生移动，这条较亮的细线称为贝克线或光带。

（2）矿物的糙面。在单偏光镜下观察矿物表面时，可以看到某些矿物表面比较光滑，某些矿物表面显得较为粗糙而呈麻点状，好像粗糙皮革一样，这种现象称为糙面。其产生的主要原因是矿物薄片表面具有一些显微状的凹凸不平，覆盖在矿片上的加拿大树胶折射率又与矿片的折射率不相同。光线通过两者之间的界面，将发生折射，甚至全反射作用，致使矿片表面的光线集散不一，而显得明暗程度不同，给人以粗糙的感觉。一般是两者折射率差值愈大，矿片表面的磨光程度愈差，其糙面愈明显。

（3）矿物的突起。在薄片中，各种不同的矿物表面好像高低不相同，某些矿物显得表面高一些，某些矿物则显得低平一些，这种现象称为突起。矿物的突起现象仅仅是人们的一种视觉，在同一薄片中，各个矿物表面实际上是在同一平面上。所以会产生高低的感觉，主要是由于矿物折射率与加拿大树胶的折射率不同所引起的。两者折射率值相差愈大，矿物的边缘愈粗，糙面愈明显，因而使矿物显得突起高，否则相反。所以矿物的突起

高低，实际上是矿物边缘与糙面的综合反映。加拿大树胶的折射率等于 1.54，折射率大于加拿大树胶的矿物属正突起；折射率小于加拿大树胶的矿物属负突起。区别矿物突起的正负必须借助于贝克线。当矿物与加拿大树胶接触时，提升镜筒，贝克线向矿物内移动时属于正突起；贝克线向加拿大树胶移动属于负突起。

根据矿片边缘、糙面的明显程度及突起高低，突起等级可以划分为 6 个等级，如表 2-4 所示。

**表 2-4 突 起 等 级**

| 突起等级 | 折射率 | 糙面及边缘等特征 | 实例 |
|---|---|---|---|
| 负高突起 | <1.48 | 糙面及边缘显著，提升镜筒，贝克线向树胶移动 | 萤石 |
| 负低突起 | 1.48~1.54 | 表面光滑，边缘不明显，提升镜筒，贝克线向树胶移动 | 正长石 |
| 正低突起 | 1.54~1.60 | 表面光滑，边缘不清楚，提升镜筒，贝克线向矿物移动 | 石英，中长石 |
| 正中突起 | 1.60~1.66 | 表面略显粗糙，边缘清楚 | 透闪石，磷灰石 |
| 正高突起 | 1.66~1.78 | 糙面显著，边缘明显而且较粗 | 辉石，十字石 |
| 正极高突起 | >1.78 | 糙面显著，边缘很宽 | 榍石，石榴石 |

由此可以看出，矿物的边缘、糙面明显程度以及由此而表现出的突起高低，都是反映矿物折射率与加拿大树胶折射率的差值大小。差值愈大，矿物的边缘与糙面愈明显，则突起愈高。

#### （三）透明矿物在正交偏光镜下的光学性质

所谓正交偏光镜，就是除用下偏光镜之外，再推入上偏光镜，而且使上、下偏光镜的振动方向互相垂直。由于所用入射光波是近于平行光束，因而又可称为平行光下的正交偏光镜。一般以符号“PP”代表下偏光镜的振动方向，以符号“AA”代表上偏光镜的振动方向。

（1）非均质体切片上光率体椭圆半径名称的测定。在正交偏光镜下测定矿物的光学常数需要知道矿片上光率体椭圆半径名称和方向，其测定方法如下：

将要测的矿片移至视域中心，旋转物台使矿片处于 45°位置，插入试板，观察矿片干涉色变化，根据补色法则可知矿片上光率体椭圆半径与试板上光率体椭圆半径是同名轴平行还是异名轴平行，因试板上光率体椭圆半径的名称和方向是已知的，据此就可确定切片上光率体椭圆半径的名称和方向。

（2）干涉色级序和双折射测定。测定矿物的干涉色级序时，必须选择同种矿物中干涉色最高的切片，其测定步骤如下：

使选取矿片处于 45°位置，插入石英楔，观察矿片干涉色变化，若升高则须旋转 90°，重新插入观察，若降低则继续慢慢插入，直到矿片出现补偿黑带时停止插入，将物台上的薄片取下，再慢慢抽出石英楔，并同时观察视域中出现红色的次数，该矿片的干涉色即为 $(n+1)$ 级。

当矿片的干涉色级序测定以后，就可从色谱表上观察出光通过矿片后所产生的光程差，一般薄片厚度为 0.03mm，双折射率值就可在色谱表上直接查出；或者根据光程差公式 $= d(N_t - N_v)$ 求出双折射率。

（3）消光类型的观察和消光角的测定。如前所述，非均质矿片消光时，矿片的光率体半径与上、下偏光镜的振动方向即目镜十字丝平行。因此矿片消光时，目镜十字丝就代表矿片上光率体椭圆半径方向。而矿片上的解理缝、双晶缝、晶体轮廓与结晶轴有一定的关系，所以根据矿片消光时，矿物的解理缝、双晶缝、晶体外形等与目镜十字丝所处的位置关系不同，可将消光分为三种类型：即平行消光、对称消光和斜消光。

消光角的测定：消光角一般以结晶轴或晶面符号与光率体椭圆半径之间的夹角来表示。矿物中只有单斜和三斜晶系的矿物以斜消光为主。不同的矿物最大消光角不同，所以，最大消光角才具鉴定意义。单斜晶系的矿物最大消光角在（010）即平行光轴面的切面上，所以通常选干涉色最高的切面。三斜晶系的矿物要选择特殊方向的切面来测定。消光角测定步骤具体方法如下：将矿片中解理缝或双晶缝平行目镜竖十字丝，记下物台读数。旋转物台使矿片消光。记下物台读数，前后两次读数之差，即为消光角。将物台从消光位置转45°，插入试板，确定所测光率体椭圆半径的名称，根据解理缝、双晶缝等所代表的结晶学方向，即可写出消光角，如普通辉石平行（010）面上的消光角为48°。

## 三、不透明矿物的显微鉴定

### （一）反光显微镜

#### 1. 反光显微镜的基本构造

反光显微镜又名矿相显微镜或矿石显微镜，是用以观察和研究不透明矿物的一种仪器。它是在偏光显微镜的基础上，加一个专门的垂直照明系统构成的。因此，反光显微镜的机械系统与偏光显微镜完全相同。它的光学系统则主要由光源、垂直照明器、物镜和目镜等四部分组成。而物镜和目镜的种类和构造原理与偏光显微镜也基本相同，仅由于反光显微镜观察的对象是无盖片的矿物磨光面，物镜在设计上与偏光显微镜略有不同。

（1）垂直照明器。垂直照明器由进光管和反射器两个主要部分组成。

1）进光管。它是连接光源和反射器的通道，并附有调节光线的多种装置。

光源聚光透镜位于进光管最前端接近光源部分的地方，其作用是将光源发射出的光线聚焦于视野光圈上。

2）反射器。反射器是反光显微镜的一个关键部件，其作用是将进光管中进来的光线垂直向下反射，到达矿物光面上起照明作用，以便对不透明矿物进行观察和研究，因此它的质量直接影响显微镜的观察性能。

（2）光源。光源是反光显微镜的一个重要组成部分，它直接影响光面的照明程度和矿物的各种光学性质的观察和测定。旧式的反光显微镜最常用的光源主要是钨丝白炽灯，新近出厂的产品有的用卤钨灯作光源。

1）钨丝白炽灯。常用的是低压钨丝灯，配有专用的变压器，输出电压一般为6～12V，电流强度一般为3～5A，灯丝尽量卷成小球，使其密集近似点光源。光源有的直接因定于垂直照明器上，随镜筒升降；有的则成独立部分，不随镜筒升降，需要载物台的升降来调节。

2）卤钨灯。卤钨灯是在装有钨丝的石英玻璃壳内充有一定量的卤族元素或其化合物。一般用溴或碘化物。灯丝在燃点时，蒸发的钨沉积在石英玻璃壳上，只要温度高于

200℃。溴或碘蒸气就和玻璃壳上的钨化合，形成溴（碘）化钨蒸气在灯内扩散。

3）滤光片（滤色片）。它主要用来矫正光源的光谱能量分布。在反光显微镜下研究不透明矿物时，应用很广。如不同的物镜选用相应的滤光片，用以校正残余色像差，提高物镜的分辨能力。

（3）物镜和目镜。反光显微镜的物镜不同于偏光显微镜的物镜，它是根据观察无盖片的光面设计的，不宜用于观察有盖片的薄片，中、低倍物镜勉强可用于观察，高倍物镜用于观察薄片时不仅成像不佳，而且可能无法准焦。现代显微镜多为透光反光两用，并配有透、反光分别使用的物镜，绝不可将两者混用。

显微镜的物镜和目镜都是由数个透镜组合而成的，每个透镜有两个表面，光线每次由空气进入透镜时，由于两者的折射率不同，光除大部分透过透镜外，少量则在透镜表面因反射而损失，光线通过物镜和目镜时，要经过数个透镜故产生多次反射，由于透镜表面反射的结果，一方面使最后成像的光强减弱，降低物像的亮度，另一方面，这种反射散射光使镜筒内耀光增强，降低物像的清晰度。由于两透明介质分界面上反射光的强度是随它们的相对折射率减小而减小的，因此，如果在透镜表面加镀一层低折射率物质薄膜，就可大大减小反射光强度，故较新型显微镜的物镜和目镜的透镜表面都经过镀膜，近年来已发展到在透镜表面加镀多层增透膜，基本上消灭了反射光。

2. 反光显微镜的调节、使用和维护

在反光显微镜下研究不透明矿物的光学性质时，要想得到准确的观测结果，必须对显微镜的各个部分进行正确的调节，使其发挥应有的作用。

（1）选用低倍物镜，确定物镜和目镜组合，并将其安装在显微镜上。

（2）将光片光面抛光或擦拭干净，用胶泥黏着放在玻璃片上（或金属板上），用压平器置于载物台上。安装光源，接上电源。

（3）打开口径光圈和视域光圈。

（4）粗调反射器的位置和物镜焦距，转动粗动齿轮，使镜筒下降到一定程度（物镜不可与光面接近），从侧面看载物台上的光面上是否出现亮点。如有亮点，说明反射器的位置大体正确；如无亮点，转动反射器轴，直至光面上出现亮点时为止。而后从侧面看着镜筒下降到接近光面，然后眼睛靠近目镜的透镜，看着视野内，缓慢转动粗动螺旋提升镜筒，直至出现较清晰的物像为止。

（5）精确的调节反射器的位置和物镜焦距，转动微动螺旋，缓慢升降镜筒，直至视域中出现清晰的物像。而后，尽量缩小视域光圈，在视域内可见一小亮点，转动反射器轴，使亮点中心移至十字丝交点，并使其被十字丝对称平分，表示反射器已调节到正确位置。如果亮点沿其十字丝移动而不被其平分，说明反射器转轴不水平，一般都须送仪器厂校正。

（6）调节视野光圈及准直透镜，小亮点边缘如果模糊不清或带色彩，可前后移动准直透镜，使小亮点边缘清楚。然后打开视域光圈，至光圈边缘与视域边缘重合为止。若此时视域光圈边缘仍有横向色散，可能是进光管与光源入射光束不同轴造成的，应调节光源。

（7）调节光源中心，调整灯的高度，倾斜度，旋转灯体上的校正中心螺旋，调节聚光透镜，使光面上照明均匀而且最亮时为止。与此同时应在灯泡之前加适当蓝玻璃或磨砂的蓝玻璃，使其成白光。

（8）调节口径光圈，取下目镜或推入勃氏镜，即可在物镜后透镜上看到孔径光圈的像。一般调节是将光圈开大到光圈边缘与物镜后透镜圆周重合为止，但有时在高倍镜下观察须用严格垂直入射光时，光圈的影像应缩小到只有物镜后透镜直径的1/3至1/4。

（9）装上目镜，若分辨能力和视域亮度都已达到要求，只是视域中心像蒙了一层白雾，使物像不清晰。此时可适当缩小口径光圈，以减少色像差和镜筒内耀光的影响。

（10）校正物镜中心，操作方法与偏光显微镜的物镜中心校正相同。

（11）偏光镜正交位置调节，反光显微镜的二偏光镜如有一个固定，活动的一个就应以固定的一个为标准进行调节。一般前偏光镜的振动方向是东西向，上偏光镜为南北向。

在反光显微镜中，常用石墨、辉钼矿等双反射显著的矿物来检查前偏光镜的振动方向。因它们平行延长方向的反射率远大于垂直延长方向的反射率。将上述任一矿物光面置于载物台上，在单偏光镜下旋转载物台，如果前偏光镜振动方向为东西向，当矿物的延长方向平行东西向时，视域中应最亮。当其延长方向平行南北方向时，视域中应最暗。否则，说明前偏光镜振动方向不是东西向，应进行调节，使其达到上述要求，而后，推入上偏光镜，将其转至消光位置即可。

为了检查二偏光镜振动方向是否严格正交，可用辉锑矿、铜蓝等强非均质性矿物试验上述矿物光面置于载物台上，若二偏光镜严格正交，载物台旋转一周时，会出现“四明四暗”，而且矿物在各个45°方位时最明亮，偏光色也完全一致。否则，将出现明暗变化相间不等的四明四暗，甚至二明二暗。

（12）应变物镜消光位的调节，物镜透镜玻璃因退火不当或安装时压力过大而常有应变，使玻璃呈现异常非均质现象。因此须事先检查并调节至消光位。其方法是将物镜自镜筒上卸下，载物台上放一偏光镜，利用载物台下的自然光照明，将上偏光镜推入镜筒中，旋转载物台 使其上的偏光镜振动方向与上偏光镜严格正交，再将要检查的物镜装上。然后在物镜螺旋框内缓慢旋转物镜，如果视域黑暗程度不变，表示物镜无应变，如果视域亮度有变化，则物镜有应变。为了提高检验灵敏度，可插入一级红石膏试板，物镜无应变时，视线一级红不变，有应变时，视域随物镜的旋转干涉色会发生变化。经检查物镜如有应变，应将其在螺旋框中旋转到视域中完全黑暗为止，此时表示应变物镜处于消光位。

反光显微镜经上述顺序调节完毕后，即可开始使用。在使用时应特别注意以下几个方面：

（1）反光显微镜光源，一般是用低压钨丝白炽灯，用时必须接在专用的变压器上。其次灯丝较脆弱，易折断，尤其在开关灯时，钨丝温度急剧变化，更易损坏，切勿振动。再次，由于显微镜灯泡的灯丝温度高，钨蒸发得快，灯泡寿命只有几十小时，中途停止观察时，应随手熄灯。

（2）霉菌是光学仪器的最大隐患，对光学系统破坏极大，因此，显微镜应注意防潮，减少霉菌破坏。

（3）其他注意事项，与偏光显微镜所述相同。

### （二）不透明矿物在单偏光镜下的光学性质

#### 1. 反射率与双反射

##### A　反射率

矿物光片置于反光显微镜载物台上，用垂直入射到光面上的光线（自然光或平面偏光）观察时，给人们的视觉印象是不同矿物有不同的光亮程度，这就是反射力给予人的视觉感受。所谓反射率是表示矿物磨光面反光能力的参数，用 $R$ 表示，即反射光强度 $I_r$ 与入射光强度 $I_i$ 的百分比。

在显微镜下鉴定不透明矿物，反射率是最重要的鉴定依据，其重要性可与透明矿物的折射率相比拟。

反射率与矿物的透明度有关，透明度愈大，反射率愈小，反之，矿物愈不透明，则反射率愈大。矿物的反射率还与光面质量有关，反射率值都是在抛光面质量优良的标准条件下测出的。如果抛光面质量欠佳（粗糙）或光面有氧化膜或油污不洁，都会引起反射率降低。

均质性矿物在任何方向上的反射率都一样，而非均质性矿物的反射率随切面方向不同而不同，即使是同一切面上（垂直光轴方向切面除外），不同方向的反射率也不同。

反射率的测定方法：主要有光强直接测定法、光电光度法、视测光度法和简易比较法等。

光强直接测定法是利用光电检测装置直接测定入射光强与反射光强，进而计算被测矿物的反射率。此法适用于标定反射率“标准”。但不能在显微镜下测定，而不适于直接测细小矿物的反射率。

光电光度法是利用光电效应和照射光电元件的光强与所产生的光电流强度成正比的原理，量度“标准”与欲测矿物发射光能（光强度）转变为电能（光电能）的光电流的强度，以计算欲测矿物反射率的方法。一般采用光电倍增管光度计，具有很高的灵敏度，能测直径小至 0.5nm 面积的光强，其误差范围一般为测定值的±0.1%。

视测光度法是利用视觉显微光度计将欲测矿物和“标准”矿物置于镜下分别与比较光束凭目力进行对比，调节比较光路中相交偏光镜的转角，以改变比较光束的强度，使矿物反射光束与比较光束的光强相等，从而根据相交偏光镜的转角计算出欲测矿物的反射率。测得反射率的相对误差达4%。

上述方法能定量测定矿物的反射率值，但需使用一定的仪器设备，而且往往较麻烦和费时间，但在日常的一般鉴定工作中，有时不需要精确数字，只需知道反射率的大致范围即可查表定出矿物时，亦可采取简易的定性比较法。此法简单，方便，且不需任何专门的仪器设备，置于镜下观察对比即可，故仍有一定应用价值。

简易比较法是利用已知反射率的矿物作为“标准”，将欲测矿物与“标准”矿物进行对比，这样依次与各“标准”矿物对比后即可定出该矿物的反射率范围。被选为“标准”矿物 的应是常见的、均质性的、反射率较稳定的矿物。一般常用的“标准”矿物为黄铁矿（白光中反射率为51%，以下同）、方铅矿（42%）、黝铜矿（31%）、闪锌矿（17%）。

B　双反射

在单偏光镜下观察非均质性矿物光片，当旋转载物台时，矿物亮度发生变化的现象叫作双反射。

在观察矿物双反射现象时，一般单个晶体不易看出双反射现象，只有在视域中出现数个同种矿物晶体紧密连生时，才容易看出。

根据非均质矿物双反射现象在视域上的明显程度，可将双反射进行分级（空气中）：

（1）显著。转动物台一周，亮度变化显著，如辉钼矿、辉锑矿等。

（2）清楚。转动物台一周，单晶上亮度变化可见，粒状集合体上更清楚可见，如赤铁矿等。

（3）不显。转动物台一周，亮度变化看不出来，如钛铁矿等。

2. 反射色与反射多色性

A　反射色

矿物的反射色系指矿物磨光面在白光垂直照射下，其垂直反射光所呈现的颜色。

矿物的颜色可分为体色和表色。所谓体色就是白光照射透明矿物后，大部分光透过，仅有少量的光被等量吸收或选择吸收，这种透射光所呈现的颜色，叫作体色。白光照射到不透明矿物表面后，由于矿物的强烈吸收性，透射光能量迅速被外层电子所吸收，经跃迁转化为次生的表面反射光，这种矿物表面反射光所呈现的颜色，就是矿物的表色。若做等量反射，则呈无色类的银白色、亮白色、白色、灰白色等；若做选择反射则呈现各种显著、鲜艳的颜色，如铜黄色、铜红色等。

矿物的体色和表色是大致互补的，如长波段的一些色光被吸收和反射后，就会有较多的短波段的色光透过，反之亦然。

有些非均质性矿物，在单偏光镜下旋转载物台时，不仅有亮度变化，而且反射色也有变化，这种颜色（或浓淡色调）的变化，叫作双反射色。

矿物在反光显微镜下的反射色，实质上就是矿物的表色，是在垂直入射和垂直反射时的特征，尤其是具有鲜艳反射色的矿物。为了很好利用这一特征，在对反射色描述时要仔细倒入区别其颜色的深浅及所带的色调。由于不同人对颜色的描述是不同的，只有多结合实物观察才能有所体会。

在观察反射色时，应注意下列事项：

（1）要求光源为纯白色。一般光源都带黄色，需加适当深浅的蓝色滤光片使之滤成白光，但实际上很难达到，则一般以方铅矿的反射色作为标准的纯白色，其他欲测矿物与之对比。

（2）光片不仅要求平整光滑，而且表面不能被氧化，因此在观察前应抛光除去氧化薄膜。

（3）周围矿物颜色有很大影响，使观察者产生视感色变效应。如磁铁矿通常为灰白带浅红棕色，若与带蓝灰色的赤铁矿连生时红棕色更显著，而与玫瑰色的斑铜矿连生时呈现纯白色。实际上矿物的颜色并没有变，只是我们观察者主观上对颜色印象发生改变而已。

（4）介质的影响，矿物的反射色随浸没介质不同而变化。

B　反射多色性

非均质矿物的反射色随切面的方向而异，在同一切面上，不同方向其反射色也不同。在单偏光镜下，旋转物台可以观察到非均质矿物这种反射色随方向而变化的性质，称为矿物的反射多色性。例如铜蓝的反射色在转动物台时会由天蓝色变为浅蓝白色。

矿物的反射多色性产生原因与矿物双反射产生原因是相同的，则两者是同时存在的。但在观察过程中常常是一种现象掩盖了另一种现象。若反射色鲜艳的矿物，其反射多色性现象较易观察，则常掩盖其双反射现象，若矿物的反射色为无色的，其反射多色性现象不易观察，而双反射现象较易观察。因此在观察时要特别注意。

对矿物反射多色性的描述一般是指颜色的变化，如天蓝色-浅蓝色。

观察方法与观察双反射同，应在多颗粒连生体中观察。

3. 内反射与内反射色

所谓内反射，系指光线入射到透明、半透明矿物表面后，经折射透入矿物内部，当遇到矿物内部充气和充液的解理、裂理、裂隙、孔洞以及色体和不同矿物的粒间界面时，将发生反射、全反射和折射，使一部分光线折射出来这种现象称为矿物的内反射，内反射中所带的颜色，称为内反射色，内反射色实际上就是矿物的体色。

矿物有无内反射，决定其透明度，愈透明者内反射愈强。由于矿物的反射率与透明度有关，因此矿物的内反射与反射率也有关系。凡反射率大于40%的矿物因不透明而无内反射，反射率在40% ~ 30%之间者，有少数矿物有内反射，反射率在30%~20%之间者，大多数矿物有内反射；反射率在20%以下者，基本都是透明或半透明矿物，因此，都有显著的内反射。

在反光显微镜下观察内反射其特征为：一般具为鲜明颜色或呈纯净的灰白色，内反射色是不均匀的，有的比较鲜明，有的比较暗淡，转动载物台没有规律性变化，在观察时有透明的立体感。

内反射的观察方法主要有以下两种。

（1）斜照法。此法是简便而常用的方法，观察时，将光源改从侧面斜射入矿物光面，表面反射光向另一侧面反射掉，因反射角度较大而不能射入显微镜内，因此在镜内看不到矿物光面的反射光。若该矿物是不透明的矿物，则无光线进入矿物内部，在视域中为黑暗的。若该矿物为透明或半透明矿物，则有部分光线进入矿物内部，这部分光在矿物内部遇到各种界面时，将产生折射和反射，必有部分光线透出光片，并且还会有一些角度适合的光线进入显微镜，使我们能够从目镜中观察到矿物的内反射。使用此法时，光源的角度要适中，一般入射角为30°~45°左右，只能在低倍和中倍物镜下使用。

（2）粉末法。对一些透明度不好的矿物，有时内反射现象不易观察到，为提高观察效果，常将欲测矿物用钢针或金刚刀（笔）刻画成粉末，因刻画成粉末后粒度变细，更易于透明，且界面增多，易于内反射和全反射，从而可以得到更多的内反射光，观察起来更加明显。观察同样可用斜照法。

（三）不透明矿物在正交偏光镜下的光学性质

1. 偏光性与偏光色

等轴晶系矿物的任意方向切面和非均质性矿物垂直光轴的切面，在正交偏光镜下旋转载物台360°时，光面的黑暗程度或微弱的明亮程度不变，此种性质叫作均质性。

非均质性矿物的任意方向切面（不包括垂直光轴的切面）在正交偏光镜下，旋转载物台360°时，发生四明四暗有规律的交替变化现象，并且明暗之间相间45°。在明亮时，可能呈现的各种颜色，叫作偏光色。矿物的这种明暗程度和颜色变化的性质，叫作非均质性。

矿物的均质性和非均质性，统称偏光性质。观察矿物的偏光性时，首先必须将显微镜各个部件进行检查和调节，尤其是偏光镜正交位置调节和物镜应变的检查及其消光位的调节显得特别重要，如果不调节好，势必干扰偏光性质的观察。

观察方法：

（1）两个偏光镜严格正交，转动物台一周，非均质矿物将每隔 90°消光一次，共出现四次消光位和四次明亮，在两相邻消光位中间 45°位置时，达最大亮度。均质矿物则为全消光或呈现一定亮度，转动物台时，亮度无任何变化。

（2）两偏光镜不完全正交，对一些非均质性不太显著的矿物，在两个偏光镜严格正交下，不易观察，这时需将两偏光镜之一，从严格正交位置偏转 1°～3°，这样可有一部分光线透过上偏光镜，转动物台时，明暗变化则较显著，物台转动一周，出现四次消光，四次明暗，但不完全在 90°或 45°位置发生。该法对观察弱非均质矿物较为有效。

（3）在浸油中观察，由于浸油的作用，可使非均质矿物通过上偏光镜的光亮差变大，因而提高观察矿物偏光性的效果。

偏光性可分为三级：

1）强非均质。在一般光源下消光和明亮均清晰可见的，伴有明显的偏光色产生。

2）弱非均质。在一般光源下消光和明亮不太清楚，必须在强光源下或不完全正交下才清楚，有时可显微弱的偏光色。

3）均质。没有明暗变化，具有同等程度亮度或全消光。

2. 正交偏光镜下观察内反射现象

在正交偏光镜下同样也可观察内反射，尤其在使用高倍物镜观察时效果较好。只是由于物镜的聚敛作用，使射入光片内部的光有各种各样的方向和各种入射角，光在矿物内部遇到各种介质反射时，振动面发生了旋转，共振动方向不再与上偏光镜垂直，故内反射有部分光线可透过上偏光镜。

若为均质性矿物，表面反射光基本上是平面偏光，因其振动方向与上偏光镜垂直，故不干扰内反射的观察。若为非均质性矿物，则在正交偏光镜下产生非均质现象而干扰内反射的观察，这种情况下，必须将光片转到消光位，然后观察。

正交偏光观察的有利条件是可以用油浸物镜观察。油浸物镜观察粉末，是确定矿物有无内反射的最精确的方法。由于有内反射的矿物都是半透明的，它们的反射率在油浸中大大减低，同时射入矿物粉末内部的光差却大大增加，这就使矿物内反射现象变得更为显著。

以上介绍了用肉眼和光学显微镜鉴定矿物的方法，这些方法虽然简单、方便、快捷，但却无法对矿物及其结构做进一步微观上的认识。近代物理学的发展使得新的测试技术不断涌现，它们已成为矿物鉴定分析中很重要的常规手段，除此以外还有 X 射线衍射分析、透射电镜、扫描电镜、电子探针、俄歇电子能谱分析及热分析技术等分析方法。

## 思考与练习

1. 矿物肉眼鉴定主要描述有哪些内容？
2. 简述在单偏光镜下如何观察矿物的贝壳线、突起以及糙面？

# 学习情境三　矿 物 各 论

**内容简介**

本学习情境主要介绍了自然元素矿物、硫化物及其类似化合物矿物、氧化物和氢氧化物矿物、含氧盐矿物、卤化物矿物的物理性质及常见的自然金、自然铜、金刚石、石墨、方铅矿、闪锌矿、辰砂、黄铜矿、斑铜矿、辉铜矿、磁黄铁矿、辉钼矿、黄铁矿、毒砂锡石、石英族、刚玉族、黑钨矿、褐铁矿、硬锰矿、铝土矿石榴石、橄榄石、红柱石、黄玉、符山石、绿柱石、电气石、辉石族、角闪石族、长石族、高岭石、云母族、绿泥石族、碳酸盐矿物类、硫酸盐矿物类、钨酸盐矿物类、磷酸盐矿物类、蓝晶石、石盐与萤石等的鉴定特征。

通过本学习情境的学习，使学生具备能够根据矿物的基本特性并利用常见的岩矿鉴定工具对常见矿物进行鉴定的能力。

## 项目一　自然元素矿物

**【知识点】**　掌握自然金属、非金属元素的晶体化学与物理性质特征及其关系。

**【技能点】**　能识别自然金、自然铜、金刚石、石墨的成分、结构和主要鉴定特征。

自然元素是由一种元素（单质）组成的矿物，并以固态为主。

(1) 自然元素分类：包括仅由一种元素构成的单质和由两种或两种以上金属元素构成的类质同象混晶矿物。组成本大类的元素主要为金属元素，半金属和非金属数量很少。金属元素中最主要的有贵金属 8 种元素（Au，Ag，Ru，Rh，Rd，Ir，Pt）和 Cu，其他金属如 Pb，In，Zn，Ta，Fe，Hg 属罕见，但在铁陨石中常见 Fe，Co，Ni。由于类型相同且半径相近，金属元素间的类质同象十分普遍，形成金属混晶矿物如银金矿（Au 和 Ag）。半金属元素有 As 和 Sb 及 Bi 等将 Se 和 Te 也列入其中。非金属元素主要为 C 和 S。

(2) 形态与物理性质：具配位型，架状和环状的矿物自形晶主要为粒状，其中金属元素矿物少见自形而多为他形不规则状；具层状结构的半金属元素矿物和石墨主要为片状。金属元素矿物在物理性质上呈现典型的金属特性，如金属色、金属光泽、不透明、低硬度、无解理、大密度、强延展性、强导电性和强导热性。

半金属元素矿物从自然砷、自然锑到自然铋，金属特性逐渐增强，颜色从锡白色变化为银白色，条痕灰色，金属光泽增强，低硬度变得更小，由于其层状结构而发育的完全解理完好程度下降，相对密度增大，从无延展性变为弱延展性，从无导电性变为具导电性。

非金属元素矿物的晶体化学特点不同而使不同矿物在物性上变化甚大。

## 一、自然金属矿物的鉴定

自然金属矿物包括铂族元素及部分铜族元素（Cu、Ag、Au）。由于这些元素的类型相同而半径有不同程度的差别，所以它们之间有的可呈连续的类质同象，有的呈不连续的类质同象。

（1）自然铜的鉴定。自然铜化学组成：Cu。一般较纯，有时含微量 Fe、Ag、Au 等杂质。

主要鉴定特征：等轴晶系，铜型离子，单晶呈立方体，常呈片状、粒状和不规则树枝状集合体。颜色和条痕均为铜红色，表面常蒙一层黑色氧化膜。金属光泽。相对密度为 8.5~8.9。具有延展性，导电性能良好，易溶于稀硝酸，并有蓝绿色火焰反应。

（2）自然金的鉴定。自然金化学组成：Au。常含 Ag、Cu、Pb、Bi 等杂质。

主要鉴定特征：等轴晶系，铜型离子，通常为片状、分散颗粒状和块状集合体。颜色和条痕为金黄色。相对密度为 15.6~18.3。纯金相对密度为 19.3。具延展性。不易氧化，不溶于酸，可溶于王水中。热和电的良导体。注意与黄铜矿和黄铁矿的区别。

## 二、自然非金属矿物的鉴定

组成固体非金属元素的矿物有 S、Se、Te 和 C 等元素。常具同质多象变体，元素间以共价键和分子键相连接。

（1）自然硫的鉴定。自然硫化学组成：S。

主要鉴定特征：斜方晶系，具典型的分子晶格。常呈双锥状、厚板状或晶簇状集合体；颜色黄色；条痕淡黄色；半透明；金刚光泽，断口呈强油脂光泽。硬度 1~2；无解理；性脆，有硫臭味。相对密度 2.05~2.08。电、热不良导体；易熔，熔点 119℃。

（2）石墨的鉴定。石墨化学组成：C。石墨很少是纯净的，通常含黏土矿物、氧化物矿物和沥青等混入物。

主要鉴定特征：六方晶系。通常呈鳞片状，为片状集合体。颜色铁黑至钢灰色，条痕亮黑色。硬度为 1~2。具滑感，易染手。导电性良好。与辉钼矿的区别是：辉钼矿用针扎后，留有小圆孔。石墨用针扎一扎即破；在涂釉瓷板上辉钼矿的条痕色黑中带绿，而石墨的条痕不带绿色。

（3）金刚石的鉴定。金刚石化学组成：C。

主要鉴定特征：等轴晶系，晶体形态多呈八面体、菱形十二面体、四面体及它们的聚形。无色，透明，由于微量元素的混入而呈现不同色调，含铬呈天蓝色，含铝呈黄色，还可有褐、灰、白、绿、红、紫等色调，含石墨包裹体者呈黑色。强金刚光泽，断口油脂光泽。硬度 10；性脆；中等解理。相对密度 3.50~3.52。晶体具有高硬度、高熔点、不导电。

## 思考与练习

1. 金刚石和石墨化学组成都是 C，它们的物理性质有什么不同？
2. 石墨的主要鉴定特征是什么？

# 项目二　硫化物及其类似化合物类

**【知识点】** 硫化物及其类似化合物矿物的主要化学成分、晶体化学、形态物性特征。

**【技能点】** 能正确鉴定常见简单硫化矿、对硫化物和硫盐中的矿物。

硫化物是金属或半金属元素与硫相结合而成的天然化合物。

硫化物矿物已发现有300多种，其重量仅占地壳的0.15%，约由26种造矿元素组成。如Cu、Pb、Zn、Hg、Sb、Bi、Mo、Ni、Co等，均为硫化物为主要来源。绝大多数是热液作用的产物，表生作用亦有产出。常形成具有工业意义的矿床。

本大类可按阴离子的分类分为三类。

（1）单硫化物类。阴离子为简单的离子$S^{2-}$、$Se^{2-}$等。如方铅矿PbS、黄铜矿$CuFeS_2$、辉钼矿$MoS_2$、红砷红砷镍矿NiAs等。其中黄铜矿和辉钼矿化学式中的$S_2$代表两个$S^{2-}$。

（2）对硫化物类（复硫化物类）。阴离子为两个原子以共价键结合后形成的双原子离子，如$[S_2]^{2-}$、$[Se_2]^{2-}$、$[AsS]^{2-}$等，相当于过氧化物中的$[O_2]^{2-}$。常见的对硫化物有黄铁矿$Fe[S_2]$（一般简写为$FeS_2$）、毒砂$Fe[AsS]$等。对硫化物又叫复硫化物或双硫化物。

（3）硫盐类。阴离子为半金属As、Sb、Bi与S（偶然有Se）结合而成的离子团，如$[AsS]^{3-}$、$[SbS_3]^{3-}$等，恰似含氧酸的亚砷酸根$[AsO_3]^{3-}$。其矿物如淡红银矿（砷酸银矿）$Ag_3\{AsS^3\}$等。硫盐类又叫磺酸盐类。

组成本大类矿物的阴离子与其他常见阴离子比较，其半径较大，电负性较低。组成硫化物的阳离子主要是铜型离子和靠近铜型离子的部分过渡型离子。本大类矿物的晶格不是典型的离子晶格，其化学键由离子键向金属键和共价键（有时是分子键）过渡。硫化物晶格的这一特点，决定了矿物的物理化学性质。

向共价键过渡表现为具金刚光泽、半透明，条痕为浅色或彩色，发育完全解理，硬度小于小刀，电、热不良导体。典型矿物如闪锌矿（ZnS）和辰砂（HgS）等。向金属键过渡表现为具金属光泽、不透明，条痕黑色，具显著的导电性和导热性。其中单硫化物类硬度小于小刀，是否发育解理决定于晶体结构特征。典型矿物如辉铜矿（$Cu_2S$）、方铅矿（PbS）和黄铜矿（$CuFeS_2$）等。

在硫化物中没有玻璃光泽的矿物，也没有溶于水或含水的矿物，这些特点都和典型的离子化合物完全不一样，且它们和典型的原子晶格或金属晶格也有区别。

本大类矿物硬度小于小刀（对硫化物类除外）在本大类中只有对硫化物类具有较高的硬度（一般5~6.5，个别达7~8），而且不发育解理。如黄铁矿$FeS_2$无解理，硬度可达6.5。本大类矿物相对密度一般较大，绝大多数矿物达4以上，主要就因为组成本大类矿物的阳离子半径较小而相对原子质量较大。此外从晶体结构看，本大类矿物晶格中的质点常按紧密堆积的规则排列，其阴离子作立方或六方最紧密堆积，阳离子位于八面体或四面体空隙中，结构比较紧密。本大类矿物特征明显，比较容易用肉眼进行初步鉴定。

根据本大类矿物的三大特征，可以区别采用不同的选矿方法：一是键性属离子键向金属键和共价键（有时是分子键）过渡型，适用浮选；二是相对密度大者，采用重选；三是具有一定导电性的，可以配合电选。

## 一、单硫化物矿物的鉴定

阴离子呈$S^{2-}$与阳离子（包括铜型和过渡型离子，如Cu、Pb、Zn、Ag、Hg、Fe、Co、Ni）结合而成，如方铅矿（PbS）、闪锌矿（ZnS）、辰砂（HgS）等。

### （一）方铅矿的鉴定

方铅矿（PbS）。含Pb 86.6%，S 13.4%；混入物主要为Ag，其次有Cu、Zn等。

主要鉴定特征：等轴晶系，NaCl型结构，常呈立方体晶形或八面体与立方体的聚形出现。晶体呈立方体。通常为粒状或块状集合体。颜色呈铅灰色，条痕灰黑色。强金属光泽。完全的立方体解理。硬度2~3；相对密度7.4~7.6。

**【知识拓展】** 同时可借助微化分析加以鉴定，方法如下：取一颗矿物置于凹薄片上，加1滴1∶1硝酸，在酒精灯上加热分解，蒸发近干，再加一滴1∶7的硝酸和一滴碘化钾，便会出现柠檬黄的六边形晶体，在显微镜观察，呈闪光的柠檬黄鳞片状，有很强的多色性。通过物理性质和微化分析，即可鉴定为铅矿物。

### （二）闪锌矿的鉴定

闪锌矿（ZnS）。含Zn 67.1%，S 32.9%，常含Fe、Mn、In、Ge、Tl、Ga、Cd等类质同象混入物。

主要鉴定特征：等轴晶系，晶体结构中$S^{2-}$作为立方最紧密堆积，$Zn^{2+}$位于半数四面体空隙中，晶体呈四面体。有时呈正四面体和负四面体的聚形；晶体为四面体，晶面上有三角形花纹。集合体常呈粒状或致密块状。颜色由浅褐、棕褐至黑色。条痕由白到褐色。金属光泽到半金属光泽，断口呈松脂光泽，透明至半透明，上述性质变化均由含铁量高低而定。相对密度为3.5~4，完全解理，硬度为3~4。

**【知识拓展】** 同时可借助微化分析加以鉴定，方法如下：取一颗矿物置于凹薄片上，加1滴1∶1硝酸，在酒精灯上加热分解，蒸发近干，再加一滴1∶7的硝酸和一滴3%硫氰酸汞钾，在显微镜观察，见有白色毛十字状、雪花状及羽毛状结晶，表示有锌。

### （三）辰砂的鉴定

辰砂（HgS）。含Hg 86.2%，有时混入少量Se、Te杂质。

主要鉴定特征：晶体呈细小的厚板状或菱面体，多为粒状致密块状、被膜状集合体。颜色鲜红，条痕红色。相对密度为8.09，硬度为2~2.5。

成因与产状：产于低温热液矿床。常与辉锑矿、雌黄、雄黄、黄铁矿、方解石等共生。

用途：为汞矿石的重要有用矿物。

**【知识拓展】**

（1）将辰砂在铝片上擦划，能立即产生汞奇化作用，生成的铝汞剂极不稳定，会立即生成一种白色丝状的氧化铝。可以用来快速鉴定辰砂等矿物。

（2）与雄黄相似，可以根据颜色和条痕加以区分。

### （四）黄铜矿的鉴定

黄铜矿（$CuFeS_2$）。化学组成：含 Cu 34.6%，Fe 30.5%，S 34.9%。通常含有混入物 Ag、Au、Pt、Ni、Ti、Se、Te 等。

主要鉴定特征：四方晶系。晶体少见。多呈四面体、八面体或四方双锥状，常呈粒状或致密块状，铜黄色，常带有杂斑状锖色，条痕绿黑色，金属光泽，不透明，不完全解理，断口呈不平坦状至贝壳状，硬度 3~4。性脆，相对密度 4.1~4.3，导电性良好。溶于硝酸。并析出硫，不溶于盐酸。

**【知识拓展】** 黄铜矿与黄铁矿在重砂中经常伴生，甚至在同一颗矿物上两者都有，其物理性质甚为类似，区别方法如下：将一颗矿物放在凹薄片上，加一滴 1∶1 盐酸，置于双目镜下，用铝针将矿物按住，则金属铝会溶解产生新生态的氢，与矿物其反应，如果是黄铜矿，便会生成褐黑色薄膜，并放出腐卵臭味的硫化氢气体，黄铁矿表面不但不起作用，而且其颜色更加鲜明。本方法区别黄铁矿与黄铜矿特别迅速准确，试验时不仅看到褐黑色薄膜，而且会产生硫化氢气体。根据这些反应，我们就可以断定该矿物为黄铜矿。

### （五）斑铜矿的鉴定

斑铜矿（$Cu_5FeS_4$）。化学组成：含 Cu 63.33%，Fe 11.12%，S 25.55%。

主要鉴定特征：四方晶系，其高温变体为等轴晶系，称等轴斑铜矿。表面易氧化呈蓝紫斑状的锖色，因而得名。新鲜断面呈暗铜红色，金属光泽，硬度 3，相对密度 4.9~5.0。常呈致密块状或分散粒状见于各种类型的铜矿床中，并常与黄铜矿共生。硬度低。溶于硝酸，有铜的焰色反应。

### （六）辉铜矿的鉴定

辉铜矿（$Cu_2S$）。化学组成：含 Cu 79.86%，S 20.14%，一般含 Ag。

主要鉴定特征：通常呈致密块状、粉末状。暗铅灰色，条痕暗灰色（风华后表面为黑色），金属光泽，硬度 2~3，相对密度 5.5~5.8。

### （七）磁黄铁矿的鉴定

磁黄铁矿（$Fe_{1-x}S$）。

化学组成：含 Fe 63.53%，S 36.47%。

主要鉴定特征：六方晶系。单晶呈板状或柱状。常呈致密块状、粒状集合体。暗古铜黄色，表面常具暗褐青色；条痕灰黑色；不透明；金属光泽。硬度 4；性脆；相对密度 4.6~4.7。具导电性和磁性。

**【知识拓展】** 用于制作硫酸的原料，硫矿石含镍较高时可作为镍矿石利用。

### （八）铜蓝的鉴定

铜蓝（CuS）。含 Cu 66.5%，S 33.5%。混入物有 Fe 和少量的 Se、Ag、Pb 等。

主要鉴定特征：通常以粉末状或被膜状集合体出现。颜色为靛青蓝色，遇水则捎带紫色，条痕灰黑色，金属光泽。硬度为1.5~2，相对密度为4.59~4.67。

（九）辉锑矿的鉴定

辉锑矿（$Sb_2S_3$）。化学组成：含 Sb 71.4%，S 28.6%。有时含 Ag、Au 等机械混合物。

主要鉴定特征：晶体呈柱状、针状，晶面上有纵纹，集合体为致密粒状、放射状。颜色为铅灰色，条痕为铅黑色，金属光泽。相对密度为4.6，硬度为2。具轴面解理，解理面上有横纹。往辉锑矿表面滴40%KOH溶液后，呈现黄色沉淀。

（十）辉铋矿的鉴定

辉铋矿（$Bi_2S_3$）。化学组成：含 Bi 81.2%，S 18.8%。常有少量 Pb、Cu、Fe、As、Sb、Te 等杂质。

主要鉴定特征：鉴定特征与辉锑矿相似，为锡白色，光泽较强，解理面上无横纹；鉴定与和它相似的辉锑矿的区别是辉铋矿具有更强的光泽，更大的比重。

（十一）辉钼矿的鉴定

辉钼矿（$MoS_2$）。化学组成：含 Mo 60%，S 40%。常含有 Re、Se 等类质同象混入物。

主要鉴定特征：晶体呈六方板状，晶面常具有条纹，通常为鳞片状或叶片状集合体。颜色铅灰，条痕微带灰黑色，在涂釉瓷板上的条痕黑中带绿。金属光泽，相对密度为4.7~5，硬度为1。薄片具挠性，可以搓成团，且有滑感。

**【知识拓展】** 在酸性溶液中，亚铁离子能有效地还原钼呈低价状态，使之成为蓝色染料，俗称“铜蓝”。操作：取1滴1∶1盐酸放在凹薄片上，在将铁针之尖端浸入盐酸中，此时盐酸则与铁针起反应，生成氯化亚铁。将湿润的铁针尖与一颗需要鉴定的矿物接触，由于矿物表面被分解，并且部分钼被铁还原成低价状态，而生成蓝色薄膜。

（十二）雌黄的鉴定

雌黄 $As_2S_3$。

主要鉴定特征：单斜晶系。常见板状或短柱状，集合体呈片状、梳状、土状等。柠檬黄色；条痕鲜黄色；油脂光泽至金刚光泽，解理面为珍珠光泽。硬度1.5~2。相对密度3.5。

成因与产状：产于低温热液矿床中，常与雄黄密切共生。此外，还见于热泉沉积物和火山凝华物中，与自然硫、氯化物等共生。

用途：为砷及制造各种砷化物的主要矿物原料，还可用于医药药剂。

（十三）雄黄的鉴定

雄黄 $As_4S_4$（通常简写为 AsS）。

主要鉴定特征：单斜晶系。晶体通常细小，呈针状或柱状。一般以致密粒状或土状块体或皮壳状产出。橘红色；条痕淡橘红色；晶面具金属光泽，断面呈树脂光泽。硬度 1.5~2。相对密度 3.6。与辰砂相似，但辰砂条痕色为鲜红色，密度大。

成因与产状：低温热液矿床中典型矿物，亦可见于温泉和硫质喷气孔的沉积物中，与雌黄共生。

用途：提取砷及制造各种砷化物的主要矿物原料，用于农药、颜料和玻璃等工业。

## 二、对硫化物（复硫化物类）矿物的鉴定

本类矿物成分中阳离子主要为 Fe、Co、Ni，阴离子为 $[S_2]^{2-}$ 或 $[Se_2]^{2-}$ 等，且对硫 $[S_2]^{2-}$ 中的一个 S 原子可被 As 或 Sb 代替，形成阴离子团 $[AsS]^{3-}$ 或 $[SbS]^{3-}$。

### （一）黄铁矿的鉴定

黄铁矿（$FeS_2$）。含 Fe 46.6%，S 53.4%。常有 Co、Ni 等类质同象混合物和 As、Sb、Cu、Ag、Au 等杂质。

主要鉴定特征：等轴晶系，晶体结构与 NaCl 相似，晶体呈立体方或五角十二面体等形状。相邻晶面常有互相垂直的晶面条纹，集合体常呈致密块状，产于沉积岩中者常为结核状。浅铜黄色，条痕绿黑色。相对密度为 4.9~5.2，硬度为 6~6.5，金属光泽，性脆。参差状或贝壳状断口。

**【知识拓展】** 同时可借助微化分析加以鉴定，方法如下：取一颗矿物置于凹薄片上，加 1 滴 1 : 1 硝酸，在酒精灯上加热分解，蒸发近干，再加一滴 1 : 7 的硝酸和一滴 3%硫氰酸汞钾，在显微镜观察，见有血红色溶液，表示有铁。

### （二）毒砂的鉴定

毒砂（硫砷铁矿）（FeAsS）。含 Fe 34.3%，As 46%，S 19.7%。常有 Co、Bi、Ni 等类质同象混入物和 Au、Ag、Sb 等机械混入物。

主要鉴定特征：单斜晶系，晶形多为沿 C 轴延长的柱状，集合体呈粒状或致密块状，晶体呈短柱状或柱状，晶面具纵纹，集合体为粒状或致密块状。锡白色，表面常带黄色锖色，条痕灰黑。相对密度为 5.9~6.2，硬度为 5.5~6。锤击后具蒜臭味。

**【知识拓展】** 同时可借助微化分析加以鉴定，方法如下：取一颗矿物置于凹薄片上，加 1 滴 1 : 1 硝酸，在酒精灯上加热至半溶状态，然后将凹薄片离开热源即速加入少许钼酸铵，在双目镜下观察，则可见到金黄色球状集合体，立方体小八面体结晶，表示有砷。

## 思考与练习

1. 如何区分和鉴别石墨与辉钼矿？
2. 如何区分和鉴别黄铜矿和黄铁矿？
3. 雌黄铁矿的鉴别特征是什么？
4. 单硫化物和对硫化物以及硫盐类矿物分类依据是什么？

# 项目三　氧化物及其氢氧化物类

**【知识点】** 掌握氧化物和氢氧化物矿物的主要化学成分、晶体化学、形态物性特征。

**【技能点】** 能根据矿物的基本特性正确鉴定锡石、石英族、刚玉族、黑钨矿、褐铁矿、硬锰矿、铝土矿等矿物。

氧化物和氢氧化物是包括一系列金属和非金属元素的阳离子与某些非金属阳离子（如 Ti、Mn、Si 和 Al 等）和阴离子（$O^{2-}$和 OH）相结合而形成的化合物。组成本大类矿物的阳离子以惰性气体型和过渡型阳离子为主；在铜型离子中仅 $Sn^{4+}$的氧化物比较重要，其他铜型离子的氧化物主要是作为次生矿物而产于硫化物矿床氧化带中。三价和四价阳离子经常组成重要的氧化物和氢氧化物。一价、二价和五价阳离子很少单独出现，经常组成复化合物。矿物成分中的类质同象替代现象比较广泛，而且常具较高的对称，多属高、中级晶族。

氢氧化物多具链状和层状结构。具层状结构者，其层间距离较大，联系力较弱，所以本大类矿物主要为离子晶格。但阳离子的离子电位很高时，化学键明显向共价键过渡，如石英 $SiO_2$、刚玉 $Al_2O_3$ 等。某些过渡型离子的氧化物还具有一定的金属键的特点。

氧化物一般具有较高的硬度（最高可达 9）和较高的相对密度（多数在 4.0 以上），只有作架状结构的石英族矿物的相对密度较低。氢氧化物的硬度和相对密度均比相应的氧化物稍低或低得多。

本大类矿物的光学性质与参加晶格阳离子的离子类型关系密切。惰性气体型离子的氧化物和氢氧化物透明无色（或白色），呈玻璃光泽，但含有其他杂质时，常被染色。过渡型离子和铜型离子的氧化物和氢氧化物常有各种彩色或钢灰至铁黑色，不透明以金属光泽或半金属光泽为主，个别向半透明、金属光泽过渡（如锡石）。有些晶体结构相同的同一族矿物，常因离子类型不同，其光学性质相差很大。例如，刚玉（$Al_2O_3$）与赤铁矿（$Fe_2O_3$），前者为惰性气体型离子，矿物具玻璃光泽，透明，浅色；而后者为过渡型，具半金属光泽，不透明，深色。氧化物常具较好的晶形，可作为鉴定依据。

## 一、氧化物矿物的鉴定

目前已发现的氧化物矿物已逾 200 种，它们在地壳中分布广泛。其中一些为重要的造岩矿物，如石英，一些为提取如 Fe、Mn、Al、Ti、Sn、Nb、Ta、U、Th 等重要金属元素、放射性元素的矿石矿物。此外，一些氧化物矿物可直接作为重要的工业原料和工艺原料而加以利用。如刚玉由于其高的硬度而用以制作磨料和精密仪器的轴承；石英由于具有压电性质而被应用于无线电工业等；而上述的刚玉、石英以及尖晶石等矿物还是制作高、中低档宝石的原材料。

### （一）锡石的鉴定

锡石（$SnO_2$）化学组成：含 Sn 78.8%，O 21.2%，类质同象成分有 Fe，Mn。其次为 Nb、Ta、W 及其他稀有元素。

主要鉴定特征：四方晶系，常见单形有四方柱和四方双锥。晶体呈四方双锥柱状，常见有四方双锥及四方柱的聚形出现，集合体呈不规则粒状或致密块状。常因含 Fe、Mn、Nb、Ta 等而呈棕褐色至黑色，无色透明者少见，条痕白色至浅褐色。相对密度为 6.8~7.0，硬度为 6~7。晶面金属光泽，断口油脂光泽，贝壳状断口。锡石微化分析，具 Sn-Zn 反应，即锡膜反应（将锡石颗粒置于锌板上，加一滴稀盐酸，过 2~3min 后，锡石表面形成一层锡白色金属锡膜）。

（二）赤铁矿的鉴定

赤铁矿（$Fe_2O_3$）化学组成：含 Fe 70%，O 30.06%，有时含 Ti、Mg 等类质同象混入物。

主要鉴定特征：三方晶系，晶体少见，晶体呈片状或板状。通常呈致密块状、鲕状、豆状、肾状等集合体。颜色常呈钢灰色或红色，条痕樱红色。金属光泽至半金属光泽。灼烧后具有弱磁性，并可据此区别于磁铁矿、钛铁矿等。结晶呈片状并具金属光泽的赤铁矿称为镜铁矿，细小鳞片状者称为云母赤铁矿，土状或粉末状的赤铁矿称为铁赭石或赭色赤铁矿。结晶者呈钢灰色或铁黑色，隐晶质者为块状、土状、肾状、鲕状等，常见红色故俗称红铁矿，不透明，硬度变化大，结晶者 5.5~6，土状及鲕状赤铁矿硬度相对降低，性脆；无解理，相对密度 5.0~5.26. 赤铁矿本身无磁性，但有时（特别是镜铁矿）因含磁铁矿包裹体而显示较明显的磁性。

（三）磁铁矿的鉴定

磁铁矿（$Fe_3O_4$）由 $Fe_2O_3$ 和 FeO 组成，其中 FeO 31%，$Fe_2O_3$ 69%，或含 Fe 72.4%。常含有 Ti、V、Cr、Ni 等类质同象混入物。含钛达 25%称为钛磁铁矿，含钒、钛均较多时，称为钒钛磁铁矿。

主要鉴定特征：晶体多呈八面体，少数呈菱形十二面体，晶面上有平行于菱形晶面长对角的条纹，集合体多呈致密状块体。颜色和条痕均为铁黑色。硬度为 5.5~6，但常发育八面体裂开。具强磁性。

（四）黑钨矿的鉴定

黑钨矿（钨锰铁矿）（Mn，Fe）$WO_4$。理论组成（$w$(B)/%）：钨铁矿 FeO 23.65，$WO_3$ 76.35；钨锰矿 MnO 23.42，$WO_3$ 76.58。

主要鉴定特征：晶体属单斜晶系的氧化物矿物。矿物和条痕颜色均随铁、锰含量而变化，含铁愈多，颜色愈深，一般为褐红色至黑色，条痕黄褐色至黑褐色，金属光泽至半金属光泽，有一组完全的板面解理，相对密度 7.2~7.5，硬度 4~4.5，富含铁者具有弱磁性。

**【知识拓展】** 取一颗矿物在凹薄片上将矿物压碎，以 1∶1 盐酸反复加热溶解、蒸干，在干渣上加上锌粉，然后将 1∶1 或 1∶5 的盐酸滴 1 滴在干渣的近旁，用牙签等搅动，则在干渣残留部分呈现蓝色色环。

（五）赤铜矿的鉴定

赤铜矿（$Cu_2O$），含铜量高达 88.82%，但因分布少，只作为次要的铜矿石。

主要鉴定特征：晶体属等轴晶系，无解理。呈立方体或八面体晶形，或与菱形十二面体形成聚形，集合体呈致密块状、粒状或土状。新鲜面洋红色，光泽为金属光泽至半金属光泽，长时间暴露于空气中即呈暗红色而光泽暗淡，条痕棕红色。断口贝壳状或不规则状。硬度3.5~4.0，相对密度6.14。有时可作宝石，但易碎。

### （六）钛铁矿的鉴定

钛铁矿（$FeTiO_3$），含 FeO 47.36%，TiO 52.64%。

主要鉴定特征：三方晶系，晶体少见，常呈不规则粒状、鳞片状、板状或片状。颜色铁黑或呈钢灰色，条痕钢灰或黑色，当含有赤铁矿包体时，呈褐或褐红色。金属至半金属光泽，贝壳状或亚贝壳状断口。性脆。硬度5~6，相对密度4.4~5，密度随成分中 MgO 含量降低或 FeO 含量增高而增高。具弱磁性。在氢氟酸中溶解度较大，缓慢溶于热盐酸。溶于磷酸并冷却稀释后，加入过氧化钠或过氧化氢，溶液呈黄褐色或橙黄色。钛铁矿可产于各类岩体，在基性岩及酸性岩中分布较广。

**【知识拓展】** 矿物用碳酸钠-硼砂混合剂加热熔融分解，珠球以温热的磷酸和1∶1盐酸的混合液溶解，加入几粒过氧化钠，若有钛存在时，则溶液随含钛量的多少而出现黄色、橙黄色至橙红色。

### （七）铬铁矿的鉴定

铬铁矿（$FeCr_2O_4$），含 $Cr_2O_3$ 67.91%。

主要鉴定特征：铬铁矿一般呈块状或粒状的集合体，颜色暗棕色至铁黑色，半金属光泽，条痕棕黑至褐黑。晶体属等轴晶系的氧化物矿物。硬度5.5~7.5，相对密度3.9~4.8。具弱磁性。

**【知识拓展】** 矿物以碳酸钠-硼砂混合溶剂在氧化焰中熔融分解，冷却后，熔珠放入预先准备好的二苯胺基脲溶液中，摇动后，溶液逐渐呈现红紫色，显示有铬的存在。

### （八）刚玉的鉴定

刚玉（$Al_2O_3$）含 Al 52.9%，常含 Cr、Ti、Fe、V 等微量杂质，因此显出各种颜色。

主要鉴定特征：晶体常呈桶状或短柱状，柱面或双锥面上有条纹，集合体呈致密粒状或块状。蓝灰色或浅灰色，含杂质时可出现其他颜色，如含 Cr 时呈红色（称红宝石），含 Fe 时呈黑色，含 Fe 和 Ti 时呈蓝色（称蓝宝石）。玻璃光泽至金属光泽，透明至半透明。相对密度为3.95~4.1，硬度为9。

### （九）尖晶石的鉴定

尖晶石（$MgAl_2O_4$）。化学组成较为复杂。

主要鉴定特征：晶体属等轴晶系，结晶常呈八面体晶形，有时八面体与菱形十二面体、立方体呈聚形。颜色丰富多彩，有无色、红色、紫色等，玻璃光泽，透明。贝壳状断口。硬度为8，相对密度为3.5~3.9，可以人工合成，其熔点为2135℃，耐火度约为1900℃。

### 二、氢氧化物矿物的鉴定

（1）铁的氢氧化物——褐铁矿的鉴定。铁的氢氧化物——褐铁矿（$Fe_2O_3 \cdot nH_2O$）。铁的氢氧化物集合体，成分比较复杂，统称为褐铁矿。其中主要包括纤铁矿（FeOOH）和针铁矿（FeOOH），通常用化学式 $Fe_2O_3 \cdot nH_2O$ 来表示，此外，常含有 Cu、Pb、Ni、Co 等硫化物的氧化产物。

主要鉴定特征：通常呈钟乳状、多孔状、结核状、土状、块状等集合体。黄褐色至黑褐色，条痕黄褐色至红褐色，相对密度、硬度变化大。半金属光泽或土状光泽。

（2）锰的氢氧化物——硬锰矿（$mMnO \cdot MnO_2 \cdot nH_2O$）的鉴定。锰的氢氧化物——硬锰矿（$mMnO \cdot MnO_2 \cdot nH_2O$）化学组成：成分不定，一般 Mn35%~60%，$H_2O$4%~6%，常含有 K、Ba、Ca、Co 等元素。含 Co 较多者称为“钴土”。

主要鉴定特征：晶体少见，通常呈钟乳状、肾状、葡萄状，具同心层状构造，有时亦呈致密块状或树枝状。实际上是多种含水氧化锰的细分散多矿物集合体的总称。颜色黑色至暗灰色，条痕为褐色至黑色。相对密度为4.4~4.7，硬度为4~6。半金属光泽。将矿物置于凹薄片上，再加1~2滴醋酸联苯胺，几分钟后，矿物表面呈墨水蓝，既 Mn 的反应。呈土状、烟灰状者称为锰土。

### 思考与练习

1. 试述氧化物和氢氧化物在化学组成、物理性质和成因产状方面的特点。
2. 锡石的鉴别特征有哪些？
3. 黑钨矿如何与磁铁矿区别？

## 项目四　含 氧 盐

**【知识点】** 掌握含氧盐矿物的主要类型，硅酸盐矿物类、碳酸盐类、磷酸盐类、钨酸盐类等盐类晶体化学及物理特征。

**【技能点】** 能利用矿物的基本特性鉴定常见的石榴石、橄榄石、红柱石、黄玉、符山石、绿柱石、电气石、辉石族、角闪石族、长石族、高岭石、云母族、绿泥石族、碳酸盐矿物类、硫酸盐矿物类、钨酸盐矿物类、磷酸盐矿物类、蓝晶石等矿物。

### 一、硅酸盐矿物的鉴定

硅酸盐矿物是由一系列金属阳离子与各种硅酸根络阴离子相化合而成的含氧盐类矿物。

硅和氧是地壳中分布最广，平均含量最高的元素，其克拉克值分别为 27.72% 和 46.6%。硅和氧除结合形成 $SiO_2$ 矿物外，主要形成络阴离子或与其他阳离子结合形成大量的硅酸盐。

硅酸盐矿物在自然界分布极为广泛，已知硅酸盐矿物有 1100 余种，约占已知矿物种的 1/4，就其质量而言，约占地壳岩石圈总质量的 85%。

硅酸盐矿物是三大类岩石（岩浆岩、变质岩、沉积岩）的主要造岩矿物，同时也是工业上所需要的多种金属和非金属的矿物资源。如 Li、Be、Zr、B、Rb、Cs 等元素大部分从硅酸盐矿物中提取，而石棉、滑石、云母、高岭石、沸石等多种硅酸盐矿物又直接被广泛地应用与国民经济的各个有关部门。此外，还有不少硅酸盐矿物是珍贵的宝石矿物，如祖母绿和海蓝宝石（绿柱石）、翡翠（翠绿色硬玉）、碧玺（电气石）等。

（1）橄榄石 $(Mg, Fe)_2SiO_4$ 的鉴定。橄榄石 $(Mg, Fe)_2SiO_4$。橄榄石中的 $Mg^{2+}$ 和 $Fe^{2+}$ 为完全类质同象。分别为镁橄榄石，铁橄榄石。

主要鉴定特征：斜方晶系，晶形少见，通常呈粒状集合体或呈散粒状分布于其他矿物颗粒间，黄绿色（橄榄绿色）或灰黄绿色，随含铁量的增加，颜色可达深绿色至黑色；条痕白色；透明；玻璃光泽。硬度 6.5~7；不完全解理。纯镁橄榄石相对密度为 3.22，纯铁橄榄石相对密度为 4.39。

（2）石榴子石 $A_3B_2\{SiO_4\}_3$ 的鉴定。石榴子石 $A_3B_2\{SiO_4\}_3$，按阳离子间的类质同象关系可将本族矿物分为两个系列，即铝榴石系列和钙榴石系列。其中铝榴石系列包括：镁铝榴石、铁铝榴石、锰铝榴石；钙榴石系列包括钙铝榴石、钙铁榴石、钙铬榴石。

主要鉴定特征：等轴晶系，经常呈现菱形十二面体和四角三八面体等晶形，集合体呈粒状和块状；常呈暗红色、红褐色至红褐黑色，条痕白色或略呈淡黄褐色，强玻璃光泽至金属光泽，贝壳状断口。硬度 7~7.5；无解理。相对密度变化较大，3.53~4.32。

（3）绿柱石 $Be_3Al_2\{Si_6O_{18}\}$ 的鉴定。主要鉴定特征：六方晶系，常见六方柱状晶形，单形为六方柱和六方双锥，柱面上有时具粗而稀疏的纵纹；常呈粗大晶体产出，仅少数呈放射状集合体或不规则块状。翠绿色、绿色、黄色或红色、粉红色、天蓝色；玻璃光泽。硬度 7.5~8；不完全解理。相对密度 2.63~2.91，一般随碱金属含量的增加而升高。

（4）电气石 $Na(Mg,Fe,Mn,Li,Al)_3Al_6\{Si_6O_{18}\}\{BO_3\}_3(OH,F)_4$ 的鉴定。主要鉴定特征：富含铁的电气石呈暗绿色、暗褐色、黑色，富含锂、锰、铯的电气石多呈玫瑰色，亦有淡绿色、浅蓝色等，统称彩色电气石（其颜色常与色心有关，富含镁的电气石常呈褐色和黄色，富含铬的电气石呈深绿色）；此外，电气石常具有色带现象，在垂直 $Z$ 轴或沿 $Z$ 轴断面上内、外各圈颜色不同；条痕无色；玻璃光泽。无解理；有时有垂直 $Z$ 轴的裂开，硬度 7~7.5，相对密度 3.03~3.25（铁、锰含量增加，相对密度亦随之增大）。具压电性和热电性。

（5）透辉石 $Ca(Mg,Fe)\{Si_2O_6\}$ 的鉴定。主要鉴定特征：单斜晶系，晶体呈短柱状或长柱状，集合体呈粒状、放射状，透辉石的颜色随含铁量的增加可由浅灰绿色→灰绿色→浊绿色→黑绿色变化，纯钙镁辉石呈灰白色，纯钙铁辉石则呈黑色；白色条痕；透明；玻璃光泽。硬度 5.5~6；中等解理。相对密度 3.22~3.56，随含铁量增加而增大。

（6）普通角闪石 $NaCa_2(Mg,Fe,Al)_5\{(Si_3Al)_4O_{11}\}_2(OH)_2$ 的鉴定。主要鉴定特征：单斜晶系，晶体呈较长的柱状，断面呈假六方形或菱形，深绿色至黑绿色；条痕白色略带绿色；透明；玻璃光泽。硬度 5~6；完全解理平行。相对密度 3.1~3.3。

（7）滑石 $Mg_3\{Si_4O_{10}\}(OH)_2$ 的鉴定。主要鉴定特征：单斜晶系，呈片状，集合体呈鳞片状或致密块状，纯净者为白色，常因含杂质被染成浅黄、浅红、浅绿等色；白色条痕；玻璃光泽。硬度 1；极完全解理，薄片具挠性；粉末具滑感。相对密度 2.58~2.83。

（8）白云母 $KAl_2[AlSi_3O_{10}](OH)_2$ 的鉴定。主要鉴定特征：单斜晶系，晶体呈假六方柱状、板状、片状，无色透明或因含少量杂质而呈浅灰、浅绿等色；玻璃光泽。解理面呈珍珠光泽。相对密度2.76~3.10；具良好电绝缘性能。

(9) 蓝晶石 $Al_2[SiO_4]O$ 的鉴定。主要鉴定特征：三斜晶系，晶体呈扁平的片状，常呈柱状晶形，可见双晶。有时呈放射状集合体。颜色有蓝色、灰色、绿色、带蓝的白色、青色。具完全和中等的两组解理。硬度有明显的异向性，故又名二硬石。平行晶体伸长方向上硬度为4.5，垂直方向上则为6，性脆，相对密度3.53~3.65。区域变质作用产物，在结晶片岩和片麻岩中出现。当加热到1300℃时，蓝晶石变为莫来石，是高级耐火材料，也可提取铝。

(10) 符山石 $Ca_{10}(Mg,Fe)Al_4[Si_2O_7]_2[SiO_4]_5(OH,F)_4$ 的鉴定。主要鉴定特征：四方晶系，晶体呈四方柱和四方双锥聚形，扁四方柱状，也常呈粒状、柱状或致密块状集合体。常呈黄、灰、橄榄绿和褐色，含铬时呈绿色，含钛和锰时呈褐或粉红色，含铜时呈绿蓝色；玻璃光泽，多为半透明；解理不完全；贝壳状到参差状断口；硬度6.5~7，性脆，相对密度3.33~3.43；紫外线下荧光惰性。

(11) 绿帘石 $Ca_2(Fe,Al)_3[SiO_4]_3(OH)$ 的鉴定。主要鉴定特征：单斜晶系，晶体呈柱状，柱面有条纹，集合体常呈粒状。颜色一般呈各种不同色调绿色，随铁含量的增加颜色变深，玻璃光泽，透明，底面解理完全。硬度6~6.5，相对密度3.38~3.49，随铁含量的增加而增大。

(12) 绿泥石 $(Mg,Al,Fe)_6[(Si,Al)_4O_{10}](OH)_8$ 的鉴定。主要鉴定特征：晶体呈假六方片状或板状，薄片具挠性，集合体呈鳞片状、土状。颜色随含铁量的多少呈深浅不同的绿色，但带有棕、橙黄、紫、蓝等不同色调。玻璃光泽或土状光泽，解理面可呈珍珠光泽。相对密度2.6~3.3，硬度2~3。绿泥石主要是中、低温热液作用，浅变质作用和沉积作用的产物。

(13) 硅灰石 $Ca_3[Si_3O_9]$ 的鉴定。主要鉴定特征：三斜晶系，细板状晶体，集合体呈放射状或纤维状。颜色呈白色，有时带浅灰、浅红色调。玻璃光泽，解理面呈珍珠光泽。硬度4.5~5，相对密度2.86~3.09。完全溶于浓盐酸。一般情况下耐酸、耐碱、耐化学腐蚀。与符山石、石榴石共生。于其特殊的晶体形态结晶结构决定了其性质。硅灰石具有良好的绝缘性，同时具有很高的白度、良好的介电性能和较高的耐热、耐候性能。

(14) 正长石 $K\{AlSi_3O_8\}$ 的鉴定。主要鉴定特征：单斜晶系，晶体常呈短柱状或厚板状，集合体呈粒状。肉红色、白色。条痕白色；透明；玻璃光泽。硬度6；完全解理。相对密度2.57。

(15) 斜长石 $Na\{AlSi_3O_8\}$-$Ca[Al_2Si_2O_8]$的鉴定。主要鉴定特征：三斜晶系，晶体常呈板状，集合体呈粒状。一般为白色、灰白色，常因蚀变而呈淡灰绿色，有时也呈粉红色；白色条痕；透明；玻璃光泽。硬度6~6.5，完全解理，故名斜长石。相对密度2.61(钠长石)~2.76(钙长石)。

(16) 高岭石 $Al_4[Si_4O_{10}]\cdot(OH)_2$ 的鉴定。主要鉴定特征：晶体属三斜晶系的层状结构硅酸盐矿物。多呈隐晶质、分散粉末状、疏松块状集合体。白或浅灰、浅绿、浅黄、浅红等颜色，条痕白色，土状光泽。摩氏硬度2~2.5，相对密度2.6~2.63。吸水性强，和水具有可塑性，粘舌，干土块具粗糙感。

(17) 白云母 $KAl_2(AlSi_3O_{10})(OH)_2$ 的鉴定。主要鉴定特征：单斜晶系。晶体通常呈板状或块状，外观上作六方形或菱形，有时单体呈锥形柱状，柱面有明显的横条纹。也有双晶。通常呈密集的鳞片状块体产出。一般为无色，但往往带轻微的浅黄、浅绿、浅灰等色彩，条痕白色。玻璃光泽，解理面呈珍珠光泽。透明至微透明。解理平行底面极完全。硬度2~3。相对密度2.76~3.10。薄片具弹性及绝缘性能。

(18) 硅孔雀石$(Cu,Al)_2H_2Si_2O_5(OH)_4 \cdot nH_2O$的鉴定。主要鉴定特征：针状晶体相当罕见，在自然界中多以皮壳状、钟乳状、土状、葡萄状、纤维状或放射状集合体出现，以天蓝、蓝绿到绿色为主，若含有杂质，也会呈现出褐到黑色，条痕浅绿色不透明，玻璃光泽，土状者呈土状光泽，硬度2~4，其外观与绿松石相似，但硬度较绿松石低，相对密度为2.40，加热后，颜色会变暗黑色。

## 二、碳酸盐、硝酸盐和硼酸盐矿物的鉴定

### (一) *碳酸盐类矿物的鉴定*

碳酸盐矿物是金属阳离子与碳酸根$[CO_3]^{2-}$相化合而成的含氧盐矿物。

$[CO_3]^{2-}$为半径较小的二价络阴离子。主要和二价阳离子如$Ba^{2+}$、$Sr^{2+}$、$Pb^{2+}$、$Ca^{2+}$、$Mn^{2+}$、$Fe^{2+}$、$Mg^{2+}$、$Zn^{2+}$等组成稳定的无水盐，碳酸盐和硫酸盐的晶格类型和物理性质很相似，都具有无色或浅色、透明、玻璃光泽、硬度较低（2~5）等特点，但碳酸盐又有独特的特点：即碳酸盐加热容易分解；遇酸容易分解。

(1) 方解石$CaCO_3$的鉴定。主要鉴定特征：常见晶形有六方柱和菱面体的聚形、复三方偏三角面体、菱面体。集合体呈粒状、鲕状、豆状、土状等。透明，无色或白色，有时因含杂质而呈灰、黄、粉红、蓝等色；无色透明的方解石成为冰洲石；白色条痕；玻璃光泽。硬度3；完全解理，解理面上常见平行长对角线方向的双晶纹。相对密度2.71。

(2) 白云石$CaMg(CO_3)_2$的鉴定。主要鉴定特征：三方晶系，晶体呈菱面体，晶面常弯曲成马鞍状，聚片双晶常见。集合体通常呈粒状。纯者为白色，含铁时呈黄褐色，风化后呈褐色，含锰时略显淡红色。玻璃光泽或珍珠光泽。硬度3.5 ~4，相对密度2.86~3.20 。具三组完全解理。遇冷稀盐酸时缓慢起泡，是组成白云岩的主要矿物。

(3) 菱锌矿$ZnCO_3$的鉴定。主要鉴定特征：晶体呈菱面体或复三方偏三角面体；常呈钟乳状、皮壳状；透明至半透明；无色或略呈蜡黄的白色；白色条痕；玻璃光泽。硬度4.5~5；完全解理，较本族其他矿物较差。相对密度4~4.5。

(4) 菱铁矿$FeCO_3$的鉴定。主要鉴定特征：晶体呈菱面体状、短柱状或偏三角面体状，集合体呈粗粒至细粒块状体、球状、凝胶状。颜色一般为灰白或黄白，灰黄色至浅褐色，风化后可变成褐色或褐黑色等。玻璃光泽。硬度3.5~4.5，相对密度3.7~ 4.0，热液成因的菱铁矿常见于金属矿脉中；菱铁矿在氧化水解的情况下可变成褐铁矿。

(5) 菱镁矿$MgCO_3$的鉴定。主要鉴定特征：晶体属三方晶系的碳酸盐矿物。常有铁、锰替代镁，但天然菱镁矿的含铁量一般不高。菱镁矿通常呈现晶粒状或隐晶质致密块状，后者又称为瓷状菱镁矿。白色或灰白色，浅黄白色，含铁的呈黄至褐色，玻璃光泽。具完全的菱面体解理，瓷状菱镁矿则具贝壳状断口。硬度3.5~4.5，相对密度2.98~3.48。与方解石相似，但加冷盐酸不起泡或作用极慢，加热盐酸则剧烈起泡。

(6) 白铅矿$PbCO_3$的鉴定。主要鉴定特征：斜方晶系，晶体为柱状、板板状或假六

方双锥状，贯穿双晶常见，一般多为致密块状集合体、钟乳状或土状。白色或灰白色、浅黄等色。玻璃光泽至金属光泽。硬度 3~3.5，相对密度 6.4~6.6。遇盐酸起泡。是方铅矿在地表经氧化后的次生矿物。通常与方铅矿一起作为提取铅或制备各种铅化合物的矿物原料。可以与硝酸反应，产生气泡；具在阴极射线作用下发浅蓝绿色荧光的特性。

(7) 孔雀石 $Cu_2(OH)_2CO_3$ 的鉴定。主要鉴定特征：属单斜晶系。晶体形态常呈柱状或针状，十分稀少，通常呈隐晶钟乳状、块状、肾状、葡萄状或皮壳状、结核状和纤维状集合体。具同心层状、纤维放射状结构。有翠绿、孔雀绿、暗绿色等。浅绿色条痕常有纹带，丝绢光泽或玻璃光泽，半透明至不透明。硬度 3.5~4.0，相对密度 3.9~4.0。性脆，贝壳状至参差状断口。遇盐酸起反应，并且容易溶解。

(8) 蓝铜矿 $Cu_3[CO_3]_2(OH)_2$ 的鉴定。主要鉴定特征：晶体属单斜晶系的碳酸盐矿物。在中国古称石青。晶体呈短柱状或厚板状，通常呈粒状、钟乳状、皮壳状、土状集合体。深蓝色，条痕浅蓝色，玻璃光泽，土状块体为浅蓝色，光泽暗淡。解理完全或中等，贝壳状断口。硬度 3.5~4，相对密度 3.7~3.9。与孔雀石紧密共生，产于铜矿床氧化带中，是含铜硫化物氧化的次生产物。蓝铜矿易转变成孔雀石，所以蓝铜矿分布没有孔雀石广泛。

### (二) 硝酸盐类矿物的鉴定

硝酸盐是金属阳离子和硝酸根 $\{NO_3\}^-$相化合形成的含氧盐矿物。

钠硝石 $NaNO_3$ 的主要鉴定特征：三方晶系，常呈致密块状、皮壳状、盐华状；无色、白色，或被杂质染成黄褐色；白色条痕；玻璃光泽。硬度 1.5~2，完全解理（钠硝石和方解石结构相同）。相对密度 2.24~2.29。

### (三) 硼酸盐类矿物的鉴定

硼酸盐矿物是金属阳离子与硼酸根相化合而形成的含氧盐矿物。

硼酸盐络阴离子的基本结构单位就有 $\{BO_3\}^{3-}$和 $\{BO_4\}^{5-}$两种。其次，这些基本结构单位和硅氧四面体一样，也能以岛、环、链、层、架不同的联结方式存在于晶体结构中。

硼砂 $Na_2\{B_4O_5(OH)_4\}\cdot 8H_2O$ 的主要鉴定特征：单斜晶系，晶体呈短柱状，集合体呈粒状或土状。晶体透明无色或浅灰色，其细粒集合体呈白色或浅蓝绿色；白色条痕；玻璃光泽。硬度 2~2.5；完全解理；性脆；断口呈贝壳状。相对密度 1.72。易溶于水。(0℃时每百毫升水能容 2.01g)；烧之易熔成透明小球。

## 三、硫酸盐、钨酸盐、钼酸盐和磷酸盐矿物的鉴定

### (一) 硫酸盐类矿物的鉴定

硫酸盐矿物是金属阳离子与硫酸根 $[SO_4]^{2-}$相化合形成的含氧盐类矿物。

络阴离子 $\{SO_4\}^{2-}$为半径很大的二价阴离子。所以，它主要和二价大阳离子结合成稳定的无水盐，如重晶石 $BaSO_4[SO_4]^{2-}$二价小阳离子结合成含结晶水的硫酸盐，如石膏 $CaSO_4\cdot 2H_2O$。硫酸盐具有典型的离子晶格，矿物透明、无色或浅色、具玻璃光泽。本类

矿物的硬度较低，一般在2~4之间。

（1）重晶石$BaSO_4$的鉴定。主要鉴定特征：正交晶系，晶体以平行（001）的板状晶形较常见，有时呈柱状，以晶簇状、块状、粒状集合体出现。无色，白色或呈灰、黄、褐等色调；白色条痕；透明；玻璃光泽。硬度3~3.5；完全解理。相对密度4.3~4.5。

（2）石膏$CaSO_4 \cdot 2H_2O$的鉴定。主要鉴定特征：单斜晶系，晶体以平行（010）的板状晶形较常见，常依双晶面（100）成燕尾双晶，集合体呈纤维状、致密块状；透明无色、白色；白色条痕；玻璃光泽；平行｛010｝解理面上常呈珍珠光泽。硬度2；极完全解理；薄片具挠性。相对密度2.32。

### （二）钨酸盐类矿物的鉴定

钨酸盐矿物是金属阳离子与钨酸根$[WO_4]^{2-}$相化合而成的含氧盐类矿物。

白钨矿（钨酸钙矿）$CaWO_4$的主要鉴定特征：四方晶系，通常为粒状和致密状集合体；通常为白色、无色。有时略呈浅黄褐色；白色条痕；透明至半透明；玻璃光泽，断口呈油脂光泽。硬度4.5~5；中等解理。相对密度5.8~6.2，含Mo增加使相对密度降低。紫外线照射下发天蓝色荧光。白钨矿与石英在标本上都是白色，但浸入水中后，石英即呈现半透明状，而白钨矿仍保持白色，二者界线分明。在盐酸中放入少许锡粉煮沸几分钟，放入白钨矿颗粒再煮，白钨矿即染成蓝色。将染成蓝色的白钨矿用硝酸浸泡即变黄。再用氨水即可洗净如初。

鉴定白钨矿最简单的方法是将矿物置于荧光灯下，白钨矿则发特殊的天蓝色荧光。但有时也有发浅黄白色荧光。

### （三）钼酸盐矿物的鉴定

钼酸盐矿物是金属阳离子与钼酸根$[MoO_4]^{2-}$相化合而成的含氧盐类矿物。

钼铅矿$Pb[MoO_4]$的主要鉴定特征：四方晶系，四方双锥晶类。一般呈板状、薄板状晶体，少数锥状、柱状，单形常见。集合体粒状。颜色多样，有各种黄色、橘红色、灰色、褐色等，金属光泽，断口油脂光泽。透明至半透明。解理完全，硬度2.5~3，相对密度6.5~7，条痕白色到浅黄色。多见于铅锌矿床氧化带。

### （四）磷酸盐类矿物的鉴定

磷酸盐矿物是金属阳离子与磷酸根$[PO_4]^{3-}$相化合而成的含氧盐类矿物。

本类矿物的阳离子种类繁多，而且类质同象现象普遍，所以颜色较杂，无色透明者较少，多具褐、黄、绿、红、灰等各种色彩。在含氧盐中，本类矿物具有中等硬度和相对密度。无水磷酸盐硬度在5~6.5之间，仅次于硅酸盐和硼酸盐中硬度较大的一些矿物。

（1）独居石（磷铈镧矿）（Ce，La，…）$PO_4$的鉴定。主要鉴定特征：单斜晶系，常形成板状晶体，褐色、黄褐色、红褐色，有时呈黄绿色；白色条痕；透明；油脂光泽，但经常呈松脂状光泽。硬度5~5.5；中等解理。相对密度5~5.3，随含钍量增加而增大。具有放射性；在紫外光照射下发绿色荧光。

（2）磷灰石$Ca_5[PO_4]_3$（F，Cl，OH）的鉴定。主要鉴定特征：六方晶系，六方柱状晶形，透明无色者少见，常呈绿、浅绿、黄绿、褐红等各种颜色；白色条痕；透明；玻璃光泽，断口呈油脂状光泽。硬度5，不完全解理。相对密度3.18~3.21。沉积作用形成的隐晶质集合体（致密块状的磷块岩或结核状磷灰石等）物理性质变化较大，其颜色常呈灰至黑色，土状光泽，硬度和相对密度也因所含杂质不同而有很大变化。

### 思考与练习

1. 某矿物无色透明，硬度小于小刀，3组解理互相垂直。该矿物可能是什么？
2. 白钨矿与石英、重晶石、白云石如何区别？
3. 如何区分和鉴别方解石和白云石？
4. 菱镁矿、菱铁矿等的“菱”字是什么意思？

## 项目五 卤化物类

【知识点】 熟悉并理解卤化物矿物的概念；主要卤化物矿物类与矿物种，它们的晶体化学、形态。

【技能点】 能利用矿物的基本特性正确鉴定常见石盐与萤石。

卤化物是卤族元素F、Cl、Br、I和金属阳离子的化合物。本大类矿物绝大多数具有典型的离子晶格，并且有透明度高、颜色浅、玻璃光泽、硬度不大、解理发育、性脆、溶解度较大等特点。因为$F^-$的半径比$Cl^-$、$Br^-$、$I^-$小很多，氧化物在卤化物中显得比较突出，具有较高的硬度和较低的溶解度，并常出现在内生成矿作用中。

（1）萤石（$CaF_2$）的鉴定。主要鉴定特征：等轴晶系，晶体常呈六方体，八面体与菱形十二面体的聚形，常见有两个立方体相互穿插构成的贯穿双晶；集合体呈粒状；无色透明以及淡绿、淡紫、淡红等各色，有时亦呈黑紫色和深绿色，颜色很深者常含稀土元素类质同象杂质和深色包裹体，并常呈带状构造（在晶体断面上可以看到晶体由内而外，颜色层层不同），白色条痕（黑紫色萤石的淡紫色条痕是因包裹体引起的，不是萤石本身的条痕），玻璃光泽，硬度4，完全解理，相对密度3.18，含稀土者可达3.6。有些晶体具热光性，如将萤石放在管中在酒精灯上加热后，在暗处可见到矿物颗粒发出白色略呈蜡黄的磷光。反复加热，萤石的发光性会逐渐减弱以至消失。

（2）石盐（NaCl）的鉴定。主要鉴定特征：等轴晶系，$Cl^-$作为立方最紧密堆积，$Na^+$位于八面体空隙中，配位数为6，称为氯化钠型结构；纯净者无色透明、白色，或被杂质染成其他颜色，有的石盐呈天蓝色，这是由于晶体构造中有$Cl^-$的缺位，捕获电子形成了色心所致，加热或强光照射后可逐渐褪色（电子被逐走）；白色条痕；玻璃光泽，风化面现油脂光泽。硬度2；完全解理。相对密度2.16，易溶于水。

### 思考与练习

1. 从萤石和石盐的成分和结构，分析两者的共同点和不同点，并说明原因。
2. 如何区别萤石和石英？
3. 如何区别绿色萤石和天河石？

# 学习情境四　岩石学及岩浆岩总论

**内容简介**

本学习情境主要介绍了岩石学的基础知识，岩浆岩的概念、主要化学成分、主要矿物成分以及岩浆岩的产状、结构和构造。岩浆岩的分类和命名。所谓岩石是指天然产出的具一定结构构造的矿物集合体，是构成地壳和上地幔的物质基础，绝大多数是由一种或几种造岩矿物组成，极少数是由天然玻璃、胶体或生物遗骸组成；按地质成因分为岩浆岩、沉积岩和变质岩。其中，岩浆岩是由高温熔融的岩浆在地表或地下冷凝所形成的岩石，也称火成岩。喷出地表的岩浆岩称喷出岩或火山岩，在地下冷凝的则称侵入岩。

通过本学习情境的学习，使学生能够识别岩石对影响工程性质的，掌握岩石学研究方法的具体应用；掌握岩浆岩分类和命名的依据。具备识别常见岩浆岩中的矿物成分，同时根据岩浆岩产状、结构和构造来识别常见的岩浆岩的能力。

## 项目一　岩　石　学

**【知识点】** 能理解岩石、岩石学的概念。了解岩石影响工程性质的因素有哪些。熟悉并了解岩石学的研究方法。

**【技能点】** 能熟记并掌握岩石学的发展简史。能够识别岩石对影响工程性质的因素是内在因素还是外在因素。掌握岩石学研究方法的具体应用。

### 一、岩石及岩石学的概念

#### （一）岩石的概念

岩石是天然产出的具一定结构和构造的矿物集合体，是构成地壳和上地幔的物质基础。绝大多数是由一种或几种造岩矿物组成，极少数是由天然玻璃、胶体或生物遗骸组成。

按地质成因可分为岩浆岩、沉积岩和变质岩。其中，岩浆岩是由高温熔融的岩浆在地表或地下冷凝所形成的岩石，也称火成岩。喷出地表的岩浆岩称喷出岩或火山岩，在地下冷凝的则称侵入岩。沉积岩是在地表条件下由风化作用、生物作用和火山作用的产物经水、空气和冰川等外力的搬运、沉积和成岩固结而形成的岩石；变质岩是由先成的岩浆岩、沉积岩或变质岩，由于其所处地质环境的改变经变质作用而形成的岩石。

### （二）岩石学的概念及发展简史

1. 岩石学的概念

岩石学是地质学科领域内的基础学科之一，它是研究岩石的分布、产状、成分、结构、构造、分类、成因、演化等方面的科学。它和地质学与其他自然科学有着很密切的关系。因为岩石都是在一定的物理化学条件下形成的矿物集合体，所以要研究岩石，就必须具备矿物学、结晶学、光学、物理学和化学等学科的基本知识。

岩石学分支学科有：岩浆岩岩石学、沉积岩岩石学、变质岩岩石学、工业岩石学、宇宙岩石学、化学岩石学、实验岩石学、地幔岩石学、构造岩石学等。

岩浆岩岩石学是研究主要由岩浆作用形成的岩石的成分、结构构造，及其形成条件和演化历史的学科。其运用现代实验技术、物理化学、流体动力学等理论，阐明各类岩浆的演化运移和冷却结晶等过程，依据岩浆岩区域地质分布结合大地构造单元，总结各类岩浆岩自然组合的时空分布规律。

沉积岩岩石学是研究沉积物和沉积岩的组成、结构、构造和成因的学科。其主要内容包括沉积物和沉积岩物质成分、粒度及其生物化石群落等的研究；判定沉积环境和沉积物的源区，阐明古地理条件和恢复古构造；根据碎屑物和基质的比例，根据矿物颗粒和有机组分的分选性，进行沉积物和沉积岩的分类；根据化学沉积物的特点判定水体化学性质和海水深度等。

变质岩岩石学是研究地壳内部发生的变质作用，和变质岩的形成特点及其演变历史的学科，天体陨石的冲击变质亦属这一研究范畴。

在地壳演化过程中，地幔、地壳的相互作用，引起区域热流和构造环境的变化，发生了一系列属于不同变质相、变质相系和不同形变程度的变质岩石。它们是变质作用在自然界的记录，因而也是变质岩岩石学的研究对象。变质岩石学又可分为两个方向：变质地质学和变质实验岩石学。

工业岩石学是用硅酸盐工艺学的方法来研究和开发与硅酸盐矿物有关的资源，又称工艺岩石学。

2. 岩石学的发展简史

岩石学的发展历史大致可以分为 4 个时期。即萌芽时期、孕育时期、形成时期、发展时期。

（1）萌芽时期。世界上最早记述矿物岩石的书籍是中国的《山海经》，它是公元前约 400 年战国初期的著作，书中记载了多种矿物和岩石。

（2）孕育时期。岩石学成为一门独立的科学起始于 18 世纪末。由于地壳中的岩石主要是结晶岩，因此岩石学发展的初期，主要研究的是火成岩，到了 19 世纪中叶才开始系统地研究变质岩，而沉积岩直到 20 世纪初才引起人们的注意，可是它的发展却十分迅速，到 20 世纪 30 年代就已发展成了一门独具风格、内容丰富的学科了。

（3）形成时期。偏光显微镜的出现和使用，是岩石学研究中一个突破性的转折点，它为岩石学的研究打开了微观领域的闸门，为岩石的分类和描述提供了许多重要的依据，对岩石学的深入发展起了极大的推动作用。

1889 年俄国的费德洛夫发明了旋转台，这为从三维方向高精度研究造岩矿物和岩组学提供了手段。1895 年 X 射线的发现，又为矿物学的研究开辟了新天地，特别是对矿物的内部结构、微细矿物的测试等方面发挥着独特的作用，为研究岩石的成因和演化规律提供了一些极其重要的线索。目前，由于多种近代测试分析方法的完善和应用，使矿物的研究更是向着微量、微区、高速度、高精度的新阶段迅速向前发展。矿物有序-无序的研究、矿物用作地质温压计的探讨、矿物稳定同位素的测定，都直接或间接地为地壳中和壳下物质存在的状态、岩浆的形成和演化等带来了令人信服的凭据。目前岩石学的研究，正沿着矿物学、岩石化学、地球化学、区域岩石学、岩类学、岩理学、实验岩石学和工艺岩石学等多方面彼此联系、相互推进的方向向前发展。

(4) 发展时期。对于岩石化学，早期和近期都进行了大量的分析，为岩石化学成分分类积累了可靠的数据，如今岩石化学分析数据还在与日俱增。在 20 世纪 30 年代前后，各种岩石化学计算方法和分类如雨后春笋般地提了出来，如 CIPW 法、尼格里法、扎瓦里茨基法、巴尔特法等，近期更有里特曼法的出现。其他还有众多的不同用场的岩石化学指数以及大量的岩石化学图解。它们都从不同的方面揭示了岩石的特征、成因联系、成矿专属性和岩浆岩的共生组合规律，对划分岩浆杂岩、岩浆岩建造、岩系或岩套组合方面都有一定的意义。地球化学研究，也为不同火成岩系间主要元素和微量元素的分布和组合的差异、找矿勘探和岩石成因与矿产的形成等方面提供了线索。同位素和稀土元素地球化学的应用，在确定各类岩石的物质来源和生成年代与形成温度上也有很大的突破。

## 二、岩石对工程性质的影响

影响岩石工程性质的因素，可归纳为两个方面：一是内在因素，即岩石自身的内在条件，如组成岩石的矿物成分，结构、构造等；二是外在因素，即来自岩石外部的客观因素，如气候环境、风化作用、水文特性等。因此，岩石的矿物成分、结构，构造，以及岩石遭受的风化作用、水的作用等，都直接影响岩石的工程性质。

### (一) 矿物成分

岩石是由矿物组成的，岩石的矿物成分对岩石的物理力学性质产生直接的影响。例如，石英岩的抗压强度比大理岩的要高得多，这是因为石英的强度比方解石的强度高的缘故，由此可见，尽管岩类相同，结构和构造也相同，如果矿物成分不同，岩石的物理力学性质会有明显的差别。

对岩石的工程地质性质进行分析和评价时，更应该注意那些可能降低岩石强度的因素。例如，花岗岩中的黑云母含量过高，石灰岩、砂岩中黏土类矿物的含量过高会直接降低岩石的强度和稳定性。

### (二) 结构、构造

(1) 结构。岩石的内部结构对岩石的力学强度有极大的影响。按岩石的结构特征，可将岩石分为结晶联结的岩石和胶结联结的岩石两大类。

结晶联结是由岩浆或溶液结晶或重结晶形成的。矿物的结晶颗粒靠直接接触产生的力牢固地联结在一起，结合力强，空隙度小，比胶结联结的岩石具有更高的强度和稳定性。

胶结联结是矿物碎屑由胶结物联结在一起的，胶结联结的岩石，其强度和稳定性主要取决于胶结物的成分和胶结的形式，同时也受碎屑成分的影响，变化很大。例如：粗粒花岗岩的抗压强度一般在120~140MPa之间，而细粒花岗岩则可达200~250MPa。大理岩的抗压强度一般在100~120MPa之间，而坚固的石灰岩则可达250MPa 。

（2）构造。构造对岩石物理力学性质的影响，主要是由矿物成分在岩石中分布的不均匀性和岩石结构的不连续性所决定的。某些岩石具有的片状构造、板状构造、千枚状构造、片麻状构造以及流纹构造等，岩石的这些构造，使矿物成分在岩石中的分布极不均匀。一些强度低、易风化的矿物，多沿一定方向富集，或呈条带状分布，或形成局部聚集体，从而使岩石的物理力学性质在局部发生很大变化。

（三）风化水化作用

（1）风化作用。岩石在自然力的作用下发生物理化学变化的过程，称为岩石风化。风化作用过程能使岩石的结构、构造和整体性遭到破坏，空隙度增大、容重减小，吸水性和透水性显著增高，强度和稳定性大为降低。随着化学过程的加强，则会使岩石中的某些矿物发生次生变化，从根本上改变岩石原有的工程地质性质。

（2）水化作用。任何岩石被水饱和后的强度都会降低。当岩石受到水的作用时，水就沿着岩石中可见和不可见的孔隙、裂隙侵入，浸湿岩石自由表面上的矿物颗粒，并继续沿着矿物颗粒间的接触面向深部侵入，削弱矿物颗粒间的联结，使岩石的强度受到影响。如石灰岩和砂岩被水饱和后，其极限抗压强度会降低25%~45%左右。

## 三、岩石学的研究方法

（1）野外地质研究。野外研究是岩石学研究工作的基础，其方法包括地质填图、剖面测制、观察露头。主要研究岩石的组分、结构构造、产状、岩石组合、相变、与围岩关系、次生变化、形成时代、与成矿的关系等。有时还需观察与研究岩石的工程力学性质等。野外研究过程中要采集适当的岩石标本、样品，以进一步分析测试。

（2）实验室分析研究。岩相学特征研究。主要应用偏光显微镜、费氏台、X射线分析、差热分析，电子显微镜等仪器方法，详细研究岩石的矿物成分、含量、结构构造、次生变化等，以及岩石中矿物的内部结构，以确定岩石的类型，探讨岩石成因。

岩石化学特征研究。采用化学分析、光谱分析、电子探针分析、质谱分析，同位素分析等方法，深入研究岩石的物质组成、成因、演化特征、形成时代、含矿性等。

实验岩石学研究。应用各种高温、高压或常温、常压设备进行模拟实验。研究不同情况下的物化平衡和转变反应，模拟岩浆熔融、变晶结晶作用过程、变形作用和沉积成岩作用等，以探讨岩石形成机理，分析岩石成因问题。

## 思考与练习

1. 岩石的概念？
2. 简述岩石学与其他学科之间的联系？
3. 岩石对工程性质的影响因素中内在因素有哪些？
4. 岩石中的矿物成分是如何影响工程性质的？

# 项目二　岩浆岩的基本概念

**【知识点】** 熟悉并理解岩浆岩的概念；岩浆岩的主要化学成分；岩浆岩中的主要矿物成分。

**【技能点】** 能识别常见岩浆岩中的矿物成分。

## 一、岩浆岩的化学成分

地壳中的所有元素在岩浆岩中均有发现，其中有10种元素的含量很高O(46.59%)，Si(27.72%)，Al(8.13%)，Fe(5.01%)，Ca(3.63%)，Na(2.85%)，K(2.60%)，Mg(2.09%)，Ti(0.63%)，H(0.13%)，它们的总和约占岩浆岩总重量的99.38%。

在岩浆岩中，主要造岩元素的分析结果一般以氧化物质量分数的形式给出，在不同的岩浆岩中它们的含量（平均值）变化范围较大（表4-1）。

**表4-1　常见岩浆岩平均化学成分**($w_B/\%$)

| 氧化物 | 岩浆岩平均 | 酸性岩浆岩（花岗岩） | 中性岩浆岩（安山岩） | 基性岩浆岩（玄武岩） | 超基性岩浆岩（橄榄岩） |
|---|---|---|---|---|---|
| $SiO_2$ | 59.12 | 71.23 | 57.94 | 49.20 | 42.26 |
| $Al_2O_3$ | 15.34 | 14.32 | 17.02 | 15.74 | 4.23 |
| $Fe_2O_3$ | 3.08 | 1.21 | 3.27 | 3.79 | 3.61 |
| FeO | 3.80 | 1.64 | 4.04 | 7.13 | 6.58 |
| MgO | 3.49 | 0.71 | 3.33 | 6.73 | 31.24 |
| CaO | 5.08 | 1.84 | 6.79 | 9.47 | 5.05 |
| $Na_2O$ | 3.84 | 3.68 | 3.48 | 2.91 | 0.49 |
| $K_2O$ | 3.13 | 4.07 | 1.62 | 1.10 | 0.34 |
| $TiO_2$ | 1.05 | 0.31 | 0.87 | 1.84 | 0.63 |
| MnO | 0.12 | 0.05 | 0.14 | 0.20 | 0.41 |
| $P_2O_5$ | 0.30 | 0.12 | 0.21 | 0.35 | 0.10 |
| $H_2O$ | 1.15 | 0.77 | 1.17 | 0.95 | 3.91 |
| $CO_2$ | 0.10 | 0.05 | 0.05 | 0.11 | 0.30 |

## 二、岩浆岩的矿物成分

### （一）*岩浆岩的主要造岩矿物*

组成岩浆岩的矿物，常见的约20多种，主要有长石、石英、云母、角闪石、辉石和橄榄石等主要造岩矿物，少量磁铁矿、钛铁矿、锆石、磷灰石、榍石等副矿物（表4-2）。

**表 4-2　岩浆岩中常见矿物平均含量($\varphi_B$/%)**

| 矿　物 | | 花岗岩 | 花岗闪长岩 | 闪长岩 | 辉长岩 | 纯橄榄岩 |
|---|---|---|---|---|---|---|
| 石英 | | 25 | 21 | 2 | | |
| 正长石 | | 40 | 15 | 3 | | |
| 斜长石 | 富钠斜长石 | 26 | | | | |
| | 中长石 | | 46 | 64 | | |
| | 富钙斜长石 | | | | 65 | |
| 黑云母 | | 5 | 3 | 5 | 1 | |
| 角闪石 | | 1 | 13 | 13 | 3 | |
| 单斜辉石 | | | | 8 | 14 | |
| 斜方辉石 | | | | 3 | 6 | 2 |
| 橄榄石 | | | | | 7 | 95 |
| 磁铁矿 | | 2 | 1 | 2 | 2 | 3 |
| 钛铁矿 | | 1 | 1 | | 2 | |

根据化学成分的特点和颜色，造岩矿物可分为硅铝矿物和铁镁矿物两类。

硅铝矿物是指 $SiO_2$ 与 $Al_2O_3$ 的含量较高，不含铁、镁的铝硅酸盐矿物，如石英、长石和似长石类（霞石、白榴石、方钠石等）矿物。由于其颜色浅，也称浅色矿物。

铁镁矿物是指富含镁、铁、钛、铬的硅酸盐和氧化物矿物。如橄榄石、辉石、角闪石和黑云母等。由于其颜色深，也称暗色矿物或深色矿物。

岩浆岩中暗色矿物的体积分数，通常称为色率。一般花岗岩的色率为 9，花岗闪长岩的色率为 18，闪长岩的色率为 30，辉长岩的色率为 35，纯橄榄岩的色率为 100。

### （二）*岩浆岩的矿物成分与矿物结晶顺序的关系*

根据鲍温反应系列原理，岩浆在结晶过程中常有规律地产生连续反应系列和不连续反应系列两个并行的分支。

连续反应系列反映斜长石固溶体矿物从岩浆中结晶的顺序，从高温到低温，依次由钙质斜长石向钠质斜长石连续转化。

不连续反应系列反映铁镁矿物从岩浆中结晶的先后顺序，首先结晶的是橄榄石，其后结晶的依次是辉石、角闪石，后期结晶的是黑云母。

随着岩浆的冷却，从岩浆中同时析出一种铁镁矿物和一种斜长石，两者互相独立地进行，两个系列之间位于同一水平线上的矿物可以同时结晶，形成某种岩石类型的主要矿物成分，如辉石和富钙斜长石同时结晶可形成基性岩类，角闪石和中性斜长石同时结晶可形成中性岩类。两个系列在下部汇合成简单的不连续系列，其结晶顺序是钾长石→白云母→石英，石英为最终结晶的产物。通常形成于酸性岩类中（如图 4-1 所示）。

### （三）*岩浆岩矿物成分与化学成分的关系*

岩浆中 $SiO_2$、$Al_2O_3$、$CaO+Na_2O+K_2O$ 的含量对岩石的矿物组合具有显著的影响。

（1）$SiO_2$ 饱和矿物。当岩浆中 $SiO_2$ 过剩（过饱和）时，岩石中会出现 $SiO_2$ 饱和矿

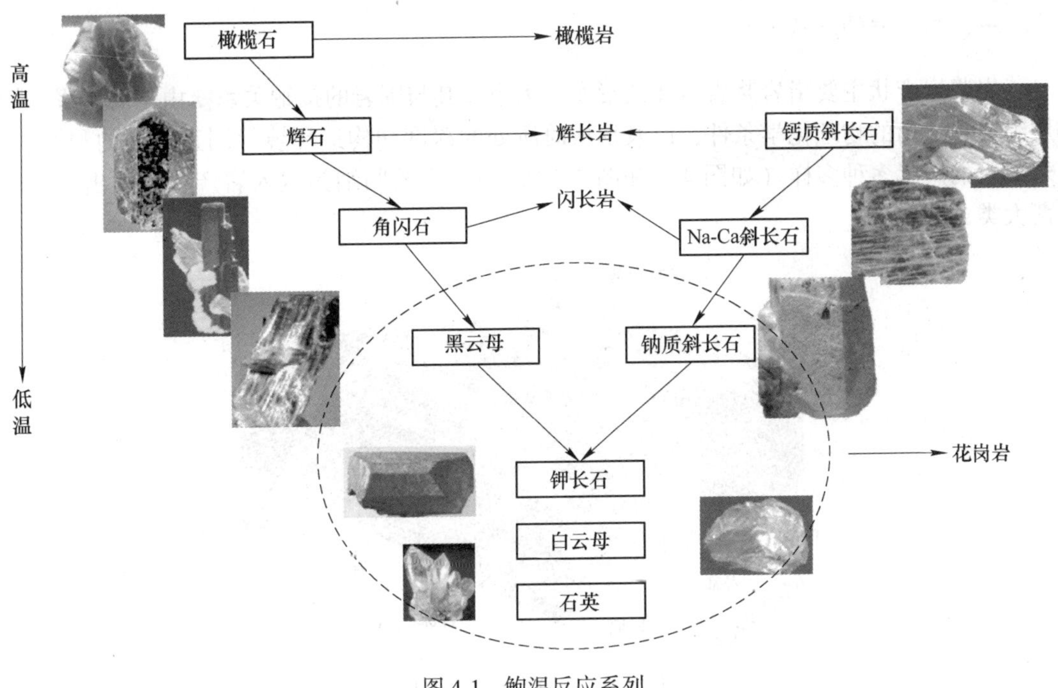


图 4-1　鲍温反应系列

物（长石、辉石、角闪石、黑云母等）与石英（原生的游离 $SiO_2$）共生的矿物组合；当岩浆中 $SiO_2$ 不足（不饱和）时，岩石中出现 $SiO_2$ 不饱和矿物（霞石、白榴石等）组合，而不出现石英；而当岩浆中 $SiO_2$ 含量适当（饱和）时，岩石中仅出现 $SiO_2$ 饱和矿物（长石、辉石、角闪石、黑云母等）组合，既不出现石英，又不出现霞石和白榴石等。

（2）过铝质矿物。与 $SiO_2$ 类似，岩浆中 $Al_2O_3$ 的含量也会对岩石的矿物共生组合产生影响，当岩浆中 $Al_2O_3/(CaO + Na_2O + K_2O) > 1$（铝过饱和）时，$Al_2O_3$ 在与 CaO、$Na_2O$、$K_2O$ 结合生成长石类矿物后还有剩余，可形成刚玉、黄玉、电气石等过铝质矿物。

（3）过碱性矿物。当岩石中 $Al_2O_3/(CaO + Na_2O + K_2O) < 1$（铝不饱和或碱过饱和）时，$Na_2O + K_2O$ 在与 $SiO_2$、$Al_2O_3$ 结合生成长石和似长石类矿物后还有剩余，这些剩余 $Na_2O+K_2O$ 可进入辉石、角闪石等暗色矿物中，形成霓石、霓辉石等过碱性暗色矿物。

## 思考与练习

1. 岩浆岩是怎么形成的？
2. 岩浆岩的化学成分主要由哪些元素组成？
3. 岩浆岩的主要造岩矿物主要由哪些矿物组成？

# 项目三　岩浆岩的产状、结构和构造

**【知识点】** 熟悉岩浆岩的产状；岩浆岩的结构；岩浆岩的构造。

**【技能点】** 能识别根据产状、结构和构造来识别常见的岩浆岩。

## 一、岩浆岩的产状

岩浆岩产状主要指岩浆岩岩体的形态、大小及其与围岩的接触关系。由于受岩浆的物质组成、产出的物理化学条件，以及形成时所处的深度和构造环境等因素的制约和控制，岩浆岩的产状多种多样（如图 4-2 和图 4-3 所示），主要归纳为侵入岩产状和喷出岩产状两大类。

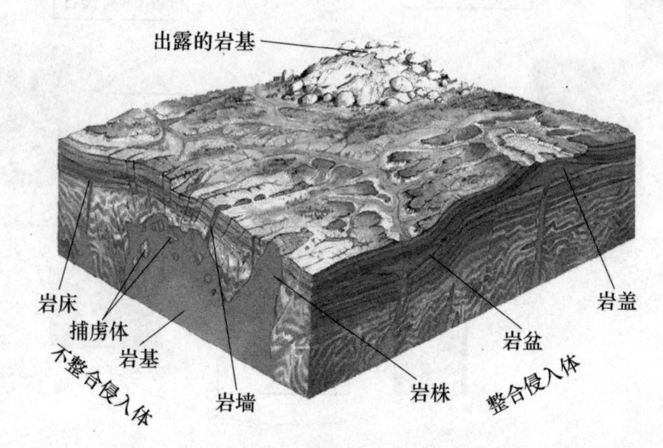


图 4-2　火成岩产状示意图

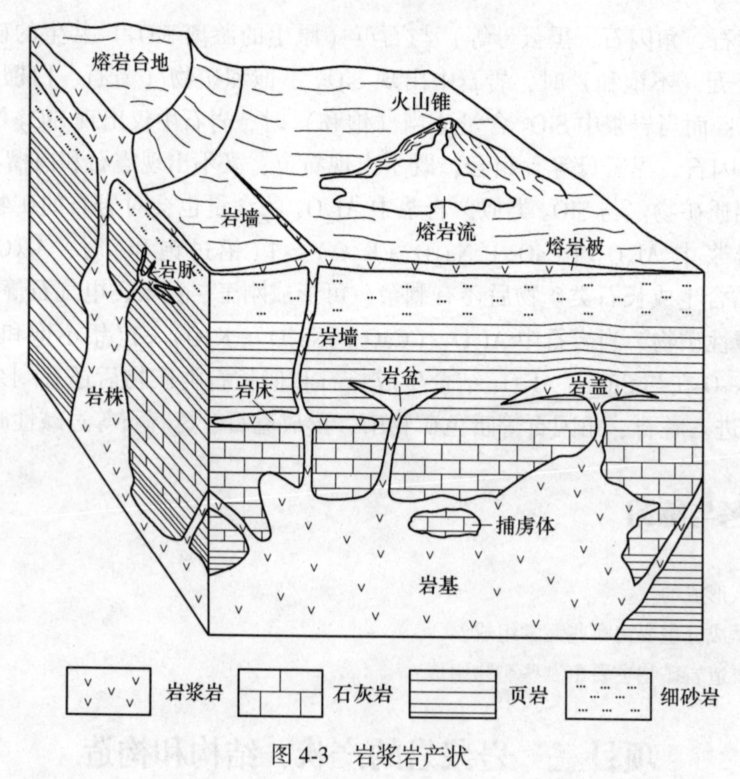


图 4-3　岩浆岩产状

### （一）侵入岩的产状

侵入岩的产状主要是指侵入体产出的形态。由于侵入体形成后受构造运动和剥蚀作用的影响，多已不能完整保存，只能根据它在地表的出露情况来判断其产状。

（1）岩基。岩基是规模极大的侵入体，分布面积>100km²，形态不规则，岩性均匀。岩浆侵入位置深，冷凝速度慢，晶粒结晶粗大。岩基内常有崩落的围岩岩块，称为捕虏体。

（2）岩株。岩株是规模较大的侵入体，平面呈圆形或不规则状，横截面积为10~100km²，与围岩接触面不平直，边缘常有规模较小，形态规则或不规则的侵入体分支插入围岩之中，有的岩株独立产出，有的岩株向下可与岩基相连。

（3）岩盘与岩盖。岩浆侵入成层的围岩，侵入体的展布与围岩层理方向大致平行，但其中间部分略向下凹或向上凸，下凹者似盘状称为岩盘；如果侵入体底平而顶凸，上凸者似蘑菇状称为岩盖。岩盘与岩盖是岩浆沿层理或片理贯入而形成的，其下部有管状通道与下面较大的侵入体相通。

（4）岩床。侵入体侵入成层围岩后呈层状或板状展布，侵入体与围岩的接触面平行于围岩的层理（图4-4a）。这是一种整合侵入产状。

（5）岩墙和岩脉。岩墙和岩脉是由侵入的岩浆沿围岩的裂隙或断裂带挤入后冷凝而形成的狭长形的侵入体。它切割围岩的层理，其规模变化较大，通常把岩体较宽厚，且近于直立的称为岩墙（如图4-4b、c所示）把较小的枝状侵入岩体称为岩脉（如图4-4d所示）。

图4-4　岩床、岩墙、岩脉

a—岩床，露头；b，c—岩墙，露头；d—岩脉，露头

（二）喷出岩的产状

喷出岩的产状与火山喷发形式有关，即不同的喷发类型产生不同的喷出岩产状。同时喷出岩的产状也受其岩浆的成分、黏性、上涌通道的特征、围岩的构造以及地表形态等控制和影响。火山喷发方式主要有裂隙式喷发和中心式喷发两种。

（1）裂隙式喷发。岩浆沿地壳中狭长的构造裂隙溢出地表（图 4-5 中图 a），也有人称之为熔透式喷发，即推断是花岗岩浆大规模侵入上升时，由于较高的温度及化学能，而熔透顶盘岩石，使岩浆大量溢出地表。这种喷发方式的火山口是很长的裂隙带，常形成面积广大的厚层“熔岩被”，受构造抬升和风化剥蚀后，常露出狭长的裂隙通道岩体（如图 4-5b 所示）。

图 4-5 火山喷发方式以及喷出岩的产状

a—裂隙式喷发；b—裂隙通道岩体；c—中心式喷发；d—火山熔岩锥；e—猛烈爆发；f—火山碎屑岩锥

（2）中心式喷发。地下上升的岩浆沿管状通道（两组断裂交叉处）上涌，从圆形火山口喷出地表（如图 4-5c 所示），形成圆形火山熔岩锥（如图 4-5d 所示）。

中心式喷发的火山作用，常伴有间歇性猛烈爆发，除从火山口喷出大量火山碎屑外，还喷出大量的气体物质（如图 4-5e 所示），爆发活动常形成火山碎屑岩锥或由熔岩和火山碎屑岩交替堆积形成的复合火山锥（如图 4-5f 所示）。

喷出岩常见的产状有火山锥、火山口、熔岩流和熔岩台地等。

（3）火山锥。黏性较大的岩浆沿火山口喷出地表，猛烈地爆炸喷发出火山角砾、火山弹及火山渣。这些较粗的间体喷发物在火山口附近常堆积成为火山锥，锥体规模不大，高一般为数十米至数百米，锥体坡角可达 30°，锥顶有明显的火山口（见图 4-5f）。

（4）火山口。火山口是火山锥顶部火山物质出口的地方，常呈脚形凹陷形状，火山熔岩锥的火山口一般比较低平（如图 4-5 中 d 所示），而火山碎屑岩锥和复合火山锥的火山口比较大。火山熄灭后往往积水而成火山口湖，如长白山天池即为典型的火山口湖。

（5）熔岩流和熔岩台地。黏性小、易流动的岩浆沿火山口喷出或沿断裂溢出地表时，常形成分布面积广大的熔岩流。厚度较小的熔岩流也称为熔岩席或熔岩被。岩浆长时间、缓慢地溢出地表，堆积形成的台状高地，称为熔岩台地。

### （三）岩浆岩的岩相

#### 1. 侵入岩的岩相

侵入岩的岩相指侵入不同深度、不同构造部位时不同的外貌特征，主要是结构构造的特征。侵入岩岩相一般可分为深成相（形成深度> 10km），中深成相（形成深度为 3~10km）和浅成相（形成深度为 0.5~3km）。

（1）深成相。深成相是岩浆侵入在较深部后冷却形成的岩体，其温度下降慢，故晶体一般较粗大，形成粗粒至巨粒结构，局部可出现伟晶结构，并常以巨大的岩基出现，岩体主要为花岗岩类，岩体与围岩界线往往不清楚。

（2）中深成相。其形成的深度介于深成相与浅成相之间，常形成中粒、中粗粒以及似斑状结构，岩体产状多为岩株和规模较小的岩基，也有部分为岩盆和岩墙等。

（3）浅成相。浅成相是岩浆侵入到离地表较近处冷却形成的岩浆岩体，形成时岩浆温度下降快，结晶较细，常有细粒、隐晶质结构及斑状结构等特点。岩体多为小型侵入体，如岩墙、岩床、岩盖和小型岩株等。

#### 2. 喷出岩的岩相

喷出岩是岩浆喷出地表或在近地表形成的，主要由各种熔岩和火山碎屑岩组成。根据火山活动产物的形成条件、喷发强度和成因方式等，细分为 6 类：

（1）火山颈相。火山颈相又称火山通道相。指原来是岩浆运移到地表的通道，后来被熔岩、火山碎屑物及通道壁岩石崩落物充填形成的岩体，也称岩颈、岩筒。火山颈相岩体的横截面近似圆形，产状陡立，形态细而长。裂隙式喷发的火山通道相多呈岩墙状。

（2）溢流相。溢流相指黏度较小、容易流动的岩浆，喷溢后形成的熔岩流或熔岩被。最常见的溢流相岩石是玄武岩，其次为安山岩。

（3）爆发相。爆发相指火山强烈爆发而形成的火山碎屑物在地表堆积形成的岩体。富含挥发分和黏度大的中、酸性岩浆有利于形成爆发相岩石。火山碎屑物粒度与离火山口的远近有关，粗大的火山角砾岩和集块岩一般堆积在火山口附近，细粒的凝灰岩则远离火山口。

（4）侵出相。侵出相指黏度大、不易流动的中酸性、酸性岩浆，在气体大量释放后，从火山口往外挤出而成的岩体。常在火山口内及附近堆积成岩钟、岩针、穹丘等特殊形状。一般形成在喷发晚期，特别是在猛烈喷发之后。

（5）次火山岩相。次火山岩相指与喷出岩同源但为超浅成（地表下 0.5km 内）侵入的岩体。岩性与喷出岩相似，具有熔岩的外貌又具有侵入岩的产状，如岩墙、岩床、岩盖、岩枝等。

（6）火山沉积相。火山沉积相指火山喷发和正常沉积作用交替变化形成的岩石，其特征是火山熔岩、火山碎屑岩与正常沉积岩互层共生。层理比较发育，多分布在离火山口较远的地方。

## 二、岩浆岩的结构

根据岩浆岩的结晶程度、矿物颗粒大小、矿物自形程度、矿物之间的关系，可划分出 20 余种结构类型（见表 4-3）。

**表 4-3　岩浆岩的结构类型划分**

| 按矿物结晶程度 | 按矿物颗粒绝对大小 | 按矿物颗粒相对大小 | 按矿物自形程度 | 按矿物之间的关系 |
|---|---|---|---|---|
| 全晶质结构<br>半晶质结构<br>玻璃质结构 | 显晶质结构<br>隐晶质结构 | 等粒结构<br>不等粒结构<br>连续不等粒结构<br>斑状结构 | 自形粒状结构<br>半自形粒状结构<br>（花岗结构）<br>他形粒状结构 | 辉长结构　辉绿结构<br>间粒结构　间隐结构<br>粗面结构　交织结构<br>包含结构　二长结构<br>环带结构　反应边结构<br>文象结构　蠕虫结构<br>响岩结构　煌斑结构 |

（1）全晶质结构。岩石全部由矿物的晶体组成，不含玻璃质。全晶质结构是岩浆在温度变化缓慢的条件下结晶而成，主要见于深成侵入岩，如花岗闪长岩（如图 4-6 所示）。

图 4-6　全晶质结构

（2）半晶质结构。岩石由部分晶体和部分玻璃质组成。多见于火山岩及部分浅成侵入岩体边部，如安山岩（如图 4-7a 所示）和珍珠岩（如图 4-7b 所示）等。

（3）玻璃质结构。岩石全部由玻璃质组成，是由于岩浆温度快速下降，各种组分来不及结晶就冷凝而形成，主要见于喷出岩或部分超浅成次火山岩中（如图 4-8 所示）。

a

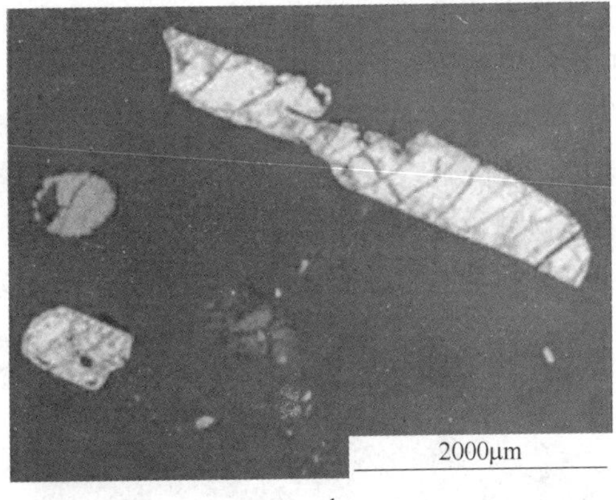


b

图 4-7　半晶质结构

a—手标本；b—斑晶为石英（基质为火山玻璃，正交偏光）

a

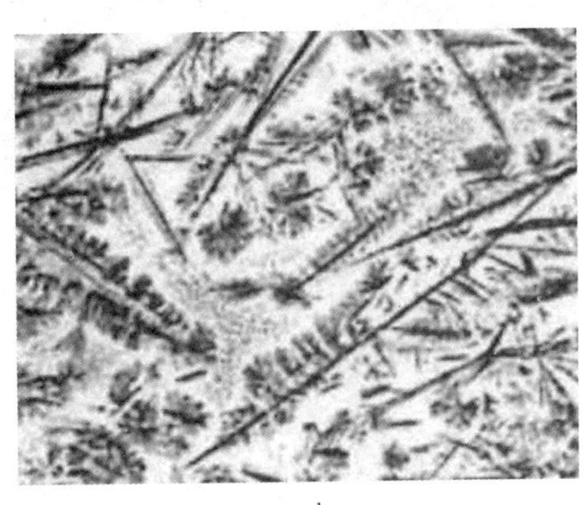

b

图 4-8　玻璃质结构

a—手标本；b—单偏光

（4）等粒结构。等粒结构是指同类矿物的颗粒大小相近的全晶质结构（如图 4-9 所示）。

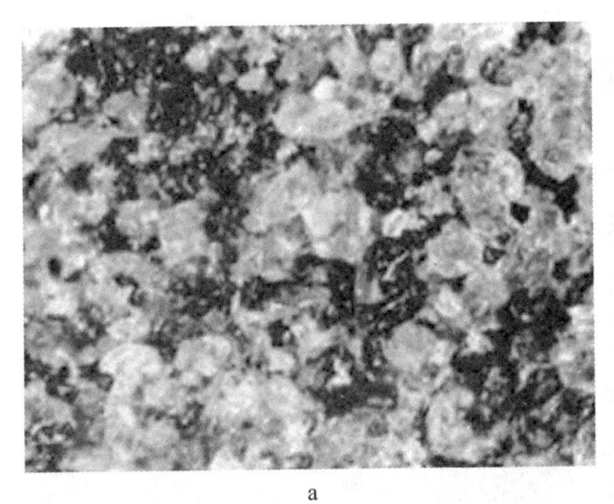

a

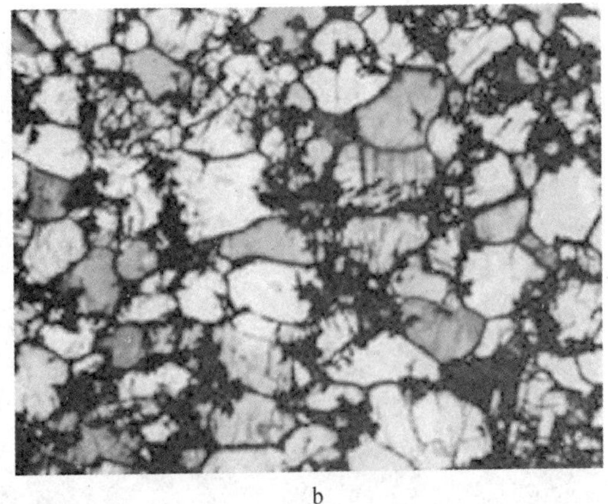

b

图 4-9　等粒结构

a—手标本；b—正交偏光

按颗粒大小分为粗粒结构（大于 5mm）、中粒结构（5 ~ 1mm）、细粒结构（1 ~ 0. 1mm）和微粒结构（<0. 1mm）。

（5）不等粒结构。岩浆岩中同类矿物颗粒大小不等的全晶质结构。如果岩石中矿物粒度依次降低，形成连续的粒级系列，称连续不等粒结构（如图 4-10a 所示）。如果岩石中矿物颗粒分为大小截然不同的两类，大颗粒（斑晶）散布在小颗粒或玻璃（基质）中，且斑晶和基质粒径有明显粒级间断，则称为斑状结构（如图 4-10b 所示）。

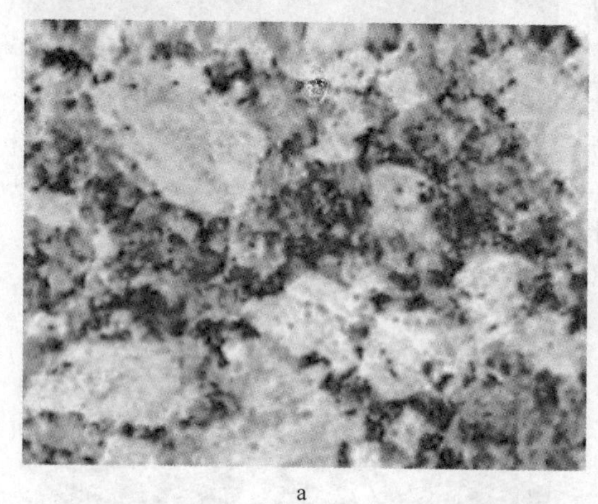

a

b

图 4-10　不等粒结构

a—连续不等粒结构（手标本）；b—斑状结构（手标本）

（6）自形粒状结构。岩石中同种主要矿物晶体具有完整的固有晶形（如图 4-11a、b 所示）。

（7）半自形粒状结构。岩石中矿物晶体自形程度不一致，其中有些是自形或他形，但多数是半自形的（图 4-11c 所示），这种结构以花岗岩中显示的最为典型，故也叫花岗结构。

（8）他形粒状结构。由晶形不规则的矿物颗粒所构成的结构。岩石中主要矿物晶粒不出现它们固有的晶形，其形状受相邻晶体或遗留空间所限制，而呈不规则形状（图 4-11d所示）。

a

b

c

d

图 4-11　自形、半自形和他形粒状结构

a—自形粒状结构（手标本）；b—自形粒状结构（正交偏光）；

c—半自形粒状结构（花岗结构）（正交偏光）；d—他形粒状结构（正交偏光）

（9）辉长结构。基性斜长石、辉石、橄榄石等矿物呈近似的半自形粒状，互成不规则排列。这表明辉石和斜长石是同时从岩浆中析出的，在辉长岩中比较常见（如图 4-12 所示）。

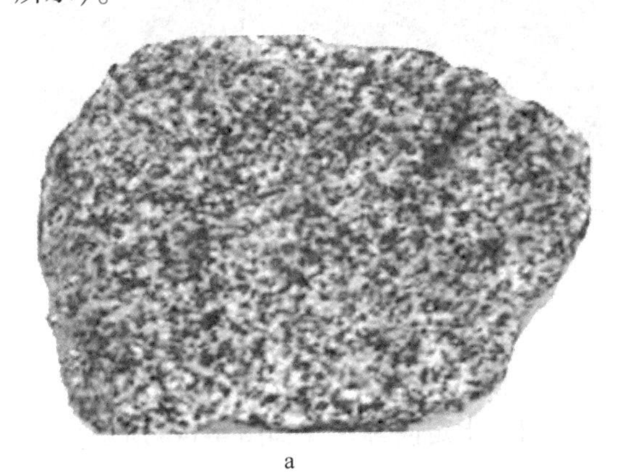

a

b

图 4-12　辉长结构

a—辉长岩（手标本）；b—辉长结构（正交偏光）

（10）辉绿结构。斜长石呈自形板条状交织分布，而他形粒状辉石则充填在斜长石板条构成的三角形空隙中间，或部分包裹了斜长石的边缘。辉绿岩常有此结构（如图 4-13a 所示）。

（11）包含结构。包含结构是指岩石中大晶体包含小晶体的一种结构。如在基性侵入岩中，常见在辉石大晶体中包含着板条状斜长石的小晶体，称含长结构（如图 4-13b 所示）。

（12）间粒结构。间粒结构也称粒玄结构。岩石中较自形的板条状斜长石杂乱分布，在斜长石构成的格架空隙内充填着细小的辉石、橄榄石、磁铁矿等矿物颗粒（如图 4-13c 所示）。

（13）间隐结构。间隐结构也称填间结构。在细柱状斜长石微晶所构成的不规则格架间隙中填充着玻璃质（有时为脱玻化产物）或隐晶质（如图 4-9d 所示），这是一种半晶质

图 4-13　辉绿结构，含长结构，间粒结构，间隐结构

a—辉绿结构（正交偏光）；b—含长结构（正交偏光）；c—间粒结构（正交偏光）；d—间隐结构（正交偏光）

的基质结构。

（14）粗面结构。粗面结构是粗面岩常具有的一种特征结构。岩石（或基质）全由钾长石微晶组成，镜下可见这些钾长石微晶大致呈定向或半定向排列（如图 4-14a 所示）。

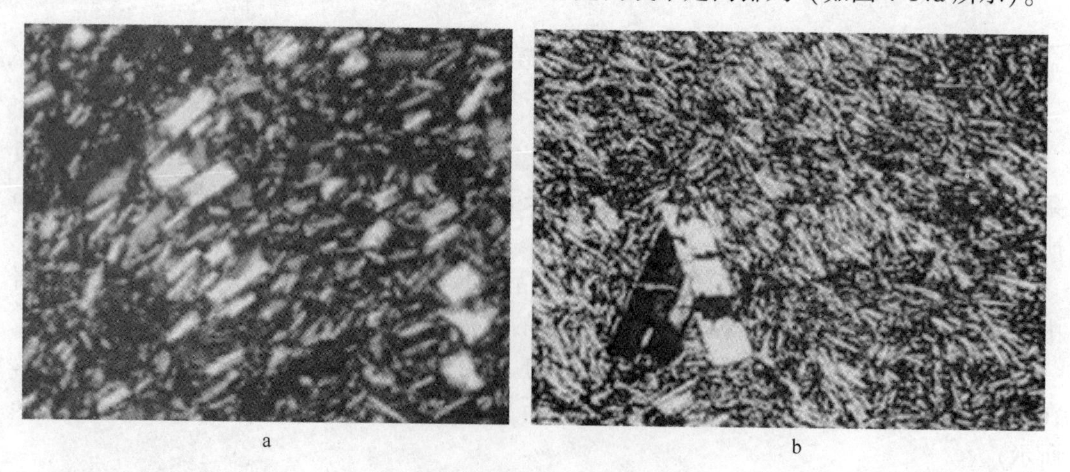

图 4-14　粗面结构，交织结构

a—粗面结构（单偏光）；b—交织结构（正交偏光）

（15）交织结构。岩石（或基质）由密集的杂乱无章的斜长石微晶组成，在其间隙中充填有隐晶质物质（如图 4-14b 所示）。如间隙中充填玻璃及其脱玻化产物，称为玻基交织结构。

（16）环带结构。在正交偏光下同一个矿物颗粒内的干涉色和消光位不一致，呈环带状分布，如斜长石和角闪石的环带结构（如图 4-15a、b 所示）。

（17）反应边结构。反应边结构指矿物周边分布一圈新形成的矿物，如橄榄石周边时有辉石或角闪石的反应边，橄榄石晶体遭氧化常形成伊丁石镶边环绕等现象（如图4-15c、d 所示）。

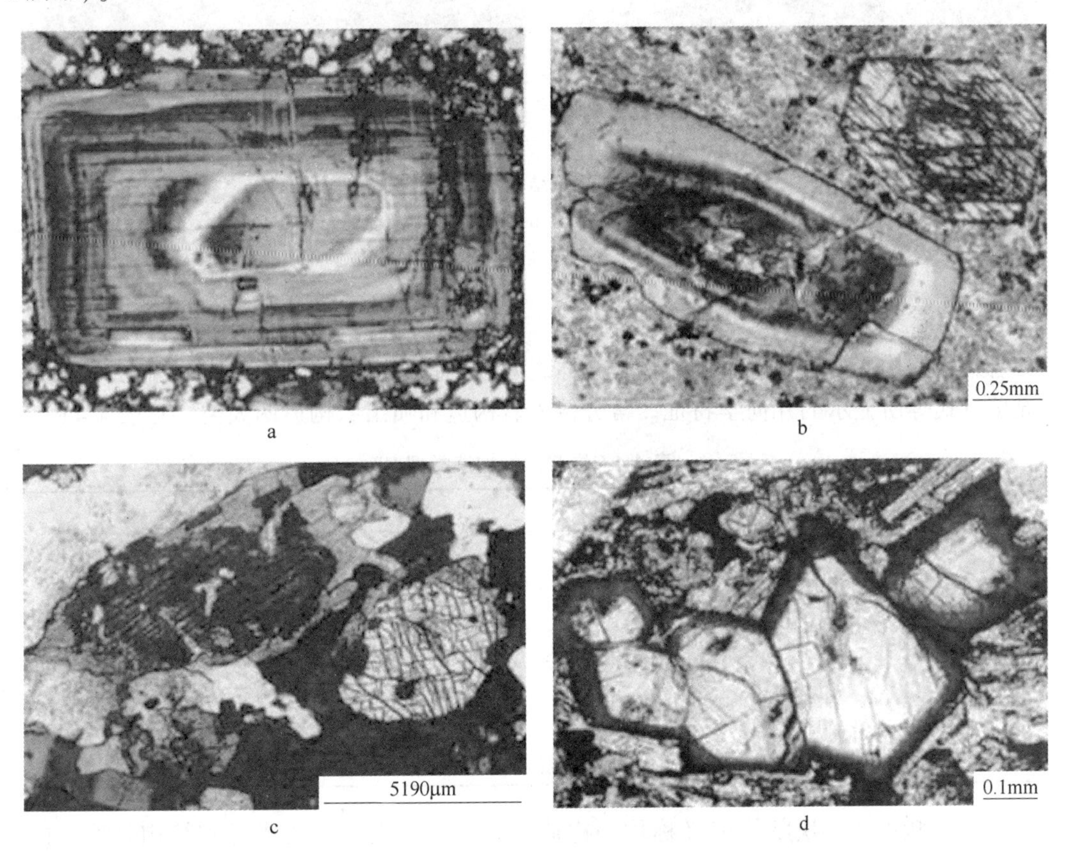


图 4-15　环带结构和反应边结构

a—斜长石的环带结构（正交偏光）；b—角闪石的环带结构（单偏光）；
c—反应边结构（正交偏光）；d—反应边结构（单偏光）

（18）文象结构。岩石中石英和钾长石（通常为微斜长石或微纹长石）呈有规则的连生，石英具独特的棱角形和楔形，在钾长石晶体中呈定向排列，形似古象形文字。它是石英、长石在共结情况下形成的，大者肉眼可见（如图 4-16a 所示）。

（19）蠕虫结构。岩石中斜长石交代钾长石后，由剩余的 $SiO_2$ 形成的蠕虫状石英，镶嵌在斜长石的边部。显示在斜长石中包含有细小的蠕虫状或指状石英（如图 4-16b 所示）。

（20）响岩结构。基质中含有大量短矩形（近正方形）和六边形等断面形状的霞石晶体。

（21）煌斑结构。煌斑结构是煌斑岩的特有结构。特点是斑晶和基质中的深色矿物自形程度很好，常常比岩石中的浅色矿物自形程度高。

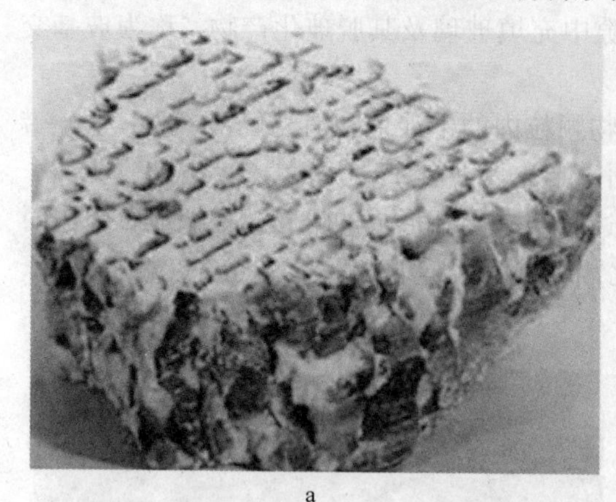

a

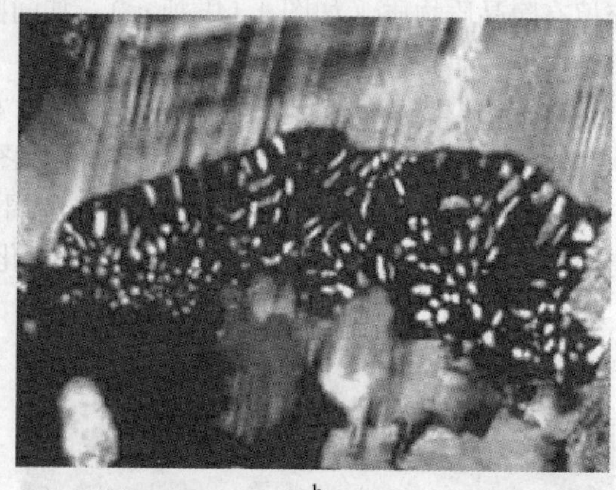

b

图 4-16　文象结构和蠕虫结构

a—文象结构（手标本）；b—蠕虫结构（正交偏光）

## 三、岩浆岩的构造

岩浆岩的构造是岩石中不同矿物集合体之间或矿物集合体与其他组成部分之间的排列和充填方式等所显示的几何学特征。常分侵入岩构造和喷出岩构造两大类（见表 4-4）。

**表 4-4　岩浆岩的构造类型**

| 常见的侵入岩构造 | 常见的喷出岩构造 |
|---|---|
| 块状构造 | 气孔构造 |
| 斑杂构造 | 杏仁状构造 |
| 带状构造 | 枕状构造 |
| 流动构造 | 绳状构造 |
| 球状构造 | 流纹构造 |
| 晶洞构造 | 柱状节理构造 |
| | 珍珠构造 |

（1）块状构造。块状构造又称均一构造。岩石各组成部分的成分和结构是均一的，无气孔，矿物排列无一定次序，无一定方向，如巨大花岗岩体都具有块状构造特征（如图 4-17a 所示）。

（2）斑杂构造。斑杂构造又称不均一构造，指岩石中不同组成部分在结构上、颜色上或矿物成分上有较大的差异，使整个岩石显得不均匀的特征。引起斑杂构造的原因很多，可由于出现析离体和捕虏体形成，也可由岩浆与围岩之间不彻底同化混染作用，或一种岩浆与另一种成分不同的岩浆发生岩浆混合作用所造成。如橄榄岩中因分布有团块状纯橄榄岩析离体而显示斑杂构造（如图 4-17b 所示）。

（3）流动构造。流动构造指岩浆在流动过程中，所产生的流线构造和流面构造。流线构造是岩石中的长柱状矿物、长形捕虏体、析离体等的长轴方向呈定向排列的现象（如图 4-18a 所示）流面构造是岩石中的板状、片状矿物或扁平的捕虏体、析离体等呈面状平行展布的现象（如图 4-18b 所示）。

a

b

图 4-17　块状构造和斑杂构造
a—块状构造（手标本）；b—斑杂构造（手标本）

a

b

图 4-18　流线构造和流面构造
a—流线构造（手标本）；b—流面构造（手标本）

（4）球状构造。球状构造指侵入岩中不同成分的矿物围绕某些中心呈同心层状分布，外形呈圆球体或椭球体的一种构造，如球状闪长岩或球状辉长岩（如图 4-19a 所示）。

（5）晶洞构造。晶洞指侵入岩中发育的原生近圆形或不规则状孔洞。在晶洞壁上或洞中常生长着晶形完好的矿物晶体，如花岗岩中的晶洞构造（如图 4-19b 所示）。

（6）气孔构造。气孔构造指岩石中分布的大量圆形、椭圆形或不规则形状的孔洞、空腔的现象。气孔构造在玄武岩中很发育（如图 4-20a 所示）。当岩石中气孔特别多时，岩石的相对密度很低，能浮于水，称为浮岩。

（7）杏仁状构造。杏仁状构造指气孔被岩浆期后的一些次生矿物（如沸石、石英、方解石等）所充填的现象。如在深色玄武岩的气孔中，常充填了浅色的次生矿物，充填物形状如杏仁，故称杏仁状构造（如图 4-20b 所示）。

（8）流纹构造。流纹构造是酸性熔岩中最常见的构造。指不同颜色的结晶矿物颗粒、隐晶质物质、雏晶、玻璃质和气孔等在岩石中呈一定方向流状排列现象。是流纹岩具有的典型构造（如图 4-21 所示）。

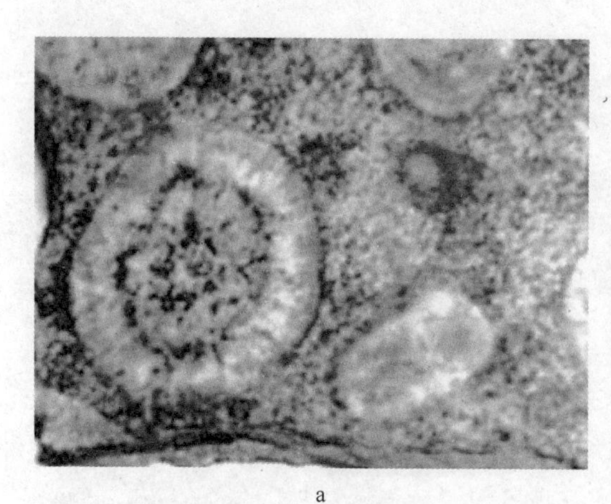

a　　b

图 4-19　球状构造和晶洞构造

a—球状构造（手标本）；b—晶洞构造（手标本）

a　　b

图 4-20　气孔构造和杏仁状构造

a—气孔构造（露头）；b—杏仁状构造（露头）

a　　b

图 4-21　流纹构造

a，b—流纹构造（露头）

(9) 假流纹构造。如在火山灰流中，塑性或半塑性状态的浆屑及玻屑在流动过程中或在上覆物质的重力作用下被压扁和变形，并绕过岩屑和晶屑呈定向排列，其特征似流纹构造，故称假流纹构造，为熔结凝灰岩所特有的典型构造。

(10) 枕状构造。枕状构造指熔浆自海底溢出或从陆地流入海中形成的一种特殊形状。若干小股熔岩流在海水中过冷却，表面首先结成硬壳，内部尚未凝固而呈塑态，致使顶面形成向上凸起的曲面，底面平卧海底而成平坦状，形如枕头，故名。有时，枕体内部的熔浆反复从缝隙中流出，结壳凝间，形成大的枕状体（如图 4-22a，b 所示）。

(11) 绳状构造。绳状构造是指黏度较小、易流动的熔岩流溢出地表后，在向前流动过程中，扭曲拧成状似粗绳或“麻花”的一种构造（如图 4-22c，d 所示）。绳状熔岩表面往往比较光滑，而内部粗糙，“绳索”延伸方向往往垂直于熔岩流动方向。

图 4-22　枕状构造和绳状构造

a，b—枕状玄武岩（露头）；c—炽热的熔岩流拧成绳状（露头）；d—绳状玄武岩（露头）

(12) 柱状节理构造。柱状节理构造是指玄武岩中大量呈六边形或多边形柱状体产出的柱状形态构造特征（如图 4-23 所示）长期以来一直认为，柱状节理是熔岩冷却收缩形成的，长柱的方向垂直于熔岩冷却时的等温面，但近来有人认为，单纯冷却难以形成数米至十余米长的节理，高度规则的柱状节理是熔岩在冷却过程中由于双扩散对流作用引起的。

图 4-23　玄武岩柱状节理

## 四、岩浆岩的分类和命名

自然界的岩浆岩多种多样，现有的岩石名称达 1000 种以上。它们之间既千差万别（在物质成分、结构、构造、产状等方面），又有各种联系（存在一些过渡类型，在成因或生成环境等方面）。

因此，对种类繁杂的岩浆岩进行科学的归纳和分类，对于认识各类岩浆岩的共性和特性、掌握其变化规律、进行正确描述、命名和国际学术交流，具有重要意义。

岩浆岩的分类已有一百多年历史，提出的分类方案不下一二十种。

各分类的着眼点不同，有的主要考虑矿物成分特征；有的根据岩石化学特征；有的根据地质产状等等。这就是岩浆岩分类中所谓的三个基本方向。

### （一）国际地质科学联合会推荐的分类方案

（1）深成侵入岩的矿物分类

该分类以石英（Q）、斜长石（P）、碱性长石（A）和似长石（F）4 类矿物为端点制成双三角形图，根据岩石中实际矿物含量值在图上投影落点，将岩浆岩分为 26 类（见图 4-24）。

（2）岩浆岩的化学分类

该分类以新鲜火山岩岩石化学分析的 $Na_2O$ 与 $K_2O$ 质量分数之和为纵坐标，以 $SiO_2$ 质量分数为横坐标，制成 TAS 化学分类图，根据各种火山岩化学分析 $Na_2O + K_2O$ 和 $SiO_2$ 值在图上的投影，对火山岩进行分类（见图 4-25）。

### （二）本书采用的岩浆岩分类

（1）岩浆岩化学分类

根据岩浆岩中 $SiO_2$ 含量，将岩浆岩划分为四大类：

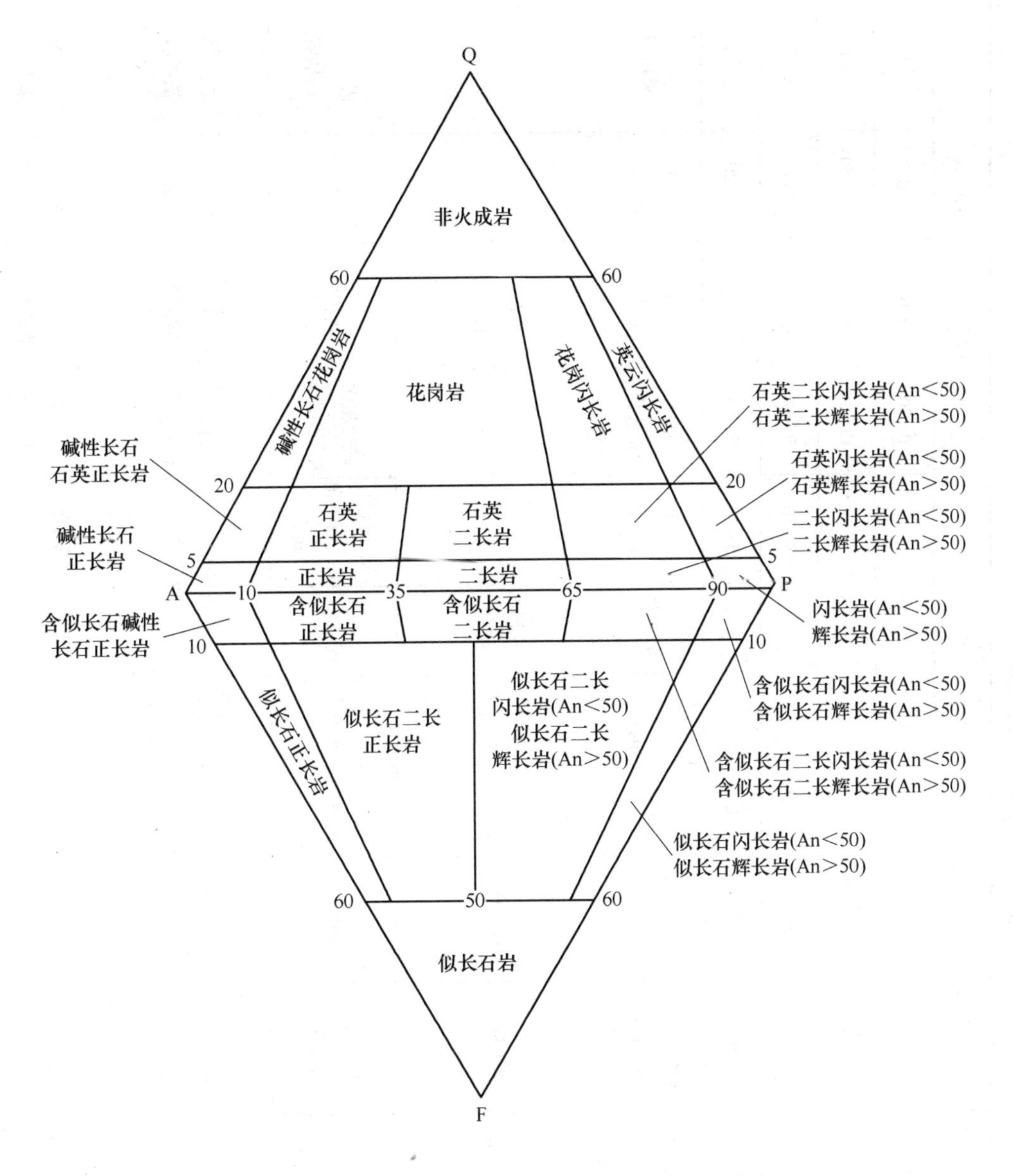


图 4-24　岩浆岩（深成侵入岩）的定量矿物成分分类

超基性岩类：　$SiO_2$含量<45%；

基性岩类：　$SiO_2$含量为 45%～52%；

中性岩类：　$SiO_2$含量为 52%～65%；

酸性岩类：　$SiO_2$含量为>65%。

（2）岩浆岩化学分类

岩浆岩的化学成分-矿物成分-产状综合分类。根据岩浆岩中的 $SiO_2$ 含量和 $Na_2O+K_2O$ 含量、石英含量、似长石和碱性辉石等的含量、产状，进行的综合分类（见表 4-5）。

**表 4-5　岩浆岩综合分类表**

| $\omega(SiO_2)$ /% | | | <45 | 45~52 | 52~65 | | >65 | | | 52~65 | | 45~52 | <45 |
|---|---|---|---|---|---|---|---|---|---|---|---|---|---|
| φ(石英) /% | | | 0 | 0~微 | 0~20 | | 20~60 | | | 0~20 | 0 | 0 | 0 |
| φ(长石总量) /% | | | 0~10 | 10~90 | 40~70 | | 30~70 | | | 40~70 | 30~40 | 10~50 | 0~10 |
| $w(Na_2O+K_2O)$ /% | | | <3 | 3~5 | 5~8 | 8~9 | 7~8 | | 8~10 | 9~10 | 10~15 | 4~6 | 5~10 |
| φ(似长石+碱性辉石) /% | | | 0 | 0 | 0 | 0 | 0 | | 5~20 | 5~20 | 20~50 | 5~20 | 5~20 |
| 侵入岩 | 深成岩 | 全晶质粒状或似斑状结构 | 橄榄岩，辉石岩，角闪岩 | 辉长岩，苏长岩，斜长岩 | 闪长岩 | 正长岩 | 花岗闪长岩 | 花岗岩 | 碱性花岗岩 | 碱性正长岩 | 霞石正长岩 | 碱性辉长岩 | 霓霞岩 |
| | 浅成岩 | 全晶质细粒斑状结构 | 苦橄玢岩，金伯利岩 | 辉绿岩 | 闪长玢岩 | 正长斑岩 | 花岗闪长斑岩 | 花岗斑岩 | | | 霞石正长斑岩 | | |
| | 次火山岩 | 结构介于浅成岩和喷出岩之间 | | | | | | | | | | | |
| 喷出岩 | | 斑状、隐晶质或玻璃质结构 | 苦橄岩，科马提岩，麦美奇岩 | 玄武岩，细碧岩 | 安山岩 | 粗面岩 | 英安岩 | 流纹岩 | 碱性流纹岩，石英角斑岩 | 碱性粗面岩，角斑岩 | 响岩 | 碱玄岩 | 霞石岩，白榴岩 |
| 岩类 | | | 橄榄岩-苦橄岩类 | 辉长岩-玄武岩类 | 闪长岩-安山岩类 | 正长岩-粗面岩类 | 花岗闪长岩-英安岩类 | 花岗岩-流纹岩类 | | 正长岩-粗面岩类 | 霞石正长岩-响岩类 | 碱辉岩-碱玄岩 | 霓霞岩-霞石岩 |
| | | | 超基性岩类 | 基性岩类 | 中性岩类 | | 中酸性岩类 | 酸性岩类 | 碱性酸性岩类 | 碱性中性岩类 | 典型的碱性岩类 | 碱性基性岩 | 碱性超基性岩 |

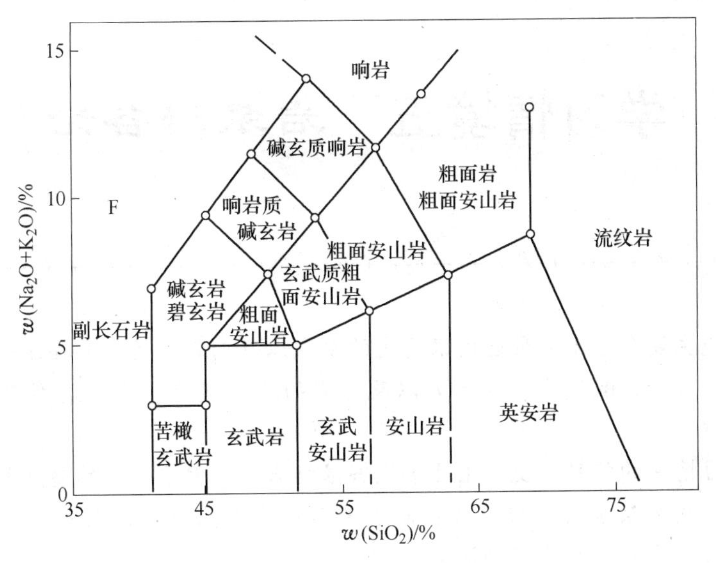


图 4-25　岩浆岩的 TAS 分类图

## 思考与练习

1. 喷出岩的典型构造有哪些，侵入岩的典型构造有哪些？
2. 喷出岩的产状有哪些，侵入岩的产状有哪些？

# 学习情境五　岩浆岩各论

**内容简介**

本学习情境主要介绍了岩浆岩肉眼鉴定的要点以及肉眼鉴定需要描述的内容；超基性岩、基性岩、中性岩、酸性岩、碱性岩以及脉岩的基本概念、基本类型以及鉴定特征和方法。

通过本学习情境的学习，使学生具备能够根据岩浆岩肉眼鉴定的要点并利用常见的岩矿鉴定工具对常见岩浆岩（橄榄岩类；辉长岩类；玄武岩类；闪长岩类；安山岩类；花岗岩类；流纹岩类等）进行鉴定的能力。

## 项目一　岩浆岩的肉眼鉴定和描述方法

**【知识点】** 熟悉并理解岩浆岩肉眼鉴定的要点以及肉眼鉴定需要描述的内容；岩浆岩肉眼鉴定报告的编写。

**【技能点】** 掌握常见岩浆岩的鉴定方法。

### 一、深成岩的肉眼鉴定和命名

#### （一）主要依据

一般应从岩石产状、结构构造、矿物成分的含量、颜色等方面入手。

首先根据野外产状、岩石的结构、构造等特征（见表5-1）区分出深成岩、浅成岩和喷出岩。

**表5-1　深成岩、浅成岩、喷出岩产状、结构、构造的区别**

| 岩类<br>特征 | 深成岩 | 浅成岩 | 喷出岩 |
|---|---|---|---|
| 产状 | 呈大的侵入体（岩基、岩株等）产出，尤其花岗岩常呈岩基产出。接触带附近的围岩有明显的变质圈 | 多呈岩床、岩株、岩脉、岩墙产出，围岩可有狭窄的接触变质圈 | 可呈层状，围岩一般无变质圈 |
| 结构 | 常具等粒（中粒、粗粒居多）全晶质结构。岩体中心可出现似斑状结构 | 多呈细粒或斑状结构。斑状岩石的基质多为中粒至隐晶质，玻璃质少见 | 具斑状结构、隐晶质结构和玻璃质结构 |

续表 5-1

| 岩类<br>特征 | 深成岩 | 浅成岩 | 喷出岩 |
|---|---|---|---|
| 构造 | 常具块状构造 | 块状构造，有时可有少量气孔，一般无杏仁状构造 | 常为气孔状、杏仁状、流纹状构造 |
| 成分 | 基本相同 | | 一般斑晶中的暗色矿物含量比相应的浅成岩少 |

其次是根据矿物的颜色、晶形、解理等外表特征，确定出主要造岩矿物，以及次要造岩矿物，并分别估计其百分含量，确定属于哪一大类，进而准确地定出岩石名称。

（二）鉴定要点

由于深成岩常具等粒全晶质结构，矿物颗粒比较粗大，因此比较易于鉴定，主要是详细鉴定其矿物成分及其含量，要特别注意有无石英、钾长石、斜长石；若有，估计其含量是多少，还要注意鉴定深色矿物的种类及其含量。

（1）石英。石英在岩石中的特点是多呈粒状，具油脂光泽，呈烟灰色，具贝壳状断口，易于和灰白色的斜长石相区别。

（2）长石。长石类的鉴定，首先根据颜色，一般钾长石多为肉红色，斜长石多为灰白色，但也有例外情况，有时钾长石可有白色和深灰色，斜长石可有淡红色和蔷薇色。所以，鉴定长石最可靠的是双晶，只要晃动手标本注意观察，斜长石往往具有许多平行的细双晶纹而可以区别于同颜色的钾长石，钾长石常具卡式双晶，即解理面在光的照射下可见一明一暗两个单体，以区别于斜长石。另外还要注意矿物的共生组合关系，综合地加以区别。

（3）暗色矿物。鉴定暗色矿物，经常遇到的困难是如何区别辉石和角闪石。在火成岩中常见的普通辉石和普通角闪石其颜色均为深灰黑色至黑色，光泽也很相似。这时鉴定形状和断面就比较重要。要注意其解理交角，辉石近直角，而角闪石呈菱形。这都需要在放大镜下细心观察，并充分注意其矿物的共生组合规律。

需要指出的是，如果当肉眼不能确定岩石中存在的是哪一种长石，或也很难区别辉石和角闪石时，暗色矿物的相对含量就成了鉴定的重要标志，当然这样的可靠性就会差些。一般在花岗岩中暗色矿物很少达到10%，往往略为少些；正长岩中暗色矿物不超过20%；二长岩中暗色矿物占25%左右；闪长岩中通常为30%～35%；辉长岩中通常为40%～50%，或略多些，当然也有例外情况。

当岩石颜色较浅，主要是由浅色矿物组成时，就要充分注意石英的有无，当含石英时，可能是石英闪长岩、石英二长岩、花岗闪长岩、花岗岩等。不含石英时，可能是正长岩、二长岩、霞石正长岩等。它们相互之间的区别应根据石英、钾长石、暗色矿物含量的比例和是否含似长石类矿物等来命名，如表 5-2 所示。

表 5-2 花岗岩、闪长岩、正长岩的过渡种属划分

| 岩石名称 | 钾长石和斜长石 | 暗色矿物含量/% | 石英含量/% |
| --- | --- | --- | --- |
| 石英闪长岩 | 绝大多数为斜长石 | 15~30 | 5~15 |
| 花岗闪长岩 | 钾长石<斜长石 | 15~20 | 15~25 |
| 花岗岩 | 钾长石>斜长石 | 5~10 | >25 |
| 斜长花岗岩 | 绝大多数为斜长石 | 5~10 | >25 |
| 花岗正长岩 | 绝大多数为钾长石 | 5~10 | 10~20 |
| 石英二长岩 | 钾长石=斜长石 | 10~15 | 5~15 |
| 二长岩 | 钾长石=斜长石 | 20~30 | <5 |
| 正长岩 | 绝大多数为钾长石 | 10~20 | <5 |
| 霞石正长岩 | 绝大多数为钾长石（出现霞石） | 10~20 | 0 |

## 二、浅成岩和脉岩的肉眼鉴定和命名

浅成岩中脉岩占有一定的地位，下面着重介绍脉岩的鉴定。在鉴定浅成岩和脉岩时需要注意如下几种情况：

（1）浅成岩和脉岩中有斑晶出现时，则可根据浅色矿物斑晶的成分分为两大类：斜长石为斑晶的称玢岩；钾长石或石英为斑晶的叫斑岩。如果玢岩中同时有角闪石斑晶或基质中可鉴定出有角闪石的，称为闪长玢岩；斑晶中如果没有石英斑晶，仅有钾长石斑晶，则称为正长斑岩，既有石英又有钾长石斑晶的则为花岗斑岩；如果仅有石英斑晶的则称为石英斑岩。

（2）浅成岩和脉岩常具有细粒等粒结构。如能定出矿物成分，再结合岩石颜色的深浅，可确定相应深成岩的名称，前面加上“细粒"或“微晶”两字。如为无斑隐晶结构，很致密，肉眼分辨不出矿物成分来，这时可根据颜色深浅粗略命名为浅色脉岩（也可称霏细岩）和深色脉岩。

（3）有的脉岩在成分上和结构上与一般深成岩不同，即所谓二分脉岩可分成深色二分岩和浅色二分岩。

1）深色二分（脉）岩是由较多深色矿物组成的脉岩，种类繁多，颗粒细小。斑晶多为暗色矿物，且自形程度很好。如肉眼又很难分辨其矿物成分时，可统称煌斑岩；如为细粒-隐晶结构可统称为深色脉岩。

2）浅色二分（脉）岩主要是由浅色矿物组成的脉岩。根据结构可分为细晶岩和伟晶岩。细晶岩是一种主要由浅色矿物组成的细粒脉岩，几乎全由长石和石英组成，有时可含少量的暗色矿物，最常见的为与花岗岩相当的花岗细晶岩。

在实际工作中，细晶××岩（细晶闪长岩）与××细晶岩（闪长细晶岩）是两个不同的概念，它们的成因是不同的，必须加以区别。

## 三、喷出岩的肉眼鉴定和命名

喷出岩的肉眼鉴定比较困难。除了斑晶以外，基质部分常呈细粒至玻璃质结构，肉眼

很难分辨，一般需要镜下鉴定才能正确命名。肉眼鉴定只能根据颜色、斑晶成分、结构、构造及次生变化等方面特征（表5-3）综合考虑来初步确定岩石名称。

**表5-3　喷出岩主要类型肉眼鉴定表**

| 特征 | 玄武岩 | 安山岩 | 粗面岩 | 流纹岩 |
| --- | --- | --- | --- | --- |
| 颜色（新鲜） | 黑绿色至黑色 | 灰紫色、紫红色 | 浅灰色、灰紫色 | 粉红色、浅灰紫色、灰绿色 |
| 斑晶成分 | 辉石、基性斜长石、橄榄石 | 辉石、斜长石、角闪石、黑云母 | 透长石，黑云母、角闪石 | 石英、透长石 |
| 结构，构造 | 细粒至隐晶质结构 | 隐晶质、斑状结构、有时有气孔、杏仁状构造 | 斑状结构、隐晶质结构、块状构造 | 隐晶质至玻璃质，具流纹构造或气孔、杏仁构造 |
| 其他特征 | 常见原生六方柱状节理 | 蚀变后常呈灰绿色，致密块状 | 常具粗面结构 | 石英常具溶蚀现象 |

（1）颜色。一般由基性岩到酸性岩，颜色由深逐渐变浅。先根据颜色大致确定所属大类，但也有例外，如含有微粒磁铁矿的流纹岩颜色也较深；黑曜岩常呈黑色；玄武岩受次生蚀变以后颜色变浅，常呈绿色。所以还要结合成因条件来考虑。

（2）斑晶成分。对鉴定喷出岩具有特别重要的意义。如玄武岩很少具斑状结构，一般为细粒全晶质结构，有时可见有橄榄石斑晶；安山岩中则有斜长石和角闪石的斑晶。斜长石常呈方形板状，流纹岩则常出现石英和透长石的斑晶等。

（3）结构、构造。玄武岩中气孔及杏仁状构造常见；流纹岩中的基质常显流纹构造；粗面岩有时可见粗面结构等。

## 四、岩浆岩的描述方法

对岩浆岩手标本的观察，一般是观察岩石的颜色、结构、构造、矿物成分及其含量、最后确定岩石名称（见表5-4）。

**表5-4　常见岩浆岩结构的描述内容和方法**

| | | |
| --- | --- | --- |
| 晶质 | 显晶质 | 粗粒：>5mm；中粒：1~5mm；细粒：<1mm；描述总体矿物及各不同矿物的颗粒大小，形态及在岩石中的含量<br>不等粒：描述最大、最小及中间大小颗粒的大小及含量<br>似斑状结构：大的为斑晶，小的为基质。描述斑晶基质的相对含量，成分、形状、大小 |
| | 隐晶质 | 描述颜色、断口特点 |
| 半晶质 | | 斑状结构（玻璃质+结晶质）：描述斑晶成分、形状、颗粒大小及含量；基质部分的含量，颜色、断口特点 |
| 玻璃质 | | 描述颜色、断口特点 |

（1）颜色：主要描述岩石新鲜面的颜色，也要注意风化后的颜色。直接描述岩石的总体颜色，如紫、绿、红、褐、灰等色。有的颜色介于两者之间，则用复合名称，如灰白色、黄绿色、紫红色等。岩浆岩的颜色反映在暗色矿物和浅色矿物的相对含量上。一般暗色矿物含量>60%称暗色岩；在30%~60%的称中色岩；<30%则称浅色岩。

（2）结构：根据岩石中各组分的结晶程度，可分为全晶质、半晶质、玻璃质等结构。

（3）构造：侵入岩常为块状构造，岩石中的矿物无定向排列；喷出岩常具气孔状、杏仁状和流纹状构造。要注意描述气孔的大小、形状、杏仁的充填物及气孔、杏仁有无定向排列。

（4）矿物成分：矿物成分及其含量是岩浆岩定名的重要依据。岩石中凡能用肉眼识别的矿物均要进行描述。首先要描述主要矿物的成分、形状、大小、物理性质及其相对含量，其次对次要矿物也要作简单描述。

（5）次生变化：岩浆岩固结后，受到岩浆期后热液作用和地表风化作用，往往使岩石中的矿物全部或部分受到次生变化，若变化较强，就应描述它蚀变成何种矿物。如橄榄石、辉石易成蛇纹石，角闪石、黑云母常变成绿泥石，而长石则变成绢云母、高岭石等。

（6）岩石定名：在肉眼观察和描述的基础上定出岩石名称。

颜色+结构+岩石基本名称，如浅灰色粗粒花岗岩；灰黑色中粒辉长岩。岩浆岩肉眼鉴定描述举例：n号标本。

黑灰色，风化面略显黑绿色，等粒中粒结构，颗粒一般在1~1.5mm，块状构造，主要矿物为斜长石和辉石，各占55%和40%左右。斜长石为灰白色，柱状或粒状，时见解理面闪闪有光，玻璃光泽，辉石为黑色，短柱状，玻璃光泽，有的解理面清晰。岩石较新鲜，未遭次生变化。根据上面描述的n号标本岩石的各种特征可定为基性、深成岩，定名为：黑灰色中粒辉长岩。

## 思考与练习

1. 在野外工作中，岩石的肉眼鉴定主要依据有哪些？
2. 岩浆岩的描述内容有哪些？
3. 列举花岗岩类、闪长岩类、橄榄岩类等的肉眼鉴定岩石描述。

# 项目二　超基性岩类

【知识点】　掌握超基性岩的基本概念和超基性岩基本类型。

【技能点】　能根据超基性岩的基本特征对其进行正确鉴定。

## 一、超基性岩类概述

超基性岩是指$SiO_2$含量小于45%的岩浆岩。碱质（$Na_2O + K_2O$）含量小于3%，常与超基性岩并用的术语是超镁铁质岩。

超镁铁质岩是指铁镁矿物（橄榄石、辉石等）含量超过90%的岩浆岩。大多数超基性岩都是超镁铁质岩。少数超镁铁质岩的$SiO_2$含量大于45%。如方辉（顽火辉石）辉石

岩的 $SiO_2$ 含量为 53.7%。因此，超基性岩与超镁铁质岩是不等同的。超基性岩在地球上的分布有限，出露面积不超过岩浆岩总面积的 0.5%，而且主要是深成岩，其代表性岩石有橄榄岩、金伯利岩、苦橄岩，故称为橄榄岩-苦橄岩类。

## 二、常见超基性岩的鉴定

### （一）超基性侵入岩

超基性岩一般颜色很深，常呈暗绿色、暗黑色、棕色及绿色，多为中粗粒致密块状，相对密度较大。主要矿物为橄榄石和辉石，次要矿物为角闪石、黑云母和基性斜长石，副矿物有磁铁矿、钛铁矿、铬铁矿、尖晶石、石榴子石、磷灰石等。橄榄石在地表极易发生蛇纹石化，蛇纹石首先沿橄榄石的边缘和裂隙交代，然后遍及整体，仅保留橄榄石的假象。新鲜岩石常呈自形或半自形粒状结构、反应边结构，蛇纹石化后呈网状结构。

常见的岩石类型有纯橄榄岩、橄榄岩、橄榄辉石岩、辉石岩等。

（1）纯橄榄岩。岩石几乎全部由橄榄石组成（图 5-1a），含极少量斜方辉石、单斜辉石和角闪石，副矿物有铬铁矿、磁铁矿、钛铁矿、尖晶石等。镜下观察，橄榄石呈全自形或半自形粒状，正交偏光间显示Ⅱ级蓝紫干涉色（图 5-1b）。未蚀变的纯橄榄岩呈橄榄绿色、黄绿色及浅灰绿色，褐铁矿化或伊丁石化后呈棕褐色或灰褐色，蛇纹石化后呈暗绿色或灰黑色。西藏、内蒙古、陕西等地见有分布。

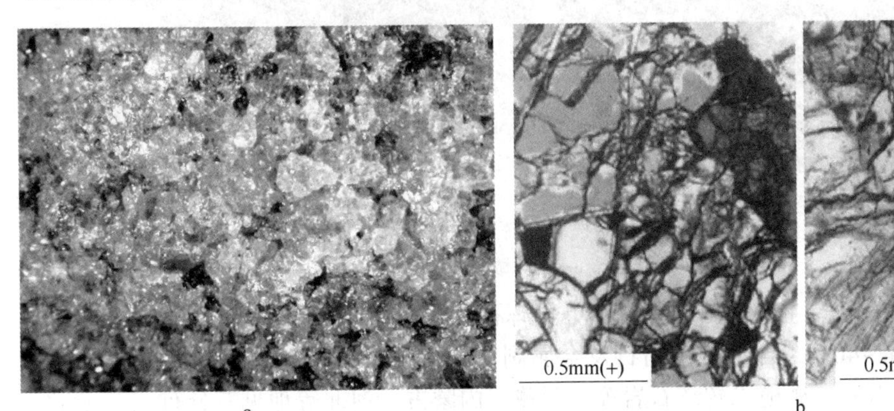


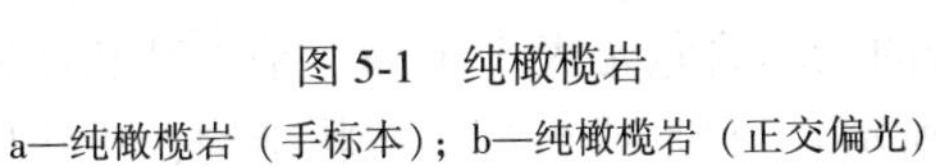

图 5-1　纯橄榄岩

a—纯橄榄岩（手标本）；b—纯橄榄岩（正交偏光）

（2）橄榄岩。新鲜岩石为橄榄绿色，有时呈暗绿色及灰黑色，密度大具粒状结构，块状构造。主要由橄榄石和不定量的辉石组成。一般情况下，橄榄石含量占 40%~90%。辉石含量占 10%~40%。橄榄石常为镁橄榄石和贵橄榄石，辉石为斜方辉石和单斜辉石。岩石中还含少量角闪石、黑云母、斜长石、铬尖晶石、钛铁矿等。当岩石中橄榄石含量很高、辉石含量小于 10%时，称橄榄岩（如图 5-2a，b 所示）。当辉石含量达 10%~40%时，辉石橄榄岩按其所含辉石成分不同，分为单斜辉石橄榄岩（以单斜辉石为主）、斜方辉石橄榄岩（以斜方辉石为主）、二辉橄榄岩（单斜辉石和斜方辉石含量大致相等），镜下观察，辉石常呈较小颗粒分布在橄榄石周围，形成反应边结构（如图 5-2c 所示），辉石的解理发育，橄榄石裂缝较多，辉石干涉色较低，橄榄石干涉色较高。橄榄岩常遭蛇纹石化、绿泥石化等蚀变作用。内蒙古、河北、四川、江苏等地见有分布。

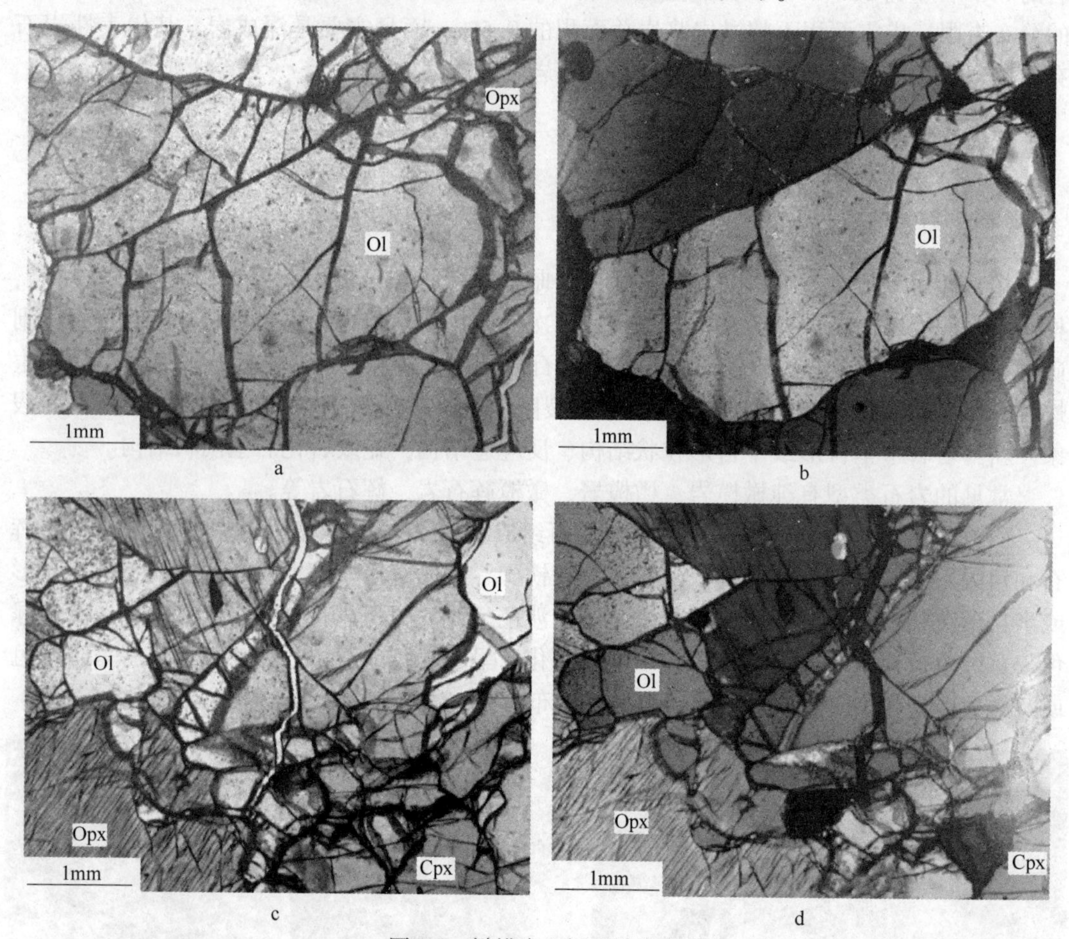


图 5-2　橄榄岩和辉石橄榄岩

a—橄榄岩（单偏光）；b—橄榄岩（正交偏光）；c—辉石橄榄岩（单偏光）；d—辉石橄榄岩（正交偏光）

（3）橄榄辉石岩。主要由斜方辉石、单斜辉石和橄榄石组成。辉石含量 60%~90%，橄榄石含量 10% ~40%，含少量角闪石及金属副矿物。根据辉石种类分为橄榄方辉辉石岩、橄榄单辉辉石岩、橄榄二辉辉石岩等。西藏、内蒙古、河北等地见有分布。

（4）辉石岩。辉石岩的 $SiO_2$ 含量常大于 45%，是一种超镁铁质岩石。岩石多呈暗绿色至黑色（如图 5-3a，b 所示），自形或半自形粒状结构，块状构造。几乎全部由辉石组成，单斜辉石和斜方辉石总量可占 90% ~ 100%，含少量橄榄石、角闪石、黑云母、铬铁矿、磁铁矿、钛铁矿等，单偏光下观察，辉石呈淡黄或淡褐色，解理发育（如图 5-3c 所示）；正交偏光间，辉石呈二级黄、红干涉色（如图 5-3d 所示）。根据辉石种类可将辉石岩分为斜方辉石岩、单斜辉石岩和二辉岩等；根据次要矿物又可将辉石岩分为角闪石辉石岩、黑云母辉石岩等；辉石岩常与纯橄榄岩、橄榄岩、辉长岩形成杂岩体。有时在辉石岩中含极少量富钙斜长石。四川、河北、甘肃、宁夏等地见有分布。

（5）金伯利岩。属超浅成次火山岩。曾称角砾云母橄榄岩，是一种角砾化的钾质超镁铁质岩。最初见于南非一个叫金伯利的地方，故名。金伯利岩常呈岩筒、岩墙产出。颜色较深，以灰绿色居多。$SiO_2$ 含量常小于 35% 矿物成分很复杂，既有原生的矿物橄榄石、

图 5-3　辉石岩

a，b—辉石岩（手标本）；c—辉石岩（单偏光）；d—辉石岩（正交偏光）

金云母、镁铝榴石、金刚石等，又有蚀变矿物蛇纹石、绿泥石、碳酸盐矿物等，还有来自地壳深处其他岩石和围岩捕虏体中的矿物。常具细粒结构、斑状结构和角砾状构造（如图 5-4a 所示），斑晶主要为橄榄石和金云母、翠绿色的铬透辉石及玫瑰红色的镁铝榴石，橄榄石呈浑圆状并普遍受到强烈的蛇纹石化和碳酸盐化蚀变，基质呈显微斑状结构，由橄榄石、金云母、磁铁矿、铬铁矿等组成（如图 5-4b 所示）。

金伯利岩是金刚石最主要的母岩，有价值的原生金刚石矿床常产于岩筒之中。岩筒面积一般小于 10000$m^2$，常成群出现，其中以具斑状结构且富含颗粒粗大橄榄石的金伯利岩含金刚石较富，而呈显微斑状结构，富含金云母的金伯利岩，含金刚石贫。我国山东、辽宁、贵州、湖北、河南等地分布有金伯利岩，山东的金伯利岩体是很有价值的金刚石矿床。

（6）苦橄玢岩。为次火山岩，斑状结构。斑晶为蛇纹石化橄榄石、普通辉石，基质为普通辉石、古铜辉石、黑云母、培长石和大量玻璃质（如图 5-5 所示）。

### （二）超基性喷出岩

超基性喷出岩矿物成分与超基性侵入岩相似，富含橄榄石、辉石等铁镁矿物，有时含

a

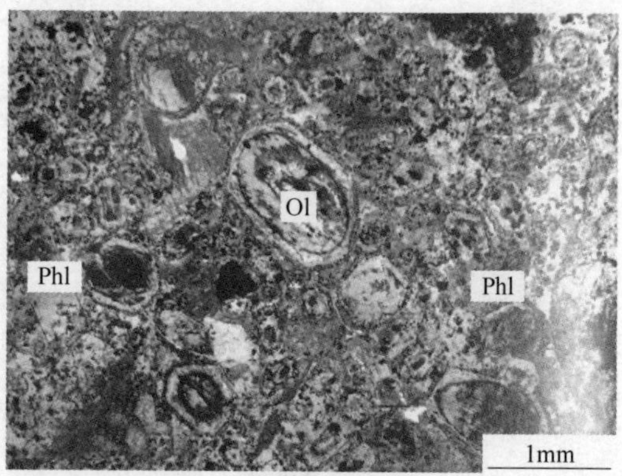


b

图 5-4　金伯利岩

a—金伯利岩（手标本）；b—金伯利岩（单偏光）

a

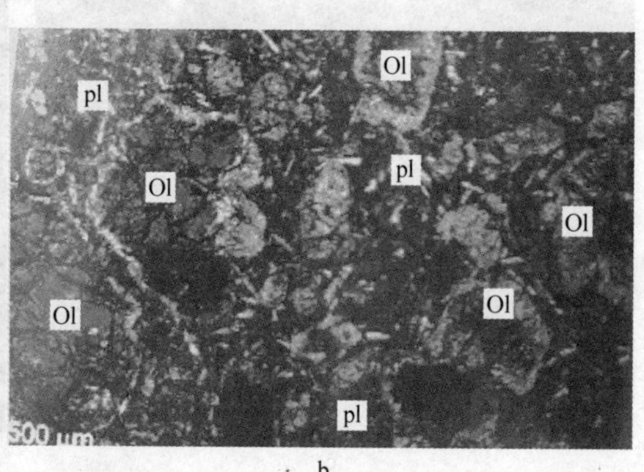


b

图 5-5　苦橄玢岩

a—苦橄玢岩（露头）；b—苦橄玢岩（正交偏光）

一定量的玻璃质。多为细粒、隐晶质和玻璃质结构，颜色较暗，色率大于 90。超基性喷出岩在自然界分布很少，目前已发现的岩石类型有苦橄岩、科马提岩、麦美奇岩、玻基橄榄岩、玻基辉橄岩、玻基辉岩等。

（1）苦橄岩。苦橄岩是富含橄榄石的超基性或超镁铁质火山岩，深色，具粒状结构。其化学成分特征是 $SiO_2<47\%$，$(Na_2O + K_2O)<2\%$，$MgO>18\%$。矿物成分以橄榄石（50%~75%）、辉石（<40%）为主，有时含少量（< 10%）基性斜长石、普通角闪石，副矿物为钛铁矿、磁铁矿及磷灰石等（如图 5-6 所示）。

（2）科马提岩。1969 年首次发现于南非巴伯顿山地的科马提河流域，故名。原意只限于太古代绿岩带中枕状岩流顶部的、具鬣刺结构的超镁铁质熔岩（如图 5-7a，b 所示）。

科马提岩主要由橄榄石、辉石的斑晶（或骸晶）和少量铬尖晶石以及玻璃基质组成。具枕状构造、碎屑构造和典型的鬣刺（鱼骨状或羽状）结构（如图 5-7c，d 所示），其特点是橄榄石呈细长的锯齿状斑晶，是淬火结晶的产物。在化学成分上，典型的科马提岩以 $MgO> 18\%$，$CaO/Al_3O > 1$ 低碱为特征。

在岩石学研究的早期，曾认为超基性岩是一种无喷出相的岩石。科马提岩的发现对证实超基性岩的岩浆成因具有重要意义。它是地幔高度部分熔融的产物，是地球早期富镁原始岩浆的代表。科马提岩中蕴藏有丰富的镍矿资源。

a　　b

图 5-6　苦橄岩

a—苦橄岩（手标本）；b—苦橄岩（正交偏光）

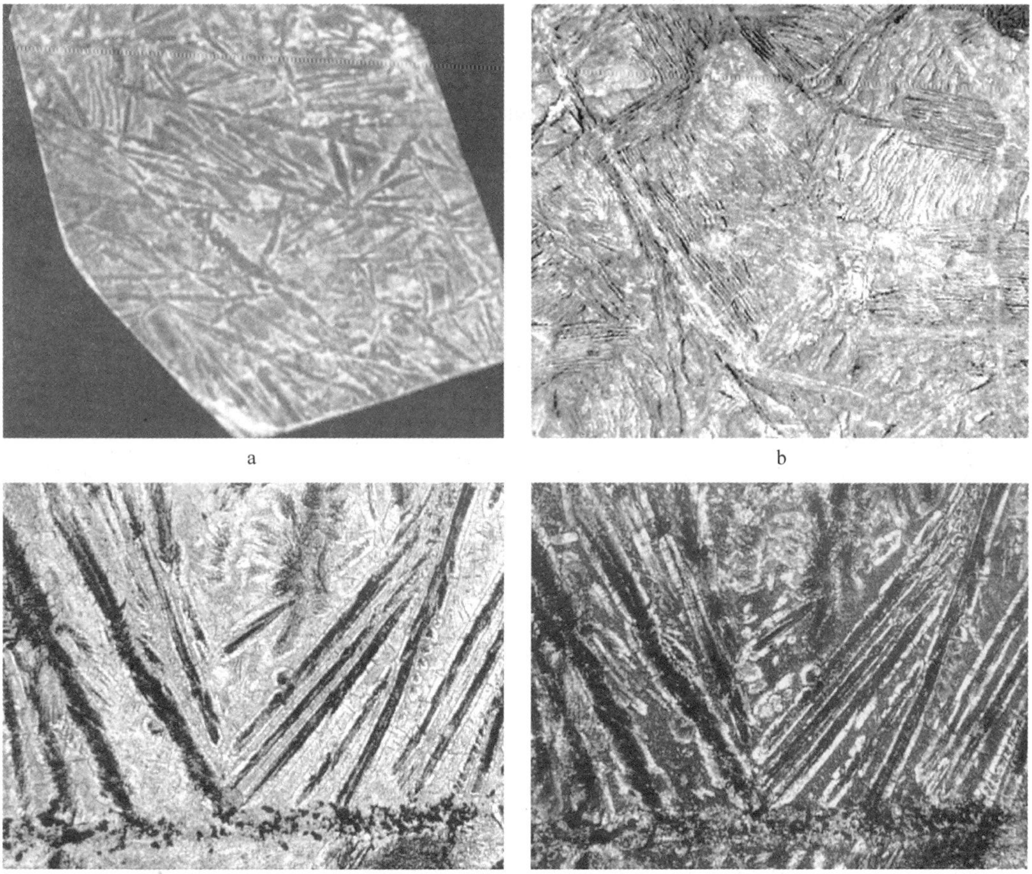

a　　b

c　　d

图 5-7　科马提岩

a，b—科马提岩（手标本）；c—科马提岩（单偏光）；d—科马提岩（正交偏光）

（3）麦美奇岩，又称玻基纯橄岩。麦美奇岩是相当于纯橄榄岩而具有玻基斑状结构的超基性熔岩。首次发现于俄罗斯西伯利亚地区麦美奇河流域，故名。主要由橄榄石斑晶和黑色玻璃基质组成，有时在玻璃基质中有少量含钛普通辉石微晶及磁铁矿等。如辉石含量较多时，可称玻基辉橄岩。在化学成分上，以 MgO>18%，TiO>1%，（$Na_2O+K_2O$）< 1%为特征。

**思考与练习**

1. 超基性岩的 $SiO_2$ 含量是多少，碱质含量是多少？
2. 超镁铁质岩有什么特点？
3. 纯橄榄岩、橄榄岩是深成超基性侵入岩吗？

# 项目三　基 性 岩 类

【知识点】 理解基性岩的基本概念及基性岩基本类型。

【技能点】 掌握常见基性岩的鉴定方法。

## 一、基性岩概述

基性岩是指 $SiO_2$ 含量介于45%~52%之间的岩浆岩。碱质（$Na_2O + K_2O$）含量大约为3% ~5%。主要矿物成分为辉石、基性斜长石，有时含少量橄榄石，不含石英或石英含量极少，颜色较深，相对密度较大。基性岩常见的深成岩为辉长岩，浅成岩为辉绿岩、辉长辉绿岩，喷出岩为玄武岩。基性岩类分布很广，尤其玄武岩是地壳上分布最广的一类岩浆岩。与其有关的矿产是铁、钛、钒、铜、镍等。

## 二、常见的基性岩的鉴定

### （一）基性侵入岩

基性岩一般颜色也很深，常呈深灰色、灰黑色、墨绿色等。主要矿物有基性斜长石和辉石等，次要矿物有橄榄石、普通角闪石、黑云母、碱性长石（正长石）、石英等。副矿物主要有磁铁矿、钛铁矿、钒钛磁铁矿、磷灰石、尖晶石等。辉石主要为普通辉石、透辉石；基性斜长石常为拉长石或培长石。岩石常具中粗粒全晶质半自形粒状结构、辉长结构、辉绿结构等，其中辉长结构是辉长岩的典型结构，辉绿结构是辉绿岩的常见结构，块状构造。

主要岩石类型为辉长岩、橄榄辉长岩、碱性辉长岩、苏长岩、斜长岩、辉绿岩。

（1）辉长岩。黑色、灰黑色，一般为中粒到粗粒，半自形粒状结构。主要矿物成分为单斜辉石（普通辉石、透辉石等）和富钙斜长石，两者含量近于相等（见图 5-8a，b）。次要矿物为橄榄石、角闪石、黑云母等。副矿物主要有磷灰石、磁铁矿、钛铁矿等。按浅色矿物斜长石和深色矿物辉石、橄榄石三者的相对百分含量，分为浅色辉长岩（色率10~35）、辉长岩（色率 35 ~60）和深色辉长岩（色率 65 ~ 90）。辉长岩具辉长结构、次辉绿结构、反应边结构和块状构造。镜下观察，斜长石和辉石均呈半自形或他形粒状（见图 5-8c、d）。

（2）橄榄辉长岩。橄榄辉长岩指暗色矿物中橄榄石与普通辉石共存的一种辉长岩类

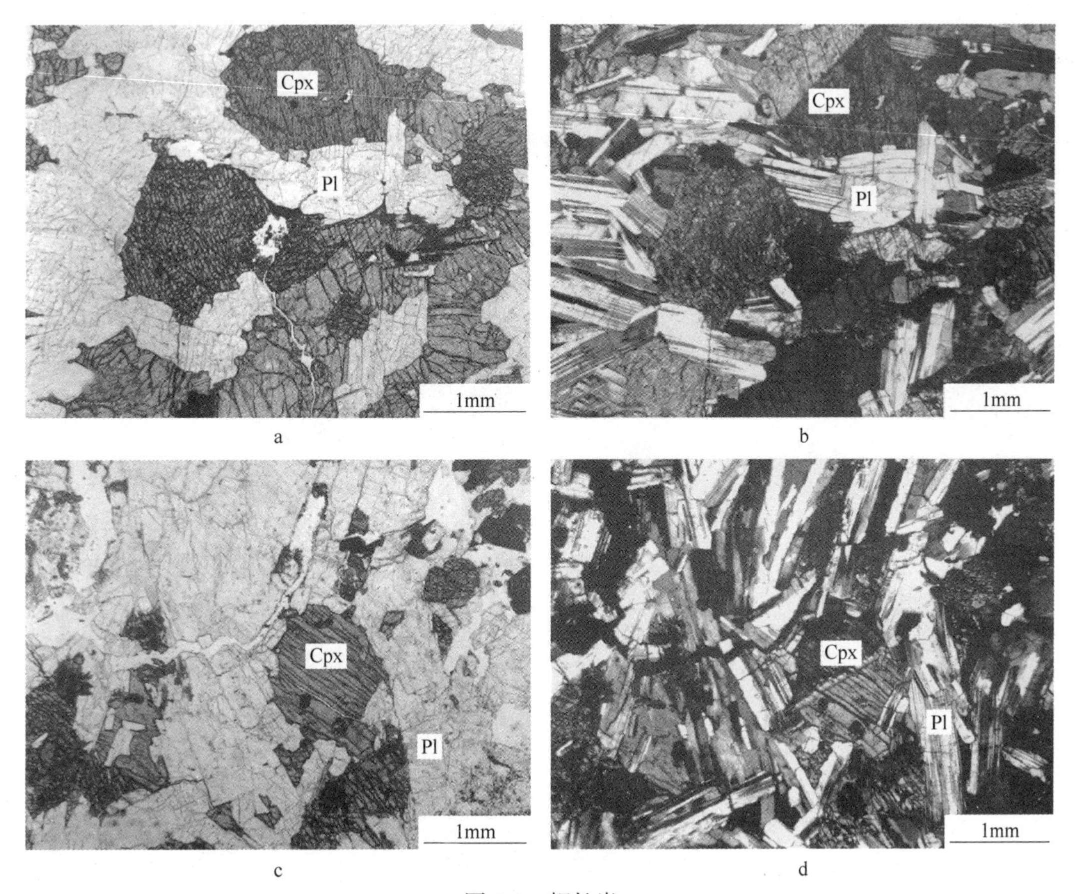


图 5-8　辉长岩

a—辉长岩（单偏光）；b—辉长岩（正交偏光）；c—浅色辉长岩（单偏光）；d—浅色辉长岩（正交偏光）

型，当色率大于 65 时称暗色橄榄辉长岩；色率小于 35 时称浅色橄榄辉长岩。当辉石中斜方辉石占绝对多数时，称橄榄辉长岩；当单斜辉石与斜方辉石并存时，称为橄苏辉长岩或橄辉辉长岩。

（3）苏长岩。苏长岩指暗色矿物中几乎全部为斜方辉石（紫苏辉石或古铜辉石），不含或很少含单斜辉石、橄榄石等矿物的一种辉长岩类型（如图 5-9a，b 所示）。同样也可按色率的大小，细分为浅色苏长岩和暗色苏长岩。当普通辉石增多时则过渡为辉长苏长岩。

（4）斜长岩。斜长岩常呈灰色的浅色深成岩（如图 5-10a 所示），半自形或他形粗粒结构。主要由基性斜长石（>90%）组成。普通辉石、紫苏辉石、角闪石等次要矿物及磁铁矿、钛铁矿等副矿物含量极少（<10%），常充填于斜长石间隙中（如图 5-10b 所示）。基性斜长石一般为拉长石基性岩浆分异的产物，常分布在分异岩体的上部；也有人认为斜长岩是由地壳深部或上地幔的深熔作用形成的。我国河北大庙至黑山一带分布有大量的斜长岩，它与钒钛磁铁矿的形成有着密切的联系。

（5）辉绿岩。辉绿岩是成分相当于辉长岩的基性浅成岩。细粒至中粒，常呈暗灰-灰黑色、暗绿或黑绿色（如图 5-11a 所示）。镜下观察，具辉绿结构，斜长石呈自形长条状，颗粒较小；斜方辉石呈他形粒状，颗粒稍大；辉石充填在斜长石构架的空隙中（如图

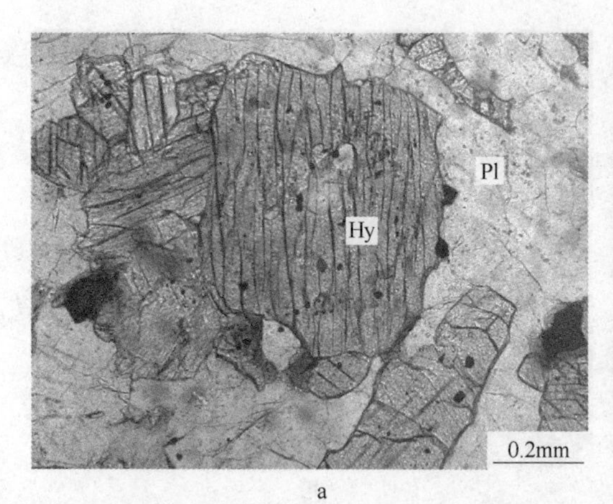


a

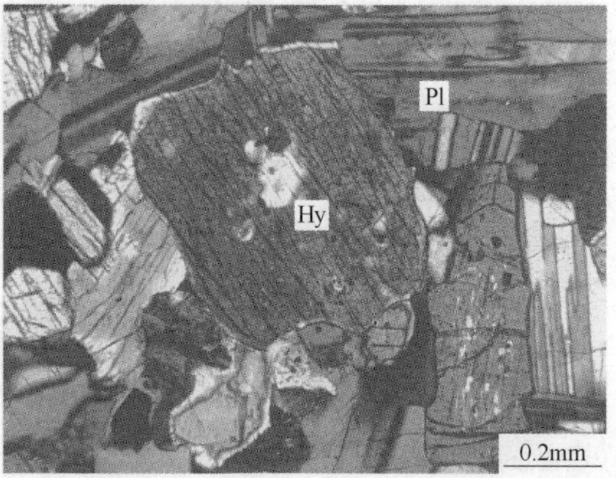


b

图 5-9　辉长岩

a—紫苏辉长岩（单偏光）；b—紫苏辉长岩（正交偏光）

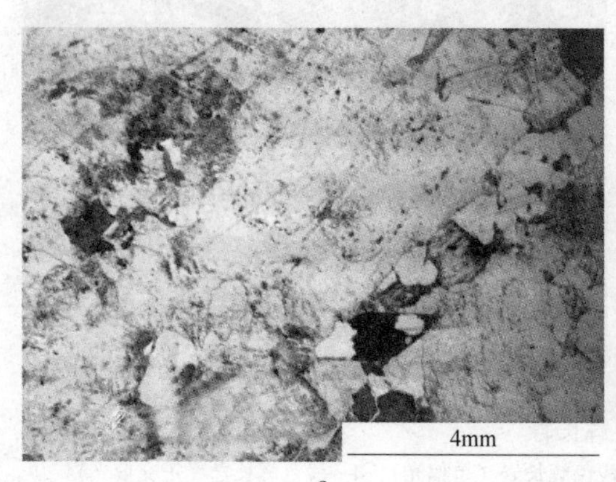


a

b

图 5-10　斜长岩

a—斜长岩（单偏光）；b—斜长岩（正交偏光）

5-11b所示）。根据次要矿物种类又可分为石英辉绿岩、橄榄辉绿岩等。如斜长石呈斑晶出现时，又称为辉绿玢岩。辉绿岩常呈岩床、岩墙、岩脉和岩席，有时也呈岩颈或岩株充填于玄武岩火山口中，辉绿岩的这些产状，是区别于辉长岩和玄武岩的主要标志。

（二）基性喷出岩

基性喷出岩常呈黑灰色、暗绿色，氧化后可呈紫红色或猪肝色等。

基性喷出岩的主要矿物成分为基性斜长石和辉石，有时可含较多的橄榄石，次要矿物和副矿物有磁铁矿、钛铁矿、赤铁矿、磷灰石等，辉石主要为普通辉石、易变辉石和紫苏辉石，斜长石多为拉长石，斑晶可为培长石或钙长石。基性喷出岩还常含绿色、暗绿色至黑色的"橙玄玻璃"，分布于基质中。常见间粒结构、间隐结构、填间结构和玻基斑状结构。

间粒结构是在不规则排列的板条状基性斜长石微晶组成的多角形孔隙中，充填有若干细粒他形的粒状辉石、橄榄石、磁铁矿等晶粒所组成的结构间隐结构则是在板条状斜长石微晶构成的空隙中充填着隐晶质和玻璃质的结构。填间结构是在板条状斜长石微晶构成的

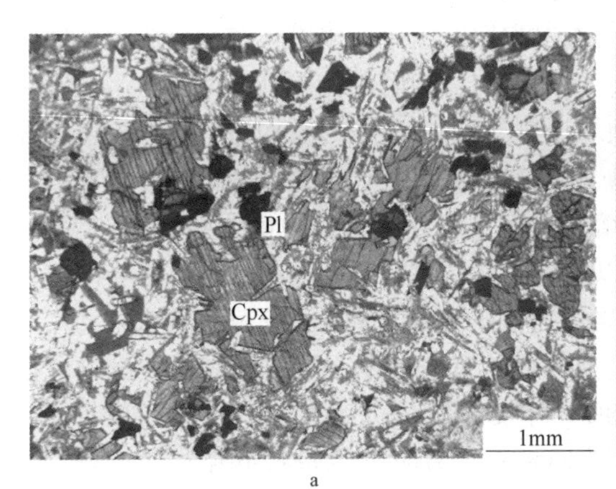

a

b

图 5-11 辉绿岩

a—辉绿岩（单偏光）；b—辉绿岩（正交偏光）

空隙中，既充填有辉石和磁铁矿等细小晶粒，又充填有隐晶质或玻璃质的过渡结构类型。具玻基斑状结构的岩石主要由褐色“橙玄玻璃”组成，但岩石中除隐晶质和玻璃质外，还有少量（<5%）斜长石或其他矿物斑晶。

基性喷出岩普遍发育气孔构造、杏仁状构造、熔渣状构造、碎块构造及绳状构造等，基性熔岩发育有原生柱状节理，在海底或水下喷发的基性熔岩中，还有枕状构造。

基性喷出岩的代表性岩石为玄武岩和细碧岩。

1. 玄武岩

玄武岩是地球洋壳最主要的组成物质，在陆地上也广泛分布，常形成广大的熔岩台地。常呈黑色、灰黑色、暗灰色、暗绿色、暗褐色（如图 5-12a，b 所示）等，氧化后常呈紫红色或猪肝色。

a

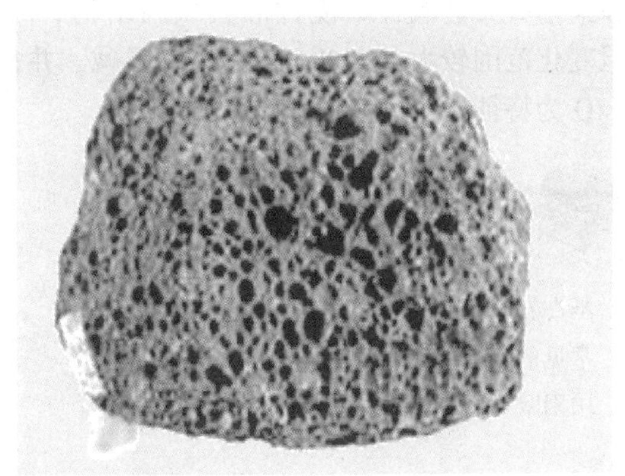
b

图 5-12 玄武岩

a，b—玄武岩（手标本）

玄武岩的矿物成分相当于辉长岩。主要矿物是富钙单斜辉石和基性斜长石；次要矿物有橄榄石、斜方辉石、易变辉石、角闪石、云母、似长石、沸石、磷灰石、锆石等。

在地表条件下，玄武岩通常呈细粒至隐晶质或玻璃质结构，少数为中粒结构。常含橄榄石、辉石和斜长石斑晶，构成斑状结构。斑晶在流动的岩浆中可以聚集，形成聚斑结构。基质结构变化大，随岩流的厚薄、降温的快慢和挥发组分的多寡，在全晶质至玻璃质之间存在各种过渡类型，但主要是间粒结构、填间结构、间隐结构等。

玄武岩的构造与其固结环境有关，陆上形成的玄武岩，常呈绳状构造、块状构造和柱状节理；水下形成的玄武岩，常具枕状构造。而气孔构造、杏仁构造可能出现在各种玄武岩中。在爆发性火山活动中，炽热的玄武质熔岩喷出火口，随其着地前固结程度的差异，形成纺锤形、麻花形等不同形状的火山弹，以及牛粪状、饼状、草帽状等溅落熔岩团。

按 $SiO_2$ 饱和程度和碱性强弱，常将玄武岩分为拉斑玄武岩和碱性玄武岩两大类。

（1）拉斑玄武岩。拉斑玄武岩是 $SiO_2$ 过饱和或饱和的岩石，富硅、贫碱，$SiO_2$ 含量为45%~52%。$Na_2O$+$K_2O$ 含量为1.5%~3.0%。主要矿物成分为基性斜长石和辉石，基性斜长石为拉长石-培长石。辉石为贫钙贫钛普通辉石。有时含少量石英和碱性长石，不含橄榄石和霞石。

（2）碱性玄武岩。$SiO_2$ 不饱和，富碱，$SiO_2$ 含量为45%~48%，$Na_2O$ + $K_2O$ 含量大于4%。主要矿物成分为基性斜长石和单斜辉石。斜长石是中长石拉长石，辉石为富钙的单斜辉石（即透辉石质普通辉石）和钛辉石。含橄榄石、霞石和沸石等，似长石和沸石有时与碱性长石或钾质中长石、钾质更长石一起，呈填隙物产于基质中。

玄武岩的产状取决于火山喷发方式。裂隙式喷发，往往构成大面积的泛流玄武岩，如我国西南部大面积分布的峨眉山玄武岩；中心式喷发，构成玄武岩火山锥及其邻近的熔岩流和火山碎屑岩；如黑龙江、吉林、内蒙古高原、集宁、山西大同、江苏南京、云南腾冲、海南雷琼和中国台湾等地分布的新生代玄武岩火山锥。

*2. 细碧岩*

细碧岩是一种富含钠质斜长石的玄武质熔岩。呈浅绿色，隐晶质结构或斑状结构，主要矿物成分为钠长石和辉石斑晶、绿泥石和铁钛氧化物，有时含绿帘石、阳起石、方解石和少量石英。偶含橄榄石常具填间结构、间粒结构。细碧岩的 $SiO_2$ 含量与玄武岩相似，但变化范围较大（44% ~ 55%），富碱，并常以 $Na_2O$ 含量（一般为4%~6.5%）显著高于 $K_2O$ 为特征。

## 思考与练习

1. 基性岩的 $SiO_2$ 含量是多少，碱质含量是多少？
2. 常见的基性侵入岩岩石类型主要有哪些？
3. 用肉眼如何区分玄武岩和辉长岩？

# 项目四　中 性 岩 类

**【知识点】** 理解并掌握常见中性岩基本的概念及其基本类型。

**【技能点】** 掌握常见中性岩的鉴定方法。

### 一、中性岩概述

中性岩是指 $SiO_2$ 含量中等（52%~65%）的岩浆岩。矿物成分的特点是浅色矿物含量比基性岩高，暗色矿物含量比基性岩低，色率 20~35；浅色矿物以长石族矿物为主，不含或含少量石英，偶含少量似长石；暗色矿物以角闪石为主，其次为辉石和黑云母。中性岩很少形成独立岩体，常与酸性岩或基性岩共生过渡。

根据岩石中斜长石占全部长石的比例，可将中性岩进一步划分为闪长岩-安山岩，二长岩-粗面安山岩、正长岩-粗面岩三类（见表 5-5）。

**表 5-5　中性岩矿物分类**

| 斜长石/长石 | >2/3 | 1/3~2/3 | <1/3 |
|---|---|---|---|
| 深成岩 | 闪长岩 | 二长岩 | 正长岩 |
| 喷出岩 | 安山岩 | 粗面安山岩 | 粗面岩 |

（1）闪长岩-安山岩类的一般特征。在化学成分上，闪长岩-安山岩的 $SiO_2$ 含量为 52%~65%，与基性岩相比，铁、镁、钙的含量显著减少，而碱金属的含量明显增多（$Na_2O + K_2O$ 为 5%~8%），且 $Na_2O$ 含量仍明显多于 $K_2O$。

在矿物成分上，闪长岩的主要矿物为中性斜长石和普通角闪石，次要矿物为黑云母，常见的副矿物有磷灰石、磁铁矿、榍石等。岩石中暗色矿物总量 30%左右，浅色矿物总量 60%左右。浅色矿物以中长石为主，环带结构发育。安山岩分布很广，约占全部岩浆岩出露面积的 23%，仅次于玄武岩，而闪长岩仅占 2%，本类岩石与铁、铜、金及黄铁矿等金属矿床密切相关。

（2）正长岩-粗面岩类的一般特征。在化学成分上，正长岩-粗面岩的 $SiO_2$ 含量为 60%左右，$Na_2O + K_2O$ 达 8%~9%，且大多 $K_2O$ 的含量多于 $Na_2O$。

在矿物成分上，正长岩-粗面岩类的主要矿物是碱性长石（正长石），次要矿物有斜长石、普通角闪石、黑云母、普通辉石和石英等，副矿物常有磷灰石、磁铁矿、榍石和锆石等。正长岩-粗面岩类是一类较少见的岩石，仅占岩浆岩出露面积的 0.6%。

## 二、常见中性岩的鉴定

### （一）中性侵入岩

（1）闪长岩。闪长岩是深成侵入岩，一般呈深灰色、灰色或灰绿色、绿色（见图 5-13a），全晶质半形粒状结构，块状构造。主要由普通角闪石和中性斜长石所组成（见图 5-13b），次要矿物有黑云母或辉石，不含或含少量的钾长石和石英，副矿物有磷灰石、磁铁矿、榍石等。角闪石多呈深绿、褐色长柱状晶体，玻璃光泽，有较好的解理面。斜长石呈浅灰或灰白色长板条状晶体，玻璃光泽，解理明显，可见聚片双晶。镜下观察，斜长石普遍具有聚片双晶，颗粒较大者，具有卡钠长石复合双晶，环带结构发育；角闪石，横切面呈菱形，多色性强，由黄至深棕黄色；辉石，微呈绿色，多色性不显著；榍石，常呈横切面为斜形的扁平柱状或板状，也常呈粒状，棕色，突起极高；微斜长石，极少，其有特征的方格双晶。闪长岩分布有限，多数呈岩株、岩墙、岩床、岩盖等小型侵入体产出，常发生钠长石化、绿帘石化、绢云母化等。与铁、铜矿床有成因联系。

（2）闪长玢岩。闪长玢岩是一种常见的中性浅成岩或超浅成岩。其矿物成分与闪长岩相似，具斑状或似斑状结构。斑晶以中性斜长石为主，其次为角闪石和黑云母；基质由

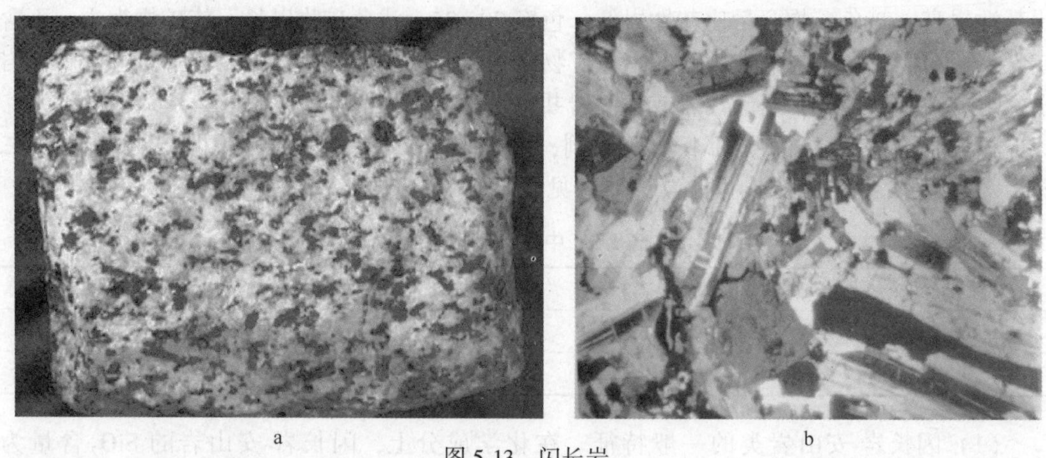

a　　b

图 5-13　闪长岩

a—闪长岩（手标本）；b—闪长岩（正交偏光）

细粒状或微晶质中长石、角闪石、黑云母等组成（如图 5-14 所示）。

a　　b　　c　　d

图 5-14　闪长玢岩

a，b—闪长玢岩（手标本）；c—闪长玢岩（单偏光）；d—闪长玢岩（正交偏光）

（3）二长岩。二长岩是一种呈浅灰色、浅玫瑰色的中性深成岩，岩石性质介于闪长岩与正长岩之间。

岩石中斜长石（$An_{40\sim50}$）与碱性长石（正长石、微斜长石）的含量近于相等；结构有所差别，斜长岩的自形程度比钾长石好，暗色矿物以角闪石为主，含量约 30%；含少量辉石和黑云母。当岩石中石英含量达 5%～20% 时，称为石英二长岩。二长岩的典型结构是二长结构，即自形斜长石和自形、半自形深色矿物被他形碱性长石所包裹。其浅成或超浅成相可具斑状结构，斑晶为斜长石和钾长石，称为二长斑岩，与二长岩有关的矿产主要是矽卡岩型铁矿（如图 5-15 所示）。

图 5-15　二长岩

a—二长岩（手标本）；b—石英二长岩（手标本）；c—石英二长岩（单偏光）；d—石英二长岩（正交偏光）

（4）正长岩。正长岩是指主要由碱性长石（正长石、微斜长石、条纹长石）组成的中性深成岩。一般为浅灰、灰白或玫瑰红色。岩石中暗色矿物约占 20%，浅色矿物含量很高，不含或仅含少量石英，碱性长石占长石总量的 2/3。块状构造，半自形等粒状结构。根据石英和暗色矿物含量，可分出石英正长岩（石英含量>5%）、黑云母正长岩、角闪正长岩、辉石正长岩等。镜下观察，正长石双晶常见。其浅成或超浅成相可具斑状或似斑状结构，斑晶主要为碱性长石，基质为微粒、细粒或隐晶质者，称为正长斑岩（图 5-16 所示）。

图 5-16　正长岩

a，b—正长岩（手标本）；c—辉石正长岩（单偏光）；d—辉石正长岩（正交偏光）

（二）中性喷出岩

（1）安山岩。安山岩是与闪长岩成分相当的中性喷出岩。颜色呈灰、黑、红、紫、褐等色，蚀变后呈绿色。斑状结构，斑晶主要为斜长石（以中长石、拉长石为主）、角闪石及少量黑云母、辉石，斜长石斑晶常具环带及熔蚀结构。基质主要为交织结构及安山结构（玻基交织结构），由斜长石（以奥长石、中长石为主）微晶、辉石、绿泥石、安山质玻璃等组成（见图 5-16d），碱性长石、石英少见，仅个别填充于微晶间隙中。据暗色矿物斑晶种类及特征结构，可分为角闪安山岩、黑云母安山岩、辉石安山岩等。安山岩分布很广，主要在环太平洋活动大陆边缘及岛弧地区（如图 5-17 所示）。

（2）粗面岩。粗面岩是成分相当于正长岩的喷出岩。呈浅灰、浅灰黄和灰绿等色。常具斑状结构，斑晶主要为碱性长石和更长石、角闪石、黑云母等。基质为全晶质粗面结构。主要由碱性长石组成，也可见少量斜长石、石英和铁镁矿物。根据所含长石性质的不同，分为钾质粗面岩和钠质粗面岩。钾质粗面岩以碱性长石（透长石、正长石）占优势，钠质粗面岩以钠长石和歪长石占优势。另外，根据次要矿物种属，可对粗面岩做进一步命名，常见的有石英粗面岩、黑云母粗面岩等（如图 5-18 所示）。

图 5-17　安山岩

a，b—安山岩（手标本）；c—安山岩（单偏光）；d—安山岩（正交偏光）

（3）粗面安山岩。粗面安山岩亦可称为粗安岩，是成分与二长岩相当、介于粗面岩和安山岩之间的喷出岩。粗面安山岩呈白、灰、浅黄或红色。常为斑状及粗面结构，块状构造。斑晶主要由斜长石（中长石、更长石）和暗色矿物组成。在一般情况下，斜长石斑晶有钾长石镶边，形成正边结构或者碱性长石充填斜长石微晶的间隙。基质具有交织结构和玻基交织结构，基质矿物主要为斜长石及碱性长石，常含数量不等的玻璃质。

a

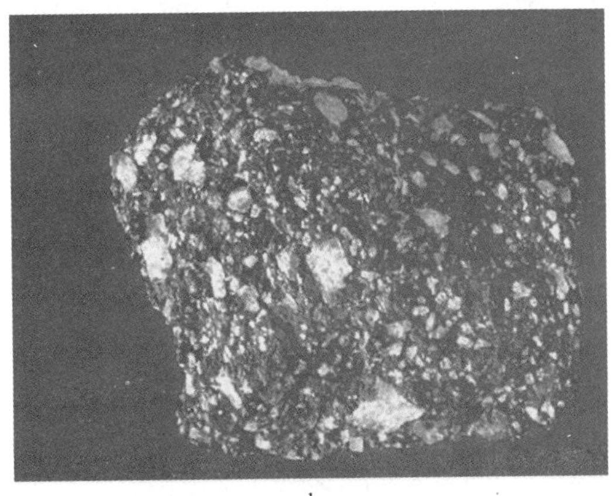

b

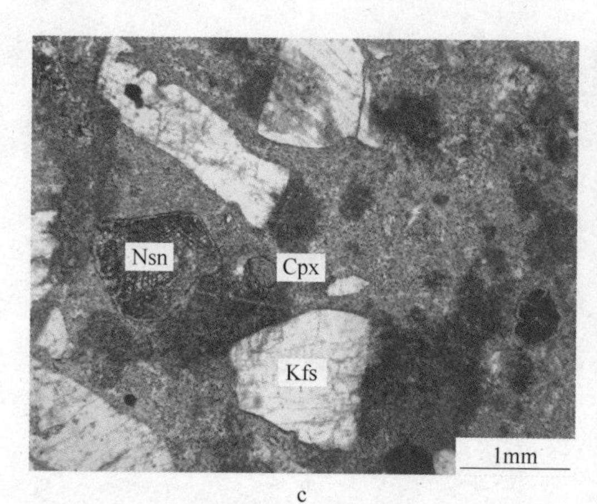


c

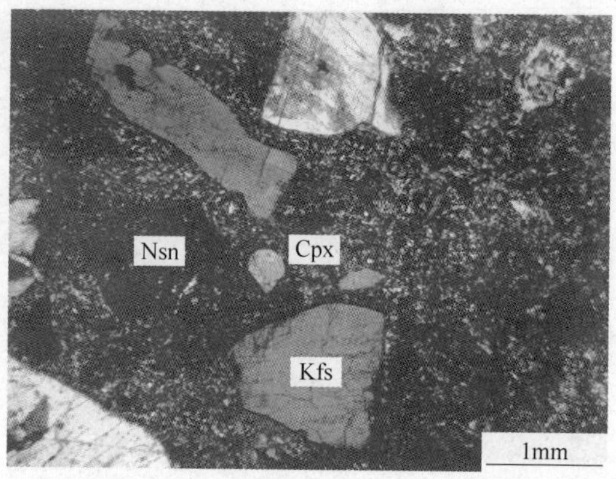


d

图 5-18　粗面岩

a，b—粗面岩（手标本）；c—粗面岩（单偏光）；d—粗面岩（正交偏光）

粗面安山岩是在构造运动从活动趋于稳定时期火山喷发的产物，常与玄武岩、安山岩、流纹岩等共生，产状以中心式喷发为主，大多为熔岩与火山碎屑岩互层产出。江苏、安徽的中生代火山岩中，常见粗面安山岩，其与铁、铜、黄铁矿矿床等有成因联系。

（4）角斑岩。角斑岩是一种海底火山作用形成的中性喷出岩。岩石呈灰色或灰绿色。通常呈斑状结构，斑晶主要是钠长石或钠长石化的更长石，偶见少量黑云母、角闪石和辉石。基质为隐晶质，具霏细结构、粗面结构，主要由钠长石-更长石组成，此外还有绿泥石、绿帘石、方解石。显微镜下可见石英斑晶，且常有溶蚀现象。长石斑晶往往变化为绢云母和高岭土的集合体。暗色矿物斑晶多已绿泥石化（见图 5-19）。

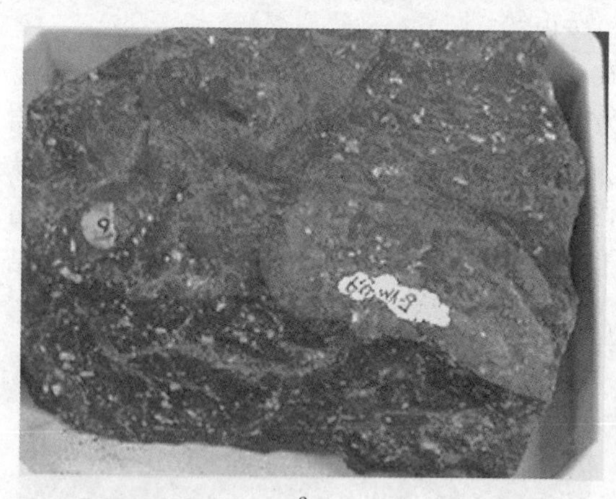

a

b

图 5-19　角斑岩

a—角斑岩（手标本）；b—石英角斑岩（手标本）

## 思考与练习

1. 中性岩的 $SiO_2$ 含量是多少，碱质含量是多少？
2. 常见的中性侵入岩岩石类型主要有哪些？
3. 闪长岩、二长岩、正长岩中的斜长石含量分别占长石总量的多少？

# 项目五　酸 性 岩 类

**【知识点】** 理解并掌握酸性岩的基本概念及酸性岩的基本类型。

**【技能点】** 能正确鉴定常见的酸性岩。

## 一、酸性岩概述

酸性岩是指 $SiO_2$ 含量大于 65%的岩浆岩。碱质（$Na_2O + K_2O$）含量约 7%~8%，钙、铁、镁含量很低。矿物成分特点是石英大量出现（>20%），钾长石和酸性斜长石含量增高（>50%）。浅色矿物含量大大超过暗色矿物含量，色率一般小于 15。

酸性岩类分布极广，但主要是深成岩（花岗岩），约占陆壳所存火成岩的一半以上。与酸性有关的最重要矿产是钨、锡、铍、铜、铅、锌、铁、金、铌、钽、稀土以及沸石、叶蜡石、明矾石、萤石等。代表性岩石有花岗岩、花岗闪长岩、流纹岩、英安岩。

## 二、常见酸性盐的鉴定

### （一）酸性侵入岩

（1）花岗岩。花岗岩是一种显晶质粒状酸性深成岩，呈肉红色至浅灰色（如图 5-20a 所示）。主要矿物成分为石英（20% ~50%）和长石（60% ~70%）。次要矿物为黑云母，普通角闪石或辉石等，含量一般为 5% ~ 10%。副矿物含量小于 1%，主要矿物有磁铁矿、锆石、榍石、电气石、萤石、磷灰石等。

镜下观察，花岗岩常呈半自形等粒结构，暗色矿物晶形较完整，表明其结晶早于浅色矿物；浅色矿物中石英一般为他形、长石呈他形-半自形（如图 5-20b 所示），其中钾长石以正长石和微斜长石为多，斜长石形态一般较钾长石完整，微斜长石常具格子状双晶（如图 5-20c，d 所示）。

（2）花岗闪长岩。花岗闪长岩常与花岗岩伴生，常见于花岗岩岩体的边缘 $SiO_2$ 含量 65%左右，石英含量大于 20%，斜长石（更长石或中长石）含量多于碱性长石，暗色矿物为角闪石和黑云母，副矿物有榍石、磷灰石、磁铁矿、锆石等灰绿色或暗灰色（如图 5-21a 所示）；常呈半自形粒状结构，似斑状结构（如图 5-21b 所示），斜长石常具明显的环带构造。

（3）英云闪长岩。英云闪长岩是一种显晶质中酸性深成岩，矿物组成大体与石英闪长岩相似。主要由斜长石（中长石、更长石）和石英、黑云母等组成（如图 5-22a 所示），斜长石常具环带构造。暗色矿物除黑云母外，有时含角闪石、辉石。斜长石占长石总量 60%，碱性长石（正长石）不足长石总量 10%，并往往呈填隙物产出。常见的副矿物是磷灰石、榍石、磁铁矿。

（4）更长环斑花岗岩。更长环斑花岗岩是花岗岩的特殊变种，呈红色或灰色，其主要特征是具有一种特殊的斑状结构（更长环斑结构），即斑晶为球形-卵形的钾长石（条纹长石、微斜长石），外绕更长石环或钠-更长石环（如图 5-22b 所示）。钾长石斑晶为具卡式双晶的单个晶体，或为几个不规则状、扇状晶体组成的集合体。该花岗岩基质矿物主

图 5-20　花岗岩

a—花岗岩（手标本）；b—花岗岩（正交偏光）；c—文象花岗岩（单偏光）；d—文象花岗岩（正交偏光）

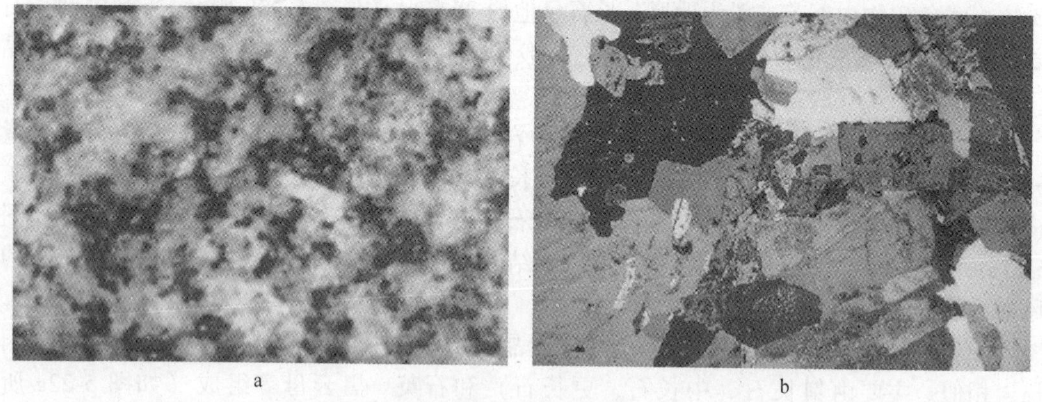

图 5-21　花岗闪长岩

a—花岗闪长岩（手标本）；b—花岗闪长岩（正交偏光）

要为石英、钾长石、黑云母，有时还有角闪石；副矿物为锆石、磷灰石、金属矿物等。该类花岗岩主要形成于前寒武纪时期，北京密云、河北赤城、江西上饶、辽宁桓仁、陕西商县、福建漳州等地见有分布。

（5）花岗斑岩是常见的酸性浅成岩。矿物成分与花岗岩基本相同。具全晶质斑状结构，基质结晶较细，呈微花岗结构（如图 5-23a 所示）。斑晶主要为石英和长石，有时可

a

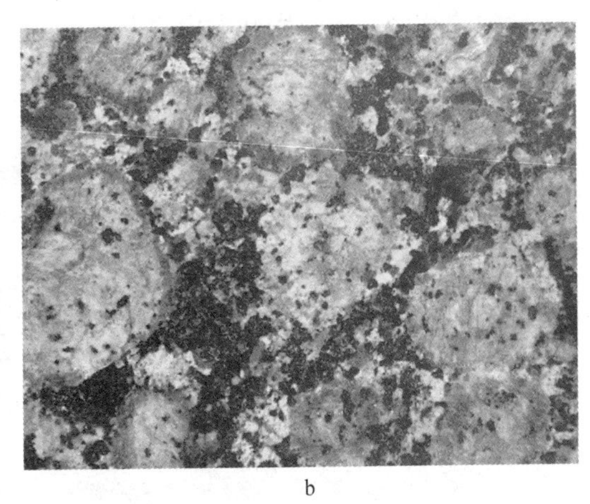
b

图 5-22　英云闪长岩和更长环斑花岗岩
a—英云闪长岩（正交偏光）；b—更长环斑花岗岩（手标本）

见黑云母和角闪石。石英斑晶往往晶形很好（如图 5-23b 所示）。钾长石为正长石或透长石。黑云母和角闪石有时可见暗化边。

a

b

图 5-23　花岗斑岩
a—花岗斑岩抛光面（标本）；b—花岗斑岩，石英斑晶（正交偏光）

（二）酸性喷出岩

（1）流纹岩。流纹岩是由花岗质岩浆喷出地表冷凝形成，常发育流纹构造（如图 5-24a，b 所示）。一般呈粉红、肉红、灰红、灰黄色等。常呈斑状结构，斑晶主要是石英和透长石，偶见斜长石和黑云母，基质为致密隐晶质或玻璃质，显霏细、球粒、玻璃质结构（见图 5-24c、d）。

流纹岩分布面积较广，常与熔结凝灰岩等共生。与其有关的金属矿产有铅、锌、银、金和铀等，非金属矿常见的有沸石、蒙脱石、高岭石、叶蜡石、明矾石和萤石等。

（2）英安岩。英安岩是化学成分和矿物成分与花岗闪长岩、英云闪长岩相当的火山岩，是流纹岩向安山岩过渡的一种岩石。颜色较浅，呈灰色、灰白色；斑状结构，斑晶多为中性斜长石、石英和碱性长石（如图 5-25 所示）；基质主要为细粒的长石、石英，并含少量黑云母、角闪石等暗色矿物。基质通常为玻基交织结构、玻璃质结构或霏细结构。英安岩常与流纹岩、粗面岩和安山岩共生，组成巨厚的火山岩系。

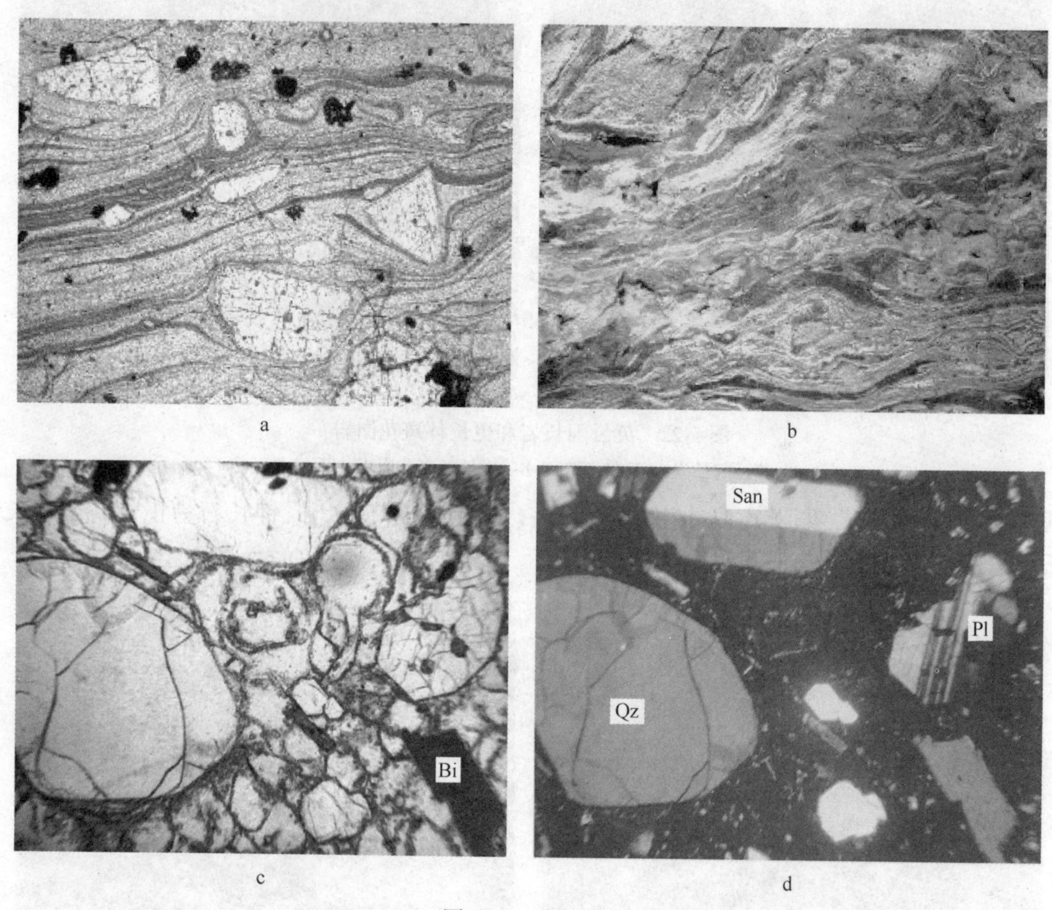


图 5-24　流纹岩

a，b—流纹岩（手标本）；c—流纹岩（单偏光）；d—流纹岩（正交偏光）

（3）熔结凝灰岩。岩石比较致密，貌似熔岩，似具火山碎屑结构。含有岩屑、晶屑、塑变玻屑、浆屑等，其粒径小于 2mm。塑性碎屑常被压扁拉长，绕过刚性碎屑呈平行排列，形成假流纹构造（如图 5-26b 所示）。

a　　　　b

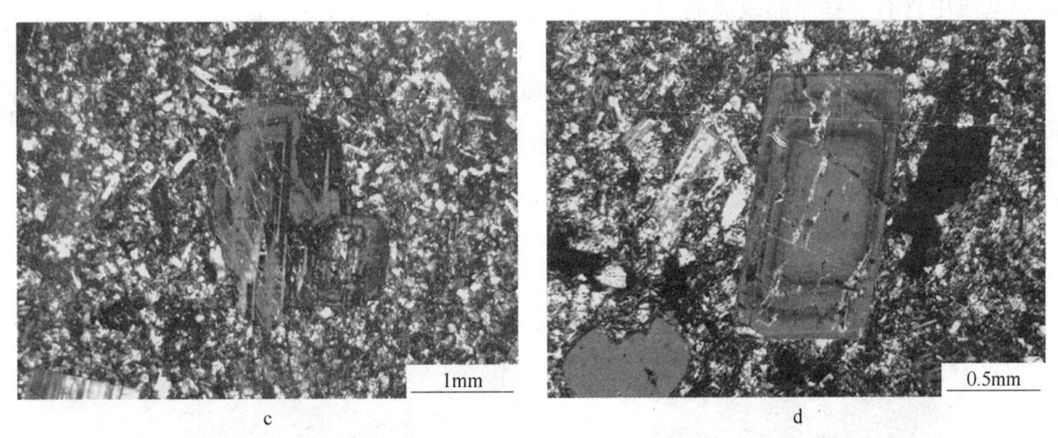


c　　d

图 5-25　英安岩

a，b—英安岩（手标本）；c—英安岩（正交偏光）；d—英安岩（正交偏光）

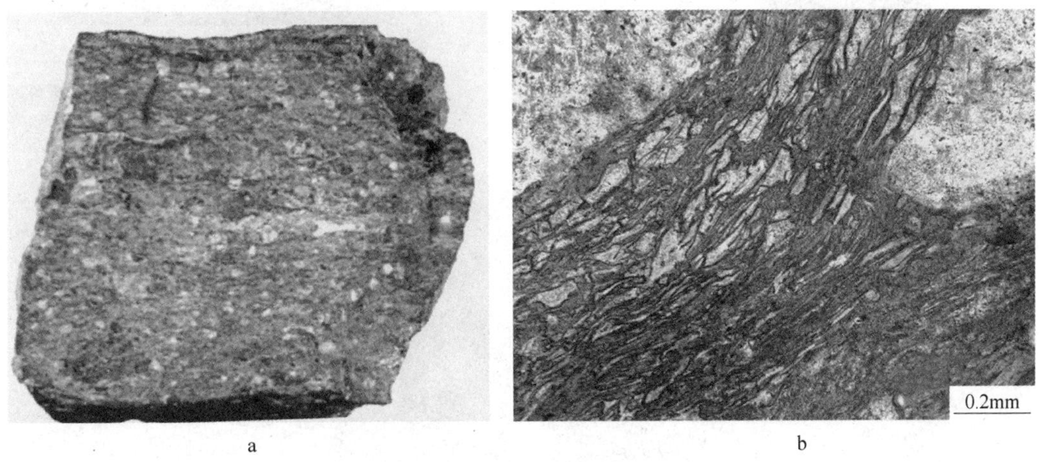


a　　b

图 5-26　熔结凝灰岩

a—熔结凝灰岩（手标本）；b—熔结凝灰岩（假流纹构造）

一般认为，熔结凝灰岩是由高黏度且富含挥发分的酸性、中酸性和碱性熔浆，上升到近地表处，由于外界压力骤降而膨胀起泡，犹如牛奶沸腾一样；气泡壁愈来愈薄，最终发生爆炸，泡壁破裂，熔浆被粉碎，并大量涌出火山口，呈炽热状态悬浮于气体之中，形成沿山坡流动的火山灰流或火山碎屑流，然后火山灰流迅速堆积，在热力和重荷的影响下，玻屑受挤压变形，彼此熔结而形成的岩石。

（4）酸性玻璃质火山岩。酸性玻璃质火山岩是黑曜岩、松脂岩和珍珠岩的统称。其组成物质的 80%~100%为玻璃质，是流纹质和英安质岩浆在地表快速冷凝的产物。黑曜岩、松脂岩和珍珠岩三者的主要区别是含水量不同，其中黑曜岩含水很低（<1%），松脂岩含水量很高（4% ~ 10%），珍珠岩居中（3%~ 4%）。

（5）黑曜岩。呈黑色或深褐色，贝壳状断口，玻璃光泽（如图 5-27a，b 所示）。成分与花岗岩相当，但全部由玻璃质组成，有时在玻璃质中含有羽状微晶和雏晶（如图 5-27c 所示）。

（6）松脂岩。呈深灰色，带深褐色调，其光泽和结构很像松脂，具贝壳状断口。在玻璃基质中含有一些雏晶或斑晶。

（7）珍珠岩。呈深灰-黑色，具珍珠光泽和珍珠状裂开构造（圆弧状裂纹），有时显示珍珠球粒与周围胶结物颜色不一现象，球粒呈褐红色，胶结物为浅灰绿色（如图 5-27d 所示）。

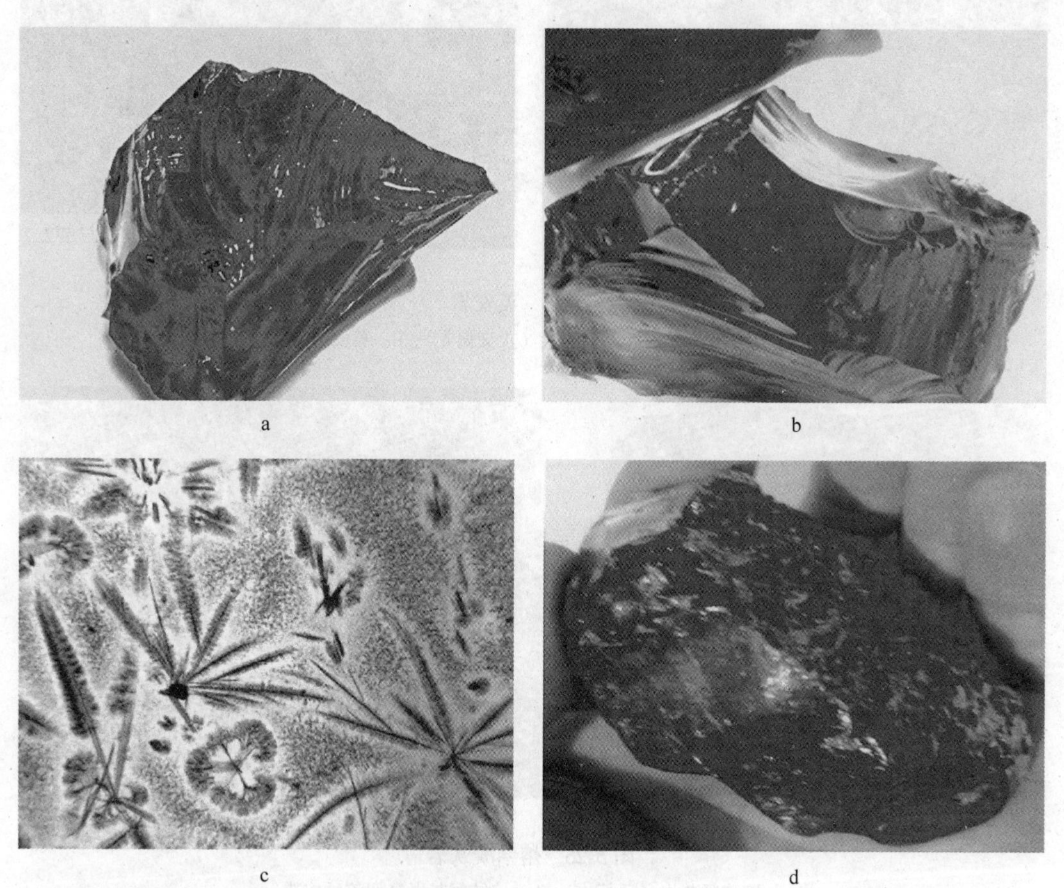

图 5-27　黑曜岩，珍珠岩

a，b—黑曜岩（手标本）；c—黑曜岩中的羽状雏晶（单偏光）；d—珍珠岩（手标本）

## 思考与练习

1. 酸性岩的 $SiO_2$ 含量是多少，碱质含量是多少？
2. 花岗岩的主要矿物成分是什么，酸性玻璃质火山岩是指哪些岩石？
3. 用肉眼如何区分花岗岩和辉长岩？用肉眼如何区分流纹岩和玄武岩？

# 项目六　碱 性 岩 类

【知识点】 了解常见碱性岩基本概述；碱性岩基本类型。

【技能点】 掌握常见碱性岩的鉴定方法。

## 一、碱性岩类概述

碱性岩是指碱质（$Na_2O + K_2O$）含量较高或很高的岩浆岩。一般认为，碱性岩中必须含有似长石（霞石、白榴石、方钠石、钙霞石）和（或）碱性辉石（钠质辉石）、碱性角闪石（钠质闪石）等碱性矿物。其中霞石和白榴石最为重要，是碱性岩的主要造岩矿物。

正常的岩浆岩中，氧化物分子数的关系有 $CaO + Na_2O + K_2O > Al_2O_3 > Na_2O + K_2O$，通常称为钙碱性系列。而碱性岩中氧化物分子数的关系为 $Na_2O + K_2O > Al_2O_3$，因碱质过饱和，通常称为碱性系列，从超基性-基性-中性-酸性岩浆岩，都有可能出现碱质过饱和，因而分为钙碱性系列和碱性系列两大化学类型。

## 二、常见的碱性岩的鉴定

（1）碱性超基性岩类（霓霞岩-霞石岩类）。岩石中 $SiO_2$ 含量小于 45%，$Na_2O + K_2O$ 含量 5%～10%，为过碱性超基性岩，矿物成分以霞石等似长石类和碱性暗色矿物为主，不含长石。

1）霓霞岩。霓霞岩是侵入的碱性超基性岩。主要由霞石、霓石或霓辉石组成，霞石含量达 50%～70%，霓石或霓辉石含量达 70% ～30%（如图 5-28 所示）。

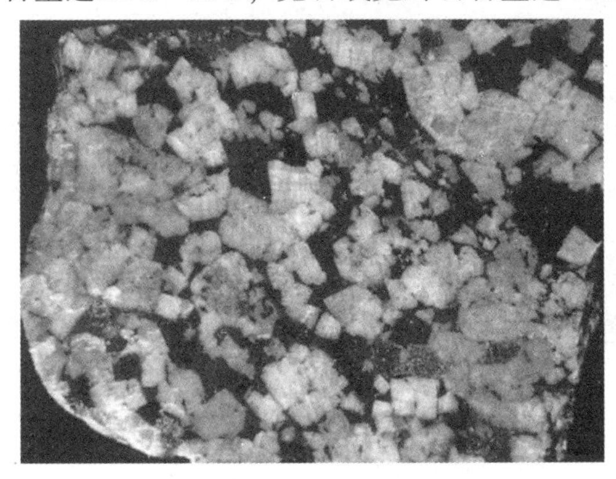

a

b

图 5-28 霓霞岩

a—霓霞岩（手标本）；b—霓霞岩（正交偏光）

2）霞石岩。霞石岩是与霓霞岩成分相当的喷出岩。主要矿物是霞石，辉石次之，可含少量似长石矿物及透长石。

3）白榴岩。白榴岩也是与霓霞岩成分相当的喷出岩。深灰至灰黑色，主要矿物为白榴石和辉石，不含长石或含量<10%，白榴石见于斑晶和基质中，辉石主要是含钛普通辉石、霓辉石和霓石 。

（2）碱性基性岩类（碱性辉长岩-碱性玄武岩类）。岩石中 $SiO_2$ 含量为 45% ～52%，FeO、MgO、CaO 含量较高，$Na_2O + K_2O > 4\%$。矿物成分含碱性长石、碱性暗色矿物、富钛辉石、富铁云母。若岩石碱性较强时，可出现似长石。

1）碱性辉长岩。一种含正长石、似长石的辉长岩。基本组分是基性斜长石、正长石、单斜辉石和似长石。如美国麻省的碱性辉长岩由斜长石（28%）、正长石（20%）、霞石（20%）及暗色铁镁矿物（30%）、副矿物（2%）组成。

2）碱玄岩。碱玄岩为含似长石的碱性玄武岩。矿物成分有基性斜长石、单斜辉石和霞石、白榴石等，可含少量橄榄石（<5%）；斑状结构，气孔构造。

（3）碱性中性岩类（碱性正长岩-碱性粗面岩类）。

1）碱性正长岩。主要由碱性长石（80%～85%）、碱性暗色矿物（10%～20%）组成，不含斜长石，有时可见少量似长石。若主要由碱性长石和霓辉石组成，称为霓辉正长岩。若主要由钾长石和碱性角闪石组成，称为碱性正长岩。

2）碱性粗面岩。主要由碱性长石组成，含碱性辉石、碱性角闪石，有时有似长石，不含斜长石，斑状结构，斑晶为碱性长石、钠铁闪石、霓石、霓辉石等，基质为粗面结构。

（4）碱性酸性岩类（碱性花岗岩-碱性流纹岩类）。

1）碱性花岗岩。富含钠质。主要矿物成分为石英、碱性长石和碱性暗色矿物。碱性长石是钾钠长石（条纹长石、歪长石、正长石、微斜长石）和钠长石；碱性暗色矿物为碱性角闪石、碱性辉石（霓辉石、霓石）、含钛黑云母及铁锂云母等。副矿物主要有磷灰石、磁铁矿、锆石等。根据碱性暗色矿物种类，可细分为霓辉石花岗岩、霓石花岗岩、钠铁闪石花岗岩、铁云母花岗岩等。

2）碱性流纹岩。碱性流纹岩又称钠质流纹岩。斑状结构。斑晶主要为钠质长石、钠透长石、歪长石（或钠长石）和双锥状石英以及钠闪石、钠铁闪石、霓石、霓辉石等碱性暗色矿物；基质为隐晶质或半晶质。

（5）典型碱性岩类（霞石正长岩-响岩类）。岩石中 $K_2O+Na_2O$ 含量很高（>10%），$K_2O+Na_2O>Al_2O_3$，属 $SiO_2$ 不饱和的过碱性中性岩。其矿物成分的主要特点是铁镁矿物都是碱性辉石、碱性角闪石、富镁黑云母，含量一般为15%～20%，硅铝矿物主要是碱性长石和似长石，不含石英。

1）霞石正长岩。常呈浅灰、绿、红、黄等色，中-粗粒，似粗面结构和似花岗结构。浅色矿物有长石65%～70%，霞石20%；深色矿物10%～15%。长石主要为正长石、歪长石、微斜长石和钠长石，霞石常与长石交生。暗色矿物为辉石类矿物，辉石斑晶发育环带构造，自中心向外为透辉石、霓辉石、霓石。基质中的霓石常呈针状。钛辉石为紫色，常构成霓辉石或透辉石的环边（如图5-29所示）。

a

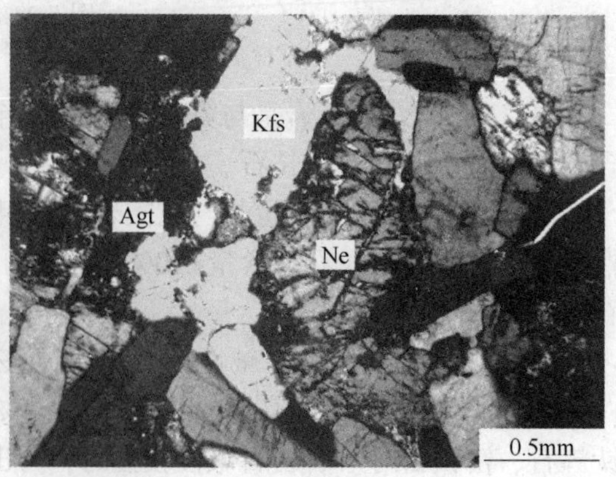

b

图5-29　霞石正长岩

a—霞石正长岩（单偏光）；b—霞石正长岩（正交偏光）

2）响岩。响岩是成分与霞石正长岩相当的喷出岩。用锤击打这种岩石，叮当作响，故名响岩。响岩呈浅绿灰色或浅褐灰色，油脂光泽。致密块状，常具斑状结构，有时为无斑隐晶结构。主要矿物成分是碱性长石、似长石和碱性暗色矿物。碱性长石以透长石为主，而斜长石少见。似长石中常见的有霞石、白榴石、方沸石、方钠石、黝方石、蓝方石等。暗色矿物以斑晶形式出现，主要为富钠质辉石和角闪石，如霓辉石、霓石、棕闪石、红钠闪石、钠铁闪石、钠闪石等。副矿物有磁铁矿、磷灰石、锆石、榍石、黑榴石等。

**思考与练习**

1. 碱性岩的碱质含量是多少？
2. 典型的碱性岩的矿物成分特征是什么？
3. 碱性岩的主要造岩矿物有哪些？

# 项目七 脉 岩 类

【知识点】 常见脉岩基本概述；脉岩基本类型。
【技能点】 掌握常见脉岩的鉴定方法。

## 一、脉岩概述

在火成岩体，尤其在深成岩体内部或附近的围岩中，常见到一些火成岩呈脉状体产出，它们经常充填裂隙而构成岩墙和岩脉等产状。这类岩石统称脉岩，岩体规模不大，多数形成深度较浅，它们具有特有的结构和构造。代表性岩石有伟晶岩、细晶岩和煌斑岩。

## 二、常见脉岩类岩石的鉴定

（1）伟晶岩。伟晶岩为极粗粒，甚至巨粒矿物组成的淡色结晶岩。伟晶岩种类很多，有花岗伟晶岩、正长伟晶岩、霞石正长伟晶岩等，其中分布最广、最有意义的是花岗伟晶岩。花岗伟晶岩主要成分以斜长石、微斜长石、石英、白云母、黑云母、电气石为主，还经常含大量稀有元素矿物，如绿柱石、铌铁矿、钽铁矿、铌钽锰矿、细晶石、富铪锆石、铯榴石、锡石、褐帘石、沥青铀矿、锂辉石、锂云母、黄玉等，是稀有元素矿床的重要开采对象。矿物晶体粗大，一般在数厘米至数十厘米，有时颗粒大小在很小距离内变化很大。

伟晶岩脉常在花岗岩、碱性岩或远离岩体的围岩中分布，形态有层状、板状、块状、管状、透镜状及各种脉状，常呈脉群出现。伟晶岩脉规模大小不等，变化较大。一般厚度由数十厘米至数十米，延伸数十至数百米。伟晶岩的成因存在着不同的观点：一些学者认为伟晶岩是由比母岩富含挥发组分及稀有金属化合物的残余硅酸盐熔融体（伟晶岩浆）充填与侵入岩体上部或围岩的各种裂缝中结晶而成，而另一些学者则认为伟晶岩是由细粒的细晶岩、花岗岩或其他岩石遭受到晚期汽热液交代和重结晶作用而成。

（2）细晶岩。细晶岩是全晶质细粒结构的花岗质岩石，呈白色、浅灰、肉红或者黄色。主要由石英、微斜长石和钠质斜长石等简单成分构成，有时含少量白云母，以贫挥发组分和矿化为特征。细晶岩均匀细粒，具有典型的细晶结构，即细粒他形粒状结构，石英和微斜长石有时呈文象状交生。

细晶岩通常呈小规模（几厘米至几十厘米厚）岩墙和岩脉侵入花岗岩岩体中，并往往伴生伟晶岩。细晶岩是由于大部分岩浆结晶之后，缺乏挥发组分的残余岩浆冷凝而成。

（3）煌斑岩。最初用来表示一种富含云母的脉岩，现在则指一类暗色、具煌斑结构、含较多挥发组分的中、基性或碱超基性火成岩。在化学成分上，煌斑岩 $SiO_2$ 含量低，一般为 30%~56%，而碱金属含量较高，同时含有大量氧化铁、氧化钙等。

煌斑岩具有斑状和全自形粒状结构，主要矿物成分为富铁镁矿物，如橄榄石、辉石、角闪石和黑色云母等，总含量一般大于 35%，使岩石呈暗色；斑晶和基质中铁镁矿物呈自形。有时含少量磷灰石、榍石、磁铁矿、绿泥石、蛇纹石、滑石、硫化物等。

煌斑岩多呈脉状产出，岩脉宽度一般不大，约数十厘米至数米。

## 思考与练习

1. 脉岩的概念？
2. 脉岩的代表性岩石有哪些？

# 学习情境六　沉积岩总论

**内容简介**

本学习情境主要介绍了沉积岩以及沉积岩的风化作用、搬运和沉积作用、成岩作用的概念；沉积岩的化学成分和矿物成分组成；沉积岩的颜色及分类；沉积岩的物理成因构造、生物成因构造以及化学成因构造的种类。

通过本学习情境的学习，使学生具备识别沉积岩的形成过程、基本特征、构造特征并能进行分类的能力。

## 项目一　沉积岩的形成过程

**【知识点】** 沉积岩的概念；风化作用；搬运和沉积作用；成岩作用。

**【技能点】** 掌握沉积岩的形成过程。

沉积岩是在地表和地表以下不太深的地方形成的地质体。它是在常温常压下，由母岩的风化产物或由生物作用和某些火山作用所形成的物质经过搬运、沉积、成岩等一系列地质作用而形成的层状岩石。砂岩、页岩、石灰岩等都是常见的沉积岩。

沉积岩中蕴藏着极为丰富的矿产。据统计，沉积岩中的矿产占世界全部矿产总产值的70%~75%。在我国绝大多数铝矿、磷矿，大多数锰矿、铁矿都蕴藏于沉积岩中或与沉积岩有关。如我国著名的宣龙式铁矿、宁乡式铁矿、涪陵式铁矿等，都产于不同时代的沉积岩中。号称工业粮食的煤，全部蕴藏于沉积岩中。被誉为工业血液的石油，全部生成于沉积岩中，而且绝大部分都储存于沉积岩中。盐矿是真溶液沉积的矿产，是钾、钠、钙、镁的卤化物及硫酸盐等矿物所组成的沉积矿产的总称。如云南西部的钾盐以及青海、西藏的盐卤等。除此之外，尚有金、钨、锡、金刚石及各种稀有元素矿产，常以砂矿的形式赋存于砂、砾石中。有的沉积岩本身就是矿产，如作水泥原料和耐火材料的黏土岩，作玻璃和陶瓷原料的石英砂岩，作水泥及冶炼辅助原料的石灰岩和白云岩等。

沉岩的形成条件与岩浆岩或变质岩是截然不同的。沉积岩是在地表或离地表不太深的地带，有丰富的水、氧、二氧化碳和生物参加的条件下形成的。在沉积岩形成的过程中，太阳能以及由太阳能转化的生物能和机械能均起着直接的作用。另一方面由地球内能所引起的地壳构造运动，直接控制了侵蚀区和沉积区的分布；地貌条件也为沉积岩的形成提供了必要的条件。

沉积岩的形成大都经历了风化、搬运、沉积和成岩 4 个阶段。它们是既连续又独立的阶段，也是交互叠置的发展过程。在每个形成阶段中都会或多或少地在沉积物或沉积岩中留下其作用的痕迹，使之具备一定的特征。

## 一、风化作用

风化作用是指地壳表层的岩石（岩浆岩、变质岩和先成的沉积岩）在大气、水、生物活动以及其他外部表生因素的影响下，发生机械破碎和化学变化的作用。风化作用主要在地表或接近地壳表层的地带发生，它的产物是沉积岩的主要物质来源。

### （一）风化作用的类型

按风化作用营力以及原岩变化特点，风化作用分为物理风化作用、化学风化作用和生物风化作用三种类型。

1. 物理风化

物理风化作用是地壳表层岩石的一种机械破坏作用。它是一种使岩石破碎、崩解成各种不同大小的碎块，而不发生化学成分变化的作用。由物理风化作用而成的岩石碎块可辨认出原岩的性质。机械破碎深度从几厘米至几十米不等。

引起母岩发生机械破碎的因素很多，主要有温度的变化、冰劈作用、重力作用和岩石裂隙中溶解盐类的结晶作用。

2. 化学风化

化学风化作用是母岩的一种化学分解作用。它是由于化学变化，使组成岩石的矿物发生分解并产生在表生环境下稳定的新矿物组合的过程。例如岩石中的长石、辉石等矿物在原地发生化学分解后，形成 $Al_2O_3$、$Fe_2O_3$ 和 $SiO_2$ 等物质，若它们互相化合，并吸收部分钾、钠而形成黏土矿物。黏土矿物就是母岩发生化学风化时一起产生的。

从本质上讲，化学风化作用是富含氧及二氧化碳或有机酸的水溶液（雨水及土壤水）与矿物发生化学反应的过程。概括地说与化学风化作用有关的化学反应主要有氧化作用、水解作用、水化作用、酸的作用、胶体作用和离子交换作用等。但是对不同矿物来说，促使其分解的主要化学反应是不同的。

（1）氧化作用。氧化作用是在地壳表层最常见的一种化学反应，是含有变价元素（铁、锰）的矿物，在氧和水的作用下，它们的低价氧化物、硫化物和硅酸盐变为高价氧化物、氢氧化物和含氧盐的过程，尤其是低价铁最易氧化成高价铁，如黄铁矿氧化成赤铁矿，或含低价铁的硅酸盐（如铁橄榄石）变为赤铁矿都是明显的例证。

（2）水解作用。水解作用是水中呈离解状态的 $H^+$ 和 $OH^-$ 离子与被风化的矿物中离子发生交换的反应，即由水电离而成 $H^+$ 置换矿物中的碱金属阳离子。水解作用使矿物中的碱金属阳离子溶于水中而被带出或部分地为胶体所吸附；而矿物中的铝硅酸络阴离子将与水中的 $H^+$ 结合成为黏土矿物而残留下来。在水解作用过程中若有碳酸的存在，反应将会进一步加强。

在各类化合物中，弱酸盐最易水解。因此，硅酸盐岩石和碳酸盐岩石发生化学风化时，水解起着极其重要的作用，且随温度的升高，水解作用逐渐增强。

（3）水化作用。水化作用是指把水分子结合到矿物晶格中去的作用。水在矿物中呈 $nH_2O$ 的形式出现。如硬石膏（$CaSO_4$）转变为石膏（$CaSO_4 \cdot 2H_2O$）、赤铁矿（$Fe_2O_3$）转变为水赤铁矿（$Fe_2O_3 \cdot nH_2O$），是最常见的水化现象。

（4）酸的作用。自然界中常见的酸是碳酸和腐殖酸。虽然它们都是弱酸，但它们对许多矿物，特别是硅酸盐和铝硅酸盐矿物的分解起着极其重要的作用。这些矿物与碳酸发生反应时，其中的阳离子（如 $Fe^{2+}$、$Ca^{2+}$、$K^+$、$Na^+$）常形成碳酸盐和重碳酸盐，$SiO_2$被分解出来。

（5）胶体作用及离子交换作用。硅酸盐和铝硅酸盐矿物遭受风化时，由于各种化学反应使矿物中 $Al_2O_3$和 $SiO_2$间的连接力键遭到完全破坏而被游离出来。$Al_2O_3$、$SiO_2$以及由含铁硅酸盐矿物分解出来的 $Fe_2O_3$，它们的溶解度都比较小而形成胶体，广泛地分布于风化带中。胶体间的相互作用、凝聚和晶化对许多表生矿物的形成起着重要的作用，如黏土矿物等。胶体还具有从介质溶液中吸附离子的能力，如带正电荷的铁和铝的氢氧化物胶体可吸附 $PO_4{}^{3-}$、$VO_4{}^{3-}$、$AlO_4{}^{2-}$、$SO_4^{2-}$等阴离子团；带负电荷的黏土胶体常吸附 Be、Pb、Cu、Hg、Ag、Au 等阳离子；$SiO_2$的胶体常吸附放射性元素等。同时，胶体吸附的离子常与介质中的离子产生交换反应。这对于地壳元素的再分配、迁移和富集起一定的影响。

3. 生物风化

地壳表层岩石在生物的作用下所发生的破坏作用称为生物风化作用。这种作用可以是机械的，也可以是化学的。

生物的机械破坏作用主要表现在生物的生命活动上。如生长在岩石裂隙中的植物，随着植物的长大、根部变粗，使岩石裂隙扩大而引起岩石崩解；穴居动物如田鼠、蚂蚁和蚯蚓等不停地挖洞掘穴，使岩石破碎、土粒变细。

生物对岩石的化学分解要比机械破碎强烈得多。植物和细菌等在新陈代谢的过程中常析出硝酸、亚硝酸、碳酸、氢氧化铁和病机酸等溶液而强烈地破坏着岩石；或者生物在其生活的过程中，经常不断地从它周围的环境中吸取它所需要的养分，并排泄出它所不需要的物质。这样岩石因化学成分的改变而发生破坏。例如某些类型的硅藻的分泌物能把高岭石之类的黏土矿物分解，并吸取其分解物中的二氧化硅构成自己的硬壳；同时其分解物中的氧化铝就可相应地富集起来成为铝土矿。

生物遗体腐烂以后，能产生大量的 $CO_2$、$H_2S$ 和有机酸。它们直接影响介质的 pH 值和 Eh 值，从而强烈影响化学风化作用的进程。

以上三种风化作用在自然界中不是孤立存在的，它们是相互联系、相互促进和相互影响的。例如岩石的机械破碎就为岩石的化学分解创造了有利条件，使化学风化作用进行得比较彻底。然而在特定的环境下，往往是某种作用占主导地位，而其他作用则居于次要的位置。例如在干燥炎热的山区或冰雪覆盖的高纬度地带，以物理风化作用为主；而在潮湿多雨气候温和的地带，化学风化作用占主导，物理风化则是次要的了。

### （二）风化带中矿物的稳定性

在一般风化条件下（富氧、中偏弱酸性），尽管总的风化速率比较缓慢，但不同矿物被分解的速率（或抗风化能力）却有很大差别，据此可将大陆风化带中的矿物粗略地划分成三个稳定性级别（见表 6-1）。

**表 6-1 常见造岩矿物在大陆风化带中的稳定性分级**

| 不稳定矿物 | 次稳定矿物 | 稳定矿物 |
|---|---|---|
| 角闪石 | 白云母 | 石英 |

续表 6-1

| 不稳定矿物 | 次稳定矿物 | 稳定矿物 |
| --- | --- | --- |
| 辉石 | 钾长石 | 电气石 |
| 橄榄石 | 中酸性斜长石 | 金红石 |
| 基性斜长石 | 黑云母 | 锆石 |
| 白云石 | 磷灰石 | 高岭石 |
| 方解石 | 榍石 | 高价铁锰和铝的氧化物或氢氧化物 |
| 金属硫化物 | 磁铁矿 | |
| | 帘石 | |
| | 十字石 | |
| | 石榴石 | |
| | 伊利石 | |
| | 蒙皂石 | |

(1) 不稳定矿物。除易溶盐类矿物（石膏、石盐、钾盐等）以外，一般指易于氧化或碳酸盐、重碳酸盐化的矿物，这些风化反应都是相对较快的反应过程，除非是在近源快速堆积的条件下，不稳定矿物一般不会以碎屑形式出现在沉积物中，而且它们在崩解岩屑中保存的机会要比以单晶形式保存的机会更多。

(2) 次稳定矿物。指分解方式主要是水解、轻微氧化或轻微碳酸盐、重碳酸盐化的矿物。水解速率是相对最低的，如一个 1mm 大小的斜长石通过水解完全变成高岭石至少需要 100 年时间。虽然氧化、碳酸盐、重碳酸盐化速率高一些，但若矿物只含少量低价铁离子（如磁铁矿、石榴石、帘石等）或所含金属阳离子难以被碳酸根、重碳酸根单方向夺取（如磷灰石、榍石等），它们的晶格就不易被彻底破坏。黑云母含有较多 $Fe^{2+}$，但它的风化仍以水解为主（析出 $K^{+}$），$Fe^{2+}$ 氧化成 $Fe^{3+}$ 后一部分仍留在晶格中而转变成蛭石（一种黏土矿物）。因此，次稳定矿物的化学稳定性比不稳定矿物高，相对较容易以岩屑或单晶碎屑形式保存下来。

(3) 稳定矿物。指在一般风化条件下溶解度极小、极难分解的矿物，其中的石英和金红石都是简单氧化物，与高价铁、锰和铝的氧化物或氢氧化物一起都不可能进一步被分解，溶解度也几乎为 0；锆石中的锆为两性元素，具有较高的离子电势；电气石阳离子中的 $Fe^{2+}$ 较少、$Al^{3+}$ 较多且呈硼的双层六方环状结构；高岭石的阳离子几乎全是 $Al^{3+}$，在中偏弱酸性水介质中都很难分解，所以，只要母岩中含有这类矿物，它们大多都会以碎屑形式保存下来，而且随着风化程度加深，不稳定矿物消失和次稳定矿物减少，它们还会逐渐富集起来。

但是，处在相同级别中的矿物，其稳定性也有很大差异。以岩浆岩主要造岩矿物为例，其稳定性由低到高的排列顺序是：橄榄石、钙长石、辉石、角闪石、拉倍长石、黑云母、中酸性斜长石、钾长石、白云母、石英。基性玻璃最不稳定，中酸性玻璃大致与拉倍长石相仿。

这种稳定性分级的前提是一般的风化条件，而实际的风化条件可能会因时因地而异。

例如，地表水因溶入了较多碱或弱碱性金属阳离子将向碱性方向转化，这将减缓或抑制碳酸盐、重碳酸盐化的进程，而太强的碱性介质反而会增加石英的溶解度和加速高岭石的去硅过程。因此，矿物的稳定性是相对的，是随风化条件的改变而改变的。另外，矿物化学风化的速度还与它与反应介质接触面的大小有关，因而相同矿物的粒度愈细或发育有裂缝、解理时，其风化速率愈高，当它细小到一定程度后还会直接变成胶体离子。最后，在其他条件相同时，风化中的化学过程都会随温度上升或水介质通过矿物表面速度的加快而加快，因而母岩在湿热气候下的整体风化就要比在干冷气候下更迅速，而且风化愈彻底，以固态形式存留的物质（碎屑或不溶残余）的成分将愈简单。

### （三）风化产物的类型

母岩经受风化作用后可产生三种不同类型的产物。

（1）碎屑物质：是母岩机械破碎的产物，包括矿物碎屑和岩石碎屑。这类物质是母岩机械破碎的产物。

（2）残余物质（不溶残积物）：即母岩在分解过程中形成的不溶物质。如黏土矿物、褐铁矿及铝土矿等。

（3）溶解物质：是母岩中容易析出的元素，如 $Cl^-$、$SO_4^{2-}$、$K^+$、$Na^+$、$Ca^{2+}$、$Mg^{2+}$ 以及部分 $Fe^{2+}$、$Fe^{3+}$、$Al^{3+}$、$Si^{4+}$ 等。它们在风化过程中按溶解度的大小，分别形成真溶液和胶体溶液，被流水搬运至远离母岩的湖海中。

母岩风化产物是沉积岩的主要物质成分。它的性质直接影响到沉积岩的类型，碎屑物质是碎屑岩的主要成分；不溶残积物，特别是黏土矿物是黏土岩类的基本物质；溶解物质在湖海中经过化学及生物化学的沉积作用形成各种铁、锰、铝、磷质岩石和碳酸盐岩等。

不同类型的风化产物，在地表不同地区常作有规律的分布：一般是可溶物质被运移至湖泊或海盆中，而残余物质和部分碎屑颗粒则残留在原来岩石的表层上面。残积物和经生物风化作用形成的土壤在陆地上形成一层不连续的薄壳（层），称为风化壳。根据风化壳形成的时间，可分为现代风化壳和古代风化壳，二者以第三纪作为划分的界线。由于保存条件的限制，古代风化壳较难保存到现在。

在古代地层剖面中发现的古风化壳代表被风化壳分割的上下两套地层之间曾发生过沉积间断，说明该地区在风化壳形成时期曾经发生过地壳上升。

## 二、搬运和沉积作用

风化产物除了少部分残积在原地外，大部分物质都要在流水、冰川、风等外地质营力的作用下被搬运，最后在特定的环境中沉积下来。由于风化产物类型不同，故其搬运与沉积的方式也各异。

### （一）碎屑物质的搬运与沉积作用

碎屑物质的搬运与沉积作用是一种机械作用，它受流体力学规律的支配。搬运碎屑的介质有流水、冰川、风、海湖波浪等，流水是陆地上最重要的搬运介质。

#### 1. 流水的搬运与沉积作用

碎屑物质在流水中被搬运的状况主要取决于两个因素：

（1）碎屑本身的特点，如大小、形状、密度等；

（2）流水能量的大小，主要决定于流速和流量。

在一般情况下，当流水的动能大于碎屑颗粒的重力和颗粒间的吸附力时，颗粒即时发生移动。在碎屑颗粒被搬运的过程中，流水作用于碎屑颗粒上有两种力，一种是推力，另一种是负荷力。推力是指流水所能移动碎屑颗粒大小的能力，它主要与水流的速度有关。实验证明，被推运碎屑颗粒的质量（$m$）与流水的速度（$v$）的六次方成正比。负荷力是指流水所能搬运物质的总质量，它主要与流水的流量有关。例如浩瀚的长江，由于它的流量很大，所以每年能搬运 $970\times10^6$t 的碎屑物质。但它所搬运的碎屑粒度却不一定很大。山区奔腾的洪流，虽然搬运物质总量不多，但由于流速快，推力大，却能推动重达几十吨的巨石。

碎屑物质在流水中一般是以沿底部滚动或跳跃和呈悬浮状态等方式运移。若碎屑颗粒较粗，如砾石、砂等，主要是在河底以滚动或挪动的方式前进，或以跳跃的方式前进，这两种前进方式称为推移搬运。若碎屑颗粒较细，如粉砂、黏土等密度小的碎屑，它们的重力小于介质的浮力，不易沉到河底，而以悬浮状态前进，这种方式称为悬浮搬运。碎屑物质在被搬运的过程中，由于水动力条件的改变和碎屑粒度变小，被搬运的方式也会发生变化。

碎屑物质的沉积作用是因流水速度变慢而发生的。当碎屑颗粒的沉降速度大于流速（若为悬浮搬运时，颗粒沉降速度大于平均流速的 8%）时就会发生沉积。所以在河流的坡降变缓、支流汇入主流、河流入海等地段，由于流水速度突然变慢，常是碎屑物质沉积的最好场所。

碎屑颗粒的沉降速度一般与颗粒的大小、密度、形状以及水介质的性质有关，粒度粗、密度大、圆形的颗粒沉速大，反之则沉速小。

碎屑物质的沉积作用少部分开始于搬运阶段，大部分发生在搬运阶段的后期。实际上碎屑物质的搬运与沉积往往是互相穿插和重叠的。在它们之间难以划分截然的界限。

2. 其他介质的搬运与沉积作用

（1）风的搬运与沉积。风的搬运作用主要表现在干旱的沙漠地带，其他地区虽然也可看到，但远不如沙漠明显。风力主要搬运沙粒、尘土等碎屑物质。沙粒主要是在地面及距地面 0.5~1.5m 高度范围内以跳跃或滚动的方式被搬运；尘土则以悬浮状态被搬运。由于在风的搬运过程中选择性较强，磨蚀作用明显，所以风积物的分选和磨圆一般都很好。风成的粗碎屑，由于常遭到地面流沙磨蚀而具有特殊的棱面，通称风棱石。

风的搬运作用是一种面状运动，因而它的搬运量是很巨大的。现代陆地面积中达几千万平方千米的沙漠和近三百万平方千米的黄土，都是在近二百万年内主要由风力搬运而成。

当风速减低或遇障碍物时，风力变小，其所携带的碎屑物质就会沉积下来。颗粒较粗的沙粒，搬运距离不远，就在附近堆积下来，形成风成沙堆积；颗粒细小的尘土，则飘扬到远处堆积下来，形成风成黄土，在平面上具有明显的分带性。

（2）冰川的搬运与沉积。冰川对碎屑物质的搬运方式是部分碎屑浮在冰面上或固结在冰块中呈悬浮搬运；另一部分碎屑则沿冰川谷底被冰拖运。冰川的搬运能力是很大的，它可以载运上千吨的巨大石块。

在冰川的末端由于蒸发和融化，冰体脱离冰川体系，被搬运的碎屑便作为终碛而堆积下来。此外，在冰川前进途中，若底部或两侧碎屑过多，冰川不足以将大量碎屑冻结在一起，也会导致冰运物中途停积。

冰碛物具有无分选性和无明显层理的特点，碎屑棱角显著，并常具有擦痕、压坑等特点。

3. 碎屑物质在搬运过程中的变化

碎屑物质在被各种地质营力搬运的过程中，由于颗粒之间或颗粒与基岩之间的相互摩擦、碰撞，进一步发生机械破碎，甚至产生化学分解而使碎屑在成分、粒度及外形上都发生显著的变化。

（1）粒度（颗粒大小）的变化：随着搬运距离的增加，碎屑颗粒的粒度变化是由粗变细，颗粒大小则愈来愈趋于一致。在河流的上游，因为流速大，不同粒度的碎屑同时被搬运，随着搬运距离的增加，流速逐渐变慢，颗粒从大到小依次有规律地沉积下来。这种搬运的颗粒在不同的水动力条件下以不同的粒度级别分离（分别沉积）称为分选作用。

（2）颗粒形态（圆度与球度）的变化：碎屑颗粒的形态包括圆度、球度及形状三个方面。圆度指颗粒的棱和角被磨蚀圆化的程度，球度指接近球体的程度。由于摩擦作用的结果，随着搬运距离的加长，碎屑颗粒的磨圆程度与趋近于球形的程度一般都是愈来愈高。但是碎屑颗粒的圆度与球度除与搬运距离的长短有关外，矿物的物理性质、碎屑颗粒的大小和形状对于颗粒的圆化和球度有影响。如粗粒的比细粒的易磨圆，硬度大和有解理的颗粒则不易磨圆等。此外，在搬运过程中仍然存在机械破碎作用，因而部分抵消了颗粒的圆化。

（3）碎屑颗粒中矿物成分的变化：碎屑颗粒在被搬运的过程中，那些性质不稳定的矿物，如长石、铁镁矿物等，仍然继续崩解和化学分解，随着搬运距离的加长，数量会逐渐减少；而那些性质稳定的矿物，如石英，其含量就会相对增加，使矿物成分愈来愈单一。

### （二）溶解物质的搬运与沉积作用

风化产物中的可溶物质，分别以离子形式进入溶液，如 $Na_2CO_3$、$NaCl$、$Ca(HCO_3)_2$、$FeSO_4$等，称为真溶液；或以胶体微粒分散在溶液中，如 $Al_2O_3$、$SiO_2$、$Fe(OH)_3$等，称为胶体溶液。真溶液和胶体溶液随着流水的运移，可溶物质被带出风化侵蚀区，这种方式称为溶运。

河流的溶运量取决于它的流量和河水性质。一般说来河流的溶运量是很大的。如在1958年测得长江、黄河、黑龙江、西江和钱塘江的溶运量分别为：$17790\times10^4$t、$2018\times10^4$t、$362\times10^4$t、$2346\times10^4$t、$210\times10^4$t。河流的溶运量虽然很大，却远远没有达到饱和的程度，所以溶解物质很少在河床中发生沉淀（积）。溶解物质的沉淀主要发生在内陆湖泊和海洋盆地之中。

1. 胶体溶液物质的搬运和沉积作用

在母岩的风化产物中，低溶解度的金属氧化物和氢氧化物，常常呈胶体溶液的形式搬运。胶体的质点很小，介于1~100μm之间。由于其质点很小，所以，它具有自己的特点及影响搬运与沉积的特殊因素。主要有：

（1）由于质点小，在搬运和沉积过程中，重力影响是很微弱的。

（2）胶体质点的比面积特别大，因此具有特殊的表面电荷。这种特殊的表面电荷，在胶体凝聚或沉积过程中，对离子的吸附起很大的作用。

（3）胶体的扩散能力很弱，不容易通过致密的岩石。

（4）胶体质点带有电荷；带正电荷的为正胶体，带负电荷的为负胶体。

自然界常见的正负胶体见表6-2。同种胶体质点的电荷使它们之间相互排斥而不凝聚。这种性质是影响它的搬运和沉积的一个很重要的因素。若胶体的电荷能够长期保持稳定状态而不被中和，则胶体质点可长期处于搬运状态，随着水流的方向而运移。若胶体溶液中含有一定数量的腐殖质，则可以增加胶体的稳定性，有利于它的搬运。

**表6-2　自然界常见的正负胶体**

| 正胶体 | 负胶体 |
|---|---|
| $Al(OH)_3$，$Fe(OH)_3$ | PbS、CuS、CdS、$Sb_2S$等硫化物 |
| $Cr(OH)_3$，$Ti(OH)_3$ | S、Au、Ag、Pt |
| $Ce(OH)_2$，$Cd(OH)_2$ | 黏土质胶体、腐殖质胶体 |
| $CuCO_3$，$MgCO_3$ | $SiO_2$，$SnO_2$ |
| $CaF_2$ | $MnO_2$、$V_2O_5$ |

若胶体质点的电荷因某种因素而发生中和（如“异性”或不同“电荷的”电解质的加入），质点间的相互排斥力消失，胶体质点相互凝聚，受重力的影响而下沉。此外某些原因（如蒸发作用），使胶体溶液的浓度增大；或胶体溶液与外界物质发生反应，亦可使胶体发生凝聚作用。

由凝聚作用而形成的胶体物质称为凝胶。凝胶呈絮状、冻状、糊状并含有大量的水分。凝胶逐渐失去水分，体积缩小，变得致密坚硬，并可进一步发生重结晶作用，这一过程称胶体的陈化或老化。胶体成因的矿物和岩石，具有如下特点：

（1）常呈钟乳状、肾状、豆状和鲕状等；

（2）具有贝壳状断口；

（3）吸收性强，常具有黏舌现象；

（4）常呈透镜状、结核状产出。

2. 真溶液的搬运和沉积作用

母岩风化产物中溶解度较大的物质，如氯、硫、钾、钠、钙、镁等成分多呈离子状态溶解于水中形成真溶液。真溶液中物质的搬运或沉积，主要决定于可溶物质的溶解度。溶解度大的物质，易于搬运，难于沉积（沉淀）；溶解度小的物质则相反。

物质溶解度的大小就其本身来讲与该物质溶度积（$K_{sp}$）有关。即当温度为一定时，难溶强电解质溶液中离子浓度之乘积为一常数，此常数称为溶度积，用$K_{sp}$表示。当溶液中某物质的离子积达到该物质（化合物）的溶度积大小时，则该物质即可析出。

物质的溶解度除与溶度积有关外，还与介质的pH值、Eh值、温度、压力以及$CO_2$含量等一系列因素有关。

（1）介质的酸碱度（pH值）：pH值除对那些溶解度很大的盐类影响不大外，对大部分溶解物质的沉积都有较显著的影响。但不同物质的溶解度所受 pH 值的影响不一样，如 $SiO_2$的溶解度随 pH 值的增大而增加；但 $CaCO_3$、$Fe(OH)_3$则相反，当介质的 pH 值增加时，其溶解度反而降低。$Al_2O_3$溶解和沉积时所需的 pH 值情况甚为特殊，它是在 pH=4~10 的范围内发生沉淀，而当 pH 值在此数值范围之外时，均呈溶解状而被搬运。各种氧化物及氢氧化物与 pH 值的关系如图 6-1 所示。常见金属氢氧化物沉淀时所需的 pH 值见表 6-3。

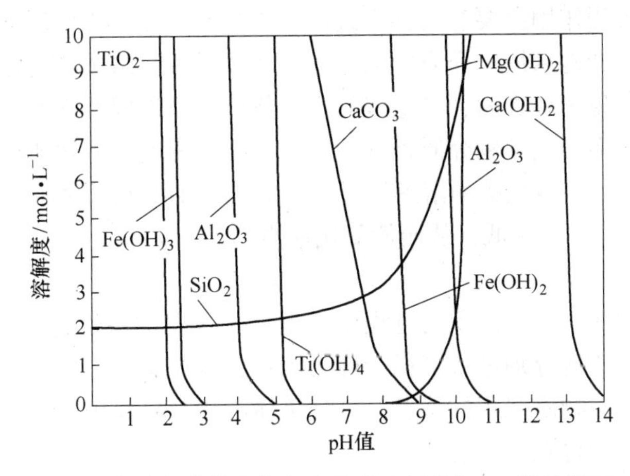


图 6-1　各种氧化物和氢氧化物的溶解度与 pH 值的关系

**表 6-3　常见的金属氢氧化物沉淀时所需的 pH 值**

| 金属氢氧化物 | $Fe^{3+}$ | $Al^{3+}$ | $Cu^{2+}$ | $Fe^{2+}$ | $Pb^{2+}$ | $Ni^{2+}$ | $Mn^{2+}$ | $Mg^{2+}$ |
|---|---|---|---|---|---|---|---|---|
| pH 值 | 2 | 4~10 | 5.3 | 5.5 | 6 | 6.7 | 8.7 | 10.5 |

（2）介质的氧化还原电位（Eh 值）：介质的 Eh 值对铁、锰等变价元素的溶解或沉淀影响较大；对铝、硅等元素的影响较微。铁、锰等元素在氧化条件下，易成高价化合物，如 $Fe_2O_3$（磁铁矿）、$MnO_2$（软锰矿）等，它们的溶解度小，易于沉淀。若在还原和强还原的条件下，铁、锰等变价元素则形成低价化合物，如 $FeCO_3$（菱铁矿）、$MnCO_3$（菱锰矿）、$FeS_2$（黄铁矿）等，它们的溶解度比高价化合物要大数百倍至数千倍，因而难于沉积而有利于搬运。

（3）介质中的 $CO_2$含量：介质中 $CO_2$的含量对碳酸盐类矿物的溶解和沉积影响是很大的。如水溶液中 $CO_2$的含量增多，则 pH 值就相应地降低，此时碳酸盐矿物在水中的溶解度就会增大，而不利于沉淀（积）。若水溶液中 $CO_2$含量减少，情况则相反。

（4）温度：一般说来，温度升高，物质的溶解度增大。但因在地表的条件下，温度变化不大，故其对物质溶解度的影响亦不是很大，最多不过 1.5~2 倍左右。温度以及蒸发作用对盐类矿物的析出有特殊的影响。由于温度升高，蒸发作用增强使物质的浓度增大，有利于沉积。从另一方面来说，温度的升高或降低能改变化学反应进行的方向。降低温度，有利于化学平衡向放热方向移动，升高温度，有利于化学平衡向吸热方向移动。

（5）压力：压力对碳酸盐矿物在水中的溶解度影响也较大。压力较大时，溶液中有较多的 $CO_2$使 $CaCO_3$变为 $Ca(HCO_3)_2$，后者的溶解度较前者高出约一千倍；当压力减少

时 $CO_2$ 逸出，$Ca(HCO_3)_2$ 转变成 $CaCO_3$ 而发生沉淀。碳酸盐岩石地区的石钟乳、石笋以及温泉出口处的泉华都是这样形成的。

3. 生物的搬运与沉积作用

在母岩风化产物的搬运与沉积过程中，生物作用同样产生重要的影响。不少的沉积岩和沉积矿床的形成都与生物作用有关，或完全由生物遗体堆积而成。例如：生物灰岩、硅藻岩、白垩、磷块岩、油页岩、煤、石油等。

生物的搬运和沉积作用主要有两种方式：一种是生物的新陈代谢作用，即生物在生活的活动中总要经常不断地从周围介质中吸取一定的物质成分组成其肉体和骨骼，从而把一些元素富集起来，当生物死亡后，其遗体的堆积物就可以形成特殊的岩石或矿床；另一种作用是由于生物作用而引起周围介质条件的改变，从而影响某些物质的搬运和沉积，如由生物作用排出的 $CO_2$，对碳酸盐的溶解与沉淀就有很大的影响，又如由生物作用排出的有机酸，可使水介质的 pH 值变低，从而使氧化铁更易于搬运。

4. 沉积分异作用

母岩的风化产物在搬运和沉积的过程中，根据其本身的特性，在外部条件的影响下，按照一定的顺序有规律地分别进行沉积，称为沉积分异作用。

沉积分异作用，按物质沉积的特点，可分机械沉积分异作用和化学沉积分异作用。此外生物作用对沉积分异也有一定的影响。

A　机械沉积分异作用

母岩风化产物中的碎屑物质，根据其本身的特征——粒度、密度、形状和矿物成分，在重力的影响下，按一定顺序沉积下来的作用，称为机械沉积分异作用。

碎屑物质在被搬运的过程中，首先按粒度进行沉积分异，即沿着搬运方向，碎屑物质按照砾石-砂-粉砂-黏土的颗粒大小顺序，作有规律的带状分布（图 6-2a）。这种分异的现象，在自然界是屡见不鲜的。如河流及湖、海盆地的沉积物，均表现出从上游至下游，从边缘至中心，按颗粒大小作有规律的带状分布的现象。

在重力作用下，颗粒的沉积速度与它的密度成正比关系，密度大的颗粒沉积快，搬运距离短；密度小的颗粒沉积慢，搬运距离长。因此从同一母岩区搬运来的碎屑物质，在搬运沉积的过程中，出现了按密度大小进行沉积分异的现象。例如金的密度为 $19g/cm^3$、黄铁矿的密度为 $5g/cm^3$、石英的密度为 $2.65g/cm^3$，如果这些矿物都从同一母岩体风化出来，在其他条件基本相同的情况下，它们就会按本身密度的不同，沿搬运方向，依次沉积下来（图 6-2b）。

碎屑颗粒形状的不同也是机械沉积分异作用产生的原因之一。粒状矿物的悬浮能力小，重力对它的影响较大，因而首先沉积，搬运距离较短；片状矿物悬浮能力强，所以沉积较晚，常被搬运至距母岩区较远的地方，故在泥质沉积物中常能发现较大的白云母鳞片（图 6-2c）。

由矿物成分的不同引起机械沉积分异作用主要表现在那些风化稳定性低的矿物被搬运的距离较短，而那些风化稳定性高的矿物，如白云母、石英等，则可以搬运很远的距离。沉积碎屑岩中的矿物成分一般较母岩的矿物成分简单，就是按矿物成分发生分异的结果。

B　化学沉积分异作用

母岩风化产物中的溶解物质，在沉积作用过程中，由于各种元素和化合物的溶解度不

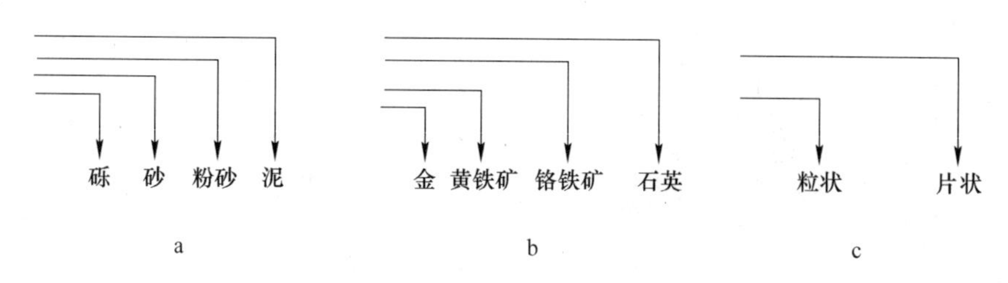


图 6-2　机械沉积分异实例图解

同，以及介质的酸碱度、浓度、温度等因素的影响，常常依一定顺序沉积下来，这种作用称为化学沉积分异作用。

化学沉积分异作用主要受化合物的溶解度支配。化学性质活泼的元素，溶解度较大的化合物，难于沉淀；化学性质较稳定的元素，溶解度较小的化合物，比较容易从溶液中沉淀出来。

普斯托瓦洛夫在提出机械沉积分异的同时也提出了化学沉积分异。普氏认为，母岩风化的溶解物质因受化学原理的支配会在不同条件下沉淀出不同化合物，并给出了氧化物-硅酸盐-碳酸盐-硫酸盐-卤化物的大致沉淀顺序。应该说，化学沉积分异也是沉积学中的一条基本规律，只是受到认识水平的限制，当时对这一规律的内涵还缺乏全面深入的理解，眼光也只局限于某个具体的沉积盆地以内。今天看来，在整个表生带内的广义化学沉积作用中，所有化学过程都是严格受作用条件控制的，条件的改变迫使溶解消失的矿物和新形成的矿物或矿物组合发生改变，分异也就同时出现。在大陆风化带，母岩中的易溶成分不断流失，强烈的氧化使其中的铁锰成分氧化成高价氧化物留在风化带内形成风化壳，这个过程实际就是易溶成分和难溶成分的一次分异过程。在较碱性条件下，铝硅酸盐矿物（如高岭石黏土）在去硅作用下失去硅而留下氧化铝矿物，硅铝也就发生了分异，如此等。从一般意义上讲，表生带中的任何矿物都有它稳定存在的条件范围，超出了这个范围它就不能形成或被分解，这个范围就像屏障一样限制了它们的分布，这就是图 6-3 中碳酸盐障、硫化物障等的深刻含义。该图实际就是一张化学沉积分异图。

正像机械沉积分异常常不能彻底一样，化学沉积分异也不是绝对的，其主要原因是许多天然进行的化学过程都比较缓慢，一定条件下的分异常需要一定时间的累积才比较明显或接近最后完成。

## 三、成岩作用

沉积物从沉积下来的那一时刻起一直到变质或风化之前在其表面或内部发生的一切作用总称为成岩作用，也就是在沉积岩三大形成阶段的最后一个阶段——沉积物的固结和持续演化阶段中所进行的全部作用。

成岩作用在沉积作用结束的同时就已在沉积物表面开始了，但大规模或主要的成岩作用还是在埋藏条件下，在沉积物内部进行的。由于成岩作用的基本对象是沉积物，所以沉积物所具有的沉积特征将被附加或覆盖上新的作用印记，有时甚至会被新的作用印记完全取代，因而成岩作用对沉积特征的保存常常具有一定破坏性。

按作用性质，成岩作用也可分为物理、化学和生物三种基本类型，其中，物理和化学

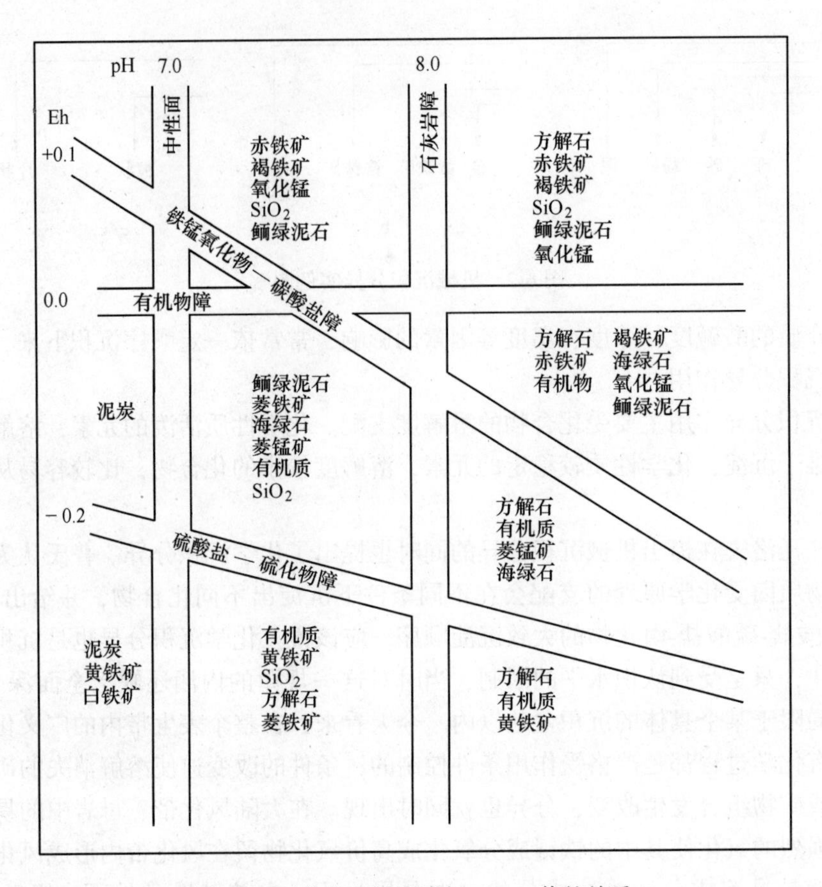


图 6-3　矿物的化学沉淀与 Eh-pH 值的关系

作用可贯穿整个成岩作用的始终并可一直延续到变质或风化中去，这就是沉积岩和变质岩之间界线模糊的原因所在。生物作用主要指藻菌类的间接生物化学作用，其中藻类的作用只在沉积物表面进行，细菌的作用则可深入到沉积物内部，但随埋深加大细菌作用将逐渐减弱。

### （一）成岩作用的阶段划分

在基底累积沉降幅度不断加大的盆地中，较早形成的沉积物将被逐渐埋入地下，若构造抬升使盆地回返，它们又将随上覆沉积物的剥蚀而逐渐趋向地表。在这个过程中，相应的成岩作用必将随作用条件的改变而改变。对此，人们早已有了较深刻的认识，已将整个成岩作用的时空演化做了时期或阶段的划分。本教材对成岩作用阶段划分如表 6-4 所示。

**表 6-4　成岩作用的阶段划分**

| | | |
|---|---|---|
| 成岩作用 | 早期成岩作用 | 同生作用 |
| | | 浅埋成岩作用 |
| | 晚期成岩作用 | 深埋成岩作用（向变质作用过渡） |
| | | 表生成岩作用（向风化作用过渡） |

目前对成岩作用的理解还不统一，有人将其等同于固结作用，本教材的成岩作用泛指沉积物从最后沉积或静止下来的那一时刻起直到它开始变质或遭受风化之前所经历的所有作用。按作用进行的时间先后，成岩作用又分为早晚两期。

1. 早期成岩作用

早期成岩作用指沉积物固结之前的成岩作用，作用结果是沉积物的固结。按作用条件与沉积环境的关系，早期成岩作用可分为同生作用和浅埋成岩作用。

（1）同生作用。同生作用指沉积物刚刚沉积，还暴露在沉积环境底层水中，在沉积物至水界面及其以下的一薄层内所发生的一切物理、化学或生物作用。同生作用在沉积物内的向下作用深度与沉积物的粒度、成分和有机质含量等有关，大致在几毫米到几十厘米之间，作用条件，尤其是作用时的物化条件如 pH 值、Eh 值、温度、盐度等与沉积条件基本相同，因而同生作用中的化学或生物过程实际就是沉积作用在成岩作用中的继续，其作用产物常直接参与沉积结构的形成，常见颗粒状或填隙状海绿石、深海铁锰结核等就是这方面的典型代表。其他同生作用还包括特定条件下矿物的溶解、生物钻孔、掘穴等。同生作用的持续时间取决于沉积速率，在缓慢沉积速率下，沉积物表层可长期暴露在底层水中，相应的同生作用可持续几万年或更长时间，而快速的沉积速率会使沉积物很快埋藏，同生作用将来不及进行而直接进入到浅埋成岩作用中。

（2）浅埋成岩作用。浅埋成岩作用指同生作用之后一直到沉积物固结为止发生在沉积物内部的一切物理、化学和生物作用，这时沉积物的埋藏还相对较浅，但逐渐脱离了沉积环境。伴随上覆沉积物厚度的增大，浅埋成岩作用条件的总体变化趋势是温压升高、Eh 值降低，而 pH 值则受沉积物成分和孔隙水之间化学作用的控制。在整个作用过程中，孔隙水通常都可通畅而缓慢地移动。厌氧细菌的间接生物化学作用常可活跃到相当大的深度，它是造成 Eh 值降低的重要原因。在这样的作用条件下，一些矿物可能被孔隙水溶解，另一些矿物则可从孔隙水中沉积出来充填在各种孔隙内。经过这一阶段，原松散沉积物将转变成坚固的沉积岩。浅埋成岩作用的底界埋深取决于沉积速率、沉积物成分和结构，通常这个底界在陆源碎屑沉积物中较大，在碳酸盐沉积物中较小；泥级质点（如黏土、碳酸盐泥晶）含量愈少，底界埋深愈大，但一般不小于几米到几百米。

2. 晚期成岩作用

晚期成岩作用指沉积物固结之后的成岩作用，作用结果是已固结沉积岩的成分、结构和构造等的进一步变化。按作用条件，晚期成岩作用又分为深埋成岩作用和表生成岩作用。

（1）深埋成岩作用。深埋成岩作用指已固结的沉积岩在上覆沉积物厚度进一步加大、温压进一步升高直到变质作用之前经历的所有作用，这时沉积物的埋深相对较大。关于该作用的最高温压值目前还有不同意见，大体是当压力为 1500～2000Pa 时，温度为 150～200℃。实践中，常将首次出现特征变质矿物（如浊沸石）作为该作用结束的标志，在深埋成岩作用中，生物作用一般都已停止，沉积物中的孔隙已大大减少，相互连通性也变差，孔隙水大多已成为“囚水”。但是，当较高压力或差异压力条件下剪切作用使固结岩石产生大量裂隙时，也会有地下流体顺裂隙通过而导入较多外来物质。无论如何，在该作用阶段，岩石的成分和结构等都会顺应物化条件的改变而改变。若改变强烈，原始的沉积成分和结构以及早期成岩作用产物都将遭到破坏。已固结岩石是否会经历深埋成岩作用取决于盆地的沉降幅度和当时当地的地温梯度，通常在活跃的构造背景中，该作用很强烈，而在稳定的构造背景中，该作用则常比较微弱。

(2) 表生成岩作用。表生成岩作用指坚固沉积岩因盆地回返而逐渐上升到潜水面附近时受渗流和潜流大气降水影响所发生的作用，作用条件接近地表的常温常压，Eh 值较高，盐度很低，pH 值则在渗流水中较低（中偏弱酸性），在潜流水中较高（中偏弱碱性），作用强度取决于岩石成分和孔隙状况，通常碳酸盐矿物要比石英和硅酸盐矿物等对淡水更敏感，而孔隙愈少愈对作用的进行不利，因而并不是所有沉积岩都会留下表生成岩作用的印记。表生成岩作用也是对已固结沉积岩的成分和结构等的改造，对它之前的沉积或成岩特征也有覆盖或破坏作用，但对最终产出的沉积岩而言，它仍具有一定建设性意义，由此可将它与风化作用区别开来。

### (二) 主要成岩作用及其作用特点

被作用的沉积物具有各种各样的成分和结构，整个作用过程的物化条件也可在大范围内变化，因而具体的成岩作用相当复杂，它们与各特征的作用产物联系在一起，具体作用条件也就反映在这些作用产物中。下面介绍几种主要的成岩作用。

#### 1. 压实作用

由于上覆沉积物不断加厚，在重荷压力下，松散的沉积物变得比较致密而体积缩小、含水量减少、密度增加，这种作用称为压实作用。

沉积物的压实主要表现在孔隙度的减小，含水量的减少，以及结构、构造的变化。例如，据对瑞士的楚格湖的一些现代沉积黏土的研究得知，埋深为 0 时其含水量为 83.6%，孔隙度为 92%；而当上覆 3.6m 厚的沉积物后，其含水量减少为 70.6%，孔隙度减至 85%。黏土质沉积在上覆负荷力不断加大的情况下，可表现出愈加完善的定向性。

当为砂质沉积时，在压实过程中常伴有压溶作用，导致碎屑石英的次生加入。

石灰岩、硅质岩等岩石中的缝合线构造也是压溶作用造成的，它产生在后生期。

影响压实作用的因素有负荷的大小、沉积物的粒度、成分、溶液性质（如电解质的多少）、温度等。

#### 2. 胶结作用

松散的沉积碎屑颗粒，通过粒间孔隙水的黏结而紧密地连生在一起，变为坚硬的岩石，这种作用称为胶结作用。胶结作用是碎屑沉积物固结硬化的主要因素，作用结果是岩石的孔隙度减少，渗透性降低。

起胶结作用的物质称为胶结物。常见的胶结物有：碳酸盐质、硅质、铁质、有机质和黏土矿物等，大多是由溶解于水的物质沉淀而成。胶结作用的强度主要取决于胶结物的成分和含量。

#### 3. 重结晶作用

胶体和化学沉积物质，在非晶质条件下，自发地进行各种构造组合，重新排列，逐渐转变为结晶质；或细小晶体由于溶解，局部溶解或扩散作用，使原先晶体继续生长、加大等，通称为重结晶作用。如方解石软泥变为粗粒的方解石；$SiO_2 \cdot nH_2O$ 胶体陈化形成蛋白石，继续脱水形成玉髓，最后形成石英，这些都是常见重结晶作用的例证。

重结晶作用不仅可以使松散的沉积物固结成岩，同时也可破坏沉积物的原生结构和构造而形成新的结构和构造。例如沉积物的颗粒大小、颗粒形状及颗粒排列方向等，均可因重结晶作用而被破坏而消失。

重结晶作用之强弱取决于沉积物质的成分、质点大小、均一性、密度等。密度大的矿物（如黄铁矿、白铁矿、菱铁矿、磷灰石等）容易发生重结晶作用，并形成单个晶体或结核。成分均一、溶解度大的矿物（如方解石、白云石、石膏和其他盐类矿物等）重结晶作用也很明显。二氧化硅胶体也易产生重结晶。

4. 成岩矿物的形成

原来在沉积阶段相对稳定的矿物，在成岩作用阶段通过化学反应与交代作用常会形成与成岩环境相适应的新矿物组合，这些新矿物称为成岩矿物。例如褐铁矿在有机质的作用下还原为菱铁矿；钾盐与水氯镁石化合形成光卤石。

常见的成岩矿物有：石英、碳酸盐类矿物、长石、沸石及黏土矿物等。

5. 有机质降解

有机质在沉积物中分布十分广泛，尤其可相对富集在泥质、碳酸盐、硅质等沉积物内，尽管它们的体积通常只占沉积物的极少部分，但它们沉积后的降解产物却对矿物的溶解沉淀有重要影响。沉积有机质主要是由 C、H、O、N 等构成的复杂大分子化合物，如脂肪、碳水化合物、蛋白质、木质素等，所谓降解就是指这些复杂大分子向相对较简单和较小分子的转变。降解可通过细菌的生物化学方式和没有细菌参与的无机方式进行。在埋深加大，细菌活动终止后，降解只以无机方式进行。降解是个极其复杂的化学过程，它除了可以释放出 $CO_2$、$NH_3$、$H_2S$、$CH_4$等简单分子外，还可产生许多复杂的有机分子，这些产物中有一部分是可以溶于水的并对孔隙水的 pH 值影响很大。如简单分子中的 $CO_2$、$H_2S$ 和 $NH_3$就可分别降低和提高 pH 值，有机分子中的羧酸和酚类可降低 pH 值，尤其是羧酸（如甲酸、乙酸、草酸等）的酸性要强于碳酸，对方解石具有明显的溶蚀能力，也可大大加快对长石的溶蚀。据研究，羧酸等的产出高峰大致在埋藏温度稍低于 80~120℃（这个温度称生油门限温度，即开始有液态烃生成）时出现。如果沉积物中含较多有机质，那么在这前后，方解石，长石等矿物被溶蚀形成次生孔隙的可能性必将大大增加。另外，降解产生的非水溶性气态烃（如甲烷）虽然不会直接参与成岩反应，但它的大量聚集却可增大局部压力，促使孔隙水的快速移动，同样也可加速成岩反应的进行。

### 思考与练习

1. 什么是沉积岩？
2. 沉积岩的原始物质来源有哪些？
3. 沉积岩的原始物质是如何形成的？

## 项目二　沉积岩的基本特征和分类

**【知识点】** 沉积岩的化学成分；沉积岩的矿物成分；沉积岩的颜色；沉积岩的分类。
**【技能点】** 掌握沉积岩的基本特征及分类。

沉积岩与岩浆岩、变质岩相比较，有其自己的特点。

## 一、沉积岩的化学成分

沉积岩的物质主要来源于岩浆岩，所以其总平均化学成分和岩浆岩的总平均化学成分很相似（表6-5）。主要是由O、Si、Al、Fe、Ca、Mg、K、Na等元素组成。然而各类沉积岩间的化学成分却差别很大，如碳酸盐岩以钙镁氧化物、$CO_2$占优势；砂岩则以$SiO_2$为主；只有泥岩的化学成分与沉积岩的总平均化学成分相近。

表6-5　沉积岩与岩浆岩的平均化学成分（$w(B)/\%$）

| 氧化物 | 沉积岩（克拉克，1924年） | 沉积岩（舒科夫斯基，1952年） | 岩浆岩（克拉克，1924年） | 岩浆岩（黎彤，1962年） |
|---|---|---|---|---|
| | 1 | 2 | 3 | 4 |
| $SiO_2$ | 57.95 | 59.17 | 59.14 | 60.76 |
| $TiO_2$ | 0.57 | 0.77 | 1.05 | 1.00 |
| $Al_2O_3$ | 13.39 | 14.47 | 15.34 | 14.82 |
| $Fe_2O_3$ | 3.47 | 6.32 | 3.08 | 2.63 |
| FeO | 2.08 | 0.99 | 3.80 | 4.11 |
| MnO | — | 0.80 | — | 0.14 |
| MgO | 2.65 | 1.85 | 3.49 | 3.70 |
| CaO | 5.89 | 9.90 | 5.08 | 4.54 |
| $Na_2O$ | 1.13 | 1.76 | 3.84 | 3.49 |
| $K_2O$ | 2.86 | 2.77 | 3.13 | 2.98 |
| $P_2O_5$ | 0.13 | 0.22 | 0.30 | 0.35 |
| $CO_2$ | 5.38 | — | 0.10 | 0.43 |
| $H_2O^+$ | 3.23 | — | 1.15 | 1.05 |
| 总和 | 98.73 | 99.02 | 99.50 | 100.00 |

从表6-5可以看出，在沉积岩与岩浆岩的平均化学成分之间有明显差异：

（1）沉积岩中$Fe_2O_3$的含量多于FeO，岩浆岩则相反。这是因为沉积岩形成于地表水体中，氧气充足，大部分铁元素氧化成高价铁的缘故。

（2）沉积岩中$K_2O$的含量多于$Na_2O$，而岩浆岩中$K_2O$和$Na_2O$的含量却大致相当，或$Na_2O$稍多于$K_2O$。这是因为沉积岩中含有较多的钾长石和白云母，或由于黏土胶体质点能吸附钾离子之故。

（3）沉积岩中往往是Al>K+Na+Ca，而在岩浆岩中，绝大多数的情况是Al<K+Na+Ca。沉积岩中的钾、钠、钙、铝常单独出现，各自组成独立的矿物，而在岩浆岩中上述元素常与$SiO_2$组成铝硅酸盐矿物，如长石类等。

（4）沉积岩中常含有大量的$H_2O$、$CO_2$和有机质，这些在岩浆岩中几乎是没有的。

## 二、沉积岩的矿物成分

沉积岩的固态物质包括有机质和矿物两大部分。除了煤这种可燃有机岩以外，一般沉积岩中的有机质主要赋存在泥质岩和部分碳酸盐岩中，其他岩石中的含量很少，常在1%以下，其中可溶于有机酸的部分是沥青，其余难溶于常用无机或有机溶剂的部分称为干酪根，二者都是沉积有机质经沉积后降解的产物。

沉积岩中的矿物比较复杂。由于原始物质中的碎屑物质可来自任何类型的母岩，所以岩浆岩、变质岩中的所有矿物都可在沉积岩中出现。迄今为止，在沉积岩中已经知道的矿物已达160种以上，但它们中的绝大多数都比较稀少或分散，只有大约20种左右是比较常见的，而且存在于同一岩石中的矿物还多不超过5~6种，有些仅1~3种。矿物成分在整个沉积岩中的多样性和在具体岩石中的简单性从一个侧面反映了沉积岩成因的独特性质。

从矿物的“生成”这个角度出发，沉积岩中的矿物可划分成两大成因类型：它生矿物和自生矿物。它生矿物是在所赋存沉积岩的形成作用开始之前就已经生成或已经存在的矿物。按来源，它可分成陆源碎屑矿物和火山碎屑矿物两类（宇宙尘埃矿物数量稀少，可以忽略）。陆源碎屑矿物是母岩以晶体碎屑或岩石碎屑（简称岩屑）形式提供给沉积岩的，可看成是沉积岩对母岩矿物的继承，故也称继承矿物，例如来自花岗岩、花岗片麻岩等母岩的碎屑石英、碎屑长石、碎屑云母等。火山碎屑矿物是由火山爆发直接提供给沉积岩的，在成分上与来自岩浆岩母岩的矿物相同。自生矿物是在所赋存沉积岩的形成作用中以化学或生物化学方式新生成的矿物，或者简单说是由所赋存沉积岩自己生成的矿物。常见的典型自生矿物有黏土矿物、方解石、白云石、石英、玉髓、海绿石、石膏、铁锰氧化物或其水化物，其次是黄铁矿、菱铁矿、铝的氧化物或氢氧化物、长石等。沉积岩中的有机质也属于自生范畴。有些矿物（如石英、长石等）在它生矿物和自生矿物中都可出现，为避免混淆，在实践中应明确它的成因，如碎屑石英、自生石英或碎屑长石、自生长石等。按沉积岩形成作用的阶段性，自生矿物可分为风化矿物、沉积矿物和成岩矿物三类，它们分别在化学风化作用、化学或生物沉积作用和成岩作用中生成。另一种更为流行的划分方法是将自生矿物划分成原生矿物和次生矿物两类：如果自生矿物在它赋存的沉积物或沉积岩中占据空间时，该空间还未被别的矿物占据，这种矿物就是原生矿物，如果该空间正被别的矿物占据着，它是通过某种化学过程（如交代）才夺取到这个空间的，这种矿物就是次生矿物。按这样的定义，风化矿物、沉积矿物和在孔洞中沉淀的成岩矿物都是原生矿物，而交代原生矿物形成的矿物才是次生矿物。

从表6-6中看出，沉积岩的矿物成分与岩浆岩不同，主要表现为：

（1）沉积岩中很稀少或几乎不存在的矿物有：橄榄石、似长石类、普通角闪石、辉石等。而上述矿物在岩浆岩中却普遍存在。

（2）黏土矿物、盐类矿物、碳酸盐类矿物、有机质等为沉积岩的特征矿物，也是沉积岩的主要矿物成分。

（3）酸性斜长石、钾长石及石英、白云母等矿物既存在于岩浆岩中，也存在于沉积岩中，但含量有很大的差异。

## 三、沉积岩的颜色

颜色是沉积岩的重要宏观特征之一，对沉积岩的成因具有重要的指示性意义。

**表 6-6　沉积岩与岩浆岩的平均矿物成分（%）**

| 矿物 | 沉积岩 | | 岩浆岩平均成分 | 矿物 | 沉积岩 | | 岩浆岩平均成分 |
|---|---|---|---|---|---|---|---|
| | 列斯，1915 年 | 克里宁，1948 年 | | | 列斯，1915 年 | 克里宁，1948 年 | |
| 石英 | 34.80 | 31.50 | 20.40 | 石膏 | 0.97 | — | — |
| 玉髓 | — | 9.00 | — | 碳质 | 0.73 | — | — |
| 云母+绿泥石 | 20.40 | 19.00 | 7.76 | 橄榄石 | — | — | 2.65 |
| 长石 | 15.57 | 7.50 | 49.29 | 角闪石 | — | — | 1.60 |
| 高岭石及其他黏土矿物 | 9.22 | 7.50 | — | 辉石 | — | — | 12.90 |
| 碳酸盐矿物 | 13.63 | 20.50 | — | 其他矿物 | 0.58 | 3.00 | 0.88 |
| 氧化铁矿物 | 4.10 | 3.00 | 4.60 | | | | |

### （一）颜色的成因类型

因为决定岩石颜色的主要因素是它的物质成分，所以沉积岩的颜色也可按主要致色成分划分成两大成因类型，即继承色和自生色。主要由陆源碎屑矿物显现出来的颜色称为继承色，是某种颜色的碎屑较为富集的反映，只出现在陆源碎屑岩中，如较纯净石英砂岩的灰白色，含大量钾长石的长石砂岩的浅肉红色，含大量隐晶质岩屑的岩屑砂岩的暗灰色等。

主要由自生矿物（包括有机质）表现出来的颜色称为自生色，可出现在任何沉积岩中。按致色自生成分的成因，自生色可分为原生色和次生色两类。原生色是由原生矿物或有机质显现的颜色，通常分布比较均匀稳定，如海绿石石英砂岩的绿色、碳质页岩的黑色等。次生色是由次生矿物显现的颜色，常常呈斑块状、脉状或其他不规则状分布，如海绿石石英砂岩顺裂隙氧化、部分海绿石变成褐铁矿而呈现的暗褐色等。无论是原生色还是次生色，其致色成分的含量并不一定很高，只是致色效果较强。原生色常常是在沉积环境中或在较浅埋藏条件下形成的，对当时的环境条件具有直接的指示性意义。次生色则除特殊情况外，多是在沉积物固结以后才出现的，只与固结以后的条件有关。

### （二）几种典型自生色的致色成分及其成因意义

（1）白色或浅灰白色：当岩石不含有机质，构成矿物（不论其成因）基本上都是无色透明时常为这种颜色，如纯净的高岭石、蒙脱石黏土岩、钙质石英砂岩、结晶灰岩等。

（2）红、紫红、褐或黄色：当岩石含高铁氧化物或氢氧化物时可表现出这种颜色，其含量低至百分之几即有很强的致色效果，通常高铁氧化物为主时偏红或紫红，高铁氢氧化物为主时偏黄或褐黄。由于自生矿物中的高铁氧化物或氢氧化物只能通过氧化才能生成，故这种颜色又称氧化色，可准确地指示氧化条件（但并非一定是暴露条件）。陆源碎屑岩的氧化色多由高价铁质胶结物造成，泥质岩、灰岩、硅质岩的氧化色常由弥散状高铁微粒造成。由具有氧化色的砂岩、粉砂岩和泥质岩稳定共生形成的一套岩石称为红层或红色岩系，地球上已知最古老的红层产于中元古代，据此推测，地球富氧大气的形成不会晚于这个时间。

（3）灰、深灰或黑色：这通常是因为岩石含有有机质或弥散状低铁硫化物（如黄铁矿、白铁矿）微粒的缘故，它们的含量愈高，岩石愈趋近黑色。有机质和低铁硫化物均可氧化，故这种颜色只能形成或保存于还原条件，也因此而称为还原色。陆源碎屑岩、石灰岩、硅质岩等的还原色大多与有机质有关，泥质岩的还原色既与有机质，也与低铁硫化物有关。

（4）绿色：一般由海绿石、绿泥石等矿物造成。这类矿物中的铁离子有 $Fe^{2+}$ 和 $Fe^{3+}$ 两种价态，可代表弱氧化或弱还原条件。砂岩的绿色常与海绿石颗粒或胶结物有关，泥质岩的绿色常是绿泥石造成的。此外，岩石中若含孔雀石也可显绿色，但相对少见。

除上述典型颜色以外，岩石还可呈现各种过渡性颜色，如灰黄色、黄绿色等，尤其在泥质岩中更是这样。泥质沉积物常含不等量的有机质，在成岩作用中，有机质会因降解而减少，高锰氧化物或氢氧化物（致灰黑成分）常呈泥级质点共存其间，一些有色的微细陆源碎屑也常混入，这是泥质岩常常具有过渡颜色的主要原因，而砂岩、粉砂岩、灰岩等的过渡色则主要取决于所含泥质的多少和这些泥质的颜色。

影响颜色的其他因素还有岩石的粒度和干湿度，但它们一般不会改变颜色的基本色调，只会影响颜色的深浅或亮暗，在其他条件下，岩石粒度愈细或愈潮湿，其色愈深愈暗。

## 四、沉积岩的分类

### （一）沉积岩分类现状

今天，人们对各种沉积岩的成分、结构、构造和成因等方面的差异和联系已有相当深入的了解，但直到现在也没有找到一个能为大家普遍接受的分类方案，其中的根本原因是，分类产生于人们对自然的认识，反过来也是人们认识自然的纲领，只有深刻揭示了成因联系的分类才是最科学的分类，而沉积岩的成因涉及面是如此之广，以至于人们可以侧重沉积岩原始物质的来源、原始物质的种类、沉积物的沉积机理、沉积后的变化等诸多方面，即使侧重是同一方面，也会因表述或概念使用上的不同而出现分歧。对已经提出的分类，不同人可以持有不同程度的批判或赞同态度，还可从中重新拟出自己的分类系统来。

随着研究的深入，有些分类已被逐渐淘汰，但其中或有某种较为合理的分类思想或已为人们长期使用的习惯术语却可被沿用下来，同时新方案中又会出现一些新的术语，结果是同一岩石可以具有不同的名称，同一名称也可以具有不同的内涵。这方面的例子很多，如对砾岩，许多人都理解为陆源碎屑岩中的一种，但也有人将粒度处在砾级范围的内碎屑灰岩也视作砾岩，因此也就有了“同生砾岩”“准同生砾岩”或“自生砾岩”等名称，前者的“砾”既有粒度含义，又有来源或生成方面的含义，后者的“砾”只有粒度和“可被机械搬运”的含义。对“砂”或“泥”也有类似理解上的差异。又如对化学岩，有些人仍承袭传统观点，将其作为对所有石灰岩、白云岩、硅质岩等与化学或生物沉积作用有关的岩石的总称，另一些人则只指其中不含或少含自生颗粒的那部分岩石，而把富含自生颗粒的另一部分岩石单独作为一类。凡此种种就造成了目前多种分类系统并存的局面，这使初学者或非专业的地质工作者常常感到无头无绪，即使对沉积岩有相当造诣的专业人员也由于难以全盘否定某一种分类而只能按自己的理解或喜好择善而从。这样的局面在短时间内还不会有大的改变。

在诸多分类方案中，有些分类思想可大体反映当代对沉积岩成因的认识水平，例如Pettijohn（1975年）就将沉积岩或沉积物分成两大类，分别称为Exogenetic和Endogenetic，常被翻译成“外源的”和“内源的”，也可翻译成“外生的”和“内生的”。这种划分侧重沉积岩或沉积物构成物质的成因。所谓外源或外生是指构成物质起源或生成于沉积盆地以外，而内源或内生是指构成物质起源或生成于沉积盆地以内。我国有些方案就接受或部分接受了这样的思想。Selley（1976年）也将沉积物或沉积岩分为两大类，分别称为“Auochthonous”和“Alltochthonous”，可翻译成“异地的”和“原地的”，他侧重的是沉积岩构成物质的形成或产生部位，所谓异地是指构成物质被发现的部位并不是它形成或生成的部位，而原地则是指构成物质被发现的部位也是它形成或生成的部位。Folk（1974年）的分类与他们的不同，他在侧重成因时比较具体，同时还考虑了沉积物的沉积机理，他将沉积岩分为三大类，分别称为“Siliciclastic rocks”“Allochem-rich clastic rocks”和“Precipitate-rich rocks”，可分别翻译成“硅酸盐碎屑岩类”（S类）、“异化粒碎屑岩类”（A类）和“沉淀岩类”（P类）。这种分类在欧美国家影响较大，使用的人较多，其中的碎屑指的是所有可经机械搬运而离开它生成地点的矿物或矿物集合体，特别是将自生颗粒（即异化粒）也包含了进来。

### （二）本教材使用的分类

根据上述分类思想，本教材将沉积岩类别划分如下（表6-7）。

**表6-7　沉积岩分类简表**

<table>
<tr><td rowspan="8">沉 积 岩</td><td rowspan="2">它生沉积岩</td><td>火山碎屑岩</td><td>集块岩、火山角砾岩、凝灰岩</td></tr>
<tr><td>陆源碎屑岩</td><td>砾岩、砂岩、粉砂岩、泥质岩</td></tr>
<tr><td rowspan="6">自生沉积岩</td><td colspan="2">碳酸盐岩</td></tr>
<tr><td colspan="2">硅质岩</td></tr>
<tr><td colspan="2">铁质岩</td></tr>
<tr><td colspan="2">磷质岩</td></tr>
<tr><td colspan="2">铝质岩</td></tr>
<tr><td colspan="2">蒸发岩</td></tr>
</table>

补充说明：

（1）方案中的它生沉积岩是指主要由它生矿物构成的沉积岩，自生沉积岩是指主要由自生矿物构成的沉积岩，它们分别与上述外源岩、内源岩或异地岩、原地岩相似，之所以要改称为“它生”和“自生”是因为这样可避免由于对“盆外”“盆内”或“异地”“原地”等理解的不同而出现不必要的争议。这里未使用Folk（1974年）的分类是因为在某些情况下也可形成主要由碳酸盐质（方解石质、白云石质）的碎屑构成的陆源碎屑岩（如石灰岩砾岩、石灰岩岩屑砂岩等），而在他的分类中却没有这类岩石的合适位置。

另外，将自生颗粒的含量作为划分岩石大类的依据将会把像碳酸盐岩、硅质岩等本属一个大类的岩石都一分为二，而许多赞成他的分类的人实际仍在使用像“碳酸盐岩”这样的名称。我们认为，自生颗粒的不同含量主要是同一大类岩石的结构变化，虽然结构也是成因的反映，但将其作为划分次级岩石的依据可能更合理。

（2）方案中的陆源碎屑岩可简称为碎屑岩，它与碳酸盐岩、硅质岩等具有相同的分类级别，表6-7中之所以还列出了它的次级岩石（即砾岩、砂岩等）是因为本教材中的砾岩、砂岩等都是陆源碎屑岩或它生沉积岩，在自生沉积岩中不再使用砾岩、砂岩这样的名称。另外，与砾岩、砂岩等并列的泥质岩是一种主要由游离状黏土矿物构成的较特殊的岩类，这些黏土矿物可以是它生的（母岩是更古老的泥质岩或含有黏土矿物的其他岩石），即碎屑黏土，也可以是自生的（风化时的不溶残余或从溶液中沉淀的），即自生黏土。现在认为，绝大多数泥质岩中的黏土可能主要是碎屑黏土或是从陆源区经机械搬运后再沉积下来的，所以在已有的分类方案中，泥质岩多被作为粒度最细的末端被放到了陆源碎屑岩中，这里也沿袭了这种观点。但是，也有一部分泥质岩主要是由自生黏土构成的，只是在自生沉积岩中未被列出罢了。

（3）本方案认为火山碎屑岩主要构成矿物直接来自岩浆冷凝，与岩浆岩的关系更密切，故已将其归入到了岩浆岩范围，但火山碎屑岩中的火山碎屑又有在大气中沉降、搬运、堆积后再固结的经历，有些固结机理与陆源碎屑岩完全一样，所以火山碎屑岩也有沉积岩的某些性质，将其视为沉积岩也有合理的一面，所以在本方案中就与陆源碎屑岩并列了。

**思考与练习**

1. 沉积岩的化学成分和矿物成分特点与岩浆岩有什么不同？
2. 沉积岩的颜色主要取决于什么？根据主要致色成分可以划分为什么？
3. 当沉积岩颜色为白色或浅灰白色，它的成因意义为什么？

## 项目三　沉积岩的构造特征

**【知识点】** 沉积岩物理成因构造；沉积岩生物成因构造；沉积岩化学成因构造。

**【技能点】** 掌握沉积岩的构造特征。

沉积岩的构造总称为沉积构造，指在沉积作用或成岩作用中在岩层内部或表面形成的一种形迹特征，这里的“岩层”是指由区域性或较大范围沉积条件改变而形成的构成沉积地层的基本单位。相邻的上下岩层之间被层面隔开。层面是一个机械薄弱面，易被外力作用剥露出来。无论是岩层内部还是岩层表面的构造都有不同的规模，但通常都是宏观的。

沉积构造的类型极为复杂，描述性、成因性或分类性术语极多，其中，在沉积作用中或在沉积物固结之前形成的构造称为原生沉积构造，在沉积物固结之后形成的构造称为次生沉积构造。在已研究过的沉积构造中，绝大多数都是原生沉积构造。从形成机理看，任何构造都无外乎物理、化学、生物或它们的复合成因，相应的构造也就具有了相应的形迹特点，特别是原生沉积构造常常与沉积环境的动力条件、化学条件或生物条件有密切的成因联系，对沉积环境的解释或岩层顶底面的判别都有重要意义（见表6-8）。

**表6-8　常见的沉积构造类型**

| 物理成因 | | 生物成因 | 化学成因 | 复合成因构造 |
| --- | --- | --- | --- | --- |
| 层理构造 | 泥裂 | 生痕构造 | 晶痕和假晶 | 孔底充填构造 |
| 波痕构造 | 雨痕、雹痕 | 生物扰动构造 | 鸟眼构造 | 硬底构造 |
| 叠瓦构造 | 泄水构造 | 植物根痕构造 | 结核构造 | |
| 冲刷构造 | | 叠层构造 | 缝合线构造 | |

## 一、物理成因的沉积岩构造

### （一）层理构造

层理是沉积物以层状形式堆叠在岩层内部形成的层状形迹，它由沉积质点的颜色、成分或形状、大小等显示。绝大多数层理都是在沉积作用中形成的，主要与流体的机械作用有关，部分还与化学或生物作用有联系，被称为沉积层理。极少数层理是在埋藏以后和固结以前通过机械重组或化学沉淀形成的，被称为成岩层理。通常所说的层理都是指沉积层理。

层理描述要用到一些基本术语，主要有纹层、层系和层系组等。纹层又称细层，是层理中可以划分出来的最小层状单位（通常是宏观的，也可以是微观的），具有明显的上下边界，内部颜色、成分或粒度比较均匀而不可再分。单一纹层的厚度多在毫米级，也可小于1mm或达数厘米。同一纹层是在相同条件下同时或几乎同时形成的。层系又称单层，可以由一组相同或相似的纹层叠置而成，也可以不含纹层只显示粒度的渐变特征。同一层系是在基本相同条件下在一段时间内累积形成的。相邻层系间的界面称为层理面，它可以是平面或曲面。在岩层的垂直断面上，纹层面和层理面都由纹理表现。层系组又称层组，由两个或两个以上相同或有成因联系的层系叠置而成。层系组是在一个较长时间段由于流体运动状态，沉积物沉积速率或其他沉积条件呈规律性波动形成的。

上述纹层、层系或层系组的界面一般都不是机械薄弱面，除特殊情况以外，均难以沿这些面剥开。但是，并不是所有层理都可分出纹层、层系或层系组，其中可以分出纹层或有纹理显示的层理为纹层状层理，如水平和平行层理、交错层理、波状层理、脉状或透镜状层理等，分不出纹层或没有纹理显示的层理为非纹层状层理，如递变层理、块状层理等。在一个岩层内，自下而上的层理可以相同，也可以不同。需要着重指出的是，虽然层理是显示在岩层的某个断面上，但无论是纹层还是层系、层系组都是三维空间中的层状单位，它们在岩层断面上显示的形态或延伸方向既与这些“层”有关，又与断面的方位有关，这一点在确定层理类型或利用层理判断流向时尤为重要。

#### 1. 水平层理

纹层呈平面状，相互平行叠置且与层面平行。纹层厚度多在1mm以下，少数可达1~2mm，在岩层各个方位的垂直断面上都有较密集的平行直线状纹理显示。常产在粉砂岩、泥质岩或粒度相当的其他岩层内，可看成是水流缓慢或静水条件下的沉积产物。此种层理最为常见，是在沉积环境比较稳定的条件下形成的（见图 6-4）。

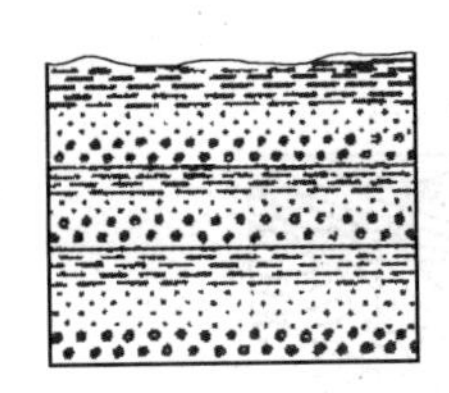
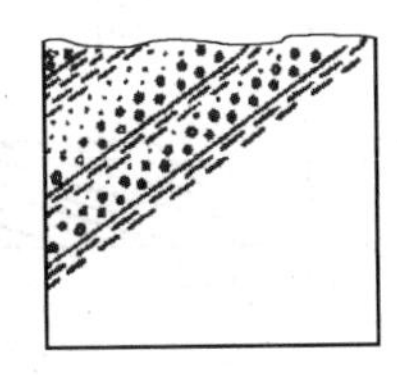
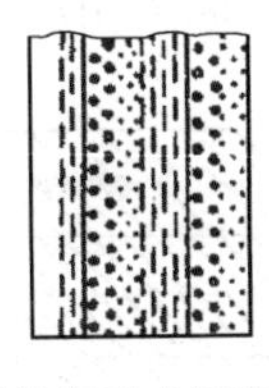
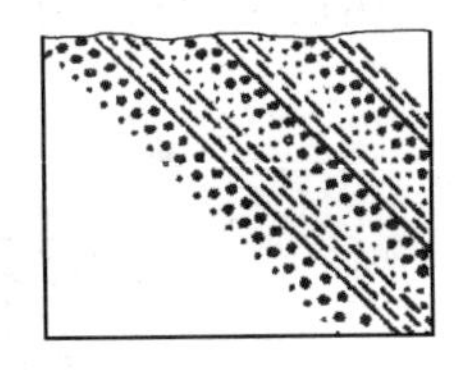

图 6-4　岩层产状不同的各种水平层理

2. 平行层理

与水平层理相似，也由平面状纹层平行层面叠置而成，不同的是纹层厚度较大，构成粒度较粗，纹理常不如水平层理清晰。有些平行层理可沿纹层面剥开，剥开面上可出现一些长短不一，相互平行的微细沟脊状直线形条纹，称为剥离线理（见图 6-5），它是由颗粒在沉积物表面滚挪动形成的。平行层理多产在粗砂岩、砂砾岩或粒度相当的其他岩石内，是水体较浅，流速较高或反复冲刷环境的产物。

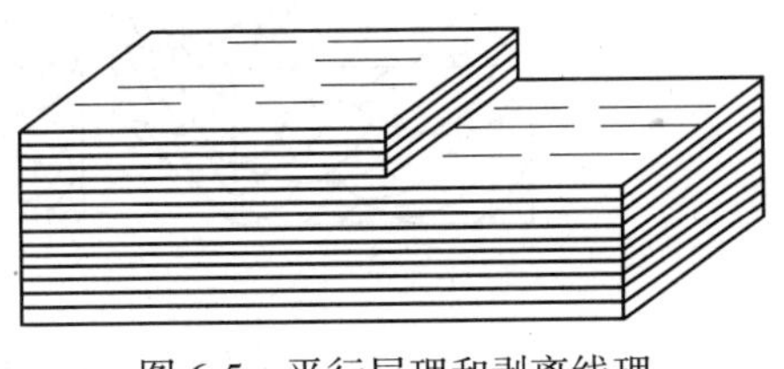

图 6-5　平行层理和剥离线理

3. 交错层理

纹层与层面呈斜交关系，相互平行叠置成单个的层系再组合成层系组，单个纹层的厚度可随纹层构成粒度的增大而变厚，从小于 1mm 到数厘米不等。纹层和层系界面可以是平面状，也可以是曲面状，相互常常斜交，偶尔也可以平行。相邻的层系界面可以彼此独立，也可以依次切割，在粉砂岩、砂岩、砾岩或粒度相当的其他岩石内都有广泛分布。无论在形态上还是在成因上，交错层理都是最复杂多变的一种层理类型，进一步细分常常十分困难，实践中，可按层系的形态分成以下 4 种（见图 6-6）。

（1）板状交错层：各层系界面均为平面且与层面平行，单个层系呈等厚的板状，其中纹层较平直或微下凹，与层系界面斜交。

（2）楔状交错层：各层系界面也为平面，但彼此不平行，单个层系不等厚而呈楔状，其内纹层与板状交错层相仿。

（3）波状交错层：层系界面为波状起伏的曲面，相邻界面可以相交也可以不相交，总的延伸方向与层面平行。纹层也与层系界面斜交，但有时也可能不太清晰。

（4）槽状交错层：层系界面为下凹勺形曲面，在岩层不同方位的断面上，曲面下凹的程度不同，一般在垂直流向的断面上比在平行流向的断面上下凹更强。层系内的纹层多呈下凹的曲面，通常与层系界面斜交，偶尔平行。

上述 4 种交错层还可按层系的厚度进一步划分，单一层系无论是否等厚，均以它的最大厚度为准，最大厚度小于 3cm 时为小型，3～10cm 时为中型，大于 10cm 时为大型，所以实际的交错层就有大型板状、中型槽状、小型波状等的区别。

这些交错层大多是定向水流的作用产物，水的流速对层系厚度有重要影响。在一定范围内，流速愈大，所形成的层系厚度也愈大。相对而言，水平层理、小型、中型、大型交错层理和水平层理大致可反映流速由低到高的变化序列。

交错层理常被用来判断水的流向，即同一层系内纹层的倾斜方向就代表了形成该层系时的流向。有些交错层还可指示岩层顶面，即当纹层为下凹的曲面状时，它与层系的下界面可以呈逐渐相切关系而与上界面为角度交截关系（见图 6-6）。

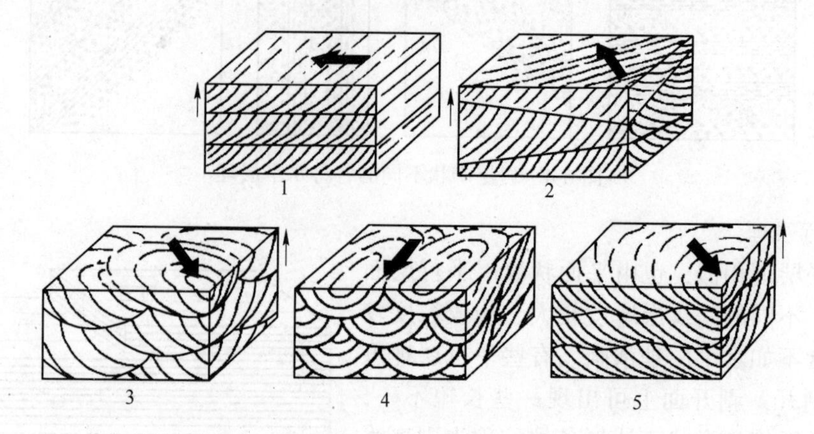


图 6-6　一般交错层理及流向和上层面的判别

（小箭头指向上层面，大箭头表示流向）

1—板状交错层；2—楔状交错层；3，4—槽状交错层；5—波状交错层

除上述一般交错层理外，还有许多具有特殊形态和成因的交错层理，这里介绍几种主要类型（见图 6-7）。

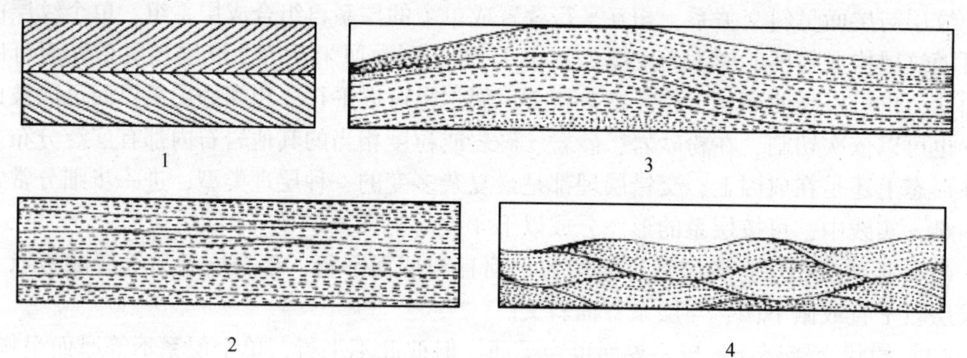


图 6-7　几种特殊的交错层理

1—羽状交错层；2—冲洗交错层；3—丘状交错层；4—浪成交错层

（1）羽状交错层：上下相邻层系中的纹层倾斜方向相反的一种交错层，也称青鱼刺状或双向交错层，多出现在板状或楔状交错层中。形成于流向可以反转的环境，如三角洲或潮汐带内。

（2）冲洗交错层：本质上属于羽状或楔状交错层，但同一层系的上下界面和它们与层面的夹角都很小，相邻层系纹层的倾斜方向可以相同，也可以相反，纹层非常平直，与层系界面大致平行或小角度交截。形成于可受反复冲刷的滨海或滨湖环境，赋存岩石多是缺少泥质的砂岩或粒度相似的其他岩石。

（3）浪成交错层：断面上很像槽状交错层，层系界面波状起伏，局部对下面的层系有较强的切割，横向上可过渡为相邻层系内的某个纹层界面。纹层多为横向延伸的舒缓波曲状，大致与层系界面平行，但在层系的一端则逐渐会聚成束或被另一个层系界面交截。通常认为浪成交错层是在沉积速率较高的条件下，由水的流动和振荡运动综合作用形成。

它可形成在各种水深条件下，但在浅水中很容易遭到破坏。常可作为偶受风浪扰动较深水环境的标志，常常发育在富含泥质的粉砂或细砂岩中。

（4）丘状交错岩：层系呈宽缓的圆丘状，纵断面上，丘宽可达 1~5m，丘高约 20~50cm 或更高，垂向上大多只出现 1~3 个层系。层系内的纹层与层系边界基本平行，但向着丘顶或丘谷方向收敛，在丘谷处与相邻层系内的纹层以小角度交错或呈过渡关系。在这一点上，它与浪成交错层很相似。实际上，丘状交错层的形成也与水的振荡作用有关，是水面的巨浪引起深部水体也随之振荡的产物，只是它标志的水深要比浪成交错层更大，赋存岩石也多是富泥的粉砂岩或细砂岩。

（5）风成交错层：通常是板状或楔状交错层，但层系厚度很大，一般在几十厘米到几米之间，纹层也较厚，最厚可达 2~5cm，多呈平板状。赋存岩石多为干净的中细砂岩（很少含泥），形成于缺少植被的陆表环境，如沙漠、裸露海岸地带等。

4. 波状层理

纹层呈对称或不对称的波状起伏，上叠时与下伏纹层可以同相位，称同相位波状层理，也可以朝一个方向逐渐迁移，呈异相位，称爬升波状层理或简称为爬升层理，若迁移量不大，相邻的上下纹理彼此不接触，为Ⅰ型爬升层理，若迁移量较大，上叠纹理的波谷与下伏纹理的波峰相切或交截，为Ⅱ型爬升层理（见图 6-8）。同相位波状层理主要在波浪的振荡作用下形成，但振荡不强，而爬升层理则还叠加有定向水流的作用。另外所有波状层理的形成都需要有较高的沉积速率（高于一般的交错层理），相对而言，同相位、Ⅰ型爬升和Ⅱ型爬升层理所标识的沉积速率依次降低。

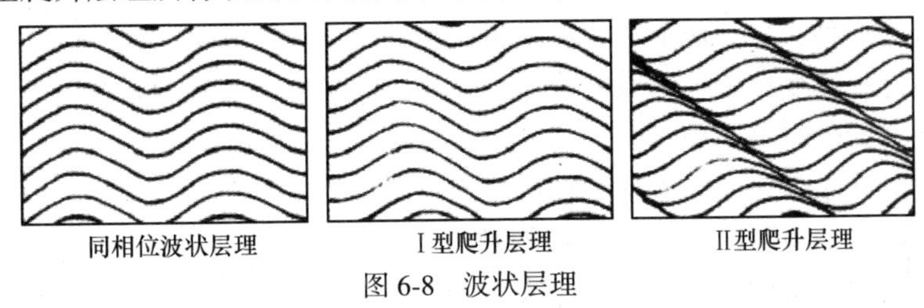

图 6-8　波状层理

5. 脉状层理和透镜状层理

这两种层理都是泥质和砂质（通常是粉砂或细砂）沉积物交替沉积形成的一种复合层理。脉状层理又称压扁层理，其主要特征是沉积物以砂为主，断面上，泥只以起伏脉状或细长飘带状等夹在砂质沉积物中。

透镜状层理相反，沉积物以泥为主，断面上，砂只以透镜状或细长飘带状等夹在泥质沉积物中。两种层理中的砂质沉积物还可以发育像交错层理那样的纹层。垂向上，间隔出现的砂或泥的厚度均较小，一般不超过 1~2cm，常常只有几个毫米。在岩层中，两种层理常常共生，有时还有过渡类型（砂泥数量大体相仿，见图 6-9）。成因上，两种层理都是在沉积物供应较充分的条件下由速度不稳定的流水沉积而成的，若流速总体较高，只间或降低，形成脉状层理；相反，若流速总体较低，只间或（或阵发性）增高，则形成透镜状层理。不过，即使是在流速较高时，其

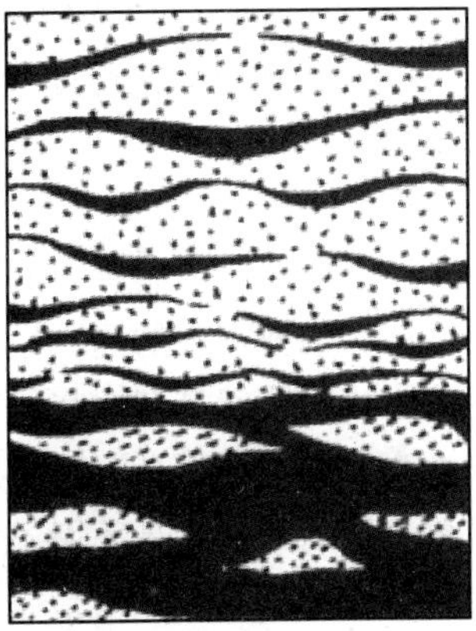

图 6-9　脉状层理和透镜状层理

流速大致也只相当于形成小型交错层的流速。在河漫滩、三角洲前缘、潮汐带、湖滨等环境经常有这两种层理产出。

6. 韵律层理

由成分或颜色明显不同的两种水平薄层交替叠置构成的层理称为韵律层理。层理中各薄层的厚度可以相等，也可以不等，最大层厚可达几厘米，最薄仅 1mm 左右，层内通常是均匀的，偶尔在较厚的层内发育有隐约的水平或微波状纹层。常见的成分交替是：砂或粉砂-泥质、碳酸盐-泥质、硅质-泥质、碳酸盐-硅质等。成分的交替大多都会同时在颜色上有所反映，但常见的颜色交替则是灰白、灰（浅色）-深灰、黑灰（深色）。

无论是成分还是颜色的韵律变化必定与某种自然韵律有关，如潮汐的往复和季节的更替等，前者常造成潮汐带中砂或粉砂和泥质韵律，后者则可导致多种极薄层的韵律。如在较深海或湖泊中由微小的具钙质骨骼的颗石藻或具硅质骨骼的硅藻周期性繁盛造成的富化石层（浅色）和贫化石层（深色）韵律，在冰川湖的中心区由冰川融化、陆源碎屑释放快慢形成的以泥为主的浅色层和深色层韵律（即冰川纹泥），在海湖盆地中因季度性洪水泛滥和止歇使弥散到较深水区沉积的细粒碎屑颗粒增减韵律等。在岩层断面上，韵律层理与水平层理很相像，其中极薄的韵律层理与水平层理实际并无区别，在指示微弱流动水或静水条件这一点上它们也是共同的，可一并称为水平层理。

7. 粒序层理

粒序层理又称递变层理，是一种重要的非纹层状层理，层理中没有任何纹层或纹理显示，只有构成颗粒的粗细在垂直方向上的连续递变。在原始岩层的断面上，按递变趋势，粒序层理可分为三种，自下而上，颗粒由粗到细的递变称正粒序，由细到粗的递变称反粒序，若正反粒序呈渐变性衔接称双向粒序。另外，按粗细颗粒的分布特征，粒序层理还可分为粗尾粒序和配分粒序两种。

粗尾粒序是在整个递变层中，细颗粒作为粗颗粒的基质存在，递变只由粗颗粒的大小显示，配分粒序是在粗颗粒之间没有细颗粒基质，粗细颗粒呈递变式分开（见图 6-10）。宏观上，通常的递变是砂、粉砂级颗粒或它们与泥级的递变，少数可涉及砾级或只在砾级之间递变。有些只在粉砂级和泥级之间的递变难以在宏观上觉查，只有在显微镜下才能发现，这样的递变称显微粒序。一次递变的累积厚度与递变颗粒的粒度有关，如砂、粉砂、泥级的递变一般不超过 20~30cm，最薄已有几毫米，而单由砾石显示的递变则可达1~2m或更厚。粒序层理有两种基本成因，最常见的是由碎屑物重力流或密度流（如泥石流、浊流、风暴流等）快速卸荷形成粗尾粒序层理，相对少见的是由水流速度逐渐改变形成配分粒序层理。

8. 块状层理

当整个岩层或岩层内的某个层状部分的成分、结构或颜色都是均一的，或虽很杂乱，但却具有某种宏观的均一性，既没有纹层或纹理显示，又不是其他层理的构成部分，该岩层或层状部分就具有块状层理，或称为均匀层理（见图 6-11）。

块状层理可以是沉积形成的，也可以是其他层理经成岩作用改造形成。沉积的块状层理有两种成因：一是环境条件（包括原始物质的供应、环境的物理、化学和生物特性等）长期稳定不变，沉积物是完全均匀累积起来的；二是极高密度的碎屑物重力流或密度流快速卸荷，各种成分和粒度的颗粒来不及分异都同时沉积下来。改造形成的块状层理也有两

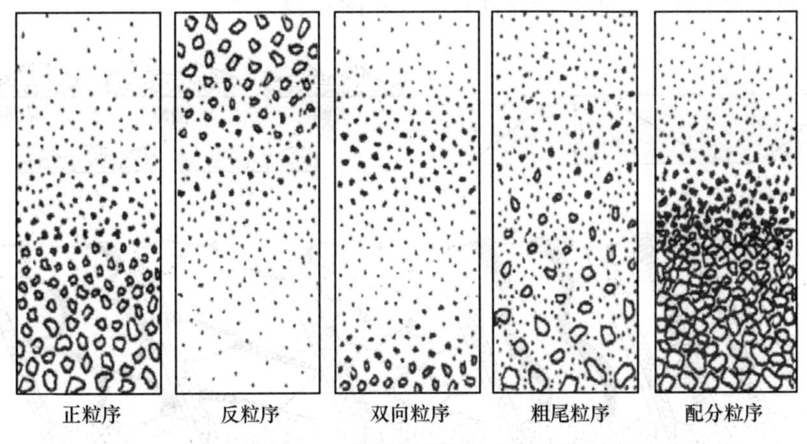


图 6-10　粒序层理的基本类型

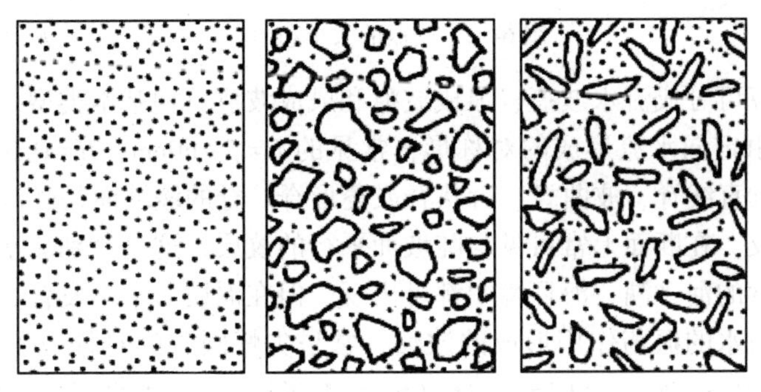

图 6-11　块状层理

种成因，一是由钻入泥土中的生物反复掘穴、扰动使原沉积物均一化（详见生物扰动构造），二是在重结晶，交代等化学过程中，沉积物的原始层理完全破坏而造成了宏观上的均一性。

有些泥质或仅含部分粉砂的岩层在宏观上为块状层理，但在显微镜下可以见到微细的纹层或粒序特征，严格说，这时不能称为块状层理而应称为相应的显微层理。

### （二）波痕构造

由水或风的机械作用在沉积平面上形成的一种规则起伏称为波痕构造，它是由相对凸起的波脊和相对下凹的波谷在岩层顶面的某个方向上相间排列构成，广泛出现在砂岩、粉砂岩、泥质岩和其他粒度相当的岩石内。

描述波痕形态常使用 4 个定量要素，在垂直波脊延伸方向的断面上它们分别是：

波长（$L$）：指相邻两波峰间的距离。

波高（$H$）：指波峰到波谷的垂直距离。

波痕指数（$RI$）：指波长与波高之比（$L/H$）。

对称指数（$SI$）：指同波峰或波谷缓坡面与陡坡面的投影距离之比（$\lambda_1/\lambda_2$）。

此外，波痕的形态还包括波峰、波谷的形态和它们在岩层顶面的延伸形态。波峰有圆峰、尖峰和平顶峰之分，峰谷只有圆谷和尖谷两种。波脊的延伸形态很复杂，典型的有直线脊、波曲脊、舌形脊、菱形脊、新月脊等（见图 6-12）。

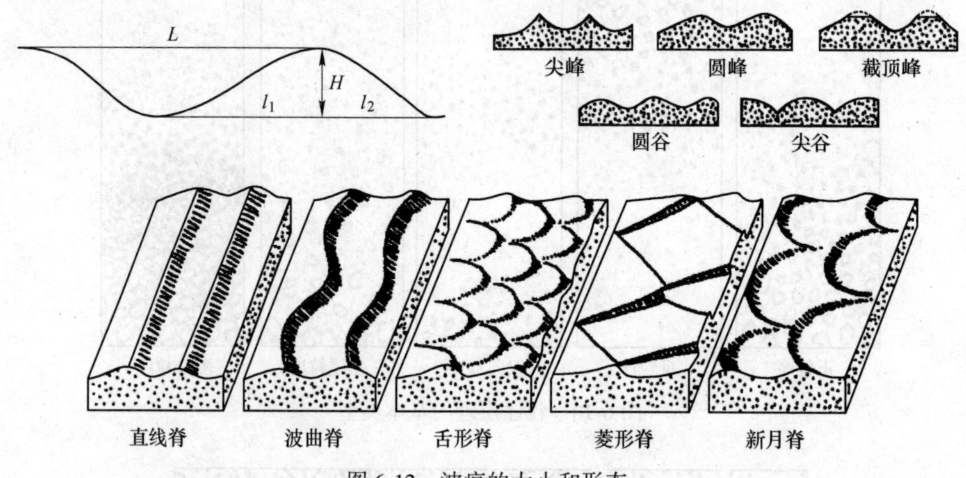


图 6-12　波痕的大小和形态

按成因，波痕可分成流水波痕、浪成波痕和风成波痕三种基本类型。

流水波痕是由定向水流形成的对称形，常见的 $L=5\sim60$cm，$H=0.3\sim10$cm，$RI=8\sim15$，$SI>2.5$，多具直线脊、波曲脊、舌状脊或菱形脊。脊的缓坡面是受流水冲刷的面，总体倾向与流向相反。在断面上常可见与陡坡面平行的纹层，这是鉴别流水波痕的一个重要标志。在各种深度的河、湖、海环境中都可出现，但在泥质岩中不发育。

浪成波痕是由水的振荡作用形成的波痕，常呈尖峰圆谷的对称或不对称形，常见的 $L=1\sim200$cm，$H=0.3\sim20$cm，$RI=5\sim16$（6~8 更多见），多为直线脊，但在延伸方向可以分叉或汇合。在断面上，可见类似浪成交错层的纹理。一般产在一定水深的海湖环境中。

风成波痕是风在暴露的松散颗粒性（主要是砂级）沉积物表面吹袭形成的波痕，常为圆峰圆谷的不对称形，常见的 $L=1\sim30$cm，$H=0.5\sim1$cm，$RI=10\sim50$，多为直线脊，延伸稳定，有时可分叉。风成波痕与流水波痕很相似，区别是风成波痕相对较小，波脊或波峰处的砂粒常比波谷处的更粗，甚至出现细小砾石。

在实际产出的波痕中，还有一种复合波痕，它们是流水与流水或流水与浪成波痕的复合，例如在较大波痕的缓坡面上还叠加有同方向的较小的波痕，不同方向的直线脊或波曲脊波痕叠加在一起形成网格状波痕（或称干涉波痕）等。另外，水下已形成的波痕由于水体变浅，原有的尖峰可能被冲刷成圆峰，露出水面后可能被水或风削平成为平顶峰，从波峰上削下来的颗粒偶尔会就近堆积在波谷两侧使圆谷逐渐变成为尖谷，因而平顶峰或尖谷都可看成是水体由深变浅或波痕开始暴露的标志。

### （三）叠瓦构造

扁平或近扁平状砾石的最大扁平面相对岩层表面呈同方向优势倾斜的现象称叠瓦构造（见图 6-13），这个优势倾斜的角度称叠瓦角。当岩层发育交错层理时，其中砾石的最大扁平面顺纹层的优势倾斜不属叠瓦构造的范畴。

叠瓦构造主要有两种成因，一是砾石受水流的推动或波浪的击打，其最大扁平面就与

图 6-13　叠瓦构造

水流方向或波浪击打方向反向倾斜。由河水推动形成的叠瓦角相对较大，最大可达15°~30°，在滨海由波浪击打形成的叠瓦角相对较小，大多在15°以下（通常为7°~8°左右）。二是在高密度碎屑物重力流沉积物中形成的叠瓦构造，其叠瓦角变化很大，可从接近0°到接近90°，最大扁平面的倾斜方向则大致与流向垂直，叠瓦砾石可能同时还有一定粒序性。这种叠瓦构造的成因机理尚不十分清楚，可能与搬运过程中的悬浮状态和流体性质等有关。

（四）冲刷构造

这是一种发育在不同粒度岩层分界面上的凹凸状构造，是由较高流速的流体在下伏沉积物顶面冲刷出一些下凹的坑槽，尔后又被上覆沉积物覆盖形成并保存下来的。冲刷成的坑槽称冲坑或冲槽，合称为冲刷痕，它们被覆盖后，在覆盖层底面就会形成与冲刷痕的大小和形态完全一致的凸起，它们被称为铸模、印模或简称为模（见图6-14）。

通常情况下，冲刷流体同时也是沉积覆盖层的流体，所以覆盖层往往比被冲刷层的粒度更粗，例如在发育有冲刷构造时，常常是砾质岩层覆盖在砂质岩层之上或砾质、砂质岩层覆盖在粉砂质岩层之上。当被冲刷的是含泥质较高的沉积物时，在覆盖层底部有时还含有从被冲刷层中冲刨出来的碎块（泥砾），冲刷构造中一种较特殊的类型是槽模，它常常出现在泥质层被冲刷后的砂质覆盖层的底面上，是由一系列平行排列的舌状凸起构成的。这些舌状凸起在同一方向上都凸起较高，向另一端降低，逐渐过渡到与底面一致。单个舌宽在几毫米到几厘米，舌长几厘米到几十厘米，表面通常光滑，有时有平行长轴延伸的平直小脊。平行槽模的长轴，由凸起端到低平端的方向代表了冲刷流体的流向。

当冲刷构造的规模很大或者规模不大，但岩层面难以剥开时，冲刷构造常表现为上下岩层间的圆滑、非规则的波曲状接触界线，波曲的起伏通常不大，多为几厘米到几十厘米，超过几米的较少见，横向上，它可任意截断下伏岩层的内部构造（如层理），有时可切断一层以上的下伏岩层（见图6-14）。

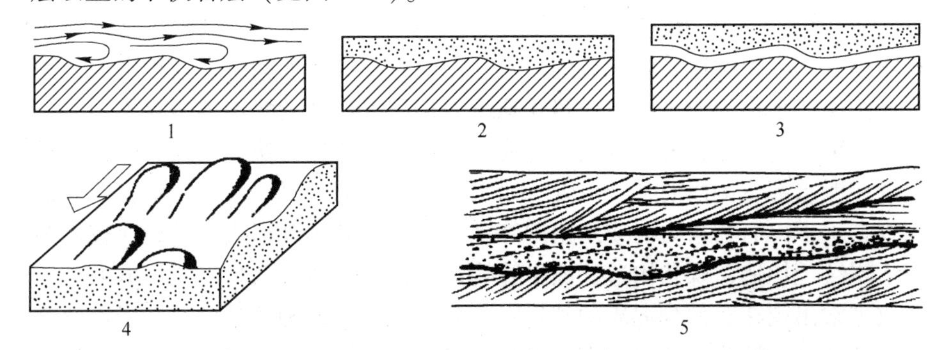


图 6-14　冲刷构造的形成及产出标志

1—冲刷痕的形成；2—冲刷痕被覆盖；3—层面剥开后分别在下伏层顶面和上覆层底面显示冲刷痕和印模；4—岩层底面上的槽模（箭头示流向）；5—岩层断面上的冲刷构造（粗线为冲刷面）

（五）泥裂、雨痕和雹痕

这三种构造都是刚沉积的松软沉积物顶面暴露在大气中形成的，被统称为暴露构造，常在泥质岩、泥质粉砂岩或相当粒度的石灰岩中（见图 6-15）。

泥裂又称干裂，是在气候干旱或太阳暴晒时，暴露沉积物因快速脱水收缩形成的一种顶面裂隙构造，裂隙宽约几毫米或 1~2mm 以上，呈折线或曲线状延伸，两个方向的裂隙相遇时常呈 T 形或 Y 形连通而将顶面分割成一系列直边或曲边多边形。在岩层断面上，裂隙一般垂直层面，内壁平整，长几毫米到几厘米，终止于本岩层内部，底部末端呈 V 字形，有时呈 U 字形，偶尔可穿过整个岩层。但不穿透下伏岩层的顶面。裂隙中多有上覆沉积物充填，其中较浅表的充填物在岩层被剥开后可以仍依附在覆盖层的底面形成网状分布的脊梗状印模，泥裂多见于干固的沼泽、湖泊、河漫滩、泻湖滨岸、潮坪及浅滩地带，是一种浅水标志。雨痕是由较大，但较稀疏的雨滴在松软沉积物表面砸出来的平底状浅坑。单个浅坑大致呈圆或椭圆形，雨滴若直落，雨痕圆形；若斜落，雨痕呈椭圆形，直径多为 2~5mm，深度多在 1mm 以下，最深不超过 2mm，坑缘常略高于层面。雨滴过小，过细或连续降雨时间过长都不利于雨痕的形成。雹痕与雨痕大体相似，仅坑底常为圆弧形，坑缘凸起也更高一些，不过严格区分雨痕和雹痕也没有太大实际意义。

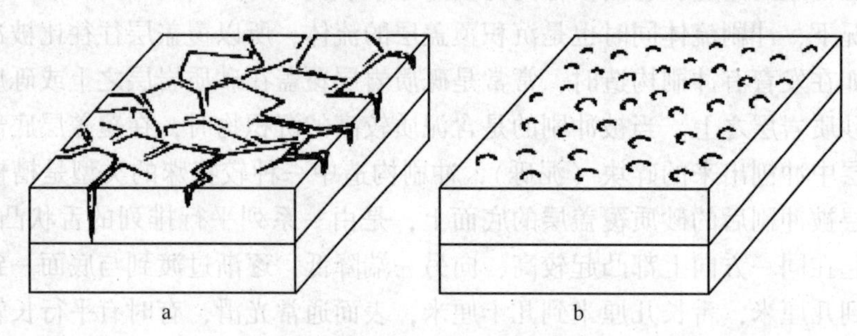


图 6-15　雨痕、泥裂和雹痕

a—泥裂；b—雨痕和雹痕

（六）泄水构造

在埋藏条件下，尚未固结的机械性沉积物所含水分受超孔隙压力的迫使可以快速向上运移（即泄水），同时牵引相关颗粒也跟着移动，这种作用称为沉积物的液化。液化的结果是沉积物原有的沉积构造受到改造或被破坏，同时形成新的构造。这种由沉积物的泄水或液化形成的构造统称为泄水构造。超孔隙压力常与沉积物的快速堆积有关，它一方面可使沉积物封存更多的水分，另一方面也可使沉积物的负荷压力快速增大。但是，最大压力实际只出现在泄水部位侧面的某个位置，泄水处只是压力的释放部位。就目前所知，泄水构造常出现在水下碎屑物重力流或三角洲等沉积物中，其表现形式或类型比较复杂，较为常见的有上飘纹理构造、碟状构造、泄水管构造和包卷构造等几种（见图 6-16）。

上飘纹理常出现在含部分泥质的砂岩中，多在原交错层理的基础上经泄水的牵引作用改造形成，其特点是纹理大致呈垂直层面的飘忽状，有时清晰，有时仅隐约可见，反映了泄水流动较慢，液化程度较低或流动时黏度较高的特点。

碟状构造是由一系列大致平行层面的孤立浅碟状纹层显示的构造，形成于泄水速度相

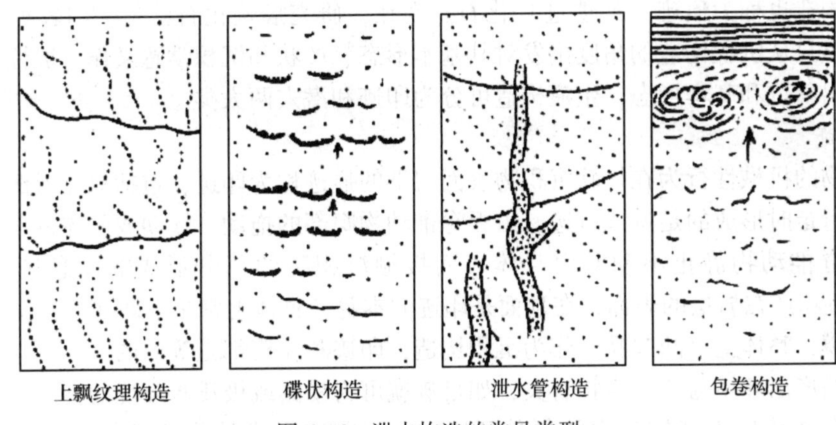


图 6-16 泄水构造的常见类型
（箭头所指为泄水孔或泄水沟）

对较高的情况下，多出现在砂岩或粉砂岩中。泄水通过粒间孔向上运移时可使颗粒按粒度、密度或形态在大致垂直层面的方向上分异而产生大致平行层面的成岩性纹层，部分泄水可以较高速度冲破和分割这种纹层，冲破处两边的纹层也随之上翘成为泄水孔或泄水沟，纹层也就变成了单个的碟状。碟状体的直径取决于许多因素，如沉积物的粒度构成和泄水速率等，但大多在 1~30cm 左右。

泄水管构造是指砂、粉砂或泥质岩层断面上大致垂直层面的直或稍弯的管状体，其边缘清晰，偶有分叉，长 1 到几十厘米，粗几毫米到几厘米，可在岩层内的任何位置出现并截切过早先的纹理。管内充填物的粒度通常比围岩稍细，除非是从下伏砂或粉砂质岩层顶部开始伸入到上覆的泥质岩层内才会比围岩稍粗，这时的泄水管也称砂岩岩脉或砂岩岩墙。泄水管是集中泄水的管道，泄水时其内流速相对最高，管内充填物就是由泄水带进的。

包卷构造也称包卷层理，易出现在被泥质岩覆盖的粉砂或细砂岩层的上部，其中的纹层呈复杂的回肠状或卷心菜状。断面上，单个包卷单位大致呈椭圆形，长轴多平行层面，长几厘米到几十厘米不等，常常有多个包卷体横列在大致相同的层位上。当自下而上的泄水受到上覆不透水层的阻挡时，泄水将向旁侧回旋，引起有关沉积物强烈液化并随回旋泄水分异形成包卷状成岩纹层。两个包卷单位之间或孤立包卷单位的一侧可能有隐约的泄水通道显示，在包卷体上方甚至还可出现由泄水水平流动形成的纹理。

## 二、生物成因的沉积岩构造

### （一）生痕构造

广义的生痕构造泛指一切生物在松软沉积物表面或内部留下的生命体或生命活动的遗迹或痕迹，如果将生物限定在动物范围，生物活动主要指生物体的机械运动或排泄，而且运动痕迹或排泄物聚集成的形态也比较规则，这样的遗迹或痕迹就是狭义的生痕构造。通常所指的生痕构造都是狭义的。生痕构造比较规则的形态与生物的形体、生活习性和属种都有密切关系。如果说由生物硬体形成的化石只是死亡生物的静态特征的话，那么生痕构造就多少可看成是活体生物动态行为的记录，这对硬体化石无疑是一种重要的补充，因此，生痕构造也称为痕迹（或遗迹）化石。现在，研究痕迹化石已是一门较独立的分支学科，这里只从沉积构造的角度出发对其基本形态、产状和沉积学意义作一般性介绍。

接产出部位和基本形态，生痕构造可分为印迹和潜穴两大类。

1. 印迹

由动物的机械性行为在松软沉积物表面留下的痕迹称为印迹，包括双足或四足脊椎动物站立或行走时形成的足迹或行迹，由无脊椎动物腹部的拖动，蠕动或肢体划动形成的爬迹，由无脊椎动物静止不动时由身体表面接触沉积物的部分形成的停息迹等（见图6-17）。印迹均产在岩层的表面，在顶面是印迹的本身，整体上常呈下凹状，在覆盖层底面是它的印模，整体上呈凸起状。作为沉积构造，印迹和印模都是等效的。

印迹的产出环境与造迹生物有关，如足迹就可为暴露或极浅水环境的标志。停息迹和爬迹可分布在从暴露到较深水的各种环境中。就印迹形成的物理机制而言，粒度较细（如粉砂或泥）、塑性较强的沉积物对形成印迹更有利，因而印迹多是低能环境的产物，而且低能环境还可使印迹免遭破坏。另外，无脊椎的印迹生物不同于钻泥生物。它们只喜欢沉积速率较低的环境，但已形成的印迹要被完整保存下来，却最好能很快掩埋，这又需要较高的沉积速率，因而从一般趋势看，印迹常与沉积速率呈间歇性或阵发性增高的环境有成因联系，例如许多爬迹和部分停息迹就常产在深水浊流沉积序列或较深水的风暴流沉积序列中。

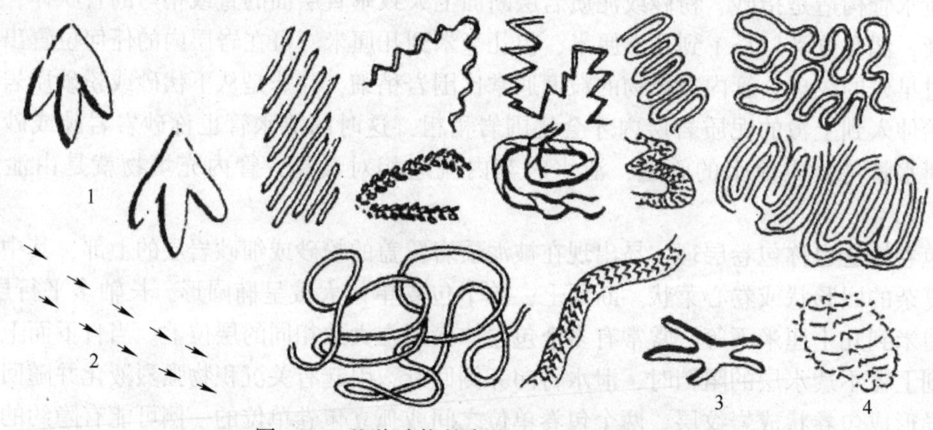


图 6-17　几种动物的印迹（大小未按比例）
1—恐龙足迹；2—鸟行迹；3—海星迹；4—三叶虫停息迹；其余为爬迹

2. 潜穴

由生物在松软沉积物内部挖掘成的管状孔洞称潜穴或虫孔。掘穴生物的种类很多，如许多蠕虫动物、节肢动物、甲壳动物、软体动物等。它们在掘穴时可在穴壁上分泌黏液或释放某些化学物质促使特定矿物沉淀以增强洞穴的机械强度，这正好有利于洞穴的保存和显示。沉积岩中的潜穴通常已被充填，充填物的成分与围岩或上覆沉积物相同或相近，但颜色常常偏浅。虽然原始的潜穴总会在沉积物表面开口，但开口并非一定在岩层面上，因为在沉积过程中，潜穴可能会被生物遗弃。

潜穴横断面常呈圆或近圆形，内壁多光滑，有时有纵脊或横肋，均切穿层理延伸，粗细均匀或有一定变化。潜穴的延伸形态常是潜穴的分类依据，其中较简单的有垂直，倾斜或水平延伸的直管穴、U形穴、Y形穴，较复杂的有指状穴、弯曲穴、螺旋穴、多级分支穴或更复杂的潜穴系统（见图6-18）。有些形态简单的潜穴还伴生有蹼状构造，它是指位于直管穴下部与潜穴末端边界平行或位于U形穴、水平穴底部横管上下且与横管平行的似纹层状构造（见图6-18），这是潜穴末端或底部横管在沉积物内部垂向移动留下的痕迹。通常某种生物的掘穴深度都大体一定以满足生物的摄食、呼吸或排泄等的需要，当沉积作用或侵蚀作用使潜穴深度增大或减小时，生物就会本能地将潜穴底部垫高或下移，从而就形成了蹼状构造。

同印迹一样，潜穴也可分布在许多环境中。通常在河湖环境中的潜穴都比较简单，而海洋环境中的潜穴则变化较大。如滨海环境、条件变化剧烈，但食物却比较丰富，掘穴生物（常是滤食性生物）只需向下掘穴就可正常生活，故以简单垂直直管穴、U形穴、Y形穴为主；浅海环境相对稳定，食物依然丰富，常以相对浅表的简单水平穴或指状穴为主；深海，半深海环境虽然稳定，但食物较贫乏，掘穴生物（常为食泥生物）需加大搜索范围，潜穴就趋于复杂。由于生物对潜穴有加固作用，所以潜穴赋存岩石的粒度可以较细，也可以稍粗（如砂级），而较复杂的潜穴仍以赋存在较细粒的岩石中为主。

蹼状构造具有重要的环境意义。通常生物个体的寿命是十分短暂的，在它的有生之年，缓慢的沉积作用或侵蚀作用不会使它移动潜穴位置，因此，蹼状构造就成了快速沉积或侵蚀作用的良好标志。

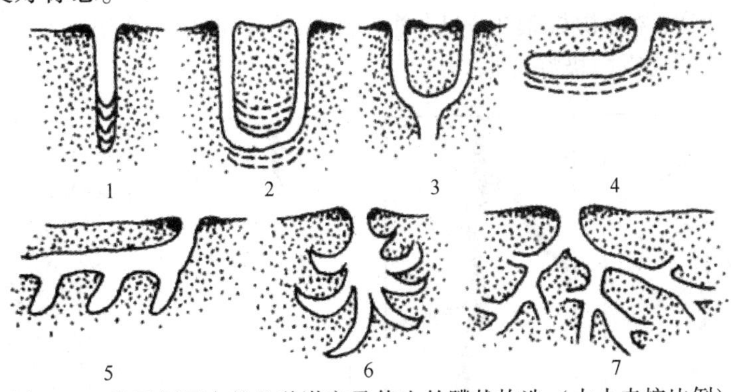


图6-18　岩层剖面中的几种潜穴及伴生的蹼状构造（大小未按比例）

1—垂直直管穴和蹼状构造；2—U形穴和蹼状构造；3—Y形穴；
4—水平直管穴和蹼状构造；5—指状穴；6—螺旋穴；7—分支穴

（二）生物扰动构造

由动物的机械行为（同沉积的爬行、沉积后的挖掘等）使松软沉积物原有的沉积特征，特别是原有的构造特征遭到破坏而导致的一种无定形构造称为生物扰动构造，可看成是广义生痕构造的一种。按扰动强度的不同，生物扰动构造可有不同表现，原始沉积层可从较轻微的分割变形到成为细碎斑块的大小混杂，较大斑块的表面常凸凹不平，形态各异，边缘清晰或模糊，扰动更强时，斑块逐渐消失，沉积物将完全均一化（见图6-19）。在实际露头中，若岩层的扰动还未达到均一化或只在局部位置被扰动，可称生物扰动构造，若岩层被完全扰动而全部均一化了，则称块状层理，当然，这时的块状层理为生物扰动成因。生物扰动强度与活动性底栖生物的繁盛程度有关，通常沉积速率不大的湖泊或浅海环境对其形成有利。

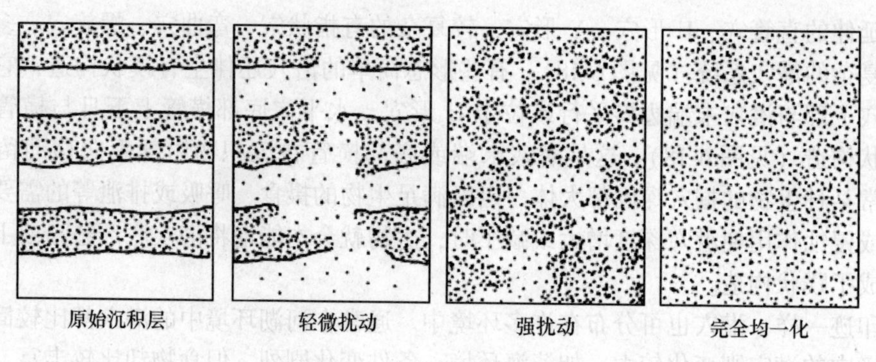


图 6-19　生物扰动强度示意

（三）植物根痕构造

由原地生长的植物根或根系在沉积物内部留下的，仍大体保持着原始生长形态的痕迹称植物根痕构造。根痕通常都是植物根腐烂成空腔后再被矿物充填或直接通过碳化、硅化、方解石化等形成的根的假象，它的延伸可直可弯，但总的延伸方向与层面垂直或倾斜，常有分支并有相对的主根和侧根的区别，二者近末端都有变细的趋势（见图 6-20）。在不同的根痕构造中，根痕的粗细变化很大，但以毫米级更多见。众所周知，植物根只能生长在土壤中，因而含植物根痕的岩层通常都可看成是古土壤层（常具富泥岩石的外貌），是沉积物曾经暴露的极好证据。

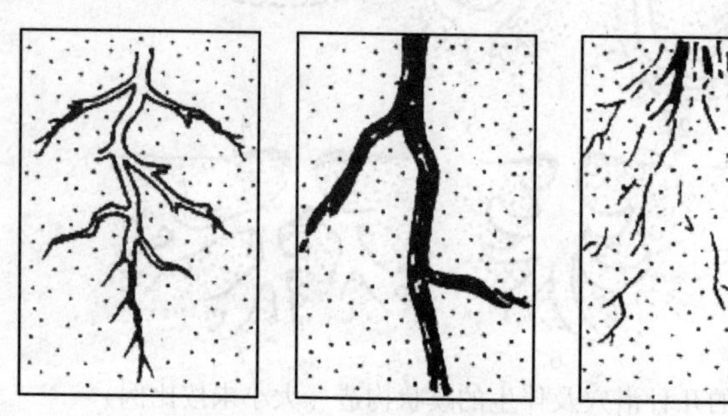
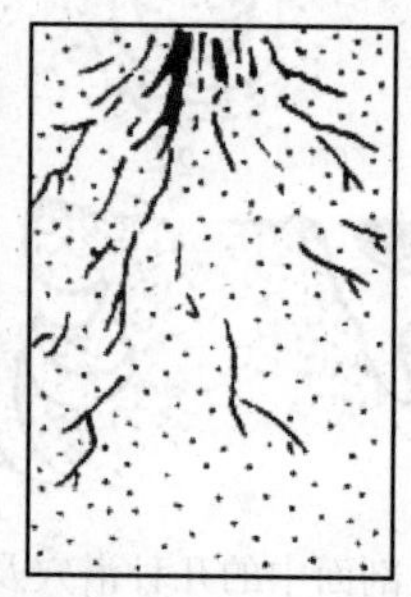
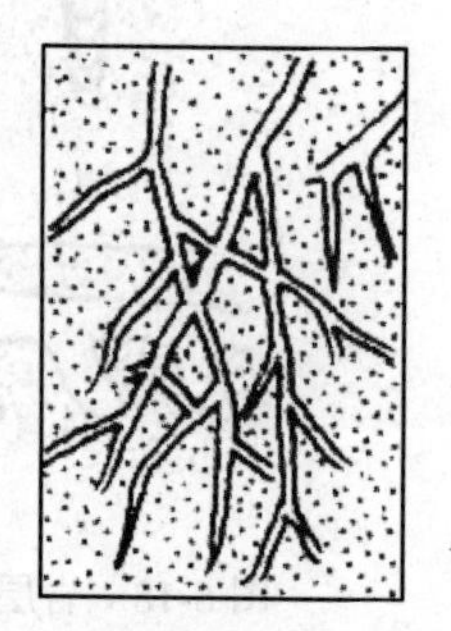

图 6-20　几种植物根痕的形态

（四）叠层构造

这是由单细胞或简单多细胞藻类（还有细菌）等在固定基底上周期性繁殖形成的一种纹层状构造，其中的纹层称藻纹层，可出现在碳酸盐岩、硅质岩、铁质岩或磷质岩中。形成叠层构造的藻类个体仅几微米到几十微米，没有骨骼，在岩石中是以富含有机质的痕迹形成存在的，故被称为隐藻。当条件适宜时，藻类大量繁殖，所形成的纹层含有机质较多，称富藻层或暗层，条件不适宜时，藻类基本处于休眠状态，所形成的纹层含有机质较少或不含有机质，称贫藻层或亮层。富藻层和贫藻层交替叠置所显示的形迹即称为叠层构造。

在叠层构造中，富藻或贫藻的单一纹层厚度多不到 1mm，但叠置成的宏观形态则变化很大，其基本形态大致有水平状、波状、倒锥状、柱状和分支状等（见图 6-21）。在与岩层垂直的断面上，倒锥状、柱状或分支状叠层单位的粗细多为1到几厘米，最细仅几毫米，最粗达几十厘米，高度多在1cm左右到几十厘米之间，最高可超过1m，内部的纹层均上凸，可呈不同曲率的圆弧形、尖峰形或平顶箱形，这被称为与重力方向相反的纹层。这类叠层构造在被上覆沉积物覆盖之前如果仍保存完好，则在岩层顶面可有相对低矮的圆丘或峰柱，如果已被侵蚀，则只会显示同心的菜花状图案（见图6-21）。

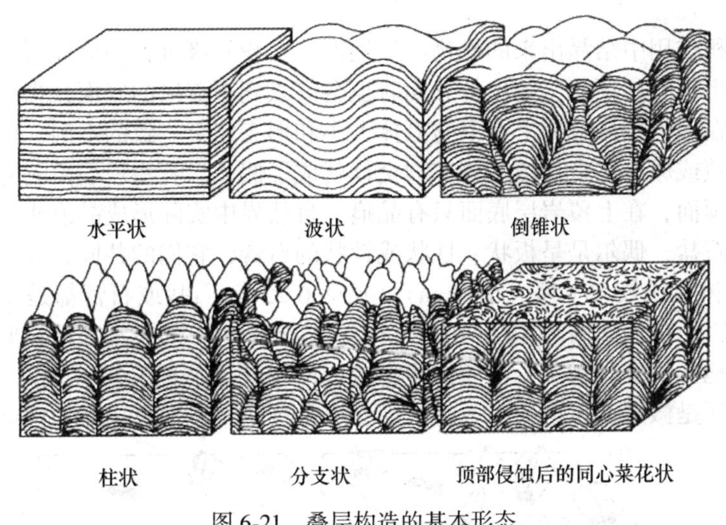


图6-21　叠层构造的基本形态

一般的叠层构造与其他构造不易相混，只有碳酸盐岩中的水平状或波状叠层构造与水平或波状层理相像，但在碳酸盐岩中，这两种层理通常都不很清晰，特别是在打开的新鲜断面上往往没有显示，而叠层构造则比较清楚，在新鲜断面上往往也有显示，更确切的鉴别最好通过显微镜观察，这一点将在生物沉积作用中再做介绍。

低等藻类或细菌都是生命力极强的生物，在非常恶劣的条件下也能正常生长繁殖。已经知道，在潮湿条件下，有些现代蓝绿藻正常生长繁殖的条件极限值是温度不低于40℃，盐度不低于250‰，pH值不低于10.5（Brock，1976年），所以无论在时间上还是在空间上，叠层构造都有相当广泛的分布。但是，由于藻类要进行光合作用才能生存，所以叠层构造只产在浅水或极浅水环境，尤其在海洋中更普遍。另一方面，许多无脊椎动物都是以低等藻类为食的，当它们过分繁盛时也会抑制藻类的繁盛和累积，就此而言，滨海区的潮上带和潮间带对发育叠层构造最合适，那里阳光充足，多变的环境条件也可将绝大多数无脊椎动物排斥在外。

据研究，叠层构造的形态与环境条件具有密切关系，大体说来，潮上带不存在光照问题，藻类生长基本上没有竞争，易形成均匀的水平状或微波状；潮下带长期被水淹没，为得到更多的阳光，竞争比较厉害，只有具有竞争优势的部位藻体才会更快地生长繁殖而突出出来，因而易形成较高的柱状或分支状；潮间带间歇性被水淹没，形态就在这二者之间，以波状、倒锥状、低矮柱状等为主。另外，倒锥状、柱状、分支状叠层构造的纹层的上凸形态还与环境的水动力有关，通常在弱水动力条件下，易呈向上的圆弧形或成尖峰形，而在较强水动力条件下易呈平顶箱形或顺冲刷方向倾斜的圆弧形或尖峰形，锥、柱、分支的整体形态也就趋向于向一个方向倾斜。

关于繁盛周期，目前尚无一致的看法或观察结果，大致有潮汐周期、昼夜周期和季节周期的不同，这或许与藻类的属种差异有关。

## 三、化学成因的沉积岩构造

### （一）晶痕和假晶

在化学沉积作用中结晶出来的矿物晶体被泥级、粉砂级沉积物掩埋后，因沉积物失水收缩可稍稍突出在岩层顶面，突出部分同时也会嵌入到覆盖层的底面，当矿物晶体被选择性溶解后就会在两岩层接触面上留下与晶体大小和形态完全一致的空洞，该空洞就称为晶痕。晶痕被充填或原晶体直接被别的矿物交代就成了假晶。若将岩层面剥开，假晶通常位于下伏岩层的顶面，在上覆岩层底面只有晶痕。自然界中实际形成晶痕或假晶的矿物主要是呈立方体的石盐，偶尔是呈板状、柱状或针状的石膏，它们的共同特征是形态比较规则（全自形），个体也比较大（多大于 1mm）（见图 6-22）。石盐或石膏都是超高盐度条件下的结晶产物，因而它们的假晶均可代表干旱炎热气候条件下的浅水环境，典型的出现在内陆盐湖或滨海地区。应当指出，由晶体溶解造成的空洞或假晶会更多地出现在岩层内部，但无论是宏观还是微观，习惯上都不将它们看成是沉积构造而看成是一种结构。

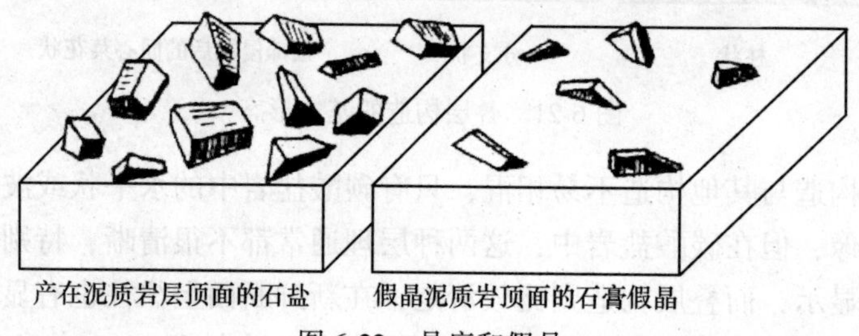


图 6-22 晶痕和假晶

### （二）鸟眼构造

这是碳酸盐岩层内部成群出现的，常被较粗方解石（偶尔是石膏）晶体充填的一种孔洞状构造，孔洞边缘清楚，形状不很规则，大多平行层面一向伸长，大小通常几毫米到几厘米之间，均匀或不均匀。由于充填物常呈白色，故也称雪花构造（见图 6-23），亦因为它们常成群出现，故又叫窗格状构造。有些鸟眼构造是显微级的，只有在显微镜下才能见到。

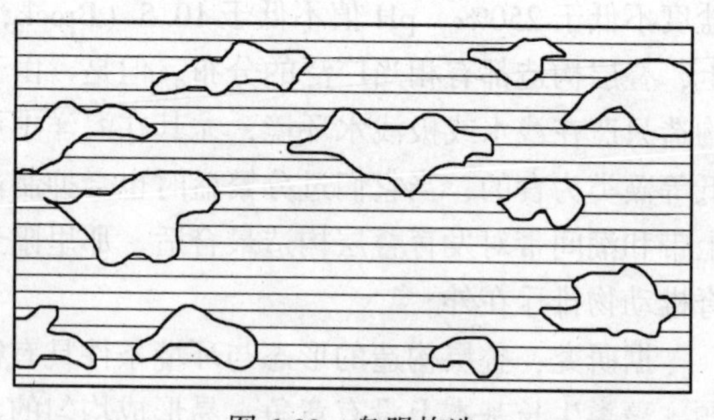

图 6-23 鸟眼构造

鸟眼构造中的孔洞大致平行层面伸长暗示在孔洞生成的同时或稍后可能曾在垂向压力下有过一定塑性变形。据此推测，这些孔洞应该形成在沉积物固结之前，但对其具体生成机理却还未取得共识。已有的成因解释包括沉积物干缩、有机质（尤其是藻类）腐烂、胀气和可溶性盐类矿物（如石膏）被选择性溶解或交代等。或许它本来就有多种成因。

鸟眼构造的赋存岩石主要是极细晶、泥晶级石灰岩或白云岩且多与低等藻类的沉积作用有关，有些就与水平或波状叠层构造共生。虽然它们出现在沉积物被埋藏之后，但现在较普遍的看法是它们主要产生在潮上带及潮间带碳酸盐沉积物中，尤其是潮上带特别发育，而潮下带则比较罕见。

（三）结核

在成分、颜色和结构构造等方面与围岩有显著区别的非层状单位的自生矿物集合体称为结核，也可看成是附生或寄生在围岩中，具有自己独立性状的另一种零星的岩石实体，常见于陆源碎屑岩、碳酸盐岩或古土壤层内部或层间界面上。

结核外部形态变化极大，但多呈较规则到极不规则的瘤状，也可呈透镜状、球状、椭球状、不规则团块状、饼状、姜状等。它与围岩的界线可以截然，也可模糊，大小从几毫米、几厘米到几十厘米多见，最大可达几米。按自生矿物成分，结核可分为钙质、硅质、铁质、锰质和磷质等。有些结核的成分单纯，有些则混有围岩的成分。结核内部可以是均一的，也可以有某种非均一的构造形迹，如方格状、放射状、同心状、菜花状、网格状等，有时还隐约有与围岩层理连续过渡的层理痕迹，某些钙质、硅质结核内部还有生物遗体或遗迹。通常钙质结核主要产在砂岩、粉砂岩和泥质岩（包括古土壤层）中，硅质结核主要产在碳酸盐岩中，其他成分的结核则可产在上述各种岩石中。

所有结核都是化学或生物化学成因的。按它与围岩形成和演化的关系，结核可进一步分为同生结核、成岩结核和次生（或后生）结核三种成因类型（见图 6-24）。同生结核是在大致与围岩沉积的同时，在沉积环境中形成的，常是胶体絮凝作用的产物。这种结核常有清晰的边界，成分比较单纯，内部均一或有放射状、同心状、菜花状等形迹，围岩层理与其边缘相切或圆滑地绕过。成岩结核是在围岩固结过程中形成的，可看成是围岩物质成分在固结阶段通过选择性溶解、运移再沉淀或围岩成分被交代的结果。这种结核有清晰或不清晰的边界，多切断围岩层理或保留有围岩层理的残余，但在上下边界处，围岩层理也可与之相协调或稍有变形，偶尔也可受围岩层理的限制，内部常含有围岩成分或含生物遗体或遗迹。次生结核是在围岩固结之后形成的，通常只是围岩溶洞的化学充填物，实际就是一种晶洞构造。这种结核边界清晰，围岩层理完全被它切断，内部矿物晶体多自形，有时有向中心生长的趋势，在其中心部位有时还有未被填满的孔隙。它的形成多与围岩的某个裂隙系统有关。三类结核中以成岩结核最常见，它和同生结核都可在特定层位富集，其成分、颜色、大小和密集程度常是岩层对比的一个重要依据。

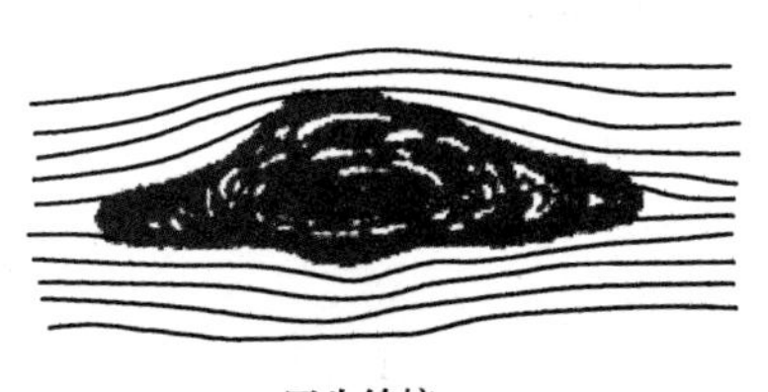

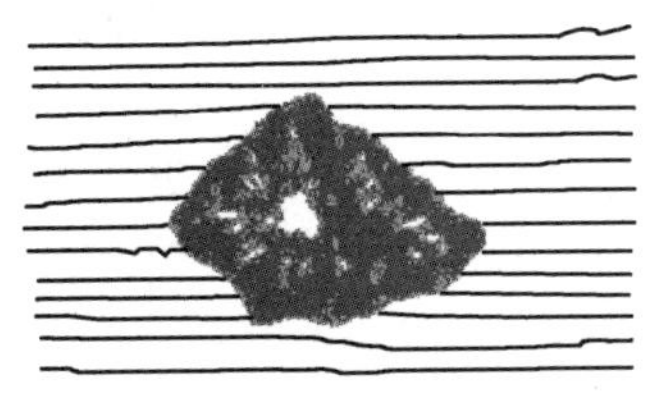


图 6-24　结核的成因类型及与围岩层理的关系

（四）缝合线

这是在垂直或大体垂直层面的断面上表现出来的一种波曲形的线状细缝，它实际是发育在三度空间中的某个呈复杂曲面状展布的狭窄缝隙与岩层断面的交线，是碳酸盐岩中极为常见的构造，也见于砂岩、硅质岩或蒸发岩中。

缝合线的粗细通常在1~2mm，局部可加宽至几毫米，太细的缝合线在显微镜下才可见到，称显微缝合线。在缝合线的细缝中常常会聚集一些难溶物质，如黏土矿物、有机质、铁质等，在风化面上，这些物质可以被水、风带走使缝合线看起来就是一条真正中空的细缝。缝合线的波曲形态变化很大（见图6-25），但同一缝合线总有一个总体延伸方向，该方向大多与层面平行，也可以与层面斜交或垂直。同一岩层中的缝合线可以只有一条，也可以有多条。有时候，由两种成分或结构明显不同的岩石构成的岩层就是以缝合线分界的，在这里，原始的岩层界面显然已不复存在了。

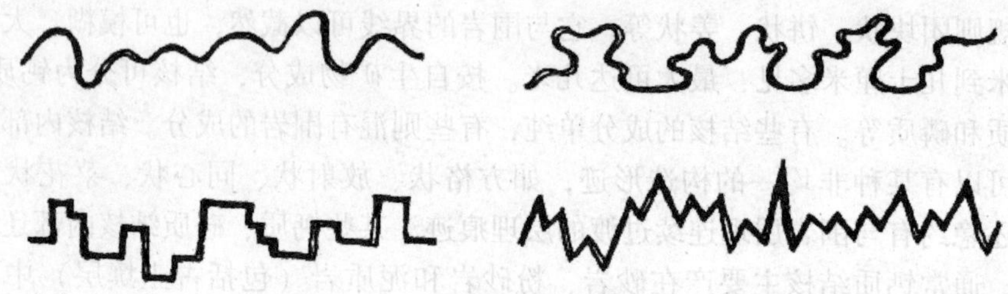

图6-25　缝合线的几种典型形态

现在对缝合线的形成还缺少深入了解，但普遍认为是岩石在固结以后的压溶产物（见图6-26），所以缝合线总是伴随岩石体积或岩层厚度减小而形成的。单一缝合线两侧岩石减小的厚度至少相当于该缝合线上下起伏的最大幅度（见图6-26），这个幅度在砂岩、硅质岩中通常在几毫米以下，而在碳酸盐岩中则可大到几十厘米，这对岩层的原始沉积序列可能会造成影响，尤其当有过多平行层面的缝合线发育时，这种影响是不能忽视的。

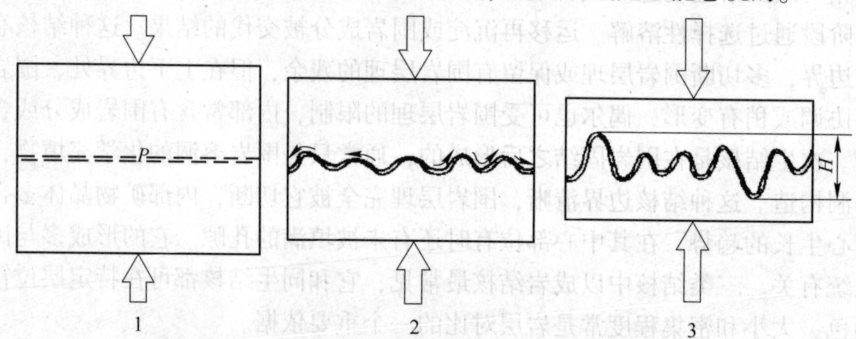


图6-26　缝合线形成过程示意（纵向箭头示压力方向）

1—原始岩层在压力下出现初始压溶面$P$；

2—溶解物质和部分难溶物质顺压溶面向旁侧流失，部分难溶物质残留在压溶面上；

3—压溶终止时，岩石厚度减小量至少相当于缝合线起伏的最大幅度$H$

## 思考与练习

1. 沉积岩中典型的自生矿物有哪些？
2. 风化产物是如何搬运和沉积的？
3. 常见的沉积岩构造主要有哪些？

# 学习情境七　沉积岩各论

**内容简介**

本学习情境主要介绍了沉积岩肉眼鉴定的要点以及肉眼鉴定需要描述的内容；陆源碎屑岩、火山碎屑岩、碳酸盐岩的概念、类型以及鉴定特征及方法。

通过本学习情境的学习，使学生具备识别常见沉积岩物质组成、结构构造、分类及主要类型，并根据沉积岩肉眼鉴定的要点利用常见的岩矿鉴定工具对常见沉积岩（碎屑岩类；碳酸盐岩类等）进行鉴定的能力。

## 项目一　沉积岩的肉眼鉴定与描述

**【知识点】** 陆源碎屑岩肉眼鉴定及描述；火山碎屑岩肉眼鉴定及描述；碳酸盐岩肉眼鉴定及描述。

**【技能点】** 掌握沉积岩（陆源碎屑岩、火山碎屑岩、碳酸盐岩）的肉眼鉴定及描述方法，能够准确鉴定各类沉积岩。

对沉积岩或沉积物的研究，其目的是：

（1）确定其物质成分、结构、构造以及其中所含化石等，并给予正确的命名；

（2）通过对岩石在不同阶段所形成的物质成分及其结构、构造特点的研究，来确定它在沉积、成岩以及后生阶段所发生的变化，以便恢复原生沉积特征及性质；

（3）对岩石进行相分析，其目的是再造沉积时的自然地理状况；

（4）搞清岩石某些性质，以确定其在国民经济上的价值。

为了达到上述目的，对沉积岩的研究应该是全面、综合地使用各种方法、手段。近代的沉积岩石学研究方法很多，如野外地质学研究、室内研究、综合相分析等。下面仅就沉积岩肉眼鉴定方面作概略的介绍。

### 一、陆源碎屑岩的肉眼鉴定与描述

陆源碎屑岩按其碎屑粒径可划分为：

| | |
|---|---|
| 粗碎屑岩（砾岩和角砾岩） | >2mm |
| 中碎屑岩（砂岩类） | 2~0.05mm |
| 细碎屑岩（粉砂岩类） | 0.05~0.005mm |

每类碎屑岩其相应粒度的碎屑含量必须在50%以上。如含有砾石50%以上的岩石才能称作砾岩，依此类推。碎屑岩的命名是以含量占50%以上的粒级来确定岩石的基本名称，若其他粒级含量在25%~50%之间，则在基本名称之前冠以“××质”；若其含量在

5%~25%之间，则以“含××”表示。

（一）粗碎屑岩-砾岩、角砾岩的观察和描述内容

（1）颜色：尽可能指出总的颜色，并注意它的成因。

（2）砾石成分：鉴定各种砾石的成分，确定砾石占整个岩石的百分含量。如为复成分砾岩，还需估计各种成分砾石占全部砾石的百分含量。

（3）砾石大小及分选性：如分选不好时，应指出一般大小以及最大和最小的粒径。

（4）砾石的圆度、球度及形状。

（5）胶结物成分，占整个岩石的百分含量；胶结物本身的性质；胶结类型等。

（6）其他：砾石有没有定向排列，胶结的致密程度，有无次生脉穿插等。

由于砾岩在地层学上常作为沉积间断的标志和划分地层的依据，同时砾岩的沉积大部分距陆源供给区很近，易于利用砾岩成分来推断古地理情况，故对砾岩的野外研究还应注意下列方面：

（1）层位和分布概况；

（2）岩层产状及其变化（如透镜体）；

（3）层理及层面构造；

（4）与上下层的接触关系及其在剖面中的位置；

（5）砾石的倾向、倾角和长轴方向。

（二）中碎屑岩-砂岩类

通常按碎屑粒径可分为：巨粒砂岩（2~1mm）；粗粒砂岩（1~0.5mm）；中粒砂岩（0.5~0.25mm）；细粒砂岩（0.25~0.1mm）；微粒砂岩（0.1~0.05mm）。

各不同粒径的砂岩的观察和描述内容有：

（1）颜色，并推断其成因；

（2）碎屑颗粒的大小，分选程度，如大小不均匀，应指出最大、最小和一般的直径以及各种颗粒含量的百分比；

（3）碎屑颗粒的形状及磨圆度；

（4）胶结物的成分及其占整个岩石的百分含量，胶结类型，胶结致密程度；

（5）岩石的构造；

（6）碎屑成分：矿屑（需分辨出碎屑矿物的种类）、岩屑（尽量区分其原岩类型）以及估计各种成分占全部碎屑的百分含量；

（7）生物残骸；

（8）次生变化。

在野外研究砂岩时除上述内容外，还应注意：

（1）层理构造（特别注意斜层理）和层面构造；

（2）层理厚度及其变化等。

（三）细碎屑岩-粉砂岩类

粉砂岩按碎屑粒度可分为：粗粉砂岩（0.05~0.03mm）和细粉砂岩（0.03~0.005mm）两类。

粉砂岩的观察和描述内容与砂岩大致相同。但由于粉砂岩颗粒细小，故在手标本中难以辨认碎屑和胶结物成分。在野外主要研究它们的产状、构造特征及形成方式等。

### （四）主要陆源碎屑岩肉眼鉴定

主要陆源碎屑岩肉眼鉴定见表 7-1。

**表 7-1　主要陆源碎屑岩肉眼鉴定表**

| 岩石类型 | 岩石名称 | 碎屑粒度/mm | 结构特征 | 物质成分及来源 | 成岩方式 |
|---|---|---|---|---|---|
| 陆源碎屑岩 | 砾岩 | >2 | 砾状 | 陆源碎屑物质及胶结物<br>碎屑物质；石英、长石、白云母、各种岩屑、少量重矿物胶结物 | 机械搬运和机械沉积压固、水化学胶结 |
| | 粗粒砂岩 | 2~0.5 | 粗砂状结构 | | |
| | 中粒砂岩 | 0.5~0.25 | 中砂状结构 | | |
| | 细粒砂岩 | 0.25~0.05 | 细砂状结构 | | |
| | 粉砂岩 | 0.05~0.005 | 粉砂状结构 | | |

### （五）陆源碎屑岩描述实例

1. 砾岩（河北宣化）

浅灰色。其中砾石占 70%，胶结物占 30%。砾石大小很不均匀，2~20mm 者多见，一般大小为 5~10mm（占 40%），分选性不好。砾石圆度多属次圆和圆级。砾石断面多呈长椭圆形。

砾石成分以白云岩和石灰岩为主，此外还有硅质岩及较少量的喷出岩。白云岩砾石多呈白色，硬度小，其粉末滴酸起泡微弱，有的具有硅质条带，有的砾石表面具有明显氧化圈。硅质岩砾石成分主要是燧石，亦有少量石英及棕红色碧玉。燧石呈灰色到黑灰色，致密坚硬。喷出岩砾石一般较小，呈灰色、浅红色，可能为中性喷出岩（安山岩）。

胶结物为浅灰色，局部带有浅绿色，滴盐酸剧烈起泡，可知含钙质较多。此外并有很多细小的岩石碎屑和矿物碎屑，构成了填隙物。绿色矿物可能为绿泥石。胶结类型属基底式。可综合描述为：灰色、钙质胶结的、硅质岩、白云岩、石灰岩质粗砾石砾岩。

整个岩石属圆砾状结构，胶结致密，块状构造，局部地方可见到不明显的定向排列。

2. 石英砂岩（河北宣化）

暗紫色，颜色分布很不均匀，中粒砂状结构，颗粒大小较一致，主要成分为石英，有的地方可见到少量黄铁矿，胶结物为铁质。铁质胶结物分布不均匀，个别地方铁质聚集成团块，有的已风化成褐铁矿，沿节理面有风化后的氢氧化铁浸染，胶结致密，坚硬，块状构造。

## 二、火山碎屑岩的肉眼鉴定与描述

### （一）火山碎屑岩鉴定内容

火山碎屑岩具有岩浆岩和沉积岩的双重特征。火山碎屑物质主要来源于地下深处的岩浆，其成分与熔岩相似；但结构构造又与碎屑岩相似。在成因上亦常常与熔岩或沉积岩过渡。

火山碎屑岩类肉眼鉴定和描述内容：

（1）颜色及其分布的均匀程度；

（2）碎屑的粒度、成分、形状及不同物质碎屑的相对含量；

（3）胶结物的性质及含量；

（4）结构和构造（层理发育情况）；

（5）次生变化。

### （二）主要火山碎屑岩肉眼鉴定

主要火山碎屑岩肉眼鉴定见表 7-2。

**表 7-2　主要火山碎屑岩肉眼鉴定**

<table>
<tr><th>岩石类型</th><th colspan="2">岩石名称</th><th>碎屑粒度/mm</th><th>结构特征</th><th>物质成分及来源</th><th>成岩方式</th></tr>
<tr><td rowspan="9">火山碎屑岩类</td><td rowspan="3">火山碎屑熔岩</td><td>集块熔岩</td><td>>100</td><td>集块结构</td><td rowspan="9">主要为火山喷发的碎屑物质<br>碎屑物质：晶屑、玻屑、岩屑、浆屑等胶结物；<br>火山灰、火山尘以及少量的化学沉积物质和熔岩物质</td><td rowspan="9">熔浆胶结<br>压固压结、水化学胶结</td></tr>
<tr><td>角砾熔岩</td><td>2~100</td><td>火山角砾结构</td></tr>
<tr><td>凝灰熔岩</td><td><2</td><td>凝灰结构</td></tr>
<tr><td rowspan="3">熔结火山碎屑岩</td><td>熔结集块岩</td><td>>100</td><td>熔结集块结构</td></tr>
<tr><td>熔结火山角砾岩</td><td>2~100</td><td>熔结火山角砾结构</td></tr>
<tr><td>熔结凝灰岩</td><td><2</td><td>熔结凝灰结构</td></tr>
<tr><td rowspan="3">正常火山碎屑岩</td><td>集块岩</td><td>>100</td><td>集块结构</td></tr>
<tr><td>火山角砾岩</td><td>2~100</td><td>火山角砾结构</td></tr>
<tr><td>凝灰岩</td><td><2</td><td>凝灰结构</td></tr>
</table>

### （三）火山碎屑岩描述实例

（1）火山角砾岩。灰黄色，火山角砾结构，物质成分主要为熔岩角砾，砾径约 2~100mm，多呈棱角状，无任何分选性，为凝灰质胶结，常与火山岩伴生。

（2）凝灰岩。灰绿色，凝灰结构，物质成分为熔岩和围岩碎块，常含有石英、长石、云母等矿物晶体，火山碎屑物粒径小于 2mm，多像细砂岩、粉砂岩，但颜色却不同。

## 三、碳酸盐岩的肉眼鉴定与描述

### （一）碳酸盐岩鉴定内容

按矿物成分碳酸盐岩主要分为石灰岩、白云岩两大类型，但在两大端元岩石之间存在着一系列过渡类型（见表 7-1）；在石灰岩（白云岩）与黏土岩之间也存在着一系列过渡类型（见表 7-3）。

**表 7-3　石灰岩（白云岩）与黏土岩过渡类型岩石**

| 岩石名称 | | 方解石（或白云石）含量/% | 黏土矿物含量/% |
|---|---|---|---|
| 黏土岩类 | 黏土岩 | 0~5 | 100~95 |
| | 含灰质（含白云质）黏土岩 | 5~25 | 95~75 |
| | 灰质（白云质）黏土岩 | 25~50 | 75~50 |
| 石灰岩（白云岩）类 | 泥灰岩 | 50~75 | 50~25 |
| | 含泥质灰岩（含泥质白云岩） | 75~95 | 25~5 |
| | 石灰岩（白云岩） | 95~100 | 5~0 |

对石灰岩的肉眼观察要注意下列内容：

（1）颜色；

（2）结构与构造特征；

（3）硬度和岩石致密程度、断口类型；

（4）重结晶的程度；

（5）肉眼可见的生物碎屑种类；

（6）机械混入物的大小、成分及次生矿物成分；

（7）加盐酸起泡的强烈程度。

对白云岩的观察、描述内容和石灰岩类似，但其中很少有生物碎屑。对白云岩应特别注意其次生变化的痕迹以及白云石和方解石间的关系，岩石结构特征等。

### （二）主要碳酸盐岩肉眼鉴定

主要碳酸盐岩肉眼鉴定见表 7-4。

**表 7-4　主要碳酸盐岩肉眼鉴定**

<table>
<tr><th>岩石类型</th><th colspan="2">岩石名称</th><th>碎屑粒度/mm</th><th>结构特征</th><th>物质成分及来源</th><th>成岩方式</th></tr>
<tr><td rowspan="6">碳酸盐岩类</td><td rowspan="4">石灰岩</td><td>内碎屑灰岩</td><td>与碎屑岩相对应</td><td>碎屑结构</td><td rowspan="4">沉积盆地内碎屑、生物遗骸、化学及生物化学沉淀物质碳酸盐矿物以方解石为主</td><td rowspan="4">化学、生物化学、生物作用以及波痕、岸流、潮汐等流水机械作用</td></tr>
<tr><td>生物灰岩</td><td></td><td>生物结构</td></tr>
<tr><td>鲕粒灰岩</td><td>包粒<2</td><td>鲕粒结构</td></tr>
<tr><td>泥晶灰岩</td><td><0.03</td><td>泥晶结构</td></tr>
<tr><td colspan="2">白云岩</td><td>0.5~0.05</td><td>晶粒结构</td><td>白云石为主</td><td>由白云石化作用形成为主</td></tr>
<tr><td colspan="2">泥质岩</td><td><0.03</td><td>微晶结构</td><td>方解石（白云石）和黏土矿物</td><td>同石灰岩</td></tr>
</table>

(三) 石灰岩和白云岩的区别

(1) 首先根据岩石的颜色：石灰岩常常含有碎屑沉积物和黏土质混入物、铁的化合物及有机质等，故多呈深色、深灰、蓝灰、黑灰、灰等，而白云岩则颜色往往较浅，呈浅灰色、浅黄色、灰白色等。

(2) 根据加稀盐酸（HCl 浓度≤5%）的反应程度可大致区分石灰岩和白云岩，在加稀 HCl 的过程中还可以区分它们之间的过渡类型，如：

1) 纯石灰岩，迅速起泡，反应剧烈，而且气泡很快消失；

2) 纯白云岩，缓慢起泡（或不起泡），而且量少，但起泡的延续时间较长，小刀刻成粉末后，滴 HCl 则起泡迅速；

3) 白云质灰岩：起泡较迅速，而且气泡量较多，之后仍有断断续续的气泡发生；

4) 灰质白云岩，加 HCl 后，迅速发生少量气泡，片刻（1～2s）仍有少量气泡发生。

## 思考与练习

1. 陆源碎屑岩的肉眼鉴定和描述内容？
2. 火山碎屑岩、正常碎屑岩、喷出岩（火山熔岩）的鉴别特征？

# 项目二　陆源碎屑岩

**【知识点】** 陆源碎屑岩的概念；陆源碎屑岩的类型。

**【技能点】** 掌握陆源碎屑岩的物质成分、结构、主要类型。

## 一、陆源碎屑岩概述

陆源碎屑岩是指大陆区的各种母岩经风化作用机械破碎形成的碎屑物质，在原地或经不同地质营力（风、冰、水）的搬运，在适当的沉积环境，并被化学成因物质所胶结的岩石。此类岩石一般由碎屑物质和胶结物质两大部分组成，其中碎屑物质的含量在岩石中占 50%以上。

陆源碎屑岩据碎屑粒度可进一步划分为：粗碎屑岩（砾岩和角砾岩）；中碎屑岩（砂岩）；细碎屑岩（粉砂岩）三类。它是沉积岩中分布很广的岩石，数量仅次于黏土岩，居第二位。

### (一) 碎屑岩的物质成分

碎屑岩主要由碎屑、杂基和胶结物三部分物质组成，碎屑物质主要来源于陆源区母岩机械破坏的产物，故也称陆源碎屑。所有的组成岩浆岩、变质岩和沉积岩的矿物和岩石碎屑（简称岩屑）都可以在碎屑岩中出现。然而由于各种矿物和岩石的风化稳定程度不同，易风化分解的成分在风化、搬运过程中逐渐遭破坏而难以到达沉积地区，比较稳定的不易破坏的成分就得以保存在沉积物中。所以碎屑岩中经常见到的矿物或岩屑的种类是不多的，最常见的碎屑物是石英、长石、云母、各种岩屑和重矿物。岩屑在粗粒碎屑岩中出现比较多，而矿物碎屑则大量分布在中细粒碎屑岩中。

1. 碎屑物质

A　矿物碎屑

在碎屑岩中目前已发现的碎屑矿物有 160 多种，其中最常见的约 20 种，在一种碎屑岩中主要的碎屑矿物通常不超过 3~5 种。

a　石英

石英抵抗风化的能力很强，也不易磨损，道勃利（Daubree，1877 年）根据实验所做的计算认为，石英颗粒搬运 1000km 仅磨损其体积的 1%。因此，石英是碎屑岩中分布最广的矿物。在砂岩和粉砂岩中石英含量平均达 66.8%；在粗碎屑岩中含量较少，多以机械充填物出现，在其他的岩石如页岩中其平均含量为 30%，现代海洋沉积物中为 5%。

碎屑石英主要来源于花岗岩、片麻岩、片岩及老的沉积岩中。不同来源的石英碎屑特点往往不同。因此对石英的特点和石英中包裹体形态的相成分以及波状消光等现象的研究，有助于查明石英的来源。

（1）岩浆岩来源的石英。主要来自中酸性岩浆岩，如花岗岩经风化解离可以形成很多的单晶与多晶石英颗粒，多晶石英碎屑通常由 2 ~5 个石英晶体组成。

来自中酸性岩浆岩的石英常含有粒状或细长柱状的矿物包裹体，一般为岩浆岩中的副矿物，如锆石、磷灰石、电气石、黑云母、独居石、金红石等。包裹体常无一定的方位。此外也常含有细小的液相气体小球以及不透明的尘状不规则包裹体，在高倍镜下可根据其透明性质、较低的突起加以鉴别。由于塑性变形的影响，来自中酸性岩浆岩的石英，也具有微弱的波状消光。

来自火山岩中的石英通常是单晶、透明，并有裂纹和熔蚀现象，无波状消光，缺乏包裹体，有的颗粒可有玻璃质的包裹体。石英的颜色常呈烟灰色。

来自岩浆期后石英脉的石英，可以是单晶或者较粗的多晶石英。粗的多晶石英内部结晶轮廓具有鸡冠状构造，在正交偏光下可见其分成几块，彼此镶嵌，轮流消光。可有蠕虫状绿泥石包裹体或充填很多的细小液体包裹体，而使石英呈乳浊状。

（2）变质岩来源的石英。主要来自片麻岩及片岩。片麻岩风化解离可形成 20%~25%的单晶石英和 75%~80%的多晶石英。多晶石英通常由 5 个以上的石英晶体组成，彼此呈缝合状接合。中-粗粒的片岩风化解离后，可以形成 40%的单晶石英和 60%的多晶石英。由于重结晶作用，在多晶石英中，晶体沿 $c$ 轴方向拉长成定向的聚集体的长形态。在多晶颗粒内，结晶粒度分布常常是双众数的。变质岩中的石英比岩浆岩中的石英更长，包克曼（Bokma）提出一个石英的延长比值，并将长轴与短轴之比作为鉴别其来源的标志之一，在花岗岩中是 1.43，在片岩中是 1.75。

来自变质岩的石英具有明显的波状消光，无液相气体的包裹体，常含有特征的变质矿物如电气石、矽线石、蓝晶石等包裹体。

（3）沉积岩来源的石英。这种石英因为经过多次搬运与沉积，颗粒经多次磨蚀往往比较圆滑，可以具有沉积物如黏土、方解石等包裹体，有时可见次生加大的现象（次生加大边）。

过去曾流行一种看法，认为包括陆源碎屑石英及次生加大石英的颗粒并且又有圆化的边缘者，可认为是沉积来源的石英，称为第二旋回的石英。

氧的同位素测定资料，也可用来区别不同来源的石英。例如，来自花岗岩的石英中$^{18}O$的丰度是0.94‰~1.03‰，这似乎是一个公认的标准；而变质岩的石英中$^{18}O$的丰度则是1.02‰~1.67‰，自生石英中$^{18}O$就更丰富，可以为1.25‰~2.680‰。

b 长石

长石在碎屑岩中的含量仅次于石英，其平均含量占11.5%。在我国的煤系地层和陆成储油层砂岩中，长石含量还可以高得多。

在碎屑岩中最常出现的是钾长石（多见微斜长石），其次是酸性斜长石，中基性斜长石很少见。具环带构造的长石也少见，它只出现在特殊的情况下，例如有火山喷发来源时。

由于长石易风化，所以长石主要分布于中-粗粒砂岩及砾岩的充填物中，在粉砂岩中含量较少。

长石主要来自花岗岩与花岗片麻岩。地层中长石的含量受气候条件和地壳运动强度的影响较大，如果地壳运动比较剧烈，地形差异大，气候干燥，以物理风化作用为主，而剥蚀快、搬运和堆积也快时，长石碎屑就可以被大量地保存下来；反之，长石就不容易保存。可见，对长石的含量、类型以及其他特性的研究，有助于追溯母岩推断古气候和古构造情况。

c 云母

碎屑岩中云母类矿物以白云母居多。白云母抵抗化学风化的能力强，但易破碎成碎片，故常集中分布在细砂岩和粉砂岩的层面上。黑云母易风化，常分解为绿泥石和磁铁矿。有人认为海底风化作用可使黑云母变成海绿石。黑云母在碎屑岩中含量不多，常出现于距母岩较近地区的砾岩或成分复杂的砂岩中。

d 重矿物

重矿物在碎屑岩中的含量通常小于1%，只在个别情况下，其含量增多，可成为岩石的一种次要的成分。在少数情况下，重矿物也可以成为碎屑岩的主要成分。

重矿物主要分布在中细粒的碎屑岩中，尤其是在0.25~0.10mm的粒级中。来自花岗岩的重矿物主要有锆石、独居石、榍石、金红石和磷灰石。来自变质岩的重矿物有石榴子石、十字石、蓝晶石、电气石和黄玉，来自较基性的母岩可以有尖晶石、铬铁矿、磁铁矿、辉石等。

重矿物虽然含量很少，但种类繁多、稳定，因此人们常利用重矿物的类型、标型特征及重矿物组合等追索母岩，详细划分和对比地层。

B 岩石碎屑（岩屑）

岩屑是母岩经机械破碎形成的岩石碎块，其直接反映母岩的性质。它不是风化的最终产物，而是一种暂时性的产物，它的大量出现代表了一种特殊的地质条件。碎屑岩中的岩屑可以是多种多样的，其分布常有一定的范围。它们大都集中在砾岩中，多呈砾石出现，在砂岩中就相当少了；而粉砂岩中几乎不存在岩屑。这是因为随着粒度的变小，岩屑逐渐地破碎为矿物碎屑了。

不同成分的岩屑，其分布也有一定的范围，例如花岗岩屑多见于砾岩中，一些细粒结构、隐晶质结构的岩屑出现的范围则较广。易分解破坏的岩石和石灰岩及泥岩一般很难保留成岩屑，只有在特殊的情况下，例如特殊的气候条件、快速剥蚀，并在靠近母岩处进行堆积时，才可以大量保存此类岩屑。岩屑是判断母岩性质最可靠、最直接的标志，因此，对岩屑的研究有很大的地质意义。

2. 填隙物质

填隙物质包括杂基和胶结物，对砂岩来说，杂基是指细粉砂及黏土物质。在粗碎屑岩中，杂基的粒度上限有所增高。因此，它主要是结构上的概念。从物质成分上来看，黏土矿物是它的重要组成部分，因此有的文献称之为“泥质胶结物”。

碎屑岩中常见的杂基黏土矿物有高岭石、水云母、蒙脱石、绿泥石等，它们主要是作为悬移载荷而沉积下来的，也可能有一部分是海解阶段或成岩阶段，甚至是后生阶段的自生矿物。在杂砂岩内，可能出现大量的绿泥石和绢云母类的杂基，它们常常是由其他黏土矿物如水云母、蒙脱石等变化而来。

胶结物包括的是一切填隙的化学沉淀物质，是除黏土杂基以外的各种自生矿物，常见的是碳酸盐、硅质矿物以及一部分铁质物质。作为胶结物的碳酸盐矿物如方解石、白云石和菱铁矿，当砂岩或砾岩具有颗粒支撑结构时，它们可呈成岩-后生期充填的小晶体（淀晶）或重结晶的大晶体（嵌晶连生胶结）出现。当出现碎屑颗粒呈“悬浮状”的杂基支撑结构时，则白云母或方解石呈泥晶而作为碳酸盐杂基，代表一种碳酸盐的低能环境（障壁海岸）沉积。如我国北方震旦系中的一些白云质石英砂岩即有这种特点。

硅质胶结物可以是蛋白石、玉髓或石英，前者多见于年轻的沉积物中，后者是古代岩石（砾岩）中常见的胶结物。石英砂岩中的石英质胶结物常作为碎屑石英的次生加大边存在。氧化铁质胶结物可能是化学沉积物，也可能是铁质“杂基”（如红层中某些铁质砂岩或铁质粉砂岩），也可能是其他含铁矿物如菱铁矿氧化而成。

除上述外，填隙的自生矿物还有很多，如海绿石、沸石、磷酸盐、硫酸盐（石膏、硬石膏）、硫化物（黄铁矿等）以及各种自生重矿物如金红石、锆英石、铬铁矿、钛铁矿等。由此可见，碎屑岩的这一组成部分包括了绝大部分的造岩、稀有及金属矿物种类。它们的数量一般很少，但对判断碎屑岩的沉积环境相及成岩后生作用有很大意义。当某些填隙的自生矿物数量多达工业要求时，即可成为矿床，如砂岩型铜矿、铅锌矿、沸石矿、磷矿等。

### （二）碎屑岩的结构

碎屑沉积物的结构总称为碎屑结构，是指在一定动力条件下共生在一起的碎屑颗粒所具有的内在形貌特征的总和，其中包括粒度、分选度、圆度、充填样式和孔隙等几个方面。碎屑结构的形成受物理沉积作用的支配，二者之间存在很强的因果联系，因而碎屑结构就成了研究物理沉积作用的重要依据之一。

1. 碎屑颗粒的结构

A 粒度

碎屑沉积物的粒度是指其中粒状碎屑的粗细程度，它是决定碎屑颗粒动力学行为的基本因素，对反映流体的动力特征具有重要意义。单个碎屑的粒度通常用它的最大视直径 $d$（图 7-1）的毫米值或 $\varphi$ 值在粒级划分标准中所处的位置来衡量。$\varphi$ 值和毫米值间的换算关系为：$\varphi=-\log_2 d$（$d$ 为最大视直径的毫米值）。

在结构描述中，通常使用毫米值，这样比较直观。在对粒度做统计分析时多使用 $\varphi$ 值，其最大优点是可将自然界粒度分布中的对数关系转化成线性关系，有利于分析和作图。最常用的粒级划分标准是以自然粒级为基础的划分标准，称自然粒级标准（图 7-2）。整个沉积物的粒度可根据统计学原理通过逐个测量足够多的、有代表性的一群颗粒，再用计算方法得到，但一般只按它的主要粒级确定而忽略其他颗粒的粒级。所谓主要粒级是指对沉积物整体粒度面貌起决定作用的那部分颗粒所占的粒级区间。当主要级粒为砾级时，其粒级区间最好在野外露头上测量或目估，若主要粒级是砂级或砂级以下，则既可在露头上目估，也可在显微镜下测量或目估。表面看，目估似乎很粗略，但对有经验的人来说，目估常常更能反映沉积物的整体粒度，尤其是野外或手标本目估，其观察面积大，代表性更强。

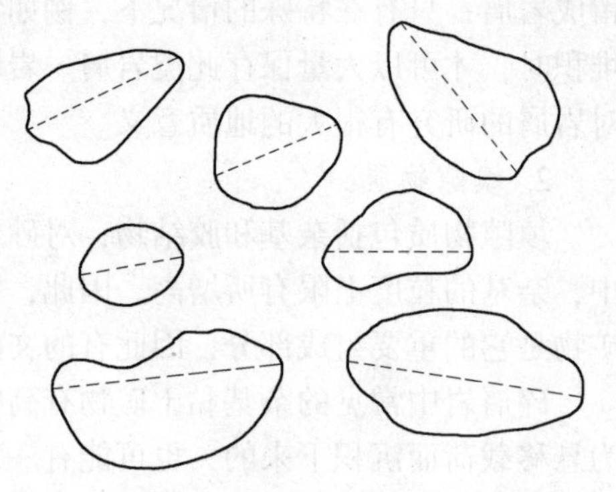

图 7-1　单个碎屑的最大视直径（虚线）

| | 砾 | | | | | 砂 | | | | | 粉砂 | 泥 |
|---|---|---|---|---|---|---|---|---|---|---|---|---|
| | 漂砾 | 巨砾 | 粗砾 | 中砾 | 细砾 | 极粗砂 | 粗砂 | 中砂 | 细砂 | 极细砂 | 粗粉砂 | 细粉砂 |
| 毫米值： | 1000 | 250 | 50 | 10 | 2 | 1 | 0.5 | 0.25 | 0.1 | 0.05 | 0.03 | 0.005 |
| $\phi$ 值　： | −10 | −8 | −6 | −3 | 1 | 0 | 1 | 2 | 3 | 4 | 5 | 8 |

图 7-2　碎屑颗粒的自然粒级划分标准

B　分选度

分选度又称分选性，指粒状轻矿物碎屑大小的均匀程度，它是流体在沉积作用中对粒度累积分异强度的衡量指标。这里有一个特殊情况是，当颗粒细小到细粉砂或泥级时，它们常常会受到较粗颗粒的阻挡或保护，它们还有很强的内聚性，这些都会使它们偏离粒度与动力学行为间的规律关系。尤其是它们一旦沉积下来，常常要比砂级颗粒更难启动而重新搬运。有鉴于此，沉积学中就把与砂或砂级以上颗粒共生的细粉砂和泥级颗粒称为杂基或基质，其中的泥级颗粒往往更多，故也称泥基。同样考虑颗粒的动力学行为，有人将粒度明显不连续而又与砾石颗粒共生的砂级颗粒也称为基质或确切地称为砂基（如为砂泥混合物，则称混基）。总之，分选度通常不包括基质颗粒在内。同粒度一样，分选度也可用统计学方法计算得到，但一般的定性描述也只用目估。这时，可将分选度划分为极好、好、中等、差和极差等 5 个级别，更粗略地可合并成好、中等和差三个级别（图 7-3）；如果岩石中的颗粒大于均匀，某一粒级颗粒的含量在 90%以上的谓之分选很好；若主要粒级颗粒的含量在 75%~90%的谓之分选好；当主要粒级颗粒的含量在 50%~75%的谓之分选中等；若大小悬殊，没有一种主要粒级含量超过 50%时，称为分选差。

C　圆度

圆度指碎屑外表棱角被磨平的程度或表面的光滑程度，也称磨圆度，它是颗粒在沉积作用过程中累积磨蚀强度的衡量指标。前面已经指出，在相同沉积作用过程中，物理性状

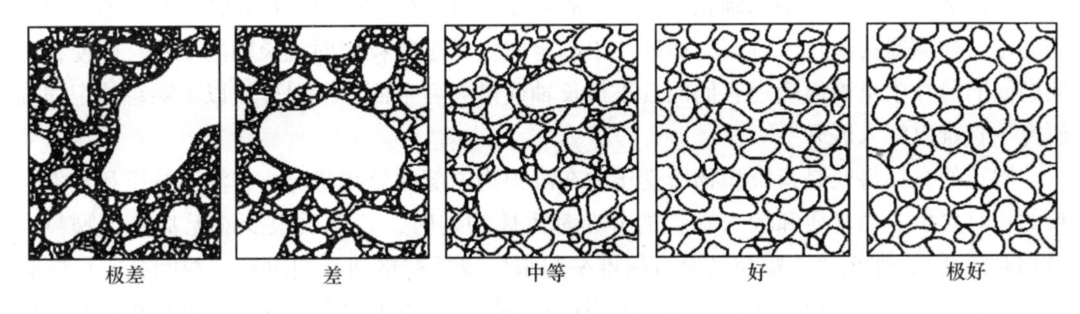


图 7-3　碎屑颗粒分选度的目估分级

不同的颗粒达到的磨蚀强度不同，因而对圆度的判别最好只使用单晶石英颗粒，只有当石英含量很少时才可考虑使用单晶长石或岩屑。而且，在比较不同沉积物的磨蚀强度时，只能根据物理性状相同的颗粒，即不仅矿物种类要相同，其粒度也要相同或相近。单个颗粒的圆度可通过测量和计算其圆度指数来衡量，但这只适用于可分离出来的颗粒，而且也比较烦琐。对固结状态下的颗粒一般也只能用目估。这时可将圆度划分成极圆状、圆状、次圆状、次角状和角状 5 个级别，也可粗略地合并为好、中等、差三个级别。整个沉积物的圆度级别可按大多数颗粒的圆度确定（见图 7-4）。

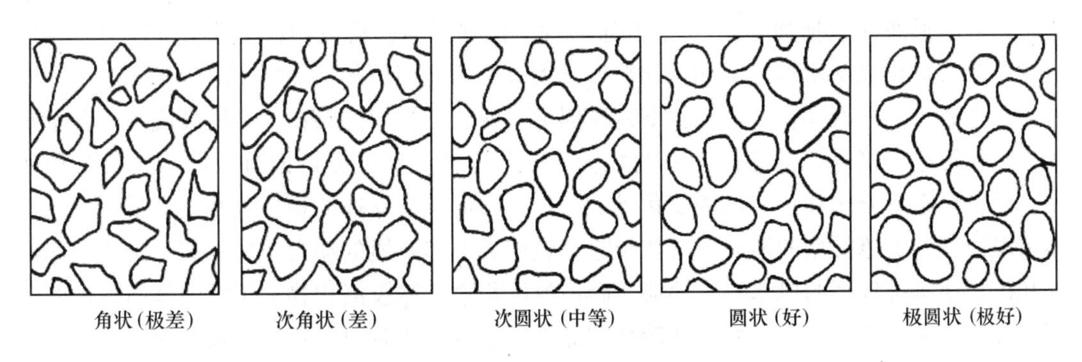


图 7-4　碎屑颗粒圆度的目估分级

D　充填样式

充填样式指沉积物中颗粒的相对取向关系和支撑特征。

非等轴状（主要指片状、板状、饼状或类似形状）颗粒在占据它们所在空间时如果最长轴或最大扁平面具有优势性取向，这样的充填称为定向充填，如果没有优势取向，则称为非定向充填。沉积物中颗粒的取向取决于许多因素。如搬运方式、沉积速率、流体密度、流速、沉积底面的坡度等，遵循的基本取向原则是力图使自己处于最稳定的力学平衡状态。现在，人们对砾级颗粒的定向性研究相对较多。已经知道在各种流体牵引力的作用下，沉积砾石的最大扁平面将趋向于与主牵引力方向反向倾斜（例如形成叠瓦构造），最长轴则趋向于随流速由低到高大致从垂直流向到平行流向转变。在某些重力流（如碎屑流、颗粒流）中呈悬浮搬运的砾石的最大扁平面可以趋向于与流体内部剪切滑动面或坡面平行，而在形成逆粒序的过程中，上部砾石的最长轴则会趋向于与重力方向一致。由冰川直接堆积的砾石常常看不出有定向性，但顺冰川运动方向作大量统计有时也可发现其最大扁平面多少具有一定向源倾斜的优势。砂或以下级别颗粒的定向性或许与此类似，但它们的定向性需要在薄片中观察，而薄片中的定向性只是颗粒切面视长轴的反映，即使在定向磨制的薄片中也难以确定它们的真正最长轴或最大扁平面，所以砂级以下颗粒的定向性研究一直难以深入展开。

颗粒的支撑特征是指沉积物所受压力在沉积物内部的分布状况，它涉及基质和较大颗粒的相对含量。当基质和较大颗粒的分布都大体均匀时，若基质很少或无基质（颗粒含量相对较高），那么较大颗粒就会直接堆垒起来搭成颗粒格架，同时形成粒间孔，可能有的少量基质只会处在粒间孔内。这时沉积物所受压力基本上只分布在较大颗粒相互间的接触部位，颗粒其他部位和粒间孔内的基质则不承受压力或只承受很小压力。若基质含量很高（或颗粒含量很少）以致使较大颗粒被基质隔开而“漂浮”在基质背景中，这时沉积物的格架将由基质和较大颗粒共同搭接形成，它所受压力将会均匀分布在较大颗粒的整个表面上和所有基质中。这种由沉积物的基质和较大颗粒决定的，对所受压力的不同支撑机制称为沉积物的支撑类型。上面第一种情况（单纯由较大颗粒搭成格架）称为颗粒支撑，后一种情况（由基质和较大颗粒共同搭成格架）称为基质支撑。有时候，基质含量既不太多也不太少，较大颗粒有的直接架叠，有的又被基质隔开，这样的支撑称为过渡性支撑（图 7-5）。三种支撑类型中的基质或颗粒含量可以在相当大的范围内变化，其影响因素主要是颗粒的形态（包括圆度）、分选和定向性。例如，同样搭成颗粒支撑，下述原因就可使颗粒含量减少或基质含量增加：颗粒形态大大偏离几何球体（如片状、板状等）、圆度差、分选好、取向紊乱。类似地，下述原因可使颗粒支撑中的颗粒含量增高或基质含量减少：颗粒形态较接近几何球体、圆度好、分选差、最大扁平面定向排列。在实际沉积物中，颗粒形态、分选和定向性的变化极为复杂，搭成颗粒支撑的颗粒或基质含量也就随具体情况而变。支撑类型的地质意义在于它与流体类型和环境的动力条件等关系密切，如密度和沉积速率都较高的风暴流、浊流、碎屑流沉积物、冰筏沉积物、正常浪基面附近的沉积物等等就常呈基质支撑，而流速较高的低密度水流的底载荷沉积物、包括频繁受到波浪淘洗的浅海（湖）环境沉积物以及风积物、颗粒流沉积物等就常呈颗粒支撑。

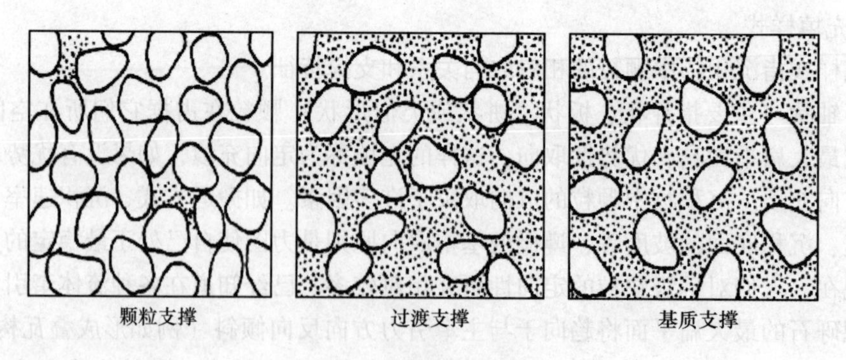


图 7-5　三种基本支撑类型

E　孔隙

沉积物（或沉积岩）中未被固态物质占据的空间称为孔隙。作为一种结构特征，松散碎屑沉积物中的孔隙主要是指由颗粒（无论其大小）相互搭成的粒间孔隙（广义的粒间孔），又称原生孔隙，它不能离开颗粒实体而单独存在，因而孔隙只是沉积结构中的附属特征。在已固结的沉积岩中，孔隙类型比较复杂，它是地下水、天然气和石油等的运移通道和贮存场所，是石油地质学的重要关注对象。

2. 碎屑结构的分类命名

碎屑沉积物的粒度、分选度、圆度和充填样式对沉积物的内在形貌特征都有实质性影响，但相对而言，粒度粗细却是最醒目的，所以碎屑结构通常就按粒度划分并直接以粒度作为结构名称。按主要粒级、碎屑结构可分为砾状结构、砂状结构、粉砂状结构和泥状结构 4 大类。

当然还可以进一步细分，如中砾结构、粗砂结构等，这是目前使用最广、也是最经典的碎屑结构分类。单纯从粒度序列的完整性考虑，碎屑结构应该包括粒度最细的泥状结构（以黏土矿物为主），但它并不意味着所有泥状结构或构成泥状结构的所有泥级质点都为碎屑成因。实际上，一般所指泥状结构可以是碎屑成因，也可以是化学或生物成因，而更多的可能还是混合成因。为此，本教材只将碎屑结构限定在比较狭义的范围内，专指主要由粉砂或更粗粒级陆源碎屑构成的结构，而将主要由泥级质点构成的泥状结构独立出来，这既比较符合人们常常分开使用“碎屑”和“泥”这两个术语的习惯，也有利于在概念上突出不同泥的不同成因。

碎屑结构的粒度分类并不排斥依据结构其他特征的分类，只是较少采用，目前仅限于将砾状结构分为角砾状结构（砾石圆度差）和狭义的砾状结构（砾石圆度中等到好），或分成支撑结构（颗粒支撑）和漂浮状结构（基质支撑）。

3. 胶结物的结构及胶结类型

A　胶结物

胶结物是指碎屑颗粒间或碎屑颗粒和杂基以外的化学沉淀物质，通常是结晶的或非晶质的自生矿物，在碎屑岩中含量<50%，它对颗粒起胶结作用使之变成坚硬的岩石。黏土物质也可对碎屑起胶结作用，但由于它本身所具有的水力学意义以及其特殊的形成机理，而把它归为杂基，不算作胶结物。

由于胶结物是化学沉淀物质，故可以按照其结晶程度、晶粒的相对大小和绝对大小、分布的均匀性以及胶结物本身的组构特征等进行描述。

常见的非晶质胶结物有蛋白石及磷酸盐，隐晶质胶结物最常见者为玉髓和磷酸盐矿物，微晶质的胶结物有微晶碳酸盐矿物。它们大都是类似黏土杂基性质的原生沉积物，而颗粒很小的镶嵌状胶结物可能是成岩期或后生早期的产物。

B　胶结类型

由于胶结物的胶结对象是各自分立的颗粒。因而这些颗粒相互间的位置关系对胶结物的分布就有重要影响。在沉积学中，胶结物的不同分布特点被定义为胶结类型。主要的胶结类型有以下几种（图 7-6）。

（1）基底式胶结：被胶结颗粒彼此相距较远，互不接触而“漂浮”在胶结物背景中。这时的胶结物只能形成在颗粒沉积的同时或在颗粒沉积之前，即不会晚于同生期。从支撑机制看，颗粒之所以“漂浮”，显然是由于基质支撑的缘故。所以这时起胶结作用的只是基质而已（黏土基质或泥晶等）。

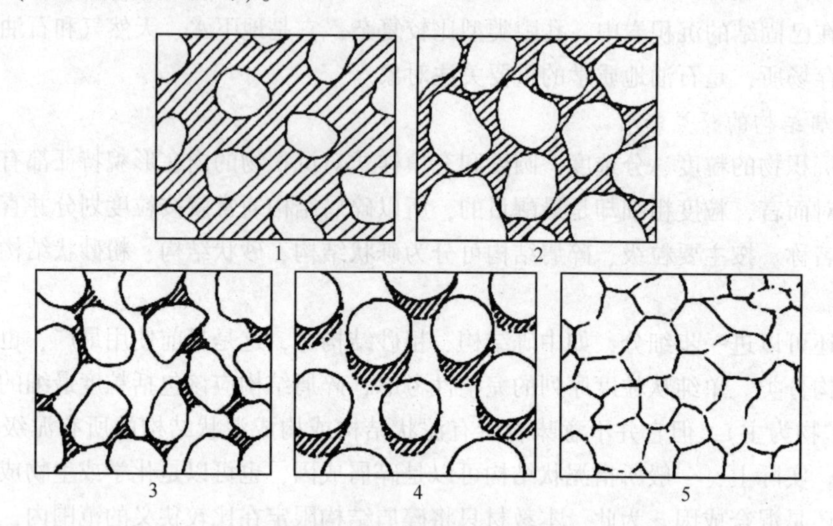


图 7-6　不同胶结类型示意图
（画斜线者为胶结物）
1—基底式胶结；2—孔隙式胶结；3—接触式胶结；4—悬挂式胶结；5—镶嵌式胶结

（2）孔隙式胶结：沉积物为颗粒支撑，胶结物分布在粒间孔内，这时的胶结物可以是基质，但更常见的还是真正意义上的胶结物。若是基质，它形成于同生期或沉积期，或可能是原基质支撑经压实改造形成。若是真正意义上的胶结物，则多形成于浅埋成岩期，少数可形成于同生期或深埋成岩期。

（3）接触式胶结：沉积物也为颗粒支撑，但胶结物只分布在颗粒之间的接触点附近，粒间孔内部仍是未被充填的孔隙。这种胶结类型是某种特殊成岩条件的反映。有两类沉积物可能形成这种胶结类型。一是干旱地区处在地下潜水面以上的风成砂，那里地表蒸发量很大，当地下潜水顺毛细管上升弥补蒸发损失时，少量粒间水可能残留在粒间接触点周围，水中离子浓度也随之升高，最后就可沉淀出胶结物来。二是某些暴露在空气中的颗粒性碳酸盐沉积物因大气降水向下渗透也只有少量粒间水附着在粒间接触点周围，当其中溶解了较多 $CaCO_3$ 时也会有沉淀作用发生。这时胶结物的表面常向接触点方向凹进（这实际是附着水自由表面的形态），故又称新月形胶结。接触式胶结虽然也可使沉积物固结，但固结程度一般不高。若潜水面抬升或沉积物进一步深埋，粒间孔将被水充盈，接触式胶结将发展成或被叠加上孔隙式胶结，这一演变史可由先后沉淀的胶结物的成分或结构差异显现出来，但当缺少这方面的差异时，原接触式胶结就会被掩盖或混淆。接触式胶结可看成是浅埋成岩作用的产物。有时候，在表生成岩阶段，原孔隙式胶结也可因大部分胶结物被溶解而形成溶蚀残余型接触式胶结，但严格讲，这不是接触式胶结而只是一种溶蚀结构而已。

（4）悬挂式胶结：当胶结物和它附着（或胶结）的颗粒具有一致的相对方位时称为悬挂式胶结或重力式胶结。实际上，胶结物大都附着在颗粒的下部。在某些颗粒性碳酸盐沉积物中可以出现这种胶结类型。当松散沉积物处在地下潜水面以上时，大气降水可通畅地向下渗透，但部分渗透水可能会悬挂在颗粒下方。渗透水通常对上部沉积物中的文石、镁方解石有较强的溶解能力，到达下部时将逐渐趋于饱和，最后就可从悬挂水中沉淀出胶结物来形成悬挂式胶结。顺便指出，大气降水在溶解文石、镁方解石的同时，原上部沉积物中混入的少量难溶成分如陆源粉砂、黏土、铁质、有机质等和还未溶解完毕的细小生物碎屑等等也会随渗透水一道向下迁移。在渗流通道狭窄处（如通道已基本被胶结物堵塞的地方）它们将被过滤出来滞留在粒间孔内，有时还可发育隐约的水平或顺渗透水运动方向的纹理。这部分滞留的难溶细粒物质称为渗滤砂或渗滤粉砂，它们常常出现在粒间孔的下部或粒间狭缝处，或者粒间孔壁上沉淀有方解石胶结物，它们则充填在粒间孔的中央部位。在碳酸盐沉积物中，悬挂式胶结、新月形胶结和渗滤粉砂是大气渗流成岩作用（属特殊的浅埋成岩作用）的极好标志。

（5）镶嵌式胶结：这种胶结类型只出现在砂级陆源碎屑沉积物中，颗粒之间因压溶而多呈面接触、凸凹接触或缝合线接触。残留的少量粒间孔内虽然也有胶结物，但胶结物与被胶结颗粒（常为石英）的成分一致，晶格也是连续的，看起来颗粒均镶嵌在一起而没有胶结物显示，故也称无胶结物式胶结。这种胶结类型常在似镶嵌结构的基础上发展而成，通常都是深埋成岩作用的产物。

C　胶结物的结构

胶结物的结晶程度、晶体大小、形态、排列等形貌特征称为胶结物的结构，它与胶结物的成分一样，也要取决于胶结时的物化条件。

（1）非晶质结构。胶结物为非晶质物质，在偏光显微镜下没有光性，通常是蛋白石、胶磷矿等胶体沉淀，为同生阶段形成。这种结构比较少见。

（2）隐晶质结构。胶结物为显微隐晶质，其晶体极其细微，没有固定边界或边界模糊，在偏光显微镜下已有光性反应，但干涉色很低。常见的是玉髓或隐晶磷酸盐，可从粒间水溶液中直接沉淀形成，也可由蛋白石、胶磷矿等失水转化形成。为同生或浅埋成岩阶段的产物。

（3）显晶质结构。胶结物结晶很好，晶体形态清楚，在偏光显微镜下光性特征典型。可形成于整个成岩作用阶段。进一步还可划分成如下几种结构。

1）微晶结构：胶结物晶体细小（$<5\mu m$），多个晶体叠置起来才能达到普遍岩石薄片的厚度，因而在偏光显微镜下见到的只是该晶体集合体的特征。常见的有微晶石英、黏土矿物、泥晶碳酸盐矿物等。微晶石英常由玉髓转化而来（这时常残留有玉髓的某些光性特征）。黏土矿物和泥晶碳酸盐矿物大多是基质，只是起胶结作用而已，但有时也可由粒间水的沉淀作用形成，是真正意义上的胶结物，这时的黏土晶体干净透明，常在被胶结颗粒表面呈放射状或薄膜状生长，晶体之间没有其他杂质（如有机质、铁质等），但泥晶碳酸盐却没有特殊的结构标志，与基质泥晶不易区分。

2）镶嵌粒状结构：胶结物晶体比较粗大，但小于粒间孔和被胶结颗粒，在一个粒间孔内有两个以上胶结物晶体彼此镶嵌。常见成分是方解石、白云石、石膏、重晶石或石英。

3）栉壳状结构：胶结物晶体呈针状、锥状、柱状或片状、板状垂直被胶结颗粒表面生长，在薄片中，它们的长轴彼此平行或大体平行，貌似梳齿或草丛，故又称丛生状结构。黏土、绿泥石等硅酸盐和文石、镁方解石、方解石等碳酸盐可形成这种结构，尤其是在颗粒碳酸盐沉积物中，方解石胶结物（许多可能都是由文石或镁方解石转化而来）更常具有这种结构。若栉壳状方解石晶体长度基本一致可构成一层厚薄均匀的胶结物，这时也称等厚环边胶结物。通常认为，针状方解石的前身是针状文石，叶片状方解石（断面中晶体延伸有弯曲）的前身是镁方解石，它们转变为方解石后仍保留了原始的结构特点，可视为高盐度条件下快速同生胶结或极浅埋藏胶结的证据。只有柱状或锥状（以及粒状）方解石胶结物才是由粒间淡水缓慢沉淀形成的（图 7-7）。

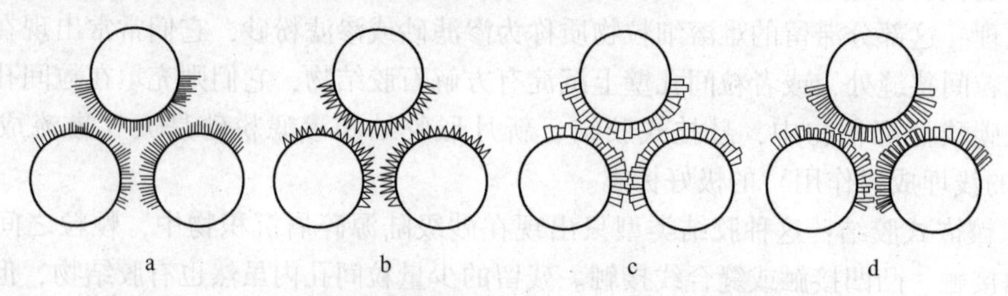


图 7-7　胶结物的栉壳状结构，胶结物晶体切面形态

a—针状；b—锥状；c—柱状或板状；d—叶片状

4）加大边结构：又称共轴增生状结构，即胶结物与被胶结颗粒的成分相同、晶格连续，就好像被胶结颗粒向着粒间孔隙长大了一样。这时的胶结物称为被胶结颗粒的自生加大边、共轴增生边或简称为加大边。当被胶结颗粒为单个晶体时，如陆源碎屑中的单晶石英、长石、生物碎屑中的海百合茎等常发育加大边。其他单晶重矿物碎屑，如电气石、锆石等偶尔也可发育加大边。有些生物壳体如介形虫、有孔虫、三叶虫等是由大量垂直壳面的纤状方解石紧密平行排列构成的（即层纤结构或玻纤结构），各个方解石纤体可分别同时加大，共同构成一个“栉壳状”的集合体加大边（亦即等厚环边胶结物）（图 7-8）。尽管看起来加大边与被胶结颗粒是一个光性连续的整体，但二者决不能混淆。有些加大边与被胶结颗粒之间的分界面上还残留有连续或断续分布的尘点状杂质或者加大边显得更加干净透明，可以清楚地将它们区别开来。这种加大称有痕加大。另外一些加大边与被胶结颗粒之间的分界面上没有杂质，二者也同样干净透明，这种加大称无痕加大。颗粒是否有无痕加大可用阴极发光技术判别，即用阴极射线照射抛光的岩石薄片，用反光显微镜观察，加大边和被胶结颗粒的发光情况（颜色或明暗）通常是不同的（因为它们的微量元素成分不同）。如来自岩浆岩或变质岩的碎屑石英可发蓝紫-棕色的光，碎屑长石发各种浅-深蓝的光，而加大边石英和长石则不发光。普通偏光显微镜对辨别无痕加大是无能为力的，只是有时候可根据所见颗粒的不正常形态推测加大边的存在，如石英碎屑以局部的触角或尖角与相邻石英紧密镶嵌，该触角或尖角就可能是加大造成的，介形虫壳体大大超出了常规厚度可能指示有栉壳状加大等（图 7-8）。加大边可形成于同生阶段或浅埋成岩阶段，也可能延续到深埋成岩阶段才最后完成。

5）嵌晶结构：又称连晶结构，胶结物晶体粗大，一个晶体可占据或通过两个或两个以上相邻粒间孔，被胶结的某个或某几个颗粒看起来就像镶嵌在了这个晶体的内部，该晶体还常常有向固有结晶形态发育的趋势（图 7-9）。方解石、石膏、硬石膏、重晶石、沸石等胶结物易形成这种结构。它形成于深埋成岩阶段，是其他结构的重结晶产物。

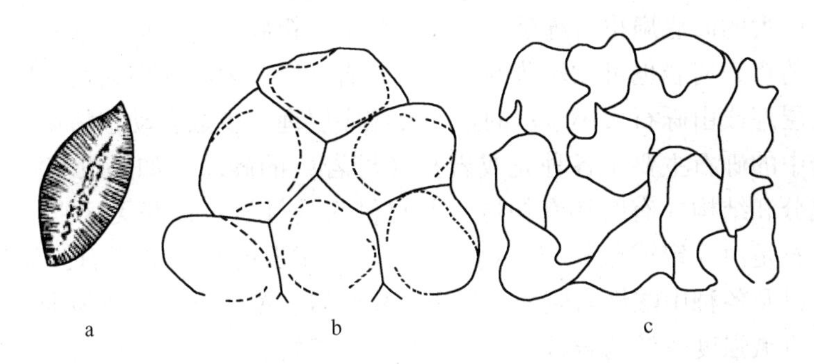


图 7-8 胶结物的加大边结构

a—介形虫的栉壳状加大；b—碎屑石英的有痕加大（碎屑石英轮廓由杂质显示）；c—石英的无痕加大（碎屑石英之间呈触角或尖角状紧密镶嵌）

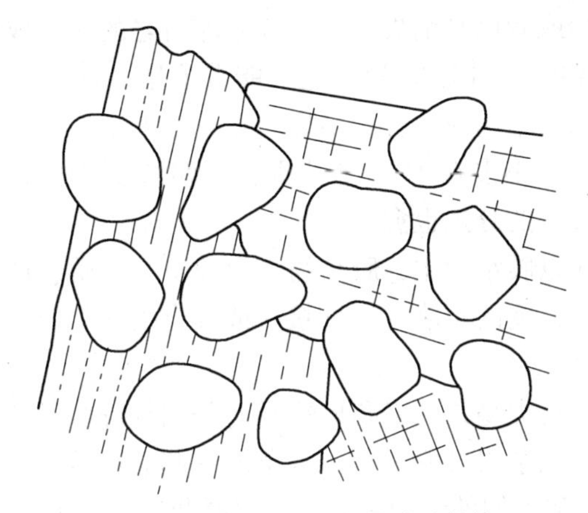

图 7-9 硬石膏胶结物的嵌晶结构

## 二、常见陆源碎屑岩的鉴定

### （一）粗碎屑岩-砾岩、角砾岩和沉积混杂岩

砾岩、角砾岩和沉积混杂岩合称为粗碎屑岩。这是一类含有较多砾级碎屑（即砾石）的沉积岩，但是，砾级碎屑含量应该达到多少才能称为粗碎屑岩却一直没有固定标准。本书根据 Folk（1974 年）的意见和我国较流行的用法，将砾级碎屑含量达到或超过 30%的沉积岩称粗碎屑岩。之所以会取较低的含量标准是因为岩石中的砾级碎屑非常显眼，其含量并不要求很高就可给人以“粗碎屑岩”的强烈印象。更重要的是，岩石中的砾级碎屑常常比砂或以下级别的碎屑具有更重要的沉积学意义。就体积而言，粗碎屑岩在整个沉积地质记录中还不到 1%，但仍可沉积在从大陆到深海的各种环境中。按成因，常见的粗碎屑岩有滑坡角砾岩、洪积砾岩、河成砾岩、湖成砾岩、滨海砾岩、浊积（海底扇）砾岩、冰碛砾岩以及溶洞角砾岩等。在经济生活中，粗碎屑岩是砂金、砂锡等矿产的主要赋存岩石，也是重要的地下水储集岩。

1. 粗碎屑岩的一般特征

粗碎屑岩，尤其是具有较大厚度的粗碎屑岩通常以透镜状、丘状、扇状等形态在局部地域产出，但巨大的海底扇也可绵延上千平方公里。粗碎屑岩横向上常向砂岩过渡。某些分布范围较广的粗碎屑岩也可以较薄的层状与砂岩互层。岩石大多为块状层理，有时有叠瓦构造、交错层理或由砾石大小显示的正、反粒序层理。少数含动植物化石。

粗碎屑岩中的砾石主要是各种先成岩石（母岩）的碎块，如果没有强烈交代，砾石内部的矿物成分和结构（有时还有构造）与提供它的母岩可以毫无区别或至少没有本质差异。常见砾石是由稳定或较稳定矿物构成的、机械强度较高的岩石，如燧石岩、石英岩、脉石英岩以及各种中酸性岩浆岩、片岩、片麻岩、浅粒岩等。较为少见的是由不稳定矿物构成的、机械强度较低的岩石，如各种基性岩浆岩、石灰岩、白云岩、泥质岩、大理岩等。但不同岩石的砾石成分可相差很大，既可以全部是单一的或间杂有较稳定的砾石，也可全部是单一或间杂有不稳定的岩石。必须注意，砾石中出现的岩石类型和相对丰度常常并不反映原始母岩中的岩石类型和相对丰度，因为在母岩风化、砾石搬运过程中，有些不稳定砾石可能已经减少或者已经消失了，所以粗碎屑岩的成分成熟度仍有重要的成因意义。当砾石粒度较为细小时（如细砾级），也可能有单晶（常常是石英和长石）砾石。

所有粗碎屑岩都具砾状结构或角砾状结构，砾石的大小、分选、磨圆和支撑特征变化很大。自然界常见砾石的大小多在中-粗砾范围，更粗或更细的砾石都较少。一般说来，岩石中最粗砾石愈粗，砾石的分选也愈差。

粗碎屑岩的成岩方式以胶结为主，胶结物多为硅质、钙质、铁质或泥质。有时，相互支撑的砾石之间可有一定程度的压溶（凸凹接触或缝合线接触）。

2. 粗碎屑岩的分类命名

粗碎屑岩中的基本岩石类型是砾岩和角砾岩（分别具砾状结构或角砾状结构）。近年来，又独立分出一种沉积混杂岩（它和构造混杂岩一起总称为混杂岩或混杂堆积岩）。按 Raymond（1984）的定义和人们的使用习惯，沉积混杂岩是含大量泥基的粗碎屑岩而不论其砾石的圆度（常常粒度很粗，分选很差，泥基支撑），为此，他只将砾岩和角砾岩限定在不含基质或只含以砂为主的混基的范围内。这样做的理由是，富含泥基的粗碎屑岩一般都有较特殊的成因，如滑坡、浊流、冰川等等，有些构造混杂岩（如含大量岩粉基质的混杂岩）与沉积混杂岩很相像，都是一般混杂岩的重要岩石类型。

三类粗碎屑岩都可按主要砾石的大小和成分进一步划分。

（1）按主要砾石大小划分：

1）巨砾岩（或角砾岩、混杂岩）：主要砾石粒径超过 250mm；

2）粗砾岩（或角砾岩、混杂岩）：主要砾石粒径 250～50mm；

3）中砾岩（或角砾岩、混杂岩）：主要砾石粒径 50～5mm；

4）细砾岩（或角砾岩、混杂岩）：主要砾石粒径 5～2mm。

（2）按砾石成分划分：

1）单成分砾岩（或角砾岩、混杂岩）指砾石中超过 75%砾石都为相同的成分，如 75%以上都是石英岩或花岗岩、石灰岩等。这时砾石的主要成分可直接参与命名，如石英岩砾岩、石灰岩角砾岩等。

2）复成分砾岩（或角砾岩、混杂岩），指没有哪种成分的砾石超过了砾石的 75%。

3. 粗碎屑岩的常见岩石类型

常见粗碎屑岩有以下类型：

（1）石英岩砾岩。砾石以石英岩、燧石岩、脉石英等为主，中-细砾级，分选、磨圆较好，颗粒支撑。常见胶结物为石英、方解石、赤铁矿等。

（2）火山岩砾岩。砾石主要为火山岩或火山凝灰岩，单成分或复成分，多中砾级，中等分选磨圆，常含砂基或混基，砂基成分与砾石成分相近，但有较多石英、长石单晶。胶结物通常为泥质、钙质或铁质。

（3）石灰岩角砾岩或砾岩。砾石以石灰岩为主或全部为石灰岩，粒度变化较大，可以为粗砾、中砾或细砾，多次角-次圆状，分选好到差，可含较多泥基或混基，有时也可被方解石胶结。

（4）复成分砾岩。砾石成分复杂，常见岩浆岩、沉积岩和变质岩混生，稳定和不稳定砾石比例不定，但不稳定砾石常常较多，圆度中等，分选中等到差。多泥基或混基。混基成分也很复杂。化学胶结物较少，有时有石英胶结物。

4. 粗碎屑岩的研究方法及地质意义

对粗碎屑岩的研究，主要在野外进行，特别要注意研究以下几个方面：

（1）砾级碎屑成分，要统计各种成分烁石的含量，最好按粒级分别统计，将统计结果绘制成直方图或圆形图，并找出砾石成分在剖面上的变化规律。

（2）粒度和分选性，最简便的办法是在露头上无选择地测量100个以上的砾石长轴，统计分析并求出砾石 $a$ 轴的平均值和分选系数。如有平面上的资料，还要找出它们在平面上的变化规律，做出等值线图。

（3）砾石的圆度、球度、形状以及表面特征的观察。

（4）填隙物的成分和结构特点以及它们和砾石的相对含量，对填隙物的研究还应该在显微镜下进行。

（5）沉积构造的研究，如层理构造、粒序性、砾石的排列性质和排列方向，并对砾石的排列方向进行测量、统计作图。

（6）砾岩岩体的产状、接触关系、底面特征的观察。

砾岩在时间和空间上的分布都很广泛，自前寒武纪到现代的各个地质历史时期，以及在各种构造条件下，都或多或少地存在着砾质沉积。在古代，角砾岩要比砾岩少，厚度不大，分布也局限；在古代的砾岩中，最发育的还是山麓地区的河成砾岩，如我国河西走廊的上泥盆统老君山砾岩，其厚度达1000～2000m。另外，地台型的底砾岩有时分布很广，其面积可达几百平方千米。

对砾岩的研究具有很大的理论意义，由于砾岩常形成于构造运动期后，大面积的出现与侵蚀面相伴生，在地层上常作为沉积间断和地层对比的依据。砾岩，尤其是角砾岩的形成是地壳运动的标志，对于了解地质发展史、地壳运动状况、古气候状况和冰川的存在都是极有用的。此外，砾石的分布还有助于了解古海（湖）岸线的位置、古河床的分布及古流向，以及陆源区母岩的特征等。

砾岩中常存有重要的金属和非金属矿产，如金、铀、金刚石等贵重砂矿和铜矿、铀矿等。例如，四川会理大铜厂的含铜砾岩、南非维特沃斯兰德的含铀、金砾岩。砾岩常常是重要的含水层，是寻找水资源的有利对象，此外砾岩还可以是石油和天然气的储集层。砾岩本身还是建筑材料和铺路材料，砾石也是混凝土的拌料。可见研究砾岩还具有很大的经济意义。

（二）中碎屑岩-砂岩

砂岩又称中碎屑岩，指含 50%以上砂级陆源碎屑的沉积岩类。若岩石同时还含有30%以上的陆源砾石，则应归于粗碎屑岩类。在大陆的沉积地层中，砂岩大约占 25%，是最重要、也是研究得最多的沉积岩类之一。砂岩的沉积环境比粗碎屑岩广阔得多，主要沉积在河流、沙漠、湖泊等大陆环境、河海过渡环境（三角洲环境）、浅海至深海环境，并与粗碎屑岩、粉砂岩、泥质岩、碳酸盐岩等共同构成各种各样的垂向序列。在海水不断向陆推进（海进）的背景条件下，沉积的浅海砂岩可覆盖数千平方公里。在海底扇杂岩中，砂岩与共生的其他陆源碎屑岩的最大堆积厚度可达 15km。砂岩具有重要的经济意义，它是两类最重要的油气储蓄岩类之一（另一类是碳酸盐岩），也是地下淡水的巨大存贮库，纯净的石英砂或石英砂岩还是廉价的玻璃工业原料。

1. 砂岩的一般特征

砂岩多以较稳定的层状产出，砂体外形可呈席状、丘垅状、水道充填状和扇状等。砂岩的沉积构造极为丰富，特别是各种层理、波痕构造非常常见。除了与石灰岩共生或过渡的砂岩中可含一些方解石质自生颗粒（主要是生物碎屑、内碎屑和鲕粒）以外，砂岩中的沉积组分主要是砂级陆源碎屑和基质。砂级陆源碎屑（砂粒）以单晶碎屑最常见，有些砂岩也可含相当多的岩屑。单晶碎屑主要是石英和长石，另有少量云母和重矿物。岩屑通常是结构细腻、致密的岩石，其中以成分稳定者多见，如燧石岩、酸性喷出岩，细到极细粒片岩、片麻岩等，有时也可出现中性，甚至基性火山岩或火山凝灰岩、泥质岩等。岩屑中有些是以多晶石英形式出现的。砂岩中的基质以黏土为主，也包括细粉砂级碎屑，称为泥基或杂基，某些与碳酸盐岩共生的砂岩也可以有碳酸盐质的泥晶基质。当碳酸盐质自生颗粒或泥晶基质增加时，砂岩将向碳酸盐岩过渡。

砂岩的成岩以胶结为主，也有压实、压溶和溶蚀交代作用，而重结晶一般只发生在胶结物中。典型和常见胶结物有石英、方解石、赤铁矿、海绿石、石膏等。特殊条件下也可出现菱铁矿、绿泥石、重晶石、沸石等胶结物。由基质起胶结作用的砂岩也较常见。砂岩通常可保留原沉积物砂状结构的整体面貌和粒度、分选、磨圆等结构特征，但支撑类型可能会受到压实作用的影响。

2. 砂岩的分类命名

根据研究目的、研究程度的不同，可使用不同的砂岩分类命名方案。

A　按主要粒度划分

这是最基本也是在世界范围内较为统一的分类方案。典型岩石类型见表 7-5。

**表 7-5　按主要粒度划分的砂岩类型**

| 砂岩类型 | 主要砂粒粒径/mm |
|---|---|
| 极粗砂岩 | 2.0~1.0 |
| 粗砂岩 | 1.0~0.5 |
| 中砂岩 | 0.5~0.25 |
| 细砂岩 | 0.25~0.10 |
| 极细砂岩 | 0.10~0.05 |

B　按基质含量划分

按基质含量一般只将砂岩分为两类，基质含量较少或无基质时为净砂岩（或简称为砂岩），基质含量较多时为杂砂岩（也译作瓦克岩）。但是，两类砂岩之间的基质含量界线却没有统一意见。在我国的许多沉积岩教科书中普遍使用了15%这个界线。对更新世到现在海相砂质沉积物，特别是浊积砂（它应该形成杂砂岩）的研究表明，它们的黏土基质含量普遍少于10%；另一方面，砂质沉积物的基质可以由碎屑颗粒转化而来，如泥质岩屑被压碎，碎屑长石或石英被黏土交代等，这就意味着，古代许多杂砂岩的基质可能不是“沉积的”而是“成岩性的”。基于这种考虑，Raymond（1995）将净砂岩的基质含量定在了5%以下，以表明该砂岩可能经历过比较强的淘洗，而将基质含量超过5%的砂岩都定为杂砂岩，它们可以有各种成因。我们认为这种考虑和划分是合理的，这里推荐使用这种划分。

C　按砂粒成分划分

很早以前人们就知道砂粒成分具有深刻的成因含义，并把它运用到砂岩的进一步分类中（如 Krynine，1948）。通常这种划分都是在砂岩中选用三种成分的砂粒作为端元组分，再按它们的相对含量作三角划分。已经提出的这类方案不下几十种，所选用的端元组分、含量界线、划分方法和使用的岩石名称多不相同。选用不同端元组分和相应的岩石名称多少有其合理的一面，而不同的含量界线和划分方法却主要是一种人为的选择。在绝大多数方案中，三个端元分别都有石英、长石和岩屑。考虑多方面因素，本教材拟定了如图7-10所示的方案，其中 $Q$ 和 $F$ 端元分别为单晶石英碎屑和单晶长石碎屑，$R$ 为所有岩屑（包括多晶石英碎屑），各含量界线和划分方法（即分类界线的画法）沿用了 Folk（1974）的分类，但岩石名称做了部分改动，其中的岩屑砂岩还可按主要岩屑类型细分，如火山岩岩屑砂岩、变质岩岩屑砂岩等。

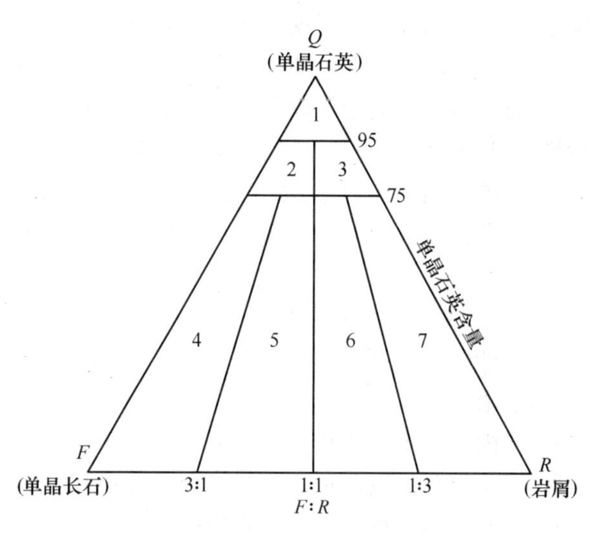


图7-10　按砂粒成分划分的砂岩类型

1—石英砂岩；2—长石石英砂岩；3—岩屑石英砂岩；
4—长石砂岩；5—岩屑长石砂岩；
6—长石岩屑砂岩；7—岩屑砂岩

D　综合划分

在以上三种划分中可同时选用两种或全部三种作综合划分，例如粗粒杂砂岩、岩屑杂砂岩、细粒长石石英净砂岩、中粒长石杂砂岩等。

同粗碎屑岩一样，也可将化学沉淀的胶结物冠在名称之前，如海绿石石英砂岩、钙质长石砂岩、铁质石英砂岩等。如有两种以上成分的胶结物，只选用最有成因意义或含量最多的胶结物，如同时有方解石和菱铁矿胶结物，则选用菱铁矿。

还有一种较为古老的砂岩名称，即硬砂岩现在仍在使用。按 Dott（1964）的定义，这是一种杂基含量超过 10%~15%、杂基成分主要为云母、绿泥石和黏土的坚硬的杂砂岩，是经过了较强深埋成岩作用（强烈压实和重结晶）的产物。

除了上述划分和名称以外，在沉积环境研究中还经常按沉积构造（主要是层理）划分和命名，如交错层砂岩、平行层理砂岩、块状砂岩等。

3. *砂岩的主要岩石类型*

石英砂岩。大多为中-细砂岩，碎屑中 95%以上都是单晶石英，可含少量燧石岩岩屑和单晶长石。分选磨圆通常较好，颗粒支撑。胶结物成分变化较大，但大多有石英（主要是加大边），其他的可以是方解石、铁的氧化物或氢氧化物、海绿石、石膏等。少数石英砂岩可含较多黏土或碳酸盐泥晶基质而成石英杂砂岩。当长石、岩屑增多时可向长石石英砂岩或岩屑石英砂岩过渡。

长石砂岩。以中-粗砂岩多见。碎屑中单晶长石含量较高，当单晶石英少于 75%且长石是岩屑的 3 倍以上时即为长石砂岩。长石以碱性长石和中酸性斜长石为主。分选磨圆变化较大，从差到好都可出现。多数长石砂岩都是杂砂岩，少数为净砂岩并被部分加大边石英和钙质、铁质等胶结。随岩屑含量增高可向岩屑长石砂岩过渡。

岩屑砂岩。粒度变化较大，粗、中、细粒都常见，碎屑中岩屑含量较高，当单晶石英少于 75%且岩屑是长石的 3 倍以上时即为岩屑砂岩。岩屑成分与粒度有一定关系，细粒时多以隐、微晶质岩屑（如火山岩）为主，粗粒时则趋于复杂。岩石大多富含黏土基质，属杂砂岩类，少数为净砂岩而被加大边石英和方解石胶结，当长石含量增加时可过渡为长石岩屑砂岩。

4. *砂岩的研究方法及意义*

对于砂岩（包括粉砂岩）的研究，不仅要在野外进行详细观察描述，而且还必须做大量的室内工作。

在室内工作中，薄片鉴定是最基本的手段之一，可用来详细研究砂岩成分、结构以及成岩、后生变化，以便正确地予以命名和进行成因分析。其他常用手段还有机械分析、重矿物分析及形态分析等。为了确定砂岩的储集性能，可用专门方法测定砂岩的孔隙度和渗透率，利用扫描电镜、阴极发光及 X 射线衍射等现代化手段，再结合压汞分析，可以进一步研究砂岩孔隙结构、胶结物的类型和数量，进而阐明环境的特点及其对储集性能的影响。

野外工作和实验室分析的结合，可对地层的划分和对比以及古地理、古构造、古气候、古代沉积环境等方面的研究提供重要的依据。

砂岩的研究具有极为重要的实际意义。砂岩是最重要的油气储集层，据统计世界上半数以上的油气资源储集在砂岩中。另外，砂岩中常有铜、铁、铅、锌、铀等多种层控金属矿床；砂岩是良好的含水层，是寻找地下水资源的有利场所；固结良好的砂岩可作建筑石材，松散的砂可作水泥拌料，纯净的石英砂和石英砂岩是硅酸盐工业和玻璃工业的原料。某些砂和砂岩中常常富集有重要矿产，如金、铂、锆石、独居石、锡石、金红石等矿物，可构成重要的砂矿。

从上述可以看出，砂岩的研究不论是在地质理论方面，还是在国民经济建设方面，都具有十分重要的意义。

### （三）细碎屑岩-粉砂岩

粉砂级陆源碎屑超过 50%的沉积岩称粉砂岩。在欧美国家，粉砂岩属于泥质岩类，在分类地位上比砾岩、砂岩、泥质岩等低一个级别，在我国，粉砂岩与泥质岩则是分开的，分类地位与泥质岩并列。这两种处理方法各有可取的一面。无论如何处理，粉砂岩和泥质岩都可合称为细碎屑岩类。

1. 粉砂岩的一般特征

粉砂岩大多分布在砂岩和泥质岩之间的过渡地带，在有砂岩分布的地方，几乎都有粉砂岩，且分布范围较砂岩更广。岩石中最常见的沉积构造是水平层理、脉状、透镜状层理和小波纹交错层理，在特定条件下，也经常发育其他沉积构造，如块状层理、粒序层理、浪成交错层理、丘状交错层理以及波痕、生痕、泥裂、假晶、泄水（构造）等。还常有变形（如揉皱）现象。粉砂岩（和泥质岩）所含化石比砂岩多得多，而且大多是完整的原地生物，这对岩石沉积环境和共生岩石产出时代的判别都有重要意义。粉砂岩（和泥质岩）的沉积环境几乎总是低能的，即使是由风暴流或浊流形成的粉砂岩（或泥质岩）也是流速减慢时的产物。粉砂岩的典型沉积环境有河漫滩、沼泽、三角洲、潮间坪、海湖较深水区等。在各种环境形成的垂向序列中，粉砂岩总是处在砂岩和泥质岩之间或与泥质岩互层。粉砂岩的碎屑成分以单晶石英最常见，含量通常较高，有时可含较多长石，但岩屑很少或无，云母（白云母或黑云母）相对砂岩可有明显增加，有时可占碎屑总量的10%以上，且多平行层面排列。由于粒度很细，粉砂岩中的石英碎屑常常分选很好，磨圆较差。绝大多数粉砂岩还含相当数量的泥质。在成岩过程中，这些泥质就起胶结作用。在粒度稍粗的粉砂岩中有时也会有化学沉淀的胶结物，如方解石、赤铁矿、石英、海绿石等等。

在泥质含量较高的粉砂岩中可发育页理构造。所谓页理是指岩石易平行层面裂开成薄板状或薄片状的习性。它在泥质岩中更常见，但其成因还不十分清楚，一般认为与黏土矿物或由黏土转化而来的绢云母、绿泥石等在较高压力下的定向排列有关。奇怪的是，它只在地表露头上出现，而深埋在地下（如在钻井岩心中）的粉砂岩和泥质岩就没有页理。

2. 粉砂岩的分类命名

粉砂岩按粒度可细分为粗粉砂岩（碎屑粒度 0.05~0.03mm）和细粉砂岩（碎屑粒度 0.03 ~0.005mm）两类。

3. 粉砂岩的特征

粉砂岩的碎屑组分以石英为主，长石次之，岩屑少见，有时含较多的白云母。重矿物含量较高，可达 2%甚至 3%以上，常见的为锆石。碎屑的磨圆度差，常呈棱角状，填隙物为黏土质、碳酸盐质、氧化铁质等。

粉砂岩因颗粒细小，肉眼难以识别其矿物成分和形态特征，野外鉴定时可根据其粗糙的外貌和断口，以及用手搓捻其粉末有粉砂质点感觉与黏土岩相区别。此外，需着重观察岩石的颜色、层理等性质。

粉砂岩是碎屑经过了长距离搬运后，在比较安静的水动力条件、沉速比较缓慢的环境下形成的。在横向上分布于砂岩和黏土岩的过渡地带，在纵向上逐渐变成砂岩、黏土岩。

它常具极薄的水平层理、波状层理及波状斜层理。

4. 粉砂岩的研究意义

粉砂岩分布很广，我国很多杂色岩层、红层均为粉砂岩层。例如我国南方中生代-新生代的红层；北方广泛分布的黄土及黄土状岩石，也是一种半固结的黏土质粉砂岩。其中粉砂含量一般为40% ~60%；其次为黏土，一般在30%左右（华北黄土中黏土含量可达40%）；再次为砂粒，含量在10%左右，粒径一般<0.25mm。碎屑成分以石英、长石为主，此外还有电气石、锆石、石榴子石等。我国北方的黄土一般认为是风成的，而其他地区（如成都平原、苏北、南京附近）的黄土则认为以水成为主。

（四）泥质岩

泥级质点（主要指黏土矿物）含量超过50%的沉积岩称泥质岩，它与粉砂岩一起（即细碎屑岩）可占整个沉积记录的50%以上，位居第一。在各种碎屑沉积物的垂向序列中几乎都有细碎屑岩，就是说，细碎屑岩或泥质岩可沉积在各种大陆、海洋和其间的过渡环境中，在分布的广泛性上也超过了其他沉积岩。泥质岩与国民经济和人民生活关系密切。按现在的主导理论，世界上（包括中国）超过一半的石油和天然气都是由泥质岩所含有机沉积物降解形成的，是最重要的生油岩石和封闭油藏和气藏的盖层岩石。它还广泛用于陶瓷工业、耐火工业以及用于化工或作为工业填料等。泥质岩的研究日益受到人们的关注。

1. 泥质岩的一般特征

主要或常见泥质岩都是比较稳定的层状，常与砂岩、粉砂岩共生或互层，或者以背景沉积的形式处在相对孤立的中粗碎屑岩体之间，有时可与粉砂岩一起构成单调的细碎屑沉积序列。也经常在中粗碎屑岩内以条带状产出。岩石中的沉积构造与粉砂岩类似。沉积顶面还经常受到冲刷而与中粗碎屑岩呈冲刷接触或被中粗碎屑岩切割，较强压实后比粉砂岩更容易产生页理。

泥质岩的成分非常复杂，主要是高岭石、伊利石、蒙脱石、绿泥石和混层黏土等黏土矿物，经深埋成岩作用后还可出现绢云母，此外，还常常含有粉砂级或泥级大小的石英、长石和云母碎屑以及其他自生成分，如方解石、自生石英、铁铝氧化物或其水化物、黄铁矿、有机质等。

泥质岩的固结机制主要是压实。伴随成岩作用的进行还广泛出现黏土矿物之间的转化（主要是高岭石、蒙皂石的伊利石化和绿泥石化）和各种沉积组分的溶解、成岩矿物的沉淀和有机质降解。泥质岩普遍具泥状结构，偶尔具鲕粒结构。具鲕粒结构的泥质岩应属自生沉积岩类。

2. 泥质岩的分类命名

同其他沉积岩一样，泥质岩的分类命名也有分歧，但国内则基本统一。

（1）按是否发育页理划分。

泥岩：无页理；

页岩：有页理。

用页理定义页岩是一种国际性的普遍做法，但国内外也有人将页岩定义为发育有水平纹理的泥质岩。通常，页理面是与某些水平纹层面重合，但并不是所有水平纹层面都能成为页理面，故这里不用此说。另外，欧美国家将有页理的粉砂岩也称为页岩，而按我国的习惯则还需要知道岩石中粉砂的含量，才能定为页岩或粉砂岩。

（2）按黏土矿物的组成划分。

1）单成分黏土岩：指在黏土矿物中有某种黏土矿物含量超过50%，这种黏土矿物可直接参加定名，如高岭石黏土岩、蒙脱石黏土岩、伊利石黏土岩，如还有页理，可将“黏土岩”改为“页岩”。

2）复成分黏土岩：指在黏土矿物中任何一种黏土矿物含量都不超过50%。如有必要，可用含量较高的两种黏土矿物以“少前多后”的顺序参加定名，如高岭石-伊利石黏土岩，伊利石-蒙脱石黏土岩等。自然界中大多数泥质岩都是复成分的，所以“复成分黏土岩”这一名称用得较少，可就称为泥岩或页岩。

黏土岩这一名称的内涵各家看法不一，欧美国家因为将粉砂也看成是“泥”，所以常常规定黏土含量大于2/3时为黏土岩或黏土页岩，在2/3～1/3之间时为泥岩或泥页岩，黏土含量小于1/3或粉砂含量大于2/3时为粉砂岩。我国的黏土岩与泥质岩在习惯用法上则是同义的。

（3）按非黏土的其他成分划分（或命名）。

按其他成分划分的岩石类型有：

1）钙质泥岩或页岩：可与稀盐酸反应，但反应不是由钙质生物化石引起的，可以与泥灰岩过渡。

2）红色（或铁质）泥岩或页岩：颜色为红、紫红等，含赤铁矿或水赤铁矿。

3）黑色泥岩或页岩：因含细分散状黄铁矿而呈黑色，但不污手。

4）碳质泥岩或页岩：含较多有机碳，有时有植物化石，黑或灰黑色，污手。

5）硅质泥岩或页岩：此硅质指自生硅质矿物，大多是成岩期的产物，常由火山玻璃或硅质生物溶解尔后沉淀（或重结晶）形成。这类岩石通常颜色较深（深灰-黑灰），硬度较大，可突出在风化面上，可与硅质岩过渡。

6）油页岩：含沥青，颜色为棕、褐等，风化后常为浅棕、淡褐等，质地较轻，灼烧时冒烟，有沥青味。也称沥青质页岩。

（4）具特殊成因的泥质岩。特殊成因主要指化学沉积或残积成因。另有热液成因，但不在沉积岩之列。

鲕粒高岭石黏土岩是化学沉积泥质岩的典型代表。岩石具鲕粒结构，鲕粒为同心鲕，由高岭石构成，但鲕圈有时较模糊。岩石多为基质支撑，基质也主要是高岭石质的。可能为动荡湖泊水体的胶体沉积产物。这种泥质岩很少见，我国辽宁本溪有少量分布。

残积型泥质岩种类较多，主要有残积高岭石黏土岩和残积蒙脱石黏土岩。

残积高岭石黏土岩为富Al硅酸盐（主要是酸性岩浆岩、片麻岩等）的风化残积物，形成于温暖潮湿、地形微有起伏的酸性风化条件下。这时长石等富Al矿物易于水解，溶出的碱或碱土金属离子可顺利排出，而源岩却很少剥蚀。岩石中的黏土矿物几乎都是高岭石，其他黏土矿物很少，但可间杂一些石英、白云母等残积碎屑。我国江西景德镇高岭村的残积高岭石黏土岩著称于世，高岭石也因此而得名。

残积蒙脱石黏土岩通常称斑脱岩，因其遇水急剧膨胀（体积可增大10倍以上），摸之滑腻，故也称膨土岩或膨润土。岩石成分以蒙脱石和伊利石-蒙皂石混层黏土为主，颜色斑杂不均，有白、粉红、黄、淡绿、淡蓝等，硬度较小，在露头上多发皱。斑脱岩多是中酸性火山岩或火山碎屑岩原地风化蚀变的产物。这类母岩透水性差，若降水量不大，其中的玻璃质、隐晶质水解溶出的碱或碱土金属离子不易流失，介质可呈较强的碱性，硅、铝等的活动性也增强，这对富 Mg、Al 的蒙皂石类矿物的形成有利。若降水量较大，碱或碱土金属离子大量流失，蒙皂石类矿物将向高岭石转变，斑脱岩就难以形成或难以在风化中保持不变。斑脱岩也可由水下喷发的火山岩蚀变产生，形成机理与地表风化类似（可称海底风化）。世界上很多地方都有斑脱岩分布，但数量不多，我国河北张家口、宣化和浙江余杭、诸暨等地有斑脱岩产出。残余高岭石黏土和残积蒙脱石黏土如规模较大，都可作为矿床开采。

**思考与练习**

1. 陆源碎屑岩物质的粒度是如何划分、命名的？
2. 陆源碎屑岩碎屑的成分主要有哪些？
3. 陆源碎屑岩的结构主要包含了几方面？

# 项目三　火山碎屑岩

**【知识点】** 火山碎屑物的概念及类型；火山碎屑岩的特征；火山碎屑岩的主要岩石类型。

**【技能点】** 掌握火山喷发与火山碎屑物；掌握火山碎屑物的特征及分类；掌握火山碎屑岩的主要岩石类型；能够鉴定各类火山碎屑岩。

## 一、火山碎屑岩概述

### （一）火山喷发与火山碎屑

火山喷发是世界上最宏伟壮观的自然现象之一，也是自古以来留给人类印象最深刻的一种地质现象，它不仅形成了地壳中的重要组成-火山岩，同时因地球内部能量在地表的释放和因地球内部物质对生物圈和大气圈的改变，造成重大的地质灾害和深远的环境影响。

1. 火山喷发的物理过程与喷发方式

岩浆的性质是决定喷发方式的重要因素，同时也决定了喷出产物（火山岩）的特征和造成的灾害程度和环境影响。图 7-11 是普宁尼式（Plinian）爆发式火山喷发过程的示意图，其喷发过程如下：

（1）在岩浆的浮力和岩浆房中的膨胀压力的共同作用下，在岩浆房顶部形成向上的裂隙通道，岩浆沿该通道上升并喷出地表。

（2）由于岩浆房中应力的释放和岩浆在上升过程中的压力降低，岩浆房顶部和上升通道中的岩浆溶解的挥发组分快速出溶，同时可能还伴有岩浆-潜水相互作用，使上升的

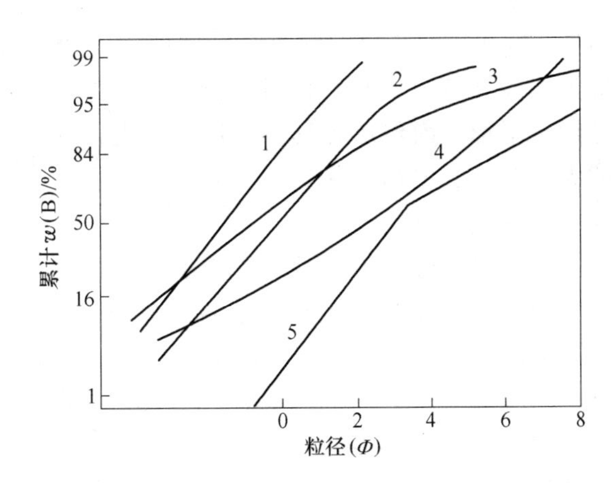


图 7-11　几类火山碎屑堆积物的粒度累积频率分布曲线（转引自 Fisher 和 Schmincke，1984）
1—火山渣锥堆积；2—底涌浪相堆积（水平层状者）；3—空落相堆积；
4—灰流相堆积；5—底涌浪相堆积（具交错层理者）

岩浆气泡化。随着出溶作用的进行和上升导致的压力降低，气泡快速增大，在岩浆中的体积也快速增加，另一方面因岩浆中挥发组分的出溶和岩浆冷却导致的黏度增加，可妨碍气泡的增长，在气泡内形成可观的过剩压力。岩浆中挥发组分的含量和岩浆的化学成分(尤其是 $SiO_2$的含量）决定了气泡的体积和内应力的大小。

（3）气泡化后的岩浆上升到一定的高度（碎屑化面之上），当气泡含量增加到占岩浆总体积的 75%时，或由于外压的降低导致气泡爆破，原来连续的岩浆就会形成被气体分割的火山碎屑流。对于富含挥发组分的酸性岩浆来说，这一过程将在岩浆通道上部发生，因此喷发物多为火山碎屑物，喷发方式以爆发方式为主，而对于低黏度和低挥发组分的基性岩浆来说，则往往未经碎屑化就喷出地表，喷出物多为熔岩流，喷发方式以喷溢方式为主。

2. 火山碎屑的类型及特征

A　火山碎屑的来源

火山碎屑还可据物源的不同分为浆源、同源和异源三种类型，在研究火山碎屑岩的物质成分时要注意区分。浆源者来源于爆发前的岩浆和其中的结晶物质，同源者来自先期喷发的已固结的同源火山岩；异源者则来自火山下不同深度和不同岩性的基底岩石，其中来自下地壳或上地幔的碎屑又称为深源碎屑，在研究岩浆的物质来源和岩石圈结构上均具重要的意义。

B　火山碎屑的类型及特征

火山爆发产生的火山碎屑物可分为岩屑、晶屑和玻屑三种类型，由于它们构成了火山碎屑岩的主体，三种碎屑的相对多少在一定程度上反映了火山爆发的强度，因此被用作火山碎屑岩分类命名的主要依据，习惯上将它们统称为“三屑”。

（1）岩屑。岩屑在喷出时可以是完全凝固的刚性（不可塑）固态物质，也可能是尚未完全固结，仍为可塑的半凝固或未凝固状态，前者多为火山下面的基底岩石和先期固结的火山岩炸碎形成，呈棱角状，在搬运和堆积成岩过程中一般不再发生形态变化，称为刚性岩屑；后者为在喷出时尚未固结或未完全固结的岩浆团块，在空中飞行中可因旋转和碰撞形成不同形状，降落堆积时可因仍未凝固溅落和压偏形成各种不同的形态，如撕裂状、火焰状、透镜状等，称为塑性（变）岩屑；也可以因基本固结或完全固结不再发生明显的形态变化而形成纺锤形、梨形、面包形等具一定形态的火山弹，称为半塑性（变）岩屑。塑性岩屑粒度一般大于2mm，内部常见斑晶，可具有气孔、杏仁和流纹构造。在正交镜下可见梳状边、球粒、镶嵌等脱玻结构。

（2）玻屑。玻屑是气泡化的岩浆气孔壁爆碎的产物，喷发时一般尚未完全凝固，只有半塑性（变）和塑性（变）玻屑之分。半塑性玻屑一般简称玻屑，基本保存了爆破后的气孔壁的原始形态，如弧面状、镰刀状、鸡骨状等。塑性（变）玻屑在堆积时仍为可塑状态，可发生棱角圆化、压偏拉长、平行定向等形态和排列方式上的变化。塑性（变）玻屑与塑性（变）岩屑的区别是，前者粒度一般小于2mm，没有斑晶，通常不见气孔、杏仁体，内部一般不见球粒和镶嵌结构。

浆源岩屑和玻屑由具可塑性向刚性转变的温度为500~550℃，堆积后的浆源岩屑和玻屑的温度如果大于该温度，就会继续因负荷压力产生塑性变形。可见火山碎屑岩中塑性岩屑和塑性玻屑含量多少，主要取决于堆积时的温度，后者又与距火山口的距离和火山碎屑的搬运和堆积方式有关。一般来说近火口处快速堆积的火山碎屑岩中，因堆积前未经充分冷却，常以塑性岩屑和塑性玻屑为主，反之则以刚性-半塑性者为主。

（3）晶屑。晶屑是矿物晶体的碎屑，大多数来源于岩浆中析出的晶体，也有来源于早期形成的粗粒结晶岩石者。由于爆发式喷发主要发生于黏度较大的酸性岩浆中，因此最常见的晶屑是石英、钾长石和酸性斜长石，其次是黑云母、角闪石，辉石和橄榄石极少见。晶屑外形不规则，常呈棱角状，内部裂纹发育，柔性较大的黑云母晶屑，可出现扭折、弯曲现象。浆源晶屑的矿物组合与火山熔岩中的斑晶一样，是判断岩浆成分的重要依据，区分晶屑是否为浆源的依据是晶屑的结晶形态特点、新鲜程度、光学性质（是否为高温类型）等。

3. 火山碎屑的粒度和粒度分布

火山碎屑的粒度大小和粒度在空间上的分布特征与火山爆发的能量大小、距物源（火山口）远近、搬运介质和堆积环境有关，因此也是火山碎屑岩研究和描述的重要方面。在对火山碎屑进行粒度分析时，常采用火山碎屑直径（以mm为单位）的$\Phi$值（以2为底的对数值）为横坐标，不同$\Phi$值区间的碎屑的质量分数或累积质量分数为纵坐标，作碎屑颗粒的频率分布曲线或累积频率分布曲线，来分析碎屑的搬运和堆积时的介质条件和堆积方式（图7-11）。因此，在对火山碎屑进行粒度大小分类时，也一般应采用$2^n$mm为量度分界。

表7-6在对火山碎屑进行了粒度划分的同时，还考虑堆积时的物态特征，将火山碎屑分为火山岩块、火山弹、火山角砾、火山砾、火山灰和火山尘等类型，是目前国内运用较广的划分方案。在火山爆发时，质量大的火山碎屑不易作远距离的搬运，如火山岩块一般堆积在火山口附近；而质量小的火山碎屑则可作长距离的搬运，如火山尘级的物质可在大气平流层中搬运到数千公里之外，同一次火山喷出的产物有由近火口向远火口变细的趋势，因此也有人通过平面上火山碎屑粒度分布等值线来寻找火山喷出中心（火山口）的位置。

**表 7-6　火山碎屑的粒度划分**

| 碎屑粒度/mm ＼ 堆积时物态 | 刚性 | 半塑性 | 塑性 |
|---|---|---|---|
| >64 | 火山岩块 | 火山弹 | 塑变岩屑 |
| 64～2 | 火山角砾 | 火山砾 | |
| 2～0.0625 | 岩屑、晶屑 | 火山灰（玻屑） | 塑变玻屑 |
| <0.0625 | | 火山灰 | |

（二）火山碎屑岩

火山碎屑岩指火山活动时，由火山爆发作用产生的火山碎屑物质通过成岩作用而形成的岩石。除火山碎屑物外，可含有一定数量的正常沉积物或熔岩物质。

火山碎屑岩不仅见于地表，亦可见于火山管道和次火山岩体中，它既可为陆相，也可为海相，分布较广泛。

（三）火山碎屑岩的结构构造

1. 火山碎屑岩的结构

火山碎屑岩的结构按粒度和成因特征分为两种类型：

（1）粒度结构。

1）集块结构：粒度>64mm 的火山碎屑物且含量一般>50%，不少于 1/3。

2）火山角砾结构：粒度介于 64～2mm 之间的火山碎屑物且含量一般>50%，不少于 1/3。

3）凝灰结构：粒度介于 2～0.0625mm 之间的火山碎屑物含量一般>50%，不少于 1/3。

4）尘屑结构：粒度<0.0625mm 之间的火山碎屑物且含量一般>50%，不少于 1/3。

（2）成因结构。

1）塑变（熔结）结构：主要由塑性玻屑和塑性岩屑彼此平行重叠熔结而成，其中可含少量的刚性碎屑物，按主要碎屑粒度的大小可进一步分为熔结集块结构、熔结角砾结构和熔结凝灰结构。

2）碎屑熔岩结构：是火山碎屑岩向熔岩过渡的一种结构，火山碎屑物被熔岩胶结。也可进一步据主要碎屑的粒度大小划分为集块熔岩结构等。

3）沉火山碎屑结构：是火山碎屑岩向正常沉积岩的过渡类型的结构，以火山碎屑为主，混入有少量的沉积物，进一步据火山碎屑的粒度分为沉集块结构等。

4）凝灰沉积结构：是以正常沉积物为主的过渡类型的结构，在正常沉积物中混有少量（50%～10%）的火山碎屑物质。如凝灰砾状结构、凝灰泥质结构等。

2. 火山碎屑岩的构造

火山碎屑岩常见的构造有以下几种：

1）流状构造：由压偏拉长的塑变玻屑和塑变岩屑定向排列形成，在野外有时不易与流纹构造区别。

2）火山泥球结构：火山灰级碎屑物质凝聚成球状、豆状，中心粒度较粗，向边缘变细，具同心层构造。一般认为是当雨滴通过喷发云时由湿润的火山灰凝聚而成，见于陆相火山碎屑岩中。

3）层理构造：多见于水携或风携水下降落的火山碎屑沉积物中，陆上堆积的涌浪相堆积中也可出现水平层理和交错层理。

4）粒序构造：有正粒序（由上向下粒度变粗）和逆粒序构造（由上向下粒度变细）两种。其中逆粒序构造是火山碎屑岩中特有的，其原因是在火山碎屑中存在一些体积大但比重小的浮岩屑（密度小于1）。

### （四）火山碎屑岩的分类

火山碎屑岩因为兼有火山岩和沉积岩的一些特性，因此在分类上需考虑的因素较多，本教材推荐使用孙善平（1978）的分类方案（表7-7）。该分类中首先考虑火山碎屑岩向沉积岩和熔岩过渡的特征将其分为向熔岩过渡类型、正常火山碎屑岩类型和向沉积岩过渡类型三个大类，进一步据成岩方式和结构构造特征分为五个亚类，每一亚类又据火山碎屑的粒径分为三个种属。

**表7-7　火山碎屑岩分类表**（据孙善平）

<table>
<tr><td>大类</td><td rowspan="2">向熔岩过渡的火山碎屑岩（火山碎屑熔岩）</td><td colspan="3">正常火山碎屑类</td><td colspan="2">向沉积岩过渡的火山碎屑岩</td></tr>
<tr><td>亚类</td><td>熔结火山碎屑岩亚类</td><td>普通火山碎屑岩亚类</td><td>层状火山碎屑岩亚类</td><td>沉积火山碎屑岩亚类</td><td>火山碎屑沉积岩亚类</td></tr>
<tr><td>火山碎屑物相对含量</td><td>10%~90%</td><td colspan="3">>90%</td><td>90%~50%</td><td>50%~10%</td></tr>
<tr><td>成岩作用方式</td><td>熔岩胶结</td><td>熔结状</td><td>以压实胶结为主，有部分火山灰分解物质</td><td>火山灰分解物质胶结及压实胶结</td><td colspan="2">化学沉积物及黏土胶结</td></tr>
<tr><td>火山碎屑粒度/mm</td><td colspan="6">岩石名称</td></tr>
<tr><td>>64<br>(>50)</td><td>集块熔岩</td><td>熔结集块岩</td><td>集块岩</td><td>层状集块岩</td><td>沉集块岩</td><td rowspan="2">凝灰质砾岩</td></tr>
<tr><td>64~2<br>(50~2)</td><td>角砾熔岩</td><td>熔结角砾岩</td><td>火山角砾岩（火山砾角砾岩）</td><td>层状火山角砾岩</td><td>沉火山角砾岩</td></tr>
<tr><td><2</td><td>凝灰熔岩</td><td>熔结凝灰岩</td><td>凝灰岩</td><td>层状凝灰岩</td><td>沉凝灰岩</td><td>凝灰质砂岩、凝灰质粉砂岩等</td></tr>
</table>

## 二、火山碎屑岩主要岩石的鉴定

### （一）正常火山碎屑岩类

火山碎屑物含量大于90%，正常沉积物和熔岩物质极少。按成岩作用方式和结构构造特点，又可分为普通火山碎屑岩、层状火山碎屑岩和熔结火山碎屑岩三个亚类。

1. 普通火山碎屑岩亚类

成岩方式以压结为主，常叠加有水化学胶结，胶结物往往为火山灰分解物，由蛋白石和黏土矿物（如蒙脱石）构成，重结晶后变成玉髓和水云母集合体。一般成层构造不明显。火山碎屑物质主要为集块、火山角砾、火山砾、晶屑和半塑性的玻屑组成，以刚性和半塑性碎屑为主，没有堆积后的压偏、拉长等塑性变形现象。按岩石中主要碎屑（一般大于50%）的粒度可分为集块岩、火山角砾岩、火山砾角砾岩和凝灰岩等类型。当不同粒级的火山碎屑含量混杂时，定名时可据各种碎屑的含量投点（图7-12）确定复合名称，如角砾凝灰岩、集块角砾岩等。进一步定名还应依据晶屑组合或同源岩屑中斑晶成分特征等，确定火山碎屑对应的熔岩成分，并作为前缀参加到定名中，如安山质火山角砾岩、流纹质凝灰岩等。

凝灰岩是火山碎屑岩中分布最广的一种，主要由粒度小于2mm的火山灰组成，晶屑、玻屑和岩屑均有，进一步可据“三屑”的相对含量分为7种类型（图7-13）。

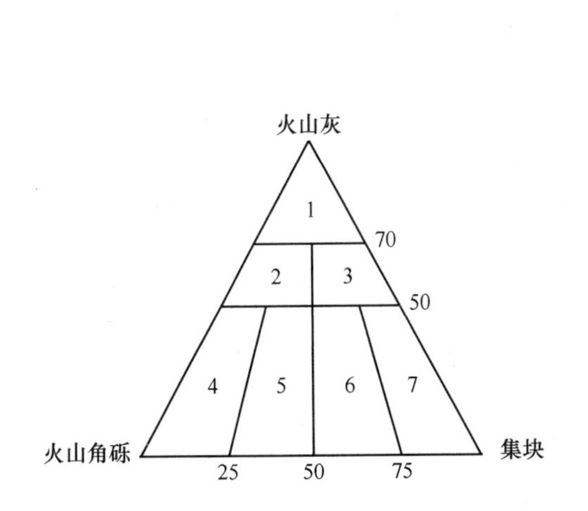


图7-12　火山碎屑岩定量粒级分类

1—凝灰岩；2—角砾凝灰岩；3—集块凝灰岩；
4—火山角砾岩；5—集块角砾岩；
6—角砾集块岩；7—集块岩

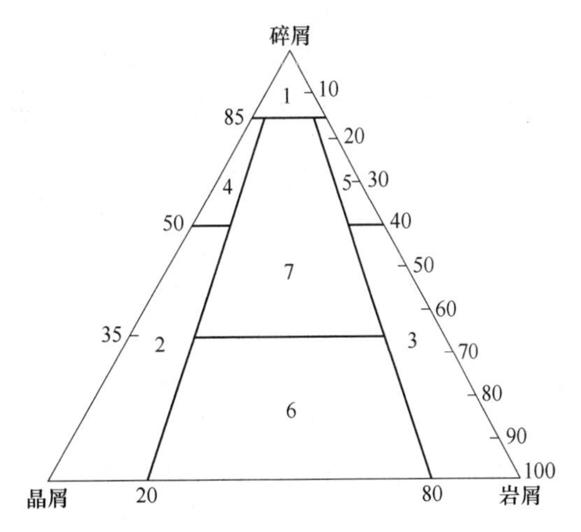


图7-13　凝灰岩中“三屑”命名图

1—玻屑凝灰岩；2—晶屑凝灰岩；3—岩屑凝灰岩；
4—晶玻屑凝灰岩；5—岩玻屑凝灰岩；
6—晶岩屑凝灰岩；7—复屑凝灰岩

2. 熔结火山碎屑岩

火山碎屑物在堆积后仍具较高的温度，处于可塑状态，在上覆物质的负荷压力下，经变形、熔结而成。岩石具熔结结构，碎屑主要由晶屑、塑变岩屑、塑变玻屑和火山尘组成，也可有少量的刚性岩屑，由于塑变碎屑拉长定向而具流状构造。按碎屑的粒度分为熔结集块岩、熔结角砾岩和熔结凝灰岩，也可进一步依据图7-12、图7-13定名，再加上相应熔岩名称前缀，如流纹质玻屑熔结凝灰岩等。

熔结集块岩和熔结角砾岩在露头上经常共生，分布面积不大，主要见于火山喷出口附近，是近火口相产物。熔结凝灰岩则分布较广，可分布在火口附近，也可以远离火口分布。同一喷发单元不同部位及不同厚度的喷发单元的熔结凝灰岩玻屑和塑变岩屑的变形程度可不同，即具有不同的熔结程度，按塑性玻屑和塑性岩屑的变形特点可分弱熔结、熔结和强熔结三个等级。

（1）弱熔结凝灰岩：塑性玻屑微受变形，部分棱角开始圆化，部分仍保留弧面棱角状，略有压偏拉长现象。塑性岩屑少见，岩石流动构造不明显。常产于熔结凝灰岩的上、下部，与熔结凝灰岩显渐变过渡关系。

（2）熔结凝灰岩：塑变玻屑仍可恢复弧面棱角状形态，塑变岩屑发育。塑变碎屑受刚性碎屑挤压，在其边缘，尤其是在受压的一方，出现明显的变形定向，因此具明显的流状构造。常呈巨厚堆积，剖面上位于喷发单元的中上部。

（3）强熔结凝灰岩：塑变玻屑含量极多，已全部变形，强烈呈扁平状，仅在刚性碎屑（通常为晶屑）的撑开部位偶尔见变形弱的玻屑。塑变碎屑多为直接接触，尘屑少见。流状构造十分明显，有时与流纹构造不易区别。一般位于喷发单元的中下部。一般来说，近火口处和喷发单元层中下部的熔结程度要强于远火口处和喷发单元层中上部。

3. 层状火山碎屑岩亚类

指具明显的韵律层理和成层构造的火山碎屑岩，以层状凝灰岩较常见。层状凝灰岩一般是火山灰在水盆中堆积成因的，其中正常沉积物含量小于10%，火山碎屑主要为玻屑、刚性-半塑性岩屑和火山尘，由火山灰和火山尘分解的少量水化学沉积物胶结，部分为压实胶结。当正常沉积物含量大于10%时，就过渡为沉凝灰岩。

### （二）向熔岩过渡的火山碎屑熔岩类

火山碎屑含量10%~90%，变化较大，由熔浆胶结。碎屑熔岩类的成因多样：已固结的熔岩表壳在下部熔浆继续流动和逸出的气体产生爆炸的情况下，可使表壳破碎再被熔岩胶结形成角砾熔岩和集块熔岩；爆发能量不足时，往往在从火口中抛出碎屑的同时，亦有熔岩溢出，降落入熔岩中的碎屑物质被熔岩胶结可形成各种碎屑熔岩；当熔岩以较大的冲力从火口喷发时，可使熔岩中的斑晶大部分破碎，形成碎屑以晶屑为主的晶屑凝灰熔岩；岩浆在地下的隐爆作用常使内部的斑晶破碎亦可形成晶屑凝灰熔岩。凝灰熔岩中的碎屑以晶屑为主，也可有少量刚性岩屑，但一般不出现玻屑。

## 三、向沉积岩过渡的火山碎屑岩类

由落入水盆中的火山碎屑物与正常沉积物同时堆积形成的。岩石中正常沉积物含量可达10%~90%，碎屑物由化学沉积物和黏土物质胶结，也可由压实固结。按火山碎屑物的含量可分为沉积火山碎屑岩和火山碎屑沉积岩两亚类。

（1）沉积火山碎屑岩。常与正常火山碎屑岩和正常沉积岩共生，并往往呈过渡关系，按火山碎屑的粒度可分为沉集块岩、沉火山角砾岩和沉凝灰岩等，常见的是沉凝灰岩。岩石具层理构造，韵律层较发育。在碎屑物中常见具磨圆的砾、砂、黏土等正常沉积物，有时还可出现生物化石和生物碎屑，火山碎屑含量占50%~90%。

（2）火山碎屑沉积岩亚类。火山碎屑含量较少，介于50%~10%之间，且更接近于沉积岩的特征，常与沉积火山碎屑岩呈渐变过渡关系，堆积位置一般离火山口较远，命名时以正常沉积岩的名称为基本名称，将火山碎屑作前缀，如凝灰质砂岩、凝灰质砾岩等。

## 思考与练习

1. 简述火山碎屑岩是如何形成的？
2. 火山碎屑岩的组分特征主要有？
3. 火山碎屑岩的主要岩石类型包括哪些？

# 项目四　碳酸盐岩

**【知识点】** 碳酸盐岩的概念；碳酸盐岩的物质组成；碳酸盐岩的结构构造；碳酸盐岩的分类；碳酸盐岩的主要类型。

**【技能点】** 掌握碳酸盐岩的概念；了解碳酸盐岩的物质组成；掌握碳酸盐岩的结构构造；熟悉碳酸盐岩的分类；掌握碳酸盐岩的主要类型并能够鉴定主要的碳酸盐岩（石灰岩、白云岩）。

## 一、碳酸盐岩概述

### （一）概述

由沉积的钙、镁碳酸盐矿物（方解石、白云石等）为主（>50%）组成的沉积岩称为碳酸盐岩。它的主要岩石类型为石灰岩和白云岩。碳酸盐岩石中常可混入数量较多的黏土矿物或陆源碎屑矿物，但当混入物的含量超过50%时，则逐渐过渡为黏土岩或陆源碎屑岩。

碳酸盐岩在地壳中的分布仅次于黏土岩和碎屑岩，约占沉积岩分布总面积的1/5（在我国占1/2左右），居第三位。它广泛分布在各时代的地层中，如我国南方的震旦亚界、寒武系、奥陶系、泥盆系、石炭系、二叠系及三叠系等地层中均有大量的碳酸盐岩沉积，我国北方的震旦亚界、寒武系、奥陶系等地层中也有不少的碳酸盐岩。

碳酸盐岩是一种极其重要的沉积岩石。它本身就是水泥原料和化工原料，世界上有一半的石油、天然气矿床是属于碳酸盐岩型的。与碳酸盐岩有关的层控矿床有汞、锑、铜、铅、锌、银、镍、钴、钼、铀、钒等金属和重晶石、自然硫、水晶、冰洲石等非金属矿。此外，常与碳酸盐岩共生的还有石膏及各种盐类矿床，一些裂隙和孔隙发育的碳酸盐岩同样是地下水的重要含水层。

近30多年来，通过对现代碳酸盐沉积物和碳酸盐岩石的结构构造的研究，对碳酸盐岩的形成作用和环境有了新的认识：

（1）过去把碳酸盐岩看成是只在深海环境下经化学沉积作用形成的岩石，现在则认为碳酸盐岩是多成因、多环境的产物，既有化学作用、生物化学作用，又有生物作用和机械作用，大部分碳酸盐沉积物主要是在10~15m、有丰富生物的浅海中形成，但也可在深海、湖泊以及大陆等环境形成。

（2）生物在形成碳酸盐沉积物过程中起着十分重要的作用。它不但留下自己石化的颗粒（化石）成为碳酸盐岩重要的组分，而且在造泥以及形成某些沉积构造方面有显著的影响。

（3）对于碳酸盐沉积物的成岩作用有了进一步的认识，认为碳酸盐沉积物大规模的胶结作用是在大气环境、常温常压条件下发生的。

（4）对碳酸盐岩成因和分类提出了一些新的观点，在分类上开始用陆源碎屑岩结构概念进行分类，即把碎屑岩的碎屑颗粒、胶结物和基质的概念引入碳酸盐岩。

### （二）碳酸盐岩的成分

（1）化学成分。碳酸盐岩的主要化学成分有：CaO、MgO 和 $CO_2$。此外，还有 $Al_2O_3$、FeO、$Fe_2O_3$、$Na_2O$、$K_2O$ 和 $H_2O$ 等。碳酸盐岩中的组分，根据与稀盐酸发生反应的情况可分为酸溶物和酸不溶物两大类，前者指能溶于酸的金属元素和被酸分解出来的 $CO_2$，后者指陆源碎屑物质和不溶于酸的自生矿物以及有机质等。

（2）矿物成分。碳酸盐岩的矿物成分主要有：方解石、白云石、文石、菱铁矿、铁白云石等碳酸盐矿物。此外，还有石膏、硬石膏、重晶石、岩盐、黄铁矿、白铁矿、海绿石、自生石英以及陆源碎屑矿物，如黏土矿物、石英、长石等。

### （三）碳酸盐岩的结构组分

#### 1. 结构

碳酸盐岩的结构在一定程度上反映了岩石的成因，它不仅是岩石的重要标志，也是岩石分类命名的主要依据。可分为以下几类：

A　晶粒结构（结晶结构）

由结晶的碳酸盐矿物颗粒组成的结构。这是由化学、生物化学作用沉淀成的石灰岩，蒸发型原生白云岩、强白云岩化石灰岩及白云岩，强重结晶的石灰岩、白云岩等岩石具有的结构。根据结晶颗粒的大小可分出不同的结构类型，如砾晶、砂晶、粉晶、泥晶等（表 7-8）。

**表 7-8　晶粒结构类型**

| 结构类型 | | 颗粒大小/mm | 分辨标志 |
|---|---|---|---|
| 砾晶（巨晶）结构 | | >2 | 肉眼能见颗粒 |
| 砂晶 | 粗晶结构 | 2~0.5 | 肉眼能见颗粒 |
| | 中晶结构 | 0.5~0.25 | 肉眼能见颗粒 |
| | 细晶结构 | 0.25~0.05 | 显微镜下能见颗粒 |
| 粉晶 | 粗粉晶结构 | 0.05~0.03 | 显微镜下能见颗粒 |
| | 细粉晶结构 | 0.03~0.005 | 显微镜下辨别不出颗粒 |
| 泥晶结构 | | <0.005 | 显微镜下辨别不出颗粒 |

B　生物结构

由原地生长的造礁生物，如珊瑚、海绵、苔藓虫、层孔虫及藻类等形成的礁灰岩所具有的结构。它是原地固着生长的生物构成骨架，在其间隙中被其他生物或其他碎屑和基质所充填或由化学沉淀物质胶结而成。

C 碎屑结构

由于流水和波浪而产生的机械搬运和沉积作用所形成的石灰岩和白云岩常具有与陆源碎屑岩石类似的结构，称碎屑结构或粒屑结构。

碳酸盐岩的碎屑结构可分为四个组成部分：颗粒、泥晶基质、亮晶（淀晶）胶结物、孔隙。

（1）颗粒（粒屑、异化粒）。碳酸盐岩中的颗粒与陆源碎屑岩中的砾石、砂粒和粉砂相似，但它不是陆源的碎屑物质，而是在沉积盆地内部由化学、生物化学、生物作用以及波浪、流水的机械作用形成的颗粒。颗粒主要有五种类型：内碎屑、生物碎屑、鲕粒、球粒、团块。

1）内碎屑。内碎屑是早已沉积于海底、弱固结的碳酸盐沉积物，经岸流、波浪或潮汐等作用剥蚀出来，并再沉积的碎屑。内碎屑按直径可分为如表 7-9 所示的类型。

**表 7-9 内碎屑按直径大小划分**

| 粒级大小/mm | >2 | 2~1 | 1~0.5 | 0.5~0.25 | 0.25~0.05 | 0.05~0.03 | 0.03~0.005 | <0.005 |
|---|---|---|---|---|---|---|---|---|
| 内碎屑名称 | 砾屑 | 极粗砂屑 | 粗砂屑 | 中砂屑 | 细砂屑 | 粗粉砂屑 | 微屑（细粉砂屑） | 泥屑 |

2）生物碎屑。生物碎屑指生物化石的碎片或者经过搬运的非原地生长的完整化石。碳酸盐岩中常含有数量不等的生物组分，有的石灰岩几乎全由生物及生物碎屑组成。在碳酸盐岩中，生物组分相当于其他岩石中的“造岩成分”，应给予足够的重视。

3）鲕粒。鲕粒是指外形呈球状或椭球状，内部有核心，围绕核心具同心纹状或放射状的包壳的颗粒。包粒直径小于 2mm 的球形到椭球形的颗粒称为鲕粒，大于 2mm 的称为豆粒。鲕粒的核心可以是陆源的粉砂，如石英、长石或小的内碎屑、生物碎屑等，有时也可以是空心的。包壳可以出现单一的同心圆状或放射状构造，也可以两种构造相互交替。

关于鲕粒的成因，有无机成因说和有机成因说两种：有机成因认为鲕粒是一种死了的藻体或者是细菌生命活动的产物；无机成因说认为鲕粒是在温暖或湿热的气候、地形平缓、动荡的浅海条件下从胶体溶液中沉淀的，而且认为纯的胶体溶液中产生放射状包壳；不纯的胶体溶液产生同心层。

4）团粒。团粒或称球粒，是由泥晶碳酸盐矿物组成的颗粒。一般呈卵圆形，内部结构均匀，表明光滑。团粒在岩石中常成群出现，大小约在 0.03~0.2mm 之间。它是由骨屑、藻尘、生物粪粒或化学沉淀的泥晶方解石或文石发生凝聚后经流水搬运滚动而成。

5）团块。团块是具不规则外形和无内部结构的复合碳酸盐颗粒，内部可包裹小生物、小球粒等，并常由蓝藻黏结。

（2）泥晶基质。泥晶基质是沉积盆地内部形成的成分单一的碳酸盐软泥，与碎屑岩的杂基相当。但它不是陆源的，而是盆地内形成的细小的碳酸盐泥屑。碳酸盐泥具有泥晶或微晶结构，晶粒小于 0.03mm（$\varphi>5$），充填于颗粒组分之间，对颗粒起某种胶结作用。根据具体成分，可分为“灰泥”和“云泥”。灰泥是方解石成分的泥，也称为“微晶方解石泥”；云泥是白云石成分的泥。

(3) 亮晶胶结物。亮晶胶结物又称淀晶胶结物。它是充填于碳酸盐矿物颗粒间隙中的化学沉淀物质，对颗粒起胶结作用，相当于碎屑岩中的化学胶结物。亮晶方解石（白云石）晶粒常大于0.01mm。

(4) 孔隙。与砂岩相比，碳酸盐岩的孔隙在结构、类型和成因及分布上更为复杂，它不仅影响油气的储集，而且也会影响某些金属矿的富集作用。碳酸盐岩的孔隙主要分为原生孔隙和次生孔隙两大类。

1）原生孔隙。在沉积时就存在或产生的孔隙，可见以下几类：

①粒间孔隙：存在于碳酸盐颗粒之间的孔隙，其形态类似碎屑岩的砂粒间孔隙，但更复杂。按颗粒类型不同可有鲕间孔、砂屑间孔、砾屑间孔、生物间孔等。

②遮蔽孔隙：由于大颗粒（如生物）的遮蔽，使其下无沉积物保留的孔隙。

③粒内孔隙：存在于碳酸盐颗粒本身之内的孔隙，如生物（腹足、瓣鳃、介形虫等）体腔孔。

④生物骨架孔隙：为生物礁灰岩所常具有。

⑤生物钻孔孔隙：即虫孔构造之未被充填者。

⑥鸟眼孔隙：未被充填的鸟眼构造。

2）次生孔隙。即沉积之后，在成岩、后生及表生阶段的改造过程中产生的孔隙。按形成机理可分为：

①粒内溶孔：为形成于颗粒内部由溶蚀作用产生的孔隙。

②铸模孔：当溶蚀作用继续进行时，粒内溶孔进一步扩大，直到把整个颗粒或晶粒全部溶蚀掉，而保留一个与原颗粒形态和大小一样的孔隙时，便称为溶模孔隙或铸模孔隙。常见的有鲕模孔、生物铸模孔及石膏模孔。

③粒间溶孔：不是原生的，而是由次生溶蚀作用产生的粒间孔隙。

④晶洞孔隙：多存在于晶粒状白云岩中的白云石晶体之间，是因石灰岩白云岩化而产生的孔隙。其孔隙小，但孔隙度很高。

⑤其他还有溶孔、溶洞、溶沟等。

D 残余结构

碳酸盐岩形成后，由于交代作用的影响，常形成多种交代残余结构。如由白云石化作用而形成的白云岩常具石灰岩的各种原生结构，如残余碎屑结构、残余生物结构等。

2. 构造

碳酸盐岩的构造也很复杂，它与沉积环境和成岩改造作用有关。在碎屑岩中能见到的构造在碳酸盐岩中几乎都能见到，另外还有碳酸盐岩特有的一些构造、下面只介绍几种特殊的构造。

A 叠层构造

特征的是叠层石。它是由蓝绿藻细胞丝状体或球状体分泌的黏液，将细屑物质黏结再变硬而成。它的生长由于季节变化而形成两种基本纹层。

(1) 富藻纹层：又称基本暗带，较薄（0.1mm）。在藻类繁殖季节，沉积物中藻体多、有机质高、色暗，主要由泥晶碳酸盐矿物组成。

（2）富屑纹层：又称贫藻纹层或基本亮带，较厚。在藻体休眠季节，沉积物中藻体少、有机质少、色浅。碳酸盐沉积物多，为亮晶方解石（或白云石）和微屑及少数粉屑、藻屑。叠层构造就由这两种纹层交替组成，并产生向上突起的纹理。有时在基本层内还有藻间孔隙，被亮晶或微晶-亮晶充填。

叠层构造常见于潮坪地区的潮下浅水环境的沉积物内。叠层石的分布、多少及形态，受海水流速及沉积物搬运速度的控制。

B　鸟眼构造

在泥晶、微晶（或球粒）白云岩或灰岩中，见有 1~3mm 大小、大致平行层理排列、似鸟眼状的孔隙，被亮晶方解石或硬石膏等充填或半充填的构造称为鸟眼构造。因为它们常成群密集出现，故又叫窗格状、筛状或网格状构造（孔隙），由于多在暗灰色基底上出现白斑点，故又称雪花状构造。

C　示底构造

在碳酸盐岩的洞穴中由沉积物特征不同而能指示岩层顶底的构造称示底构造。其洞穴下部为泥晶、微晶碳酸盐矿物，上部为亮晶碳酸盐矿物，两者交界面平直。各界面又均与岩层面平行。两者界面代表了当时的沉积界面，或沉积间断面。在同一岩层中各个洞穴的界面在方向上是一致的，既指示了层理方向，又指示了岩层的顶底面，故能够指示岩层的原始顶底方向。

D　缝合线

缝合线在碳酸盐岩中是最常见的构造。按其与岩层的产状关系可分为平缝合线（平行层理）、斜缝合线和立缝合线。

一般认为缝合线是在后生阶段由压溶作用产生的。一般是薄层灰岩、泥质夹层很薄的石灰岩中缝合线发育。若灰岩厚，或泥质夹层少，缝合线就少。

缝合线按大小可分为显缝合线和微缝合线，前者在岩石中肉眼可见，后者要在显微镜下才能分辨。微缝合线多产在两颗粒的接触点处，多绕过颗粒，少数穿过颗粒及胶结物，这可能是在成岩晚期阶段由于压实作用，在颗粒间接触点产生压溶的结果。

3. 孔隙

与砂岩相比，碳酸盐岩的孔隙在结构、类型和成因及分布上更为复杂，它不仅影响油气的储集，而且也会影响某些金属矿的富集作用。碳酸盐岩的孔隙主要分为原生孔隙和次生孔隙两大类。

A　原生孔隙

在沉积时就存在或产生的孔隙，可见以下几类：

（1）粒间孔隙：存在于碳酸盐颗粒之间的孔隙，其形态类似碎屑岩的砂粒间孔隙，但更复杂。按颗粒类型不同可有鲕间孔、砂屑间孔、砾屑间孔、生物间孔等。

（2）遮蔽孔隙：由于大颗粒（如生物）的遮蔽，使其下无沉积物保留的孔隙。

（3）粒内孔隙：存在于碳酸盐颗粒本身之内的孔隙，如生物（腹足、瓣鳃、介形虫等）体腔孔。

（4）生物骨架孔隙：为生物礁灰岩所常具有。

（5）生物钻孔孔隙：即虫孔构造之未被充填者。

（6）鸟眼孔隙：未被充填的鸟眼构造。

B　次生孔隙

次生孔隙即沉积之后，在成岩、后生及表生阶段的改造过程中产生的孔隙。按形成机理可分为：

(1) 粒内溶孔：为形成于颗粒内部由溶蚀作用产生的孔隙。

(2) 铸模孔：当溶蚀作用继续进行时，粒内溶孔进一步扩大，直到把整个颗粒或晶粒全部溶蚀掉，而保留一个与原颗粒形态和大小一样的孔隙时，便称为溶模孔隙或铸模孔隙。常见的有鲕模孔、生物铸模孔及石膏模孔。

(3) 粒间溶孔：不是原生的，而是由次生溶蚀作用产生的粒间孔隙。

(4) 晶洞孔隙：多存在于晶粒状白云岩中的白云石晶体之间，是因石灰岩白云岩化而产生的孔隙。其孔隙小，但孔隙度很高。

(5) 其他还有溶孔、溶洞、溶沟等。

### (四) 碳酸盐岩的分类

碳酸盐岩的分类目前还缺乏统一的方案，下面仅介绍矿物成分分类。碳酸盐岩的矿物成分分类是出现最早、最常用的分类方法。

根据碳酸盐岩中方解石和白云石的相对含量，即以5%~25%、25%~50%的含量界线进行划分和命名，可把碳酸盐岩分为六种类型，如表7-10所示。

**表 7-10　碳酸盐岩的矿物成分分类表**

| | 岩石名称 | 方解石含量/% | 白云石含量/% | CaO/MgO 比值 |
|---|---|---|---|---|
| 石灰岩类 | 石灰岩 | 100~95 | 0~5 | >50.1 |
| | 含白云质灰岩 | 95~75 | 5~25 | 50.1~9.1 |
| | 白云质灰岩 | 75~50 | 25~50 | 9.1~4.0 |
| 白云岩类 | 钙质（灰质）白云岩 | 50~25 | 50~75 | 4.0~2.2 |
| | 含钙质（灰质）白云岩 | 25~5 | 75~95 | 2.2~1.5 |
| | 白云岩 | 5~0 | 95~100 | 1.5~1.4 |

## 二、碳酸盐岩的主要岩石的鉴定

### (一) 石灰岩

#### 1. 石灰岩的一般特征

几乎所有石灰岩都是带有区域性的稳定层状，尤其是海成石灰岩，有时可连续分布达数省范围，也可与净砂岩互层。湖成石灰岩规模一般不大且多夹在泥质岩或细碎屑岩之间或在这类岩石中以条带状出现。岩石可为灰白、灰、灰黑或紫红等色，沉积构造类型不如砂岩或细碎屑岩丰富，除水平层理相对常见外，其他纹层状层理（如交错层理）较少见于颗粒性岩石中，在风暴或浊流等再沉积石灰岩中也有粒序层理出现，而更多见的只是块状层理。叠层构造和鸟眼构造可发育在特定石灰岩中。其他沉积构造有泥裂、生痕、生物扰动、结核、缝合线等，特别是虫孔、生物扰动、硅质（燧石）结核和缝合线很常见。

许多石灰岩几乎由纯的方解石构成，其他成分的总含量常在5%以下，其中较为常见的是黏土矿物、石英粉砂、铁质微粒、海绿石、有机质等。在与砂岩过渡的灰岩中可含较多陆源碎屑，白云石化也可使白云石含量增加。

石灰岩的结构以泥晶结构和各种颗粒结构为主，在生物礁、生物丘或生物层中则为特殊的生物骨架结构、黏结结构或障积结构。钟乳石、石灰华等次要岩石或一般石灰岩受重结晶改造可呈结晶结构。不太强的白云石化或硅化也可使原结构叠加上交代结构。

石灰岩的固结与陆源碎屑岩类似，也以压实和胶结为主，但溶蚀、交代和重结晶等作用则比陆源碎屑岩常见。

2. *常见石灰岩类型*

（1）内碎屑石灰岩。由50%以上的内碎屑组成，内碎屑粒间填隙物可为亮晶或泥晶，或亮晶与泥晶共存。按内碎屑的粒度，内碎屑灰岩可分为砾屑灰岩、砂屑灰岩和粉砂屑灰岩。

1）砾屑灰岩。砾屑呈扁圆或椭圆形，切面为长条形，似竹叶状。竹叶体圆度高，大小不一，自几毫米至几厘米，竹叶体大多为泥晶灰岩、粉屑灰岩或含生物泥晶灰岩等，表面常有一呈棕红或紫红色的氧化铁质圈。胶结物为微晶、粉晶或细晶等晶粒方解石。砾屑灰岩是在水流强烈活动的地区形成的，常见于滨岸带。我国华北寒武系和奥陶系普遍存在的竹叶状灰岩即属此类。

2）砂屑灰岩。碎屑颗粒磨圆度好，分选性好；胶结物常是结晶（亮晶、泥晶）方解石。亮晶砂屑灰岩或泥晶砂屑灰岩是常见的岩石类型。在地层剖面中砂屑灰岩常具有交错层理、波痕及各种冲刷构造。如四川东部三叠系嘉陵江组中的砂屑灰岩。

（2）鲕粒灰岩。含鲕粒50%以上的石灰岩称为鲕粒灰岩。按胶结物的不同分为亮晶鲕粒灰岩及泥晶鲕粒灰岩。若包粒直径大于2mm，称为豆粒灰岩。

（3）生物碎屑灰岩。或称骨屑灰岩、介屑灰岩。这是生物遗体（或碎屑）含量在50%以上的石灰岩。岩石内可含各种生物遗体，化石密集程度也不一样。胶结物为隐晶或微晶方解石。岩石命名时可用生物名称，如纺锤虫灰岩。

（4）微晶灰岩、泥晶灰岩。主要由小于0.03mm的微晶、泥晶方解石组成，也可统称为灰泥石灰岩。灰泥石灰岩是水动力条件最弱或静水环境的产物。

白垩是一种柔软、易碎的粉末状的微晶灰岩，含有99%以上的方解石或文石。白垩主要由颗石藻、钙球等微体化石组成，粒径一般为0.005~0.002mm。白垩多形成于半深海环境。

3. *石灰岩研究及成因分析*

由于一般石灰岩几乎全由方解石构成，所以石灰岩鉴定的主要目的是揭示岩石的结构，其中包括颗粒类型、大小的均匀程度、泥晶基质、支撑特征以及压实（压溶）、胶结、溶蚀、交代、重结晶等。石灰岩经常有白云石化现象（形成交代结构）。但仅凭一般光性特点却很难将白云石与方解石区分开。为解决这一问题，现在石灰岩（和白云岩）的常规鉴定都使用染色薄片。最常用的染色剂是茜素红-S（它是磨片室或实验室的常备试剂），它可使方解石染成红色或紫红色，却对白云石（和石英、石膏等）不起作用。这种差异染色效果可使很微弱的白云化也变得清晰。

在陆源碎屑岩研究中不止一次提到这些岩石的沉积环境解释在很大程度上要依赖沉积序列的发育特点，这种情况在石灰岩中却常常要颠倒过来，即石灰岩沉积序列所代表的沉积环境常常要靠石灰岩沉积条件分析才能被确立。之所以会这样，主要是因为陆源碎屑岩受盆地边界条件（包括母岩、盆地所在构造部位等）影响很大，而具体的环境条件对岩石的影响往往只处于从属地位。石灰岩则不然，它并不与特定边界条件发生直接联系而是由具体沉积环境“自生”出来的，只对环境条件的变化反应敏感。因此，在环境研究中，石灰岩就具有某种“先天”优势。

研究石灰岩的沉积环境除可凭借特殊沉积构造（如叠层构造、鸟眼构造、泥裂等）外，主要是围绕颗粒和泥晶进行的。岩石中泥晶的多少，或者颗粒和泥晶的含量之比（称粒基比，颗粒中不包括团粒、粉屑，但可包括陆源砂）是衡量环境水动力条件的首要指标，就是说，即使岩石中的颗粒只有在高能条件下才能形成（如同心鲕）或明显带有被高能条件改造过的痕迹（如破碎比较强的生屑），只要岩石还同时含有较多泥晶，该岩石就只能是较低能环境的沉积产物。相反，若岩石缺少泥晶，颗粒只被亮晶胶结，那么无论颗粒自身有何特点都可将其看成是高能或淘洗作用较强的作用结果。环境能量主要取决于波浪和潮汐作用的强弱。有三类环境属于低能环境。

(1) 水深过大的环境，主要是正常浪基面以下的陆架及陆坡、海盆内部等，这里海水常年安静，即使偶有风暴流或浊流活动也因没有淘洗而成为泥晶的重要聚集地。大陆架区有沿岸流活动，但它通常也不能将泥晶完全清除。

(2) 水深过小的滨海环境。在海底坡度很平缓的滨海地带，波浪或潮汐因受底部摩擦，其作用强度会向着陆地方向减弱，所以这里的潮下带上部、潮间带和潮上带都是低能的（称潮坪环境），沉积或保留的泥晶也很多，还常有藻叠层发育。地质历史中的陆表海就基本可被看成是一个深入大陆内部的广阔低能潮间带，只是在其向海边缘可出现高能。如果海底坡度变陡，浅水范围将随之缩小，低能区将向着陆地方向收缩而只包括潮间带上部到潮上带。在坡度更陡的极端情况下，除潮上带以外，低能区将消失。

(3) 某些背风、低凹、泻湖或海水活动受到限制的部位，这些部位常常以某个高能环境作为自己的屏障或完全被高能环境所环绕，例如礁后，水下隆起（台地、滩坝等）的向陆一侧或环礁顶部的泻湖、台地内部的局部低地等。典型高能环境主要是在开放水域中或向着开放水域的较浅水环境，如礁前或对称礁翼的浅部，台地、滩坝的顶部，滨海潮下带或还包括部分潮间带等。低能潮间带中的潮汐水道（成股潮水流动的通道）一般也是高能的。有一点要注意，正常浪基面的最大深度约为几十米并不是说浅于几十米的海水环境就是高能环境。实际上，在大多数时间内，浪基面的深度只有几米到十几米，所以真正的高能环境只在这个深度以内，即滨海潮下带，而超过这个深度的外海（即滨外）环境仍为低能。从总的情况看，海洋中的低能环境要比高能环境广泛得多，所以泥晶灰岩或含有泥晶的颗粒灰岩也就比不含泥晶的颗粒灰岩常见得多。低能环境和高能环境都有许多类型，进一步区分这些环境需结合泥晶（或颗粒）相对含量、颗粒自身特点以及沉积构造等作综合分析，其中的生物碎屑特别重要，常常是通过显微沉积特征作沉积环境分析的主要研究对象。

### （二）白云岩

#### 1. 白云岩的一般特征

白云岩是碳酸盐岩中的另一大类岩石，可单独产出，也可与石灰岩或砂岩等共生，或者在石灰岩中以斑块、条带形式存在。白云岩风化面常布满方向杂乱的“刀砍纹”，沉积构造则与石灰岩相仿。除前寒武纪白云岩可含结构纤细的藻细胞痕迹化石外，寒武纪和以后的白云岩一般没有化石，或者只有化石的假象。较纯的白云岩多呈结晶结构，少数呈鲕粒、内碎屑或藻黏结结构而很像相当的石灰岩，有时则与石灰岩有明显的交代关系，可在石灰岩和白云岩之间构成连续的过渡岩石系列。

2. 常见白云岩类型

（1）同生白云岩。同生白云岩指在沉积阶段后期形成的白云岩。同生白云岩是灰泥和细粒晶体的沉积，具均匀的泥晶（隐晶）结构，显微层理构造。岩石成延展较远的层状，常具有一定层位；与石膏、硬石膏、岩盐互层或呈夹层产于石灰岩中。同生白云岩是在干旱气候条件下，在含盐度较高的海湾或泻湖中从海水中沉淀而成的。

（2）成岩白云岩。成岩白云岩指碳酸钙沉积物在成岩作用阶段，经交代作用（由白云石交代方解石）而形成的白云岩。白云石化作用是指方解石、文石或高镁方解石被底层水中 $Mg^{2+}$离子或沉积物中的硫酸镁交代而形成白云石的作用。成岩白云岩在碳酸钙沉积物内部或沿地层不整合面形成，常呈透镜状、团块状、结核状夹于石灰岩中；与石灰岩界线弯曲不齐，并常横向过渡为石灰岩。成岩白云岩本身层理不明显，孔隙度高。砂晶结构，其中白云石晶体较粗大，晶形较完好，透明度也高。显微镜下可见晶体中心有残留的方解石粉末或生物介壳。我国北方奥陶系或南方二叠系的豹皮灰岩或虎斑灰岩是白云石化作用形成的白云质灰岩，即属于此类型。在野外露头上，白云石化灰岩的白云质斑块常呈黄色、深灰色，疏松粗糙。

（3）后生白云岩。后生作用阶段，在断层、节理等构造因素控制下，在局部的范围内，石灰岩经白云石化作用形成。白云岩成不规则透镜状夹于石灰岩层中，沿裂隙发育，无一定层位。

### （三）泥灰岩

泥灰岩是石灰岩和黏土岩之间的一个过渡类型。其中方解石含量在 75%～50%之间，黏土矿物含量在 25%～50%之间，常有氧化铁、黄铁矿、海绿石混入物。

泥灰岩颜色呈浅灰、浅黄、浅红、紫红等，粉晶-泥晶结构。风化后表面疏松；加 5% HCl 强烈起泡，反应后表面出现一层土黄色泥质薄膜。泥灰岩多呈薄层状，常过渡为泥质条带灰岩；有时呈透镜体出现于泥岩中；形成于浅海或内陆湖泊中。

## 思考与练习

1. 碳酸盐岩的化学成分主要有哪些？
2. 碳酸盐岩的结构组分主要有哪些？
3. 碳酸盐岩根据成分如何进行分类？
4. 石灰岩是如何按照颗粒和灰泥含量进行结构—成因分类的？

# 学习情境八　变质岩总论

---

**内容简介**

本学习情境主要介绍了变质岩的概念，变质作用的概念、类型、分类；变质岩的化学成分、矿物成分、常见的结构和构造。

通过本学习情境的学习，使学生具备识别变质作用、对变质作用进行分类、能够根据给定的变质岩中的岩石成分结合变质岩的物质成分判断出该岩石性质、可以初步判断出给定变质岩的结构和构造、结合变质岩的分类及命名依据，能够对给定变质岩进行正确分类并命名的能力。

---

## 项目一　变质作用概述

**【知识点】** 了解变质作用的概念、类型、分类；了解变质岩的概念。

**【技能点】** 掌握变质作用的方式及变质作用分类。

### 一、变质作用与变质岩的概念

变质作用是与地壳形成和发展密切相关的一种地质作用，是在地壳形成和演化过程中，由于地球内力的变化，特别是上地幔对于地壳的影响，区域热流和应力发生变化，使已存的地壳岩石，在基本保持固态的条件下，从原岩化学成分、矿物组成和结构构造等方面，进行了调整，在特殊条件下还可以产生重熔或重溶，形成部分流体相（“岩浆”）的各种作用的总和。

变质作用与岩浆作用没有明显的界线（如混合岩化作用：低熔点的长英质物质被熔融形成液体相，与原岩中难熔组分相互作用混合形成一种新的岩石），但两者不同的特点是：变质作用基本在固态进行。

变质岩是地壳已存岩石（岩浆岩、沉积岩和变质岩）在地壳中受到高温高压以及化学成分渗入的影响，在固体状态下，发生剧烈变化后形成的新的岩石。所以，变质岩的岩性特征不仅具有自身独特的特点，而且还常受原岩的控制，具有明显的继承性；同时，由于变质作用的成因特点，又决定了变质岩在矿物组成、结构构造等方面，具有与原生岩石不同的特点，在受深变质改造的岩石与原生岩石之间，存在着一定的渐变关系。任何变质岩都包含其原岩形成的历史和变质作用的历史，详细研究变质岩的特征（物质成分、结构构造和产状）是追溯这种历史过程的最主要依据。

### 二、变质作用的因素

地壳中已存岩石发生变质作用的原因，从根本上来说，都与一定的地质作用相联系，如岩浆侵入可引起接触变质；断裂作用可引起附近岩石的动力变质；至于区域性的大规模变质作用则与各时代地壳活动带的特定地质环境及构造运动和深部热流上升等因素有关，这些都是变质作用的地质因素。但从另一方面来看，变质作用又是自然界一种复杂的物理化学过程，引起岩石变质的直接原因是温度的变化、压力和应力的增大、具有化学活动性的流体相的作用等，这些就是一般所称的变质作用因素。至于变质作用所形成的变质岩，其矿物成分和组构特征，除和上述因素有关外，还决定于原岩成分和组构，有时还和变质作用的方式、持续的时间及其演化历史等有关。由于变质作用的物理或化学因素的变化决定于地质背景，因此在研究变质作用因素时必须注意联系地质成因。

### （一）温度

温度是变质作用最积极主要的因素，多数变质作用是在温度升高的情况下进行的。主要表现在：

（1）温度升高引起重结晶作用（如非晶质蛋白石变成石英、石灰岩重结晶变成大理岩、石英砂岩变成石英岩等）和矿物多型变体的形成（低温石英变成高温石英、变质岩中的蓝晶石、红柱石变成矽线石等）。

（2）温度升高引起岩石中各种组分重新组合形成新矿物，且伴随结构水、结晶水等的脱出。如高岭石在温度升高下转变为红柱石和石英组成的红柱石角岩。[高岭石（吸热→）↔（←放热）红柱石+石英+水]。白云母分解就形成硅线石+钾长石。[白云母+石英（吸热→）↔（←放热）硅线石+钾长石+石英]。

（3）温度升高为变质反应提供能量，起到促进作用。

### （二）热源

（1）岩浆熔融体带来的热。

（2）地热：地壳恒温层以下，温度随深度而改变，愈深温度愈高，呈有规律的增加。但单纯的地热不足以引起变质作用。恒温层以下每向下增加 100m 所增加的温度数称为地热增温率（一般深度每增加 100m 温度平均增加 3℃）。

（3）构造运动所产生的热，大规模推覆挤压由于摩擦产生大量的热能，可使岩石变成塑性状态，甚至发生局部熔融。

（4）岩石中放射性元素蜕变放出能量。

（5）地幔深部熔融体的重力分异，产生上升的热流，引起热液值的升高。

（6）地壳中物质相转变释放出的热能等。

### （三）压力

根据压力性质和所起的作用可进行如下划分。

（1）负荷压力（$p_l$）：又称围压。是一种均向压力，一般指岩石在一定埋深所承受上覆岩层的重力，负荷压力是深度和上覆岩层密度的函数，主要表现如下。

使岩石孔隙减少，变得致密坚硬。如镁橄榄石+钙长石（负荷压力增大的情况）→石榴石促使化学反应的速度加快或减缓。引起结构的改变，如重结晶。

（2）流体压力（$p_f$）：存在于岩石的粒间、显微裂隙及毛细孔隙中的流体物质（主要是水、二氧化碳等）对周围物质所产生的压力。如果流体相在饱和封闭状态下，固体岩石所承受的压力能全部传导给流体相，所以（$p_f$）=（$p_l$）。如果流体相在地壳较浅部且自由流通状态下，（$p_f$）= 流体相重力<（$p_l$）。

（3）定向压力：构造运动或岩浆侵入围岩时所产生的侧向挤压应力，主要发生在地壳表层，随深度增加而减弱。

（四）化学活动性流体

通常指气态或液态的水溶液，由于压力差或浓度差引起流动，便对周围岩石发生交代作用，造成岩石中组分的带出带入，形成与原岩性质截然不同的变质岩石。如：

绢云母+绿泥石（脱水，温度升高→）↔（←水化，温度降低）黑云母+水

白云母+石英（脱水，温度升高→）↔（←水化，温度降低）钾长石+硅线石+水

蛇纹石+水镁石（脱水，温度升高→）↔（←水化，温度降低）镁橄榄石+水

方解石+石英（去碳酸盐化→）↔（←碳酸盐化）硅灰石+二氧化碳

## 三、变质作用的方式

引起变质作用的方式主要有重结晶作用、变质结晶作用、交代作用、变质分异作用、变形和碎裂作用。

（1）重结晶作用。重结晶作用是指岩石在固态下，同种矿物经过有限的颗粒溶解、组分迁移，然后又重新结晶成粗大颗粒的作用，在这一过程中并未形成新矿物。例如：石灰岩变质成为大理岩。

（2）变质结晶作用。变质结晶作用是指在变质作用的温度、压力范围内，在原岩总体化学成分基本保持不变的情况下（挥发分除外），原有矿物或矿物组合转变为新的矿物或矿物组合的作用。

由于这种变化过程多数情况下涉及岩石中各种组分的重新组合，并以化学反应的方式完成，故又称重组合作用或变质反应。

在矿物相的变化过程中，多数情况下岩石中的各种组分发生重新组合。在变质结晶作用中形成新矿物相的主要途径有脱挥发分反应、固体-固体反应和氧化-还原反应等。变质岩中新矿物相的出现首先受变质反应过程中物理化学平衡原理的控制，其次受化学动力学有关原理的控制。

例如，高岭石在大于 350℃ 左右的温度时可转变为叶蜡石；此时静岩压力低于 300MPa 易形成红柱石，如高于 300 MPa 则形成蓝晶石；当温度在 500~660℃ 之间则变成十字石及石英；温度高于 660℃ 则变成石榴子石与矽线石。

（3）交代作用。交代作用是指变质过程中，化学活动性流体与固体岩石之间发生的物质置换或交换作用，其结果不仅形成新矿物，而且岩石的总体化学成分发生改变。如：

$$\underset{\text{(钾长石)}}{KAlSi_3O_8} + \underset{\text{(带入)}}{Na^+} \longrightarrow \underset{\text{(钠长石)}}{NaAlSi_3O_8} + \underset{\text{(带出)}}{K^+}$$

（4）变质分异作用。变质分异作用指成分均匀的原岩经变质作用后，形成矿物成分和结构构造不均匀的变质岩的作用。例如，在角闪质岩石中形成以角闪石为主的暗色条带

和以长英质为主的浅色条带。

(5) 变形和碎裂作用。在浅部低温低压条件下，多数岩石具有较大的脆性，当所受应力超过一定弹性限度时，就会碎裂。在深部温度较高的条件下，岩石所受应力超过弹性限度时，则出现塑性变形。

## 四、变质作用的类型

在进行变质作用类型划分时，应考虑下列方面：

(1) 变质作用前原岩建造形成时的大地构造环境，这方面内容包含原岩建造特征及其形成时的大地构造环境，它们代表着变质作用发生的起始状态。

(2) 变质作用发生时的物理化学条件，包括温度、压力、应力等的变化及由这些因素决定的变质相、变质相系及变形作用特点等，它们代表着变质作用的主要变化特征。

(3) 混合岩化及花岗岩浆活动，在变质活动带，混合岩化和花岗岩浆作用与变质作用有着密切的关系，它们的出现与否，发育的程度如何？标志着变质演化阶段中的热流变化，也代表着变质作用的晚期特点。

变质作用发生的地质条件是极其复杂多样的，一般根据变质作用发生的地质背景和物理、化学条件。本书简要介绍常见的下列四种变质作用类型。

### (一) 接触变质作用

这一类型变质作用是在岩浆作用影响下，围岩主要受岩浆体温度的影响而产生的一种局部性变质作用。通常规模不大，围岩主要受岩浆所散发的热量及挥发分的影响，发生重结晶及变质结晶作用而形成新的岩石。有时也可伴有交代作用，引起化学成分的变化。静压力和应力的作用较为次要。接触变质作用发生的深度不大，通常在10km以内，为高温、低压的变质环境，其地温梯度常达到6℃/100m以上。

当以温度升高为主时，围岩仅受岩浆体温度影响而发生重结晶、变质结晶作用，变质前后化学成分基本相间，挥发组分仅起催化剂作用。这类接触变质作用称为热接触变质作用。

当接触变质作用发生时，围岩除受岩浆体温影响外。由于挥发组分的影响，在岩体与围岩之间发生交代作用，致使接触带附近岩体和围岩的化学成分也发生变化，称为接触交代变质作用。在这一过程中原岩有物质成分的带入和带出，因而变质前后原岩总体化学成分有显著变化，同时伴有大量新矿物产生，可形成矽卡岩。

当接触变质作用发生在与火山岩相接触的围岩中时（围岩或捕虏体），由于火山岩温度较深部岩浆更高，但冷凝速度较快，可出现小规模的高温的变质现象，称为高热（烘焙）变质作用。特征是围岩被烘烤褪色、脱水，甚至局部溶化出现少量玻璃质，并可出现一些特殊的低压高温矿物，如透长石等。

### (二) 动力变质作用

动力变质作用又称为碎裂变质作用，是指在构造运动所产生的定向压力作用下，岩石发生的破碎、变形以及伴随的重结晶等的作用。

这种变质作用主要发生在构造运动使相邻的两个岩石块体之间发生相对运动时的接触

带上，这种接触带被称为断裂带或断层带，所以，动力变质作用又被称为断裂（或断层）变质作用。

动力变质作用及其所形成的动力变质岩在平面上和剖面上均呈线性或带状分布，动力变质岩也称为断层岩，如碎裂岩和糜棱岩。

动力变质带的宽度可从几厘米到几公里，大型的甚至可达几十公里；动力变质带的长度一般几公里到几百公里，大型的长达1000km以上。

动力变质带的规模往往与其发育的历史长短及两侧岩块的相对运动强度、断层规模等有紧密关系。

### （三）区域变质作用

在广大范围内发生并由温度、压力及化学活动性流体等多种因素共同引起的一种变质作用。其范围可达数千至数万平方公里以上，深度可达30km以上。

区域变质作用的温度下限（最低）约200～300℃，上限（最高）约700～800℃，区域变质作用的方式包括重结晶作用、变质结晶作用和交代作用等多种，其中尤其以变质结晶作用最为普遍。

区域变质作用的发生常常和构造运动有关。构造运动可以对岩石施加强大的定向压力，使岩层弯曲、揉皱、破裂；也可以使浅层岩石沉入或卷入地下深处，以遭受地热增温和围压的作用。

构造运动还能导致岩浆的活动，从而带来热量和化学物质；或者导致深部热液的向上运移。

区域变质作用按压力可分为3种类型：低压区域变质作用、中压区域变质作用、高压区域变质作用。

（1）低压区域变质作用。发生的深度较浅，一般小于15km；压力较小，一般为200～400MPa；温度通常较高，可高达600℃以上；局部或暂时性的地温梯度很高，约25～60℃/km，通常属于高热流或地热异常区。

（2）中压区域变质作用。发生的深度较大，一般大于10km；压力也较大，一般为300～800MPa；区域地温梯度中等，一般为16～25℃/km，平均为20℃/km；温度随深度不同而不同，一般为300～600℃。

（3）高压区域变质作用。发生的深度大，一般大于10km；压力大，一般为300～1000MPa，甚至可更高，并且伴有强的构造动压力作用；温度较低，一般只有200～400℃；局部或暂时性的地温梯度很低，一般为7～16℃/km，平均只有10℃/km左右。

从岩石的结构、构造上来看，泥质岩随着变质程度的加深，变质岩种类变化最明显，可以由变质最浅的板岩、依次变为千枚岩、片岩、片麻岩直到麻粒岩；中酸性的岩浆岩可变成片麻岩和麻粒岩；偏基性的岩浆岩可变质为片岩和角闪片岩等。石灰岩或石英砂岩，变质后的变化序列不明显，一般都变成大理岩或石英岩。

### （四）混合岩化作用

混合岩化作用是由变质作用向岩浆作用过渡的一种超深变质作用。其主要特征：原岩局部或部分重熔的熔体物质与尚未重熔的固态物质发生互相交叉与混合，通常是区域变质作用在地热流增高条件下进一步发展的结果。混合岩化作用形成的岩石称混合岩。

混合岩化作用发生的深度较大，其温度通常很高，一般达600℃以上；压力一般中等；化学活动性流体或热液十分普遍，并起着十分重要的作用，如引起原岩中的一些组分熔点降低，导致交代作用等。混合岩一般由基体和脉体两部分组成。

## 思考与练习

1. 简述变质作用的影响因素。
2. 简述变质作用的方式。
3. 简述变质作用的类型。

# 项目二　变质岩的物质成分

**【知识点】** 了解变质岩的化学成分、变质岩的矿物成分。

**【技能点】** 掌握变质岩的物质成分，能够根据岩石中的成分判断出岩石性质。

### 一、变质岩的化学成分

变质岩是地壳中已存的各种岩石经复杂的变质作用后所成，所以它们的化学成分也复杂多样。变质岩的主要化学成分基本上决定于原岩的化学成分，因其原岩类型繁多，既可是各种沉积岩，又可是侵入岩、火山岩或火山-沉积岩，所以变质岩的化学成分也复杂多样，各种氧化物的含量变化范围都可以很大。另一方面化学成分相同或极其相似的变质岩又可以由不同原岩类型变质而成。

在变质岩的形成过程中，如无交代作用，除 $H_2O$ 和 $CO_2$外，变质岩的化学成分基本取决于原岩的化学成分；如有交代作用，则既决定于原岩的化学成分，也决定于交代作用的类型和强度。变质岩的化学成分主要由 $SiO_2$、$Al_2O_3$、$Fe_2O_3$、FeO、MnO、CaO、MgO、$K_2O$、$Na_2O$、$H_2O$、$CO_2$以及 $TiO_2$、$P_2O_5$等氧化物组成。由于形成变质岩的原岩不同、变质作用中各种性状的具化学活动性流体的影响不同，变质岩的化学成分变化范围往往较大。例如，在岩浆岩（超基性岩-酸性岩）形成的变质岩中，$SiO_2$含量多为35%～78%；在（石英砂岩、硅质岩）形成的变质岩中，$SiO_2$含量可大于80%；而原岩为纯石灰岩时，则可降低至零。在变质作用中，绝对的等化学反应是没有的，在变质反应过程中，总是有某些组分的带出和带入，原岩组分总是要发生某些变化，有时则非常显著。在通常的变质反应中，经常发生矿物的脱水和吸水作用、碳酸盐化和脱碳酸盐化作用。这些过程，除与温度、压力有关外，还和变质作用过程中 $H_2O$ 和 $CO_2$的性状有关，其他化学组分，在不同的温度、压力以及外界组分的影响下，常表现出不同程度的活动性。例如，在接触交代变质作用过程中，在侵入体和围岩之间，通过双交代作用可形成。在区域变质作用过程中，岩石化学组分的稳定程度，有时可用化合物（硅酸盐、氧化物、硫化物等）的生成热来表示。一般来说，生成热越高，这一化合物也越稳定。硫化物的生成热是较低的，氧化物和硅酸盐的生成热比硫化物高。因此，在区域变质作用过程中，当温度升高时，亲石元素（包括主要造岩元素 K、Na、Fe、Mg、Al、Si）保持其稳定；而亲铜元素则根据它们本身的特性，呈现出不同的活动性。这一情况也部分地解释了在区域变质作用过程中，岩石的主要造岩元素可以保持不变或稍有变化的原因。

## 二、变质岩的矿物成分

### （一）变质岩矿物成分一般特点

组成变质岩的矿物极为复杂多样，其矿物成分一方面与原岩的特点（化学成分、矿物成分等）有密切的继承性和依存关系，另一方面又决定于变质作用的类型和强度。变质作用和岩浆作用及沉积作用都是地壳中重要的地质作用，既各具特点，彼此又有一定联系，变质岩又来源于地壳中已存在的岩浆岩和沉积岩，所以有不少矿物是三大岩类岩石所共有，但变质岩的矿物成分比岩浆岩和沉积岩更为复杂。

（1）三大岩类常见的主要造岩矿物都是长石、石英、云母、角闪石、辉石等。

（2）变质岩中特有矿物：硬绿泥石、十字石、堇青石、铁铝榴石、红柱石、蓝晶石、矽线石、硅灰石等。

（3）与岩浆岩中的矿物相比，变质岩中的矿物在内部结构和结晶习性等方面，有如下特点：

1）层状和链状晶格的矿物较普遍，其延展性也较大。

2）出现一些分子排列紧密，分子体积小，密度大的高压矿物。出现红柱石、蓝晶石、矽线石等同质异相矿物。

3）矿物的变形现象发育。

4）斜长石的环带结构在变质岩中少见。

### （二）矿物成分与原岩化学成分的关系

（1）富铝系列：硬绿泥石、十字石、堇青石、铁铝榴石、红柱石、蓝晶石、矽线石。

（2）长英质系列：极少出现富铝系列特征变质矿物。

（3）碳酸盐系列：方解石、白云石、滑石、蛇纹石、镁橄榄石、透辉石、透闪石、硅灰石、金云母、钙铝榴石。

（4）铁镁质系列：辉石、角闪石、绿泥石、阳起石、绿帘石等大量铁镁矿物。

（5）超铁镁质系列：滑石、蛇纹石、透闪石、橄榄石、镁铝榴石、尖晶石、辉石、镁铁闪石等。

### （三）矿物成分与变质条件的关系-等物理系列的概念

对于特定成分的原岩体系来说，决定变质岩中矿物组合的因素是变质条件，为了描述不同的变质条件及其对应的产物特征，引入了等物理系列的概念。

指相同或特定变质条件下形成的所有变质岩。同一系列变质岩矿物成分的不同决定于原岩的总化学成分，等物理系列的划分，Winkler（1974）按照温度将变质强度划分为四个变质级（等物理系列）：很低级、低级、中级、高级。

（1）很低级：浊沸石、葡萄石、绿纤石。

（2）低级：绢云母、绿泥石、硬绿泥石、绿帘石、阳起石、蛇纹石、滑石。

（3）中级：十字石、蓝晶石、普通角闪石、铁铝榴石。

（4）高级：矽线石、紫苏辉石、正长石。

**思考与练习**

1. 简述变质岩与岩浆岩、沉积岩物质成分的区别。
2. 简述变质岩的化学成分特征。
3. 简述变质岩的形成条件。

# 项目三　变质岩结构与构造

**【知识点】** 了解变质岩常见的结构和构造。

**【技能点】** 掌握变质岩的结构和构造，初步判断出给定变质岩的结构和构造。

变质岩的结构和构造是识别变质作用条件和过程的重要标志，利用结构和构造特征可以鉴别变质岩的类型，为变质岩命名提供依据，因此，一直受到地质学家们的重视。

变质岩的结构是指变质岩中矿物的粒度、形态及晶体之间的相互关系，而构造则指变质岩中各种矿物的空间分布和排列方式。

结构构造的研究，对查明变质前的原岩有重要意义。在变质程度低的岩石中，常有原岩结构构造残留，通过对这些残留结构构造的研究，有时可以直接查明原岩的矿物成分，结构构造和成因类型。比如在绿片岩中，若表面残留有杏仁、气孔和斑状结构，在结合地质产状，就可确切说明它们是基性熔岩变质所成。在完全重结晶的岩石中，变晶结构的特征，如粒度、矿物分布等在很大程度上也受原岩成分和结构构造的控制。

总之，研究变质岩结构构造，对变质岩分类命名，查明原岩性质、了解变质作用过程中不同变质因素的影响，进而查明变质岩的形成史均能提供证据。

## 一、变质岩的结构

变质岩的结构类型繁多，常见的变质岩结构有以下四大类。

### （一）变余结构

变余结构是变质重结晶作用进行得不彻底，原来岩石的矿物成分和结构特征被部分地保留下来。比如沉积形成的砂砾岩，变质后还保留着砾石和砂粒的外形。有时甚至砾石成分发生了变化，其轮廓仍然很清楚。这类结构易出现在低级变质岩中，此时由于温度低，溶液的活动性不大，化学平衡不易完全，以致原岩的一部分特征得以保存。变余结构构造是恢复原岩性质最可靠的证据之一，主要见于浅变质岩中，但在深变质区，仍可找到。

岩浆结晶型原岩：经变质后常见变余辉长结构、变余辉绿结构（图 8-1）、变余斑状结构等变余结构，变质结构可部分保留至中级变质（角闪岩相），变余斑状结构甚至可保留至麻粒岩相。

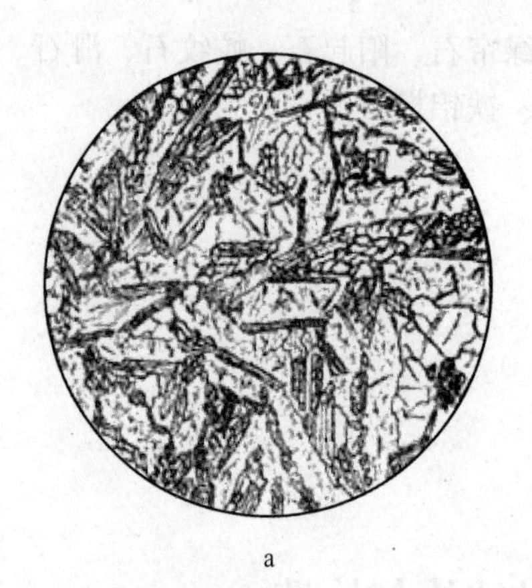
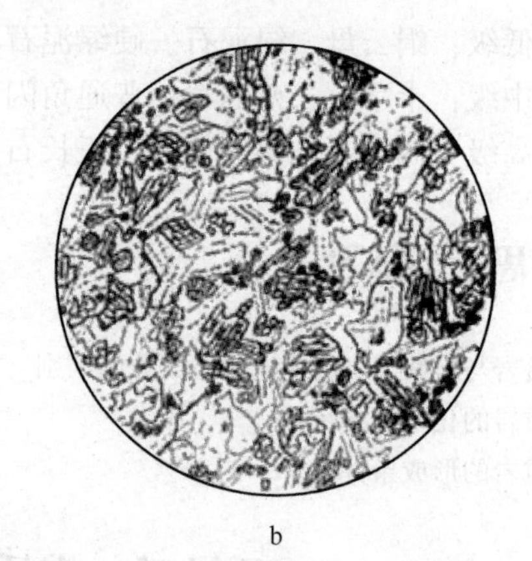

a b

图 8-1 变余辉绿结构

图 8-1a 斜长角闪岩中原岩斜长石轮廓已被细小斜长石所代替。角闪石部分蚀变。该层内含变余火山弹物质。河南桐柏围山城，单偏光，$d=2.3$mm。图 8-1b 绿帘阳起片岩中隐约可见暗色矿物集合体与斜长石呈间粒状的变余灰绿结构。陕西略阳，单偏光，放大 25 倍。

火山沉积型原岩：在浅变质条件下可残存各种火山碎屑结构（变余岩屑结构、变余晶屑结构（图 8-2）、变余玻屑结构等）。变质较深时，火山碎屑外形轮廓逐渐消失。但由于火山碎屑的成分、结构与基质不同，变质后常表现为较均匀，在变质岩基质中具不同的矿物或结构，并具一定外形轮廓的集合体团块。

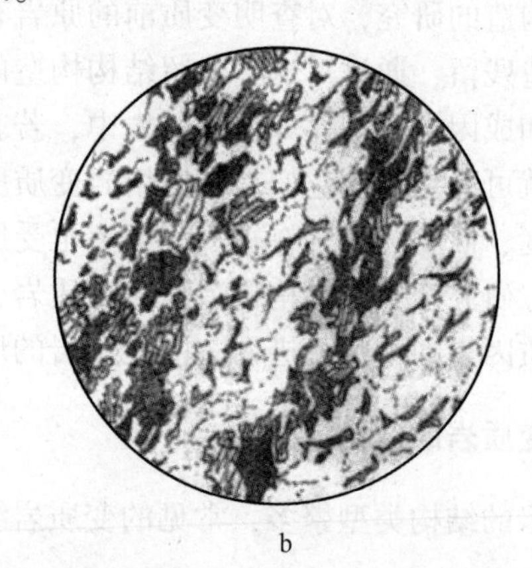

a b

图 8-2 变余火山晶屑结构

图 8-2a 为变余火山晶屑结构。白云母长英片岩中显示斜长石（pl）变余晶屑。陕西商县宽坪，正交偏光，放大 64 倍。图 8-2b 为变余火山晶屑状辉石。条带状辉石磁铁石英岩中火山晶屑状辉石呈层分布，反映了火山喷发物的直接堆积。河北迁安裴庄，单偏光，$d=5.6$mm。

变余结构的特点：

（1）外貌上具原岩（沉积岩或火成岩）的结构构造特征，成分上由变质矿物组成。

（2）浅变质条件下，可有原岩矿物残留。

注意：强烈变形可以产生类似层理的成分层-假层理，还可以产生类似砾石的石香肠和透镜体。通过与变形的关系分析和岩相学研究，可以将这些假层理、假砾石与真正的层理和砾石区分开来。所以应该到弱变形地段找寻变余的结构构造和其他变余特征。

（二）变晶结构

变晶结构是一种因变质作用使矿物重结晶所形成的结构。根据变质岩中矿物晶形的完整程度和形状，分为鳞片变晶结构、纤维变晶结构和粒状变晶结构。说起鳞片，人们很容易联想到鱼鳞，这只是一个类似的比喻。变晶矿物呈片状，沿一定方向排列形成鳞片变晶结构。只有少数情况矿物的排列不定向，互相碰接形成交叉结构；纤维变晶结构是纤维状、柱状变晶呈定向排列，形成片理；粒状变晶结构是由粒状矿物组成的结构，这些矿物颗粒自形程度和形态不同。比如显微粒状变晶结构，也称角岩结构，是由显微颗粒组成的。而石英岩、大理岩的变晶颗粒比较大，呈多边形，是典型的粒状变晶结构。

1. 变晶结构类型

按变晶粒度划分（见图 8-3）：粗粒变晶结构>3mm、中粒变晶结构 1～3mm、细粒变晶结构 0.1～1mm、显微变晶结构<0.1mm。

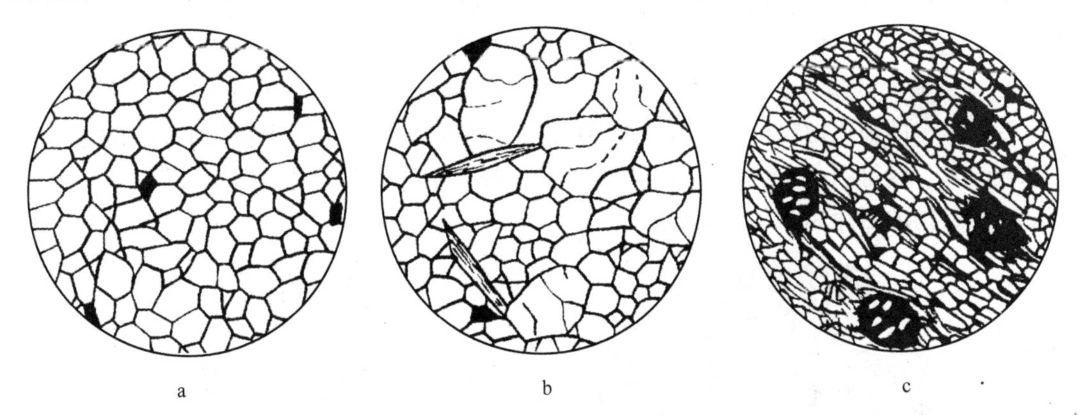


图 8-3　按粒度划分的变晶结构

按变晶的自形程度划分：自形变晶结构、半自形变晶结构、它形变晶结构。

按变晶的形态划分（图 8-4）：

（1）粒状矿物为主的变晶结构：粒状变晶结构、镶嵌粒状变晶结构、齿状粒状变晶结构、粒状鳞片变晶结构。

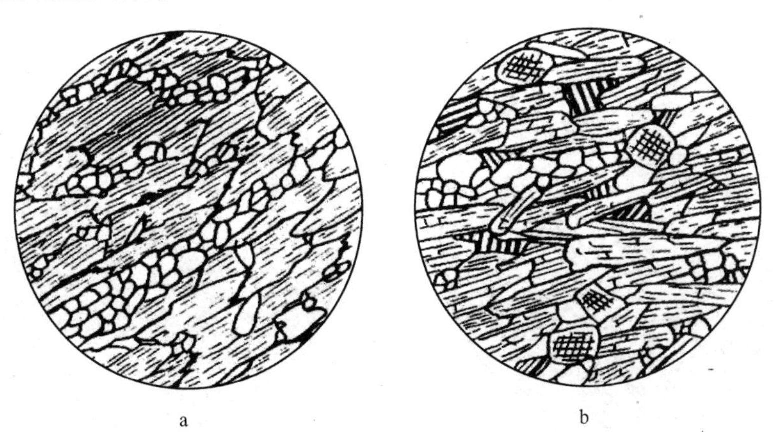

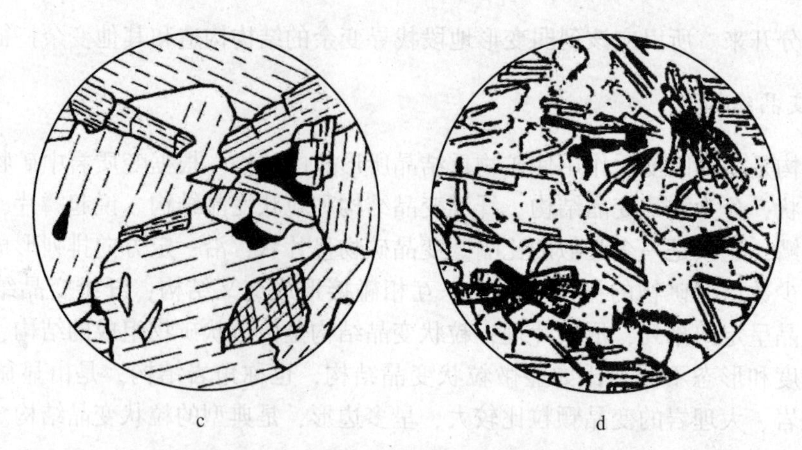

图 8-4　按变晶的形态划分的变晶结构

a—鳞片变晶结构；b—纤状变晶结构；c—交叉结构；d—束状结构

（2）针柱状矿物为主的变晶结构：纤状变晶结构、放射状变晶结构、扇状变晶结构、束状变晶结构、针、柱状变晶结构、粒状纤状变晶结构。

2. 变晶结构的描述及图片

变晶结构的描述把颗粒的粒度、边界形态、矿物结晶习性、包裹物与主晶的关系等内容综合起来，就得到一个结构较为完整的描述，择其主要特点就是结构的名称。

变晶结构的照片如图 8-5 所示。

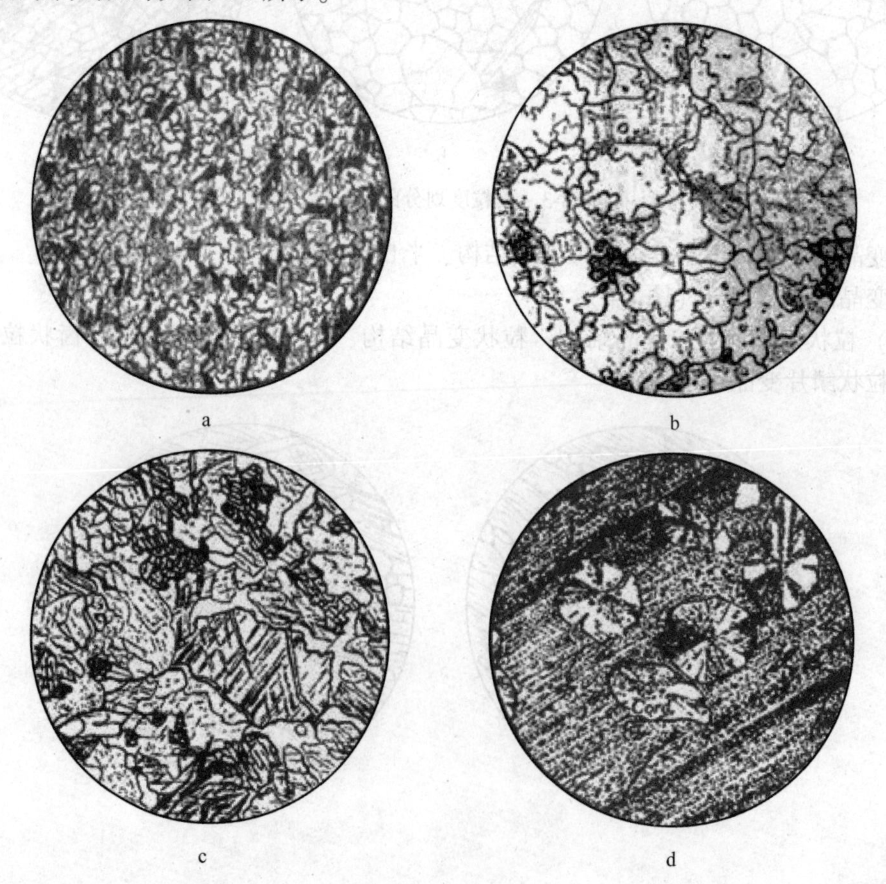

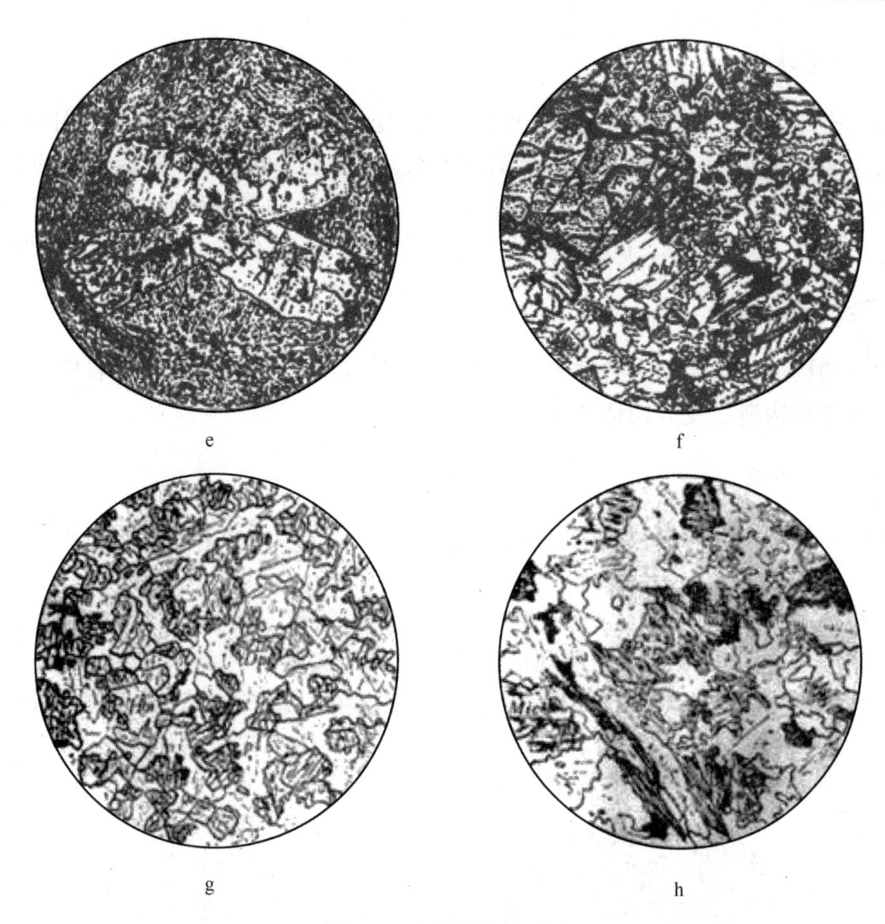

图 8-5　变晶结构的照片

图 8-5a 为等粒变晶结构。黑云母变粒岩中长石、石英、黑云母呈等粒状紧密共生。河北，单偏光，放大 60 倍。图 8-5b 为中粒等粒变晶结构。石榴浅粒岩石中长石、石英、石榴子石呈等粒镶嵌状。辽宁草河口，单偏光，$d$=2. 3mm。图 8-5c 为不等粒变晶结构。含长透辉大理岩中方解石、透辉石、微斜长石呈无斑的系列变晶结构。山东莱阳，单偏光，$d$=2. 3mm。图 8-5d 为斑状变晶结构。包含变晶结构，堇青石角岩中具包体的堇青石呈小变斑晶。河北庞家堡，单偏光，$d$=2. 3mm。图 8-5e 为斑状变晶结构。十字石二云母片岩中，十字石呈变斑晶。山西中条山，单偏光，$d$=2. 3mm。图 8-5f 为斑状变晶结构。金云母镁橄大理岩中镁橄榄石呈变斑晶。山东莱阳，单偏光，$d$=2. 3mm。图 8-5g 为镶嵌粒状变晶结构。角闪透辉变粒岩中暗色矿物与斜长石之间的镶嵌共生。河北迁安水厂，单偏光，$d$=2. 3mm。图 8-5h 为齿状粒状变晶结构。花岗变晶结构，白云母混合花岗岩中，长石石英间呈现的不规则齿状变晶。辽宁鞍山弓长岭，正交偏光，$d$=2. 3mm。

### （三）交代结构

交代结构是指矿物或矿物集合体被另外一种矿物或矿物集合体所取代形成的一种结构。矿物之间的取代常常引起物质成分的变化，矿物集合体的取代过程不仅会造成物质成分的改变，还会引起结构的重新组合。如果交代作用进行得不完全，就会留下原生矿物的残余；如果交代彻底，被交代的原生矿物只能留有假象，矿物本身已经完全变成另一种成分了。

### （四）变形结构

变形结构与变形作用有关，分脆性变形和韧性变形两类。在物理学中，我们知道弹性极限的概念，这可以帮助加深对这两类变形的理解，当所施压力大于矿物或岩石的弹性极限时，矿物或岩石会破碎或裂开，这是产生脆性变形的结果；如果岩石所受压力超过塑性弯曲强度时，岩石就会发生褶皱、扭曲等变化，但不会被折断，这种变形被称为塑性变形。

## 二、变质岩的构造

变质岩的构造是指岩石中各种矿物的空间分布特点和排列状态。变质岩构造最重要的有三类，即变余构造、变成构造及混合构造。

### （一）变余构造

因变质作用不彻底而保存的原岩构造，又称为残余构造，多见于低级变质岩中，与变质构造相伴生。

图 8-6a 为变余层理构造。含辉石磁铁石英岩中，粗粒与细粒、浅色与暗色组分构成相间的原岩层理。图 8-6b 为变余层理构造。长英黑云次片岩中云母、长石、石英组成的次片理与残留碳质物的原岩层理间近垂直关系。图 8-6c 为变余杏仁状构造。钠长阳起片岩中的变余杏仁状为方解石组成，基质由阳起石、石英组成片状构造。图 8-6d 为变余流纹构造及变余斑状结构。变火山岩中示斜长石变余斑晶。

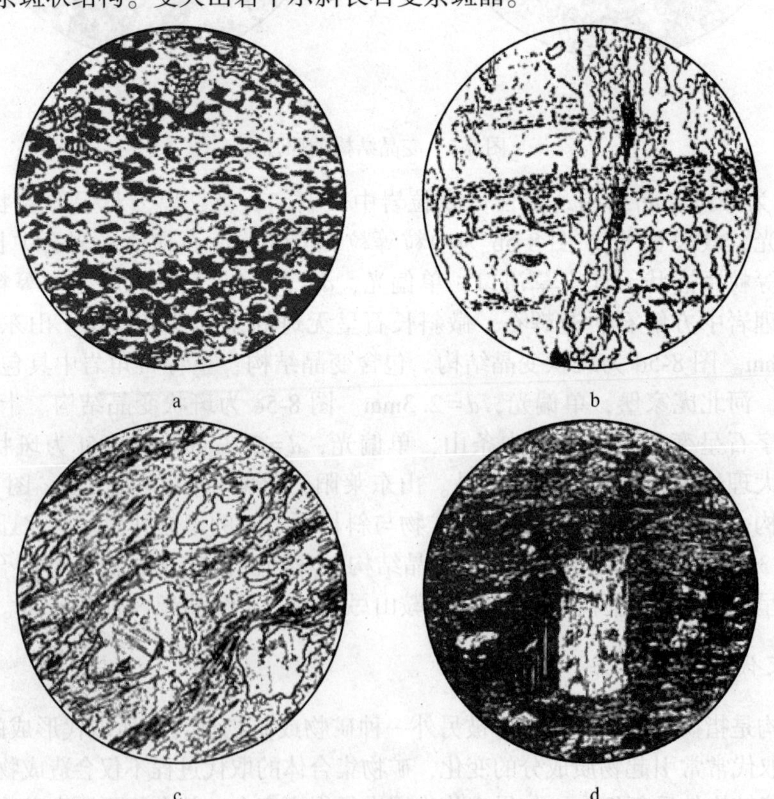


图 8-6　变余构造的类型

变质构造分定向构造和无定向构造两类。

定向构造的特点是非等轴颗粒近平行排列，出现优选方位，是偏应力作用下岩石变形的结果，多垂直最大压应力方向发育。其形成机制包括机械旋转、粒内滑移、优选成核、优选生长（压溶）等。由于多数变质作用都有偏应力参与，因此定向构造在变质岩中非常普遍。

### （二）变成构造

变成构造是指变质作用过程中（主要是变质结晶和重结晶）所形成的构造，常见的类型有：斑点状构造、板状构造、千枚状构造、片状构造、片麻状构造、条带状构造（见图 8-7~图 8-10）。

面状构造表现为一系列近平行排列的面，统称为面理。B. Sander 称为 S 面。面理可以弯曲、扭折和褶皱。岩石中往往有不止一种面理。可以按其先后顺序以 S1、S2、S3 等记录它们，以便于构造分析。

（1）斑点状构造：是接触变质初期形成的斑点板岩特有的一种构造，其特点是岩石中分布一些形状不一、大小不等的斑点，斑点是碳质、硅质、铁质或堇青石、红柱石、云母等的雏晶集合体。

（2）千枚状构造：岩石中小片状矿物已初步具有定向排列，但重结晶程度不高，矿物颗粒肉眼尚不能分辨。片理面上可见有强烈的丝绢光泽，多是小鳞片状绢云母、绿泥石密集排列所致。

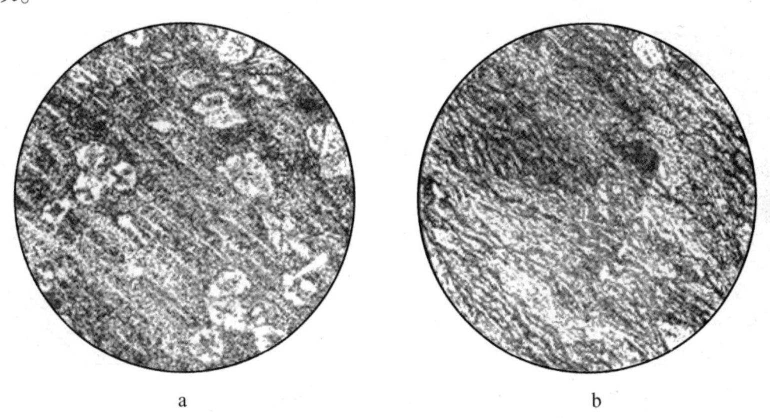


图 8-7　变成构造类型

a—斑点构造；b—千枚状构造

（堇青石斑点角岩中之堇青石为雏晶，基质为变余泥状结构；
钙质千枚岩中细小石英方解石、绢云母、绿泥石呈紧密起伏的片状排列）

（3）片状构造：变质岩中最常见、最典型的构造，其特点是岩石中含较多的片柱状矿物，这些矿物连续定向排列构成面状，这称为片理面，片理面可以较平直，也可成波状弯曲甚至强烈揉皱，镜下所见均为变晶程度较好的片柱状矿物定向排列。肉眼已可辨出矿物大小及种属，尤其是变斑晶矿物更加清楚。

（4）板状构造：是变质泥岩等柔性岩石受压力作用而形成的一种构造。其表现是岩石呈现一种互相平行的破裂面，如同板状，破裂面上有时有些微晶的绢云母、绿泥石等矿物，但岩石基本没有重结晶，新生矿物很少。

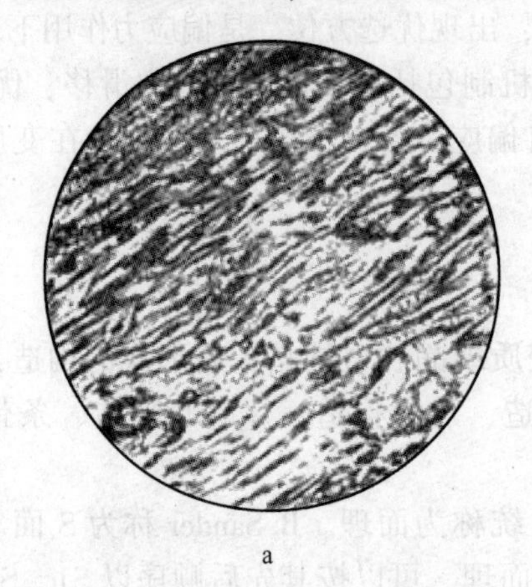

a

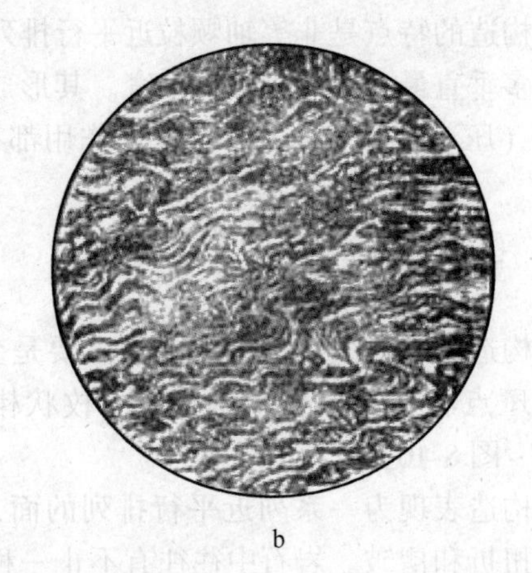

b

图 8-8　变成构造类型

a—片状构造；b—褶纹构造

（钠长绢云绿泥片岩中之粒状与片状矿物呈明显的定向排列。陕西略阳，单偏光，$d$=2.3mm；石榴黑云片岩中片理构造因受力而揉皱）

（5）片麻状构造：岩石具显晶质变晶结构，主要由粒状浅色矿物组成，含较少的片状及柱状暗色矿物呈断续的定向排列。或者这些柱状及片状矿物集结成宽度和长度都不大的薄的透镜体呈断续的定向排列。

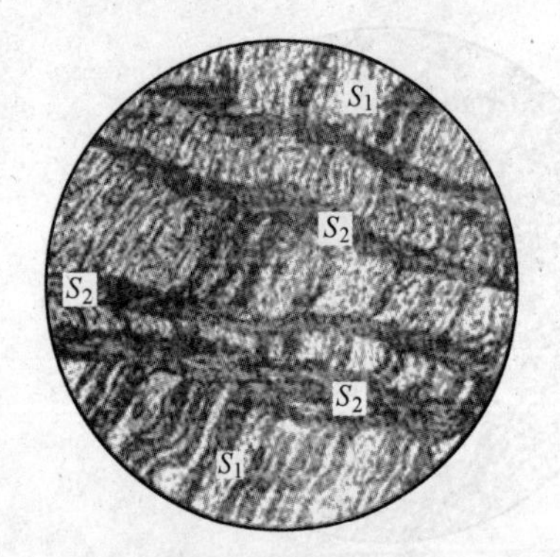


图 8-9　板状玻片

（理绢云母石英片岩中示出白云母破片理（$S_2$）与基质绢云母石英片岩片理（$S_1$）的关系 $S_2 \perp S_1$）

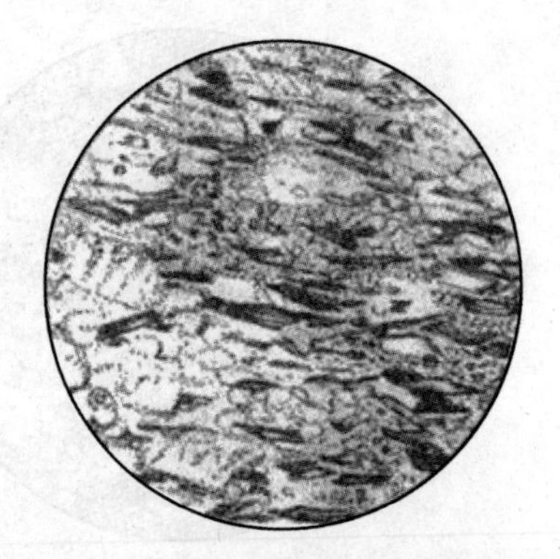

图 8-10　变成构造类型（片麻状构造）

（黑云混合片麻岩中长英粒与黑云母的相间排列。辽宁鞍山，单偏光，$d$=2.3mm）

（三）混合构造

混合岩特有的构造。混合岩是一种由高级（或中高级）区域变质岩和不同数量的长英质物质混合组成的岩石。通常把原先存在的高级变质岩称为基体，长英质物质称为脉体。混合构造就是指基体与脉体在空间分布上的相互的关系。按照其形态可以分为：条带状构造、眼球状构造、网脉状构造、角砾状构造、肠状构造、片麻状构造、雾迷状构造（见图 8-11～图 8-13）。

（1）眼球状构造：长英质（主要是碱性长石）呈眼球状，断续分布于基体之中。

（2）网脉状构造：脉体不规则地穿切基体岩石，呈细脉状、分支状、网状分布。

（3）条带状构造：基体与脉体相间呈条带状分布。

（4）角砾状构造：基体被脉体分割包围，呈角砾状。

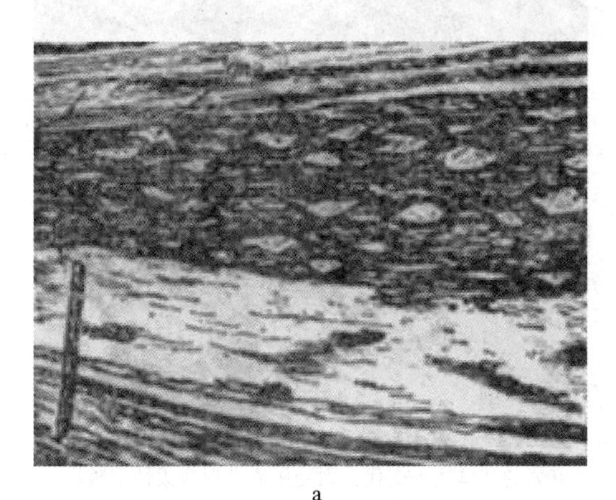

a

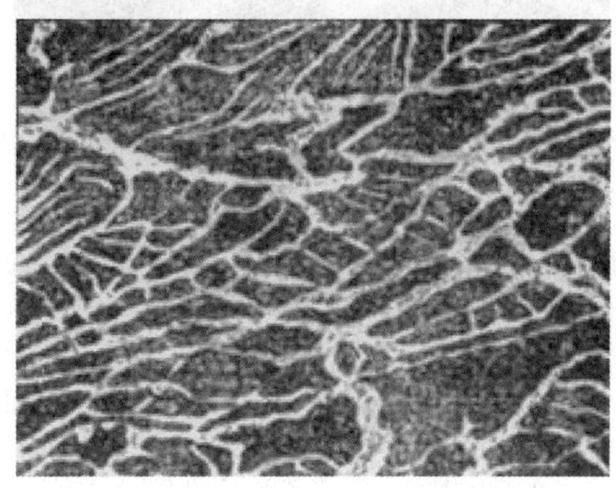

b

图 8-11　混合构造类型

a—眼球状构造；b—网脉状构造

（眼球部分为注入交代的钾长石，基体为黑云变粒岩，混合岩的两侧为片麻岩、浅粒岩；长英质脉体无定向地穿切变质岩基体）

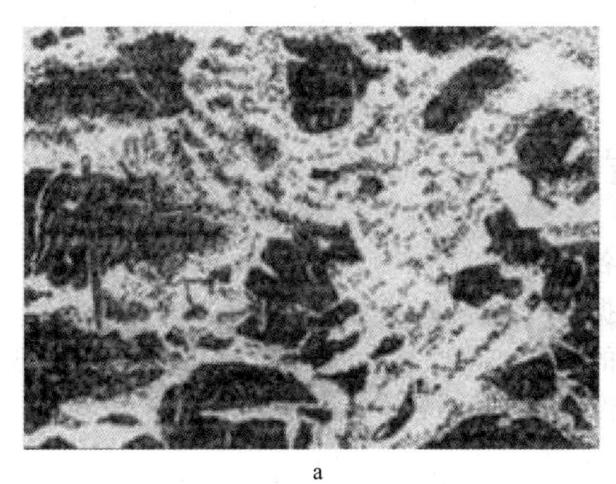

a

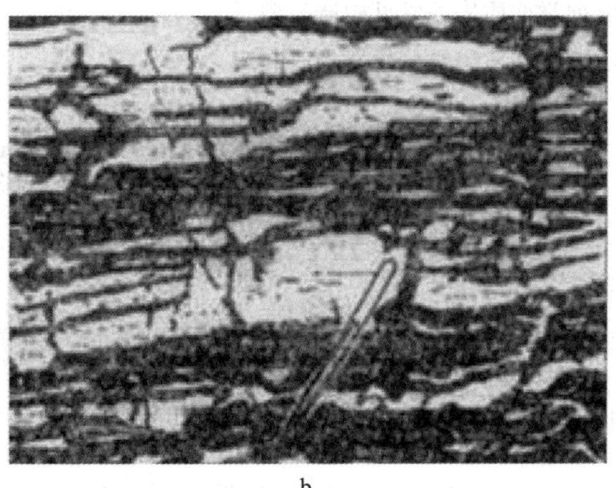

b

图 8-12　混合构造类型

a—角砾状构造；b—条带状构造

（浅色部分为长英质脉体，暗黑色角砾为透辉变粒岩。浅色长英质脉体穿切暗色的黑云变粒岩基体，构成宽窄不一的条带）

（5）肠状构造：脉体呈肠状弯曲褶皱状分布于基体中。

（6）片麻状构造：基体与脉体已界限不清，某些基体的暗色矿物断续定向排列。

（7）雾迷状构造：又称阴影状构造、星云状构造，基体与脉体的界线已完全不清，有时仅见基体被脉体交代残留的隐约可见的轮廓，呈斑杂状、阴影状分布。

a

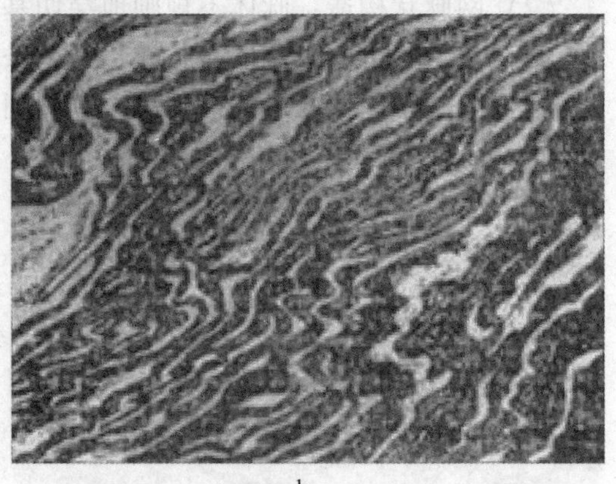
b

图 8-13　混合构造类型

a—肠状构造；b—皱纹状构造

（在高温塑性状态下，长英质（浅色部分）岩黑云斜长片麻岩的基体注入交代，因受压流动形成柔性褶皱；部分兼有肠状构造，浅色弯曲的长英质脉体，呈紧密皱纹状。基体为石榴矽线黑云斜长片麻岩）

## 思考与练习

1. 列举变质岩的常见结构类型。
2. 列举变质岩的常见构造类型。
3. 简述变质岩结构构造的研究意义。

# 项目四　变质岩的分类与命名

**【知识点】** 了解变质岩的常见分类以及各分类如何进行命名。

**【技能点】** 掌握变质岩的分类及命名依据，能够对给定变质岩进行正确分类并命名。

在变质作用条件下，使地壳中已经存在的岩石（可以是火成岩、沉积岩及早已形成的变质岩）变成具有新的矿物组合及结构、构造等特征的岩石，称为变质岩。

（一）变质岩分类和命名的一般原则

（1）变质岩的分类和命名，应以变质岩的岩石特征为基础。一定的变质岩石类型，应具有一定的矿物组成、含量及结构、构造等特征。

（2）同一变质岩石类型可以是多成因的。例如：片岩、片麻岩可以由区域变质作用形成，也可以由热接触变质作用、动力变质作用等形成。

（3）变质岩的分类和命名，既要划分标志和界线明确，又要符合自然界的内在联系；既要有科学性和系统性，又要简明实用。

（4）变质岩的分类和命名，应尽可能与传统习惯用法一致，尽量采用国内外已通用的岩石名称。特定成因的变质岩类型，仍按传统习惯沿用，例如：角岩，矽卡岩等。

## （二）变质岩的分类及命名

以岩石的矿物成分、含量及结构、构造等基本特征为基础，可将常见和比较常见的变质岩石划分为如下二十类：

轻微变质岩类、板岩类、千枚岩类、片岩类、片麻岩类、变粒岩类、石英岩类、角闪岩类、麻粒岩类、榴辉岩类、铁英岩类、磷灰石岩类、大理岩类、钙硅酸盐岩类、碎裂岩类、糜棱岩类、角岩类、矽卡岩类、气-液蚀变岩类、混合岩类

### 1. 轻微变质岩类

轻微变质岩是指经受轻微（很低级）变质作用的岩石。如：基性、中性、中酸性熔岩和火山碎屑岩、中基性岩屑砂岩以及辉绿岩、辉长岩等，经轻微（很低级）的变质作用，出现相当于浊沸石相、葡萄石-绿纤石相或硬柱石-蓝闪石相变质矿物，仍保留原岩结构、构造，即具变余间粒结构、变余交织结构、变余凝灰结构、变余辉绿结构、变余辉长结构以及变余杏仁状构造等。

这类轻微变质岩石的命名按：

（1）变质+原岩名称。例如：变质辉绿岩。

（2）新生变质矿物可参加命名。例如：葡萄绿纤变英安质凝灰岩。

### 2. 板岩类

板岩是具有板状构造（板劈理）的低级变质岩石。一般为致密隐晶质，具变余结构构造。原岩成分没有发生明显的重结晶作用，可有少量的细小石英、绢云母、绿泥石等新生矿物沿板劈理面分布。

#### A　岩石类型划分

依据板岩的原岩类型、杂质成分和新生变质矿物等，可划分为以下主要岩石类型，如表 8-1 所示。

**表 8-1　板岩类的主要岩石类型**

| 岩石类型 | 矿物成分 | 结构构造 | 原岩类型 |
| --- | --- | --- | --- |
| 黏土板岩（板岩） | 主要由隐晶质黏土组成，可有少量绢云母新生矿物 | 变余泥质结构；板状构造 | 泥质岩 |
| 硅质板岩 | 含硅质较多 | 板状构造 | 硅质泥质岩 |
| 粉砂质板岩 | 主要由粉砂级的长石、石英组成 | 变余粉砂状结构；板状构造 | 粉砂岩、泥质粉砂岩 |
|  | 含钙质较多，可见显微粒状方解石 | 板状构造 | 钙质泥质岩、泥灰岩 |
| 碳质板岩 | 含有较多的碳质，部分碳质可转变为半石墨 | 板状构造 | 碳质泥质岩、碳质页岩 |
| 凝灰质板岩 | 由火山凝灰物质组成。火山碎屑常为绢云母、绿泥石、方解石及铁质替代 | 变余凝灰结构；板状构造 | 中、酸性凝灰质岩石 |
| 斑点板岩 | 新生矿物雏晶集合体呈斑点状分布 | 斑点状构造；板状构造 | 泥质岩、泥灰岩、钙质泥质岩 |

B　板岩类岩石的命名

(1) 板岩类岩石的命名按：新生变质矿物+原岩成分+板岩。例如：绢云黏土板岩。

(2) 斑点板岩中，若斑点状集合体的矿物成分可鉴定出来时，应按矿物命名。例如：堇青石板岩。

(3) 硅质板岩中，若硅质含量大于 80%；并已结晶为细粒石英时，则向板状石英岩过渡。

(4) 当变质程度稍高，出现较多绢云母、绿泥石、石英等新生矿物，绢云母片略大，并具弱千枚状构造时，可命名为千枚状板岩，为板岩与千枚岩之间的过渡类型。

3. 千枚岩类

千枚岩是具有千枚状构造的低级变质岩石。原岩通常为泥质岩（或含硅质、钙质、碳质的泥质岩）、粉砂岩及中、酸性凝灰岩等，经区域低温动力变质作用或区域动力热流变质作用的低绿片岩相阶段形成。若原岩为页理发育的页岩，在热接触变质条件下经低温重结晶作用也可形成。千枚岩的变质程度比板岩稍高，原岩成分重结晶作用明显，具显微鳞片变晶结构、显微粒状鳞片变晶结构、斑状变晶结构等。主要由细小的绢云母、绿泥石、石英、钠长石等在变质作用中生成的矿物组成。常含有少量的金红石、电气石、磁铁矿及碳质、铁质等，有时有少量黑云母微晶、硬绿泥石、方解石或锰铝榴石等小变斑晶出现。

A　岩石类型划分

按主要矿物成分划分的千枚岩类型如表 8-2 所示。

**表 8-2　千枚岩类的主要岩石类型**

| 岩石类型 | 矿物成分 | 结构构造 | 原岩类型 |
| --- | --- | --- | --- |
| 绢云千枚岩 | 绢云母含量大于 50%。矿物组合：绢云母+绿泥石+石英。可出现少量钠长石、红柱石、硬绿泥石等 | 显微鳞片变晶结构，斑状变晶结构；千枚状构造 | 泥质岩、酸性凝灰质岩等 |
| 绿泥千枚岩 | 绿泥石含量大于 50%。矿物组合：绿泥石+绢云母（少）+钠长石牛榍石（白钛石）。可有硬绿泥石、绿帘石、微晶黑云母等。有时出现蓝闪石、阳起石等 | 显微鳞片变晶结构，显微粒状鳞片变晶结构；千枚状构造 | 中基性凝灰质岩 |
| 石英千枚岩 | 石英含量大于 10%。矿物组合：绢云母+绿泥石+石英。常含少量钠长石 | 显微鳞片粒状变晶结构，千枚状构造 | 粉砂岩，泥质粉砂岩等 |
| 钙质千枚岩 | 富含方解石或白云石。矿物组合：绢云母+绿泥石+碳酸盐。有时含有石墨 | 显微粒状鳞片变晶结构或显微鳞片粒状变晶结构；千枚状构造 | 钙质泥质岩，泥灰岩，泥灰质白云岩等 |
| 碳质千枚岩 | 富含半石墨、石墨。矿物组合：绢云母+石英+碳质 | 显微鳞片变晶结构；千枚状构造 | 碳质泥质岩 |

B　千枚岩类岩石的命名

(1) 绢云千枚岩、绿泥千枚岩和石英千枚岩的命名按：特征变质矿物+主要鳞片状矿物+（粒状矿物）+千枚岩。

(2) 钙质千枚岩和碳质千枚岩的命名，依据矿物组合按：次要矿物（或杂质成分）+主要矿物+千枚岩。如：方解绢云千枚岩、碳质绢云千枚岩。

(3) 特征变质矿物命名。如：蓝闪钠长绿泥千枚岩。

(4) 当岩石中出现铁铝榴石、十字石等特征变质矿物，或基质中出现大量云母类矿物，而仍具千枚状构造时，可称为千枚状片岩，为千枚岩与片岩之间的过渡类型。

4. 片岩类

片岩是具有明显片状构造的低-中级变质岩石。变晶粒度常大于0.1mm。片、柱状矿物含量大于30%，粒状矿物以石英为主，长石含量小于25%，常含有红柱石、蓝晶石、石榴石、堇青石、十字石、绿帘石类及蓝闪石等特征变质矿物。

A　岩石类型划分

按主要矿物成分划分的片岩类型如表8-3所示。

**表8-3　按主要矿物成分划分的片岩类型**

| 岩石类型 | 矿物成分 | 结构构造 | 原岩类型 |
|---|---|---|---|
| 云母片岩类 | 主要由云母（白云母、黑云母）、石英和长石组成，长石含量小于25%。可出现红柱石、蓝晶石、铁铝榴石、堇青石、十字石等富铝特征变质矿物 | 粒状鳞片变晶结构，粒度一般大于0.1mm；片状构造 | 泥质岩、泥质砂岩、粉砂岩、钙质泥岩、酸性火山熔岩和凝灰岩等 |
| 钙硅酸盐片岩类 | 主要由方解石、云母（珍珠云母、白云母、钠云母等）组成。可含有一定数量的绿泥石、硬绿泥石、黑云母、石榴石、白云石等 | 中细粒粒状鳞片变晶结构；片状构造 | 钙质泥岩、泥灰岩、泥质白云质灰岩、英安质凝灰岩等 |
| 绿片岩类 | 主要由绿泥石、绿帘石、黝帘石、阳起石等绿色矿物（一般大于40%）及钠长石、石英等矿物组成。可有少量云母类、碳酸盐类及榍石、磷灰石、锆石、磁铁矿等 | 鳞片变晶结构，粒状鳞片变晶结构或纤状变晶结构；片状构造 | 基性火山熔岩、凝灰岩、基性硬砂岩及富铁质白云质灰岩等 |
| 镁质片岩类 | 主要由蛇纹石、绿泥石、滑石等片状矿物组成。次要矿物有阳起石、帘石、菱镁矿、石英等。随着变质程度增高，可出现透闪石、镁铁闪石和直闪石等 | 柱状、柱粒状或纤状变晶结构；片状构造 | 超镁铁岩、极富镁的碳酸盐岩等 |
| 闪石片岩类 | 主要由普通角闪石、直闪石、透闪石、阳起石和石英组成，闪石含量一般多于石英，可含少量斜长石、绿帘石、黑云母等矿物 | 细粒鳞片变晶结构或纤状变晶结构；片状构造 | 基性火山岩、铁镁质泥灰岩等 |

续表 8-3

| 岩石类型 | 矿物成分 | 结构构造 | 原岩类型 |
|---|---|---|---|
| 蓝闪片岩类 | 含有蓝闪石或硬柱石、硬玉等低温高压变质矿物；矿物成分可有蓝闪石、铝铁闪石、钠闪石、钠铁闪石、硬柱石、硬玉、硬玉质辉石、石英、绿纤石、绿泥石、方解石、文石，有时有钠长石、绿帘石、阳起石、石榴石、黑硬绿泥石、红帘石等 | 细粒鳞片变晶结构或纤状变晶结构；片状构造 | 基性火山熔岩、凝灰岩、基性硬砂岩等 |

B　片岩类岩石的命名

（1）云母片岩类岩石的命名，根据片状矿物与粒状矿物的相对含量，按：片状矿物+粒状矿物+片岩，如表 8-4 所示。

**表 8-4　云母片岩类岩石的命名**

| 粒状矿物 | 长石（片状矿物≥30%） | 白云母 | 黑云母 | 白云母+黑云母 |
|---|---|---|---|---|
| 石英+长石≤50 | <10 | 白云母片岩 | 黑云片岩 | 二云片岩 |
| | 10~25 | 长石白云母片岩 | 长石黑云片岩 | 长石二云片岩 |
| 石英+长石>50 | <10 | 白云母石英片岩 | 黑云石英片岩 | 二云石英片岩 |
| | 10~25 | 长石白云母石英片岩 | 长石黑云石英片岩 | 长石二云石英片岩 |
| | >25 | 过渡为云母片麻岩 | | |

注：定名时应写明长石种类，如：更长黑云片岩。

（2）绿片岩的命名按：次要矿物+含量最多的绿色矿物+片岩。例如：钠长绿帘绿泥片岩。

（3）闪石片岩的命名按：次要矿物+闪石种类+片岩，如表 8-5 所示。

**表 8-5　闪石片岩类岩石的命名**

| 斜长石+石英/% | 闪石 | 角闪石 | 透闪石 | 阳起石 | 直闪石 |
|---|---|---|---|---|---|
| 斜长石+石英≤50 | 斜长石<10% | 角闪片岩 | 透闪片岩 | 阳起片岩 | 直闪片岩 |
| | 斜长石≥10 | 斜长角闪片岩 | 斜长透闪片岩 | 斜长阳起片岩 | 斜长直闪片岩 |

注：本类岩石中的斜长石多为钠长石或钠更长石，定名时应写明长石种类。例如：钠长阳起片岩。

（4）钙硅酸盐片岩、镁质片岩及蓝闪片岩的命名，根据矿物组合按：次要矿物+主要矿物+片岩。例如：绿帘云母方解片岩、滑石蛇纹片岩，绿帘硬柱蓝闪片岩。

（5）特征变质矿物参加命名。例如：十字二云片岩。

5. 片麻岩类

片麻岩是具有片麻状构造的中-高级变质岩石。矿物变晶粒度大于 0. 5mm。长石和石英含量大于 50%，长石含量大于 25%。暗色矿物有云母、角闪石、辉石，可出现矽线石、蓝晶石、石榴石、堇青石等特征变质矿物。

A　岩石类型划分

按主要矿物成分，可将片麻岩划分为以下岩石类型，如表 8-6 所示。

**表 8-6　片麻岩类的主要岩石类型**

| 岩石类型 | 矿物成分 | 结构构造 | 原岩类型 |
|---|---|---|---|
| 云母片麻岩类（富铝片麻岩） | 主要由钾长石、中酸性斜长石、石英和云母组成。常含有富铝特征变质矿物（矽线石、蓝晶石等）。当 $SiO_2$ 不足时，出现刚玉 | 鳞片粒状变晶结构、斑状变晶结构；片麻状构造 | 富铝的泥质岩石 |
| 碱长（二长）片麻岩类 | 主要由钾长石、酸性斜长石、石英及少量黑云母或角闪石组成。有时有石榴石、电气石等 | 鳞片粒状变晶结构；片麻状构造 | 长石砂岩、酸性火山熔岩、凝灰岩、花岗岩等 |
| 斜长片麻岩类 | 主要由中酸性斜长石、石英、黑云母、普通角闪石或透辉石、紫苏辉石等组成 | 鳞片粒状变晶结构，变晶粒度变化较大；片麻状构造 | 中酸性火成岩、凝灰岩、粉砂岩或硬砂岩等 |
| 角闪片麻岩类 | 主要由普通角闪石、斜长石、石英及少量黑云母、辉石等组成 | 柱粒状变晶结构；片麻状构造 | 中基性火山岩、凝灰岩及成分相当的沉积岩 |
| 透辉片麻岩类 | 主要由透辉石、中基性斜长石、石英及角闪石、黑云母、紫苏辉石组成。常含钙铝榴石、方柱石、方解石、绿帘石等 | 柱粒状变晶结构；片麻状构造 | 钙质页岩、钙质砂岩及砂质灰岩 |

B　片麻岩类岩石的命名

（1）各类片麻岩的命名均按：主要片、柱状矿物+长石种类+片麻岩。

（2）云母片麻岩（包括暗色矿物主要为云母的碱长片麻岩和斜长片麻岩）的命名如表 8-7 所示。

**表 8-7　云母片麻岩的命名**

| 粒状矿物/% ＼ 片状矿物/% | | 10~30 | | |
|---|---|---|---|---|
| | | 白云母 | 黑云母 | 白云母+黑云母 |
| 长石+石英>50<br>长石>25 | 钾长石 | 白云母钾长片麻岩 | 黑云钾长片麻岩 | 二云钾长片麻岩 |
| | 斜长石 | 白云母斜长片麻岩 | 黑云斜长片麻岩 | 二云斜长片麻岩 |
| | 钾长石+斜长石 | 白云母二长片麻岩 | 黑云二长片麻岩 | 二云二长片麻岩 |

注：1. “二云”或“二长”表示两种云母或两种长石含量相近或均大于 10%；

2. 具体命名时应写明长石种类。如：二云微斜片麻岩、黑云二长片麻岩。

（3）角闪片麻岩根据角闪石和斜长石含量分为以下两种，如表 8-8 所示。

**表 8-8　角闪片麻岩的命名**

| 岩石名称 | 角闪石含量/% | 角闪石和斜长石相对含量 |
| --- | --- | --- |
| 角闪斜长片麻岩 | <40 | 角闪石<斜长石 |
| 斜长角闪片麻岩 | ≥40 | 角闪石≥斜长石 |

注：具体命名时应写明长石种类。例如：角闪中长片麻岩。

（4）各类片麻岩中的次要片、柱状矿物和特征变质矿物参加命名。

例如：紫苏黑云角闪斜长片麻岩、蓝晶角闪黑云斜长片麻岩、石榴透辉拉长片麻岩。

6. 变粒岩类

变粒岩是指主要由长石和石英组成的细粒粒状变质岩石。变晶粒度一般 0.1~0.5mm（有时可达 1mm），长石和石英含量大于 50%，长石含量大于 25%，片、柱状矿物含量一般小于 30%。暗色矿物可以是黑云母、角闪石、透辉石、紫苏辉石，可出现石榴石、矽线石等特征变质矿物，矿物分布比较均匀。

A　岩石类型划分

变粒岩类岩石根据矿物组合及含量，可以划分为变粒岩和浅粒岩，如表 8-9 所示。

**表 8-9　变粒岩类岩石类型划分**

| 岩石类型 | 矿物成分/% | | | 结构构造 | 原岩类型 |
| --- | --- | --- | --- | --- | --- |
| | 长石+石英 | 长石 | 片、柱状矿物 | | |
| 变粒岩类 | 70~90 | >25 | <30~10 | 细粒粒状变晶结构、鳞片粒状变晶结构；块状或弱片麻状构造 | 粉砂岩、硬砂岩、中酸性火山熔岩和凝灰岩等 |
| 浅粒岩类 | >90 | >25 | <10 | 细粒粒状变晶结构；块状构造 | 长石砂岩、酸性火山熔岩和凝灰岩等 |

B　变粒岩类岩石的命名

（1）变粒岩类岩石的命名按：片、柱状矿物+长石种类+变粒岩，如表 8-10 所示。

**表 8-10　变粒岩类岩石的命名**

| 粒状矿物/% \ 片柱状矿物/% | | <30 | | | |
| --- | --- | --- | --- | --- | --- |
| | | 白云母+黑云母 | 黑云母 | 角闪石 | 透辉石 |
| 长石+石英≥70 长石>25 | 钾长石 | 二云钾长变粒岩 | 黑云钾长变粒岩 | 角闪钾长变粒岩 | 透辉钾长变粒岩 |
| | 斜长石 | 二云斜长变粒岩 | 黑云斜长变粒岩 | 角闪斜长变粒岩 | 透辉斜长变粒岩 |
| | 钾长石+斜长石 | 二云二长变粒岩 | 黑云二长变粒岩 | 角闪二长变粒岩 | 透辉二长变粒岩 |

注：1. "二云"或"二长"表示两种云母或两种长石含量相近或均大于 10%。
2. 具体定名时应写明长石种类。例如：黑云更长变粒岩。

（2）浅粒岩类岩石的命名按：长石种类+浅粒岩。例如：微斜浅粒岩。

（3）次要矿物和特征变质矿物，分别按规定参加命名。例如：黑云角闪更长变粒岩，矽线二长浅粒岩。

7. 石英岩类

石英岩是主要由石英（含量大于 75%）组成的粒状变质岩石。变晶粒度变化较大。

矿物成分除石英以外，还可有长石、云母、绿泥石、海绿石、角闪石、辉石、电气石、石榴石、磁铁矿、石墨等。

A　岩石类型划分

根据石英和长石的含量，可以划分为石英岩（纯石英岩）和长石石英岩，如表 8-11 所示。

**表 8-11　石英岩类岩石类型划分**

| 岩石类型 | 矿物成分/% | | | 结构构造 | 原岩类型 |
|---|---|---|---|---|---|
| | 石英 | 长石 | 片柱状矿物 | | |
| 石英岩 | ≥90 | <10 | <10 | 粒状变晶结构；块状构造，有时具定向构造 | 石英砂岩、硅质沉积岩 |
| 长石石英岩 | ≥75 | 10~25 | <10 | 粒状变晶结构；块状构造，有时具定向构造 | 长石石英砂岩 |

B　石英岩类岩石的命名

石英岩类岩石的命名按：次要矿物+石英岩，如表 8-12 所示。

**表 8-12　石英岩类岩石的命名**

| 石英/% | 长石/% | 其他矿物/% | | |
|---|---|---|---|---|
| | | <5 | 5~10 | >10 |
| ≥90 | <10 | 纯石英岩 | 含××石英岩 | |
| <90~75 | 10~25 | 长石石英岩 | 含××长石石英岩 | ××长石石英岩 |

注：1. 表中××表示片、柱状矿物或粒状暗色矿物，常见有云母、角闪石、辉石、绿泥石、海绿石、电气石、石墨等。
2. 长石石英岩具体命名时应写明长石种类。例如：斜长石英岩。
3. 特征变质矿物规定参加命名。例如：堇青石英岩。

8. 角闪岩类

角闪岩类岩石是主要由普通角闪石和斜长石组成的变质岩石。变晶粒度变化较大（细粒到粗粒），结构、构造变化较复杂，角闪石和斜长石含量相近，或者角闪石多于斜长石。可含有石英、黑云母、绿帘石、透辉石、紫苏辉石、铁铝榴石等。本类岩石以角闪石含量大于 40%区别于角闪斜长变粒岩，同时以不具明显定向构造而不同于斜长角闪片麻岩及角闪片岩。

A　岩石类型划分

按矿物成分划分为角闪岩和斜长角闪岩，如表 8-13 所示。

**表 8-13　角闪岩类岩石类型划分**

| 岩石类 | 矿物成分/% | | 结构构造 | 原岩类型 |
|---|---|---|---|---|
| | 角闪石 | 斜长石 | | |
| 角闪岩 | >90 | <10 | 柱状变晶结构；块状构造 | 超镁铁岩及含杂质的石灰岩和白云质灰岩 |

续表 8-13

| 岩石类 | 矿物成分/% | | 结构构造 | 原岩类型 |
|---|---|---|---|---|
| | 角闪石 | 斜长石 | | |
| 斜长角闪岩 | 90~40 | 10~60 | 粒柱状变晶结构；块状构造 | 基性火成岩、凝灰岩、基性硬砂岩、泥质白云岩及富铁白云质泥灰岩 |

B　角闪岩类岩石的命名

角闪岩类岩石的命名按：次要暗色矿物+斜长石种类+角闪岩，如表 8-14 所示。

**表 8-14　角闪岩类岩石的命名**

| 暗色矿物/% <br> 斜长石/% | 角闪石 | 次要暗色矿物 | |
|---|---|---|---|
| | | 5~10 | >10 |
| <10 | 角闪岩 | 含××角闪岩 | ××角闪岩 |
| 10~60 | 斜长角闪岩 | 含××斜长角闪岩 | ××斜长角闪岩 |

注：1. 表中××表示含量少于角闪石的暗色矿物，常见有黑云母、绿帘石、透辉石、紫苏辉石等。

2. 斜长角闪岩具体命名时应写明长石种类。例如：透辉拉长角闪岩、二辉角闪岩。

3. 特征变质矿物按规定参加命名。例如：石榴斜长角闪岩。

9. 麻粒岩类

麻粒岩是在麻粒岩相变质条件下形成的含有紫苏辉石等高温变质矿物组合的区域高级变质岩石。典型原生结构应是多边形粒状镶嵌变晶结构，麻粒构造，矿物显示弱的方向性排列（具片麻状趋势）。主要组成矿物为长石（以斜长石为主，有时有少量钾长石或石英）和无水铁镁矿物（以紫苏辉石岩石和（次）透辉石为主，有时有石榴石、橄榄石），可有少量含水铁镁矿物（以普通角闪石为主，有时有少量黑云母）。麻粒岩和麻粒岩相不能作为同义语而混淆，不是所有麻粒岩相的岩石都是麻粒岩。变超基性岩类、接触变质岩、铁英岩、石英岩（浅粒岩）、大理岩以及一些单矿物岩，不管其是否含有紫苏辉石，按习惯用法，都不称为麻粒岩。有些含紫苏辉石的具片麻状构造的长英质岩石，仍称为片麻岩，而不归入麻粒岩类。产于麻粒岩相带中的不含紫苏辉石的斜长透辉石岩，也不应称为斜长透辉麻粒岩。

麻粒岩与紫苏花岗岩也不能作为同义词使用。虽然二者都经受过麻粒岩相变质，但二者的成因和岩石学特征并不完全相同，应分属于不同的岩类。

10. 榴辉岩类

榴辉岩是一种主要由绿辉石和含钙的铁镁铝榴石组成的区域变质岩石。典型的榴辉岩不含斜长石，可含少量金刚石、柯石英、蓝晶石、金红石、刚玉、橄榄石、顽火辉石、蓝闪石等。榴辉岩是榴辉岩类的唯一特征岩石。其命名按：特征矿物+榴辉岩。例如：金刚石榴辉岩、柯石英榴辉岩。

11. 铁英岩类

铁英岩是主要由石英和磁铁矿组成的区域变质岩石。变晶粒度变化较大，常为等粒粒状变晶结构，块状、条带状或片麻状构造。铁矿物为磁铁矿、部分赤铁矿或假象赤铁矿，当含铁量大于20%时，即可作为铁矿石。岩石中还可含少量角闪石（铁闪石、镁铁闪石）、透辉石、紫苏辉石、富铁橄榄石、硅镁石、铁铝榴石、电气石、黑云母、黑硬绿泥石、镁鲕绿泥石等。

12. 磷灰石岩类（变质磷块岩类）

磷灰石岩是富含磷灰石的区域变质岩石。主要由磷灰石、方解石、白云石、白云母、石英、长石等矿物组成。

13. 大理岩类

大理岩是主要由碳酸盐类矿物（方解石、白云石）组成的变质岩石。方解石、白云石等碳酸盐类矿物含量大于50%，常含有钙硅酸盐、钙镁硅酸盐、钙铝硅酸盐类矿物，例如：硅灰石、滑石、透闪石、透辉石、镁橄榄石、方柱石、方镁石、云母、斜长石，石英等。

根据岩石中主要碳酸盐类矿物的种类，可以划分为大理岩、白云石大理岩及其之间的过渡类型。

大理岩类岩石的命名按：非碳酸盐矿物+碳酸盐矿物种类+大理岩。

14. 钙硅酸盐岩类

钙硅酸盐岩类岩石是指主要由钙、镁（铁）硅酸盐类矿物组成的区域变质岩石。柱粒状变晶结构，块状或条带状构造。以不具定向构造区别于钙质片岩和钙质片麻岩。本类岩石若为热接触变质成因，通常称为角岩；若为接触交代变质作用形成，则称为矽卡岩。

15. 碎裂岩类

碎裂岩是原岩在脆性状态下，经动力变质作用，发生不同程度的破裂、粉碎所形成的变质岩石。特点是以压碎脆性变形为主，无或略具定向分布，无或很少有重结晶作用。

碎裂岩类岩石的命名：

（1）压碎角砾岩的命名按：角砾（原岩）成分+压碎角砾岩基本名称。例如：安山质压碎角砾岩。

（2）碎裂岩的命名，当原岩性质可以确定时，命名按：次生结构+原岩名称。例如：碎裂花岗岩。

（3）当原岩性质不能确定时，命名按：主要矿物成分（或原岩成分）+碎裂岩基本名称。例如：花岗质碎斑岩、长英质碎粒岩。

16. 糜棱岩类

糜棱岩是原岩在较高温度和剪切应力作用下，主要经韧性变形作用、恢复作用和重结晶作用，所形成的粒度强烈减小了的动力变质岩。糜棱岩与压碎岩的显著区别是具有明显定向构造，细碎物质显示特征的流动构造，具糜棱结构、碎斑结构。一般由碎细物质（基质）和眼球状、透镜状斑晶（碎斑）组成。矿物具有各种应变现象和变形结构。常出现绢云母、绿泥石等新生矿物。

糜棱岩类岩石的命名：

（1）糜棱岩化岩石的命名：次生结构+原岩名称。例如：糜棱岩化花岗岩。

（2）糜棱岩的命名：主要矿物或矿物组合（或原岩性质）+糜棱岩基本名称。例如：花岗质初糜棱岩、长英质糜棱岩。

（3）千糜岩的命名：新生矿物或矿物组合+千糜岩。例如：绢云千糜岩。

17. 角岩类

角岩是具有细粒粒状变晶结构（角岩结构）和块状构造的热接触变质岩石。原岩为泥质岩、粉砂岩、火山熔岩和火山碎屑岩等，一般经中、高温热接触变质作用而形成。原岩成分基本上或全部发生了重结晶和变质结晶作用，但没有发生明显的交代作用，因而化学成分没有发生明显的变化。

角岩类岩石的命名：

（1）云母角岩和长英角岩的命名按：特征变质矿物+基本名称。例如：红柱云母角岩、矽线长英角岩。

（2）钙硅角岩、基性角岩和镁质角岩的命名按：特征变质矿物+次要矿物+主要矿物+角岩。例如：石榴符山角岩、斜长透辉角岩、紫苏镁橄角岩。

18. 矽卡岩类

矽卡岩是主要由钙、镁硅酸盐矿物组成的接触交代变质岩石。

矽卡岩类岩石的命名：

（1）矽卡岩类岩石的命名按：次要矿物+主要矿物+矽卡岩。例如：透辉石榴矽卡岩、尖晶镁橄矽卡岩。

（2）矽卡岩经后期热液交代作用，原石榴石、透辉石等矿物，被透闪石、阳起石、帘石类、斧石、硅硼钙石、绿泥石、方解石以及某些金属矿物交代，形成复杂矽卡岩和含矿矽卡岩。例如：绿帘石榴矽卡岩、磁铁透辉矽卡岩。

19. 气-液蚀变岩类

气-液蚀变岩又称气-液变质岩，是指由汽水热液作用于已经形成的岩石，使其化学成分、矿物成分及结构构造发生变化，所形成的一类变质岩石。

20. 混合岩类

本类岩石指确认是经混合岩化作用所形成的一种特殊的变质岩类。岩石是由原来的变质岩“基体”和主要是局部熔融所形成的浅色“脉体”相混杂而组成。“基体”一般为残留的角闪岩相或麻粒岩相变质岩石，“脉体”则为花岗质、伟晶质、细晶质和长英质脉等。“脉体”与“基体”以不同比例、不同形式相混合，从而构成了各种类型的混合岩。混合岩的特点是矿物成分和结构构造不均匀，原来变质岩的镶嵌粒状变晶结构被破坏，发育各种交代结构。随着交代作用的增强，“脉体”与“基体”之间的界线渐趋消失，最终形成比较均匀的花岗质岩石。因此，就其实质来说，混合岩是位于变质岩和火成岩，尤其是花岗岩类之间的过渡岩类。

混合岩类岩石的命名：

混合质变质岩的命名按：脉体+混合质+原变质岩名称。例如：长英质细脉混合质黑云片岩。

混合岩的命名分两种情况：

（1）当混合岩化作用较弱（脉体含量小于50%）时，“脉体”和“基体”界线清楚或比较清楚，命名按：脉体+基体+构造形态+混合岩。例如：长英质斜长角闪角砾状混合岩。

（2）当混合岩化作用比较强烈（脉体含量大于50%）时，“基体”已不保留原有矿物成分和结构构造特征，“脉体”和“基体”之间界线趋于消失，命名按：暗色矿物+构造形态+混合岩。例如：黑云条带状混合岩。

混合花岗岩的命名按：暗色矿物+长石种类+混合花岗岩。例如：黑云二长混合花岗岩。

## 思考与练习

1. 简述变质岩分类和命名的一般原则。
2. 列举常见的变质岩类型。
3. 简述糜棱岩的基本特征。

# 学习情境九　变质岩各论

**内容简介**

本学习情境主要介绍了变质岩肉眼鉴定的要点以及肉眼鉴定需要描述的内容；区域变质岩、混合岩、接触变质岩、气-液变质岩、动力变质岩的概念、分类、主要类型以及鉴定特征和方法。

通过本学习情境的学习，使学生具备识别常见变质岩物质组成、结构构造、分类及主要类型，并根据变质岩肉眼鉴定的要点利用常见的岩矿鉴定工具对常见变质岩（片岩类；（混合）片麻岩类；角闪岩类；矽卡岩类；糜棱岩、碎裂岩等）进行鉴定的能力。

## 项目一　变质岩肉眼鉴定和描述

**【知识点】** 了解常见变质岩的肉眼鉴定要点和观察描述的内容。

**【技能点】** 能够掌握常见变质岩肉眼鉴定的方法和描述的内容，能够对常见的变质岩进行肉眼鉴定描述并写出鉴定报告。

变质岩的肉眼观察和描述方法也与其他岩石相似，其主要内容为矿物成分、结构、构造等，而这些也是变质岩命名的主要根据。

### （一）变质岩肉眼鉴定观察内容

#### 1. 矿物成分

在观察变质岩时，除含量最多的主要造岩矿物应注意观察外，更要注意对变质矿物的观察，这是因为变质矿物能反映出变质前原始岩石的化学成分，能够帮助我们恢复和判断它是由什么岩石变来的，如红柱石的存在说明此种岩石在变质前是富含 $Al_2O_3$ 的泥质岩，其次它可以反映出变质作用过程中的物理、化学条件，帮助我们分析和判断变质作用的性质和变质程度的深浅。如蓝晶石和红柱石的化学成分是一样的，但蓝晶石一般仅出现在区域变质的岩石中，而红柱石则主要出现在接触热变质的岩石中。

#### 2. 结构和构造

变质岩结构的观察是根据矿物颗粒的大小、形状以及自形程度等方面来进行的。在观察时，要注意岩石的结构类型（变晶结构、变余结构、碎裂结构等）。这在判断岩石的变质类型和变质作用程度方面起重要作用。尤其是变余结构和一些特殊结构，对于我们解决变质岩的形成历史和恢复原始物质成分方面往往具有重要意义。变质岩构造的观察主要根据矿物颗粒的排列方式，分为块状构造与定向构造（如片状、片麻状、眼球状等），其次是矿物成分或结构的不同部分在岩石中的分布状况（如带状和斑点状等）。

结构和构造在变质岩定名时起很重要的作用，如具有片麻状构造的岩石叫片麻岩，具片理构造的岩石叫片岩等。此外，变质岩的产状及其上下岩石的特征也是重要观察内容。

### （二）变质岩肉眼鉴定描述方法

（1）颜色。主要描述岩石总体显示的颜色（如灰色、灰绿色等）。

（2）构造。构造是变质岩的主要定名依据，常见的有以下几种。

1）片理构造主要有以下几种：板状构造、千枚状构造、片状构造、片麻状构造，见表 9-1。

**表 9-1 几种片理构造的区分方法**

| | | | |
|---|---|---|---|
| 片理构造 | 板状构造 | 肉眼不易分辨岩石结晶颗粒 | 劈裂面光滑整齐，显弱丝绢光泽，易劈成厚度均匀的薄板状 |
| | 千枚状构造 | | 劈裂面比较密集，并有强烈丝绢光泽，有时可见许多明显的小皱纹者 |
| | 片状构造 | 肉眼可以分辨岩石结晶颗粒 | 片状或柱状矿物所组成，且连续分布 |
| | 片麻状构造 | | 粒状矿物为主，片、柱状矿物呈不连续的定向排列 |

2）块状构造：岩石全部由颗粒矿物组成，不显定向性。如：石英岩、大理岩。

3）条带状构造：不同组分按一定方向成层状或带状分布。

（3）结构。变质岩的结构主要有三大类：

动力变质作用形成的压碎结构；强烈、彻底变质作用形成的变晶结构；变质作用不彻底，保留原岩特征的变余结构。和其他岩石类似，观察时根据矿物颗粒大小和形状等先区别属于哪一大类结构；再确定具体的结构名称，见表 9-2。

**表 9-2 变质岩的结构类型**

| 压碎结构 | 变余结构 | 变晶结构 |
|---|---|---|
| 角砾结构<br>碎裂结构<br>碎斑结构<br>碎粉结构 | 变余砂状结构<br>变余泥质结构<br>变余斑状结构<br>变余花岗结构 | 粒状变晶、斑状变晶、鳞片变晶、纤维状变晶、粒状鳞片变晶结构、鳞片粒状变晶结构。<br>角岩结构：是泥质岩受热接触变质作用形成的隐晶质变晶结构。黑、灰色，质地均一、致密、坚硬似牛角 |

（4）矿物成分。要观察描述肉眼和放大镜能辨认的所有矿物，估其含量。要特别注意变质矿物种类和含量以及原岩矿物的受变质情况，如重结晶、压碎、拉长、扭歪等。

（5）岩石的断口（如贝壳状、平坦状、参差状等）、光泽（如闪光的、暗淡的等）。

（6）其他特点：如细脉穿插、小型褶皱、产状特点、风化程度等。

（7）岩石名称。

### （三）变质岩肉眼描述举例

岩石呈灰白色，具片状构造，粒状鳞片变晶结构，主要的组成矿物为：白云母、绢云母，含量60%以上。白云母、绢云母：无色透明，具强的丝绢光泽，硬度小，白云母为片状，绢云母为小的鳞片状。此外还有石英与酸性斜长石，石英含量多于酸性斜长石。石英：粒状，灰白色，断口油脂光泽，硬度>小刀，无解理，含量 25%左右。斜长石：粒状，灰白色，玻璃光泽，有解理，硬度>小刀，含量 10%左右。

根据上述岩石的鉴定特征该岩石定名为：绢云母石英片岩。

## 思考与练习

1. 简述变质岩肉眼鉴定的观察内容。
2. 如何肉眼鉴定变质岩？
3. 任举一例作变质岩肉眼鉴定描述。

# 项目二　区域变质岩

**【知识点】** 了解区域变质岩常见分类以及各分类如何进行命名。

**【技能点】** 掌握区域变质岩的分类及命名依据，能够对给定区域变质岩进行正确分类并命名。

## 一、区域变质岩概述

### (一) 区域变质作用

地质发展演化中，由于区域性热流异常及应力作用，有时伴有流体相参加，形成大面积分布的一套变质岩组合的过程。

由于区域变质作用的产生、发展及演化与地壳演化密切相关，在不同时期、不同位置有不同的特点。因此，其类型有多样。

区域变质作用类型的划分主要是考虑变质因素及环境，即都与成因有关。在实际应用时，各有长处，且可同时运用。

按作用因素及特征，考虑原岩建造（洋底变质未列入区域变质是其原岩性质为洋壳建造，与一般地壳的原岩建造差别明显）和分布，分为四种：

(1) 区域埋深变质作用：随着埋藏深度的变化，在负荷压力和地热增温率的影响下，岩石发生重结晶和变质结晶的变质作用。

(2) 区域热流动力变质作用：在区域性应力和温度影响下，岩石发生变形、重结晶和变质结晶的变质作用。亦称为造山变质作用，简称热动变质。

(3) 区域动力热流变质作用：在区域性温度和压力影响下，岩石发生重结晶、变质结晶和变形的变质作用。简称动热变质。

(4) 区域中高温变质作用：在区域性温度和压力伴有流体相的影响下，岩石发生重结晶、变质结晶和变形的变质作用。

### (二) 区域变质岩

区域变质岩是区域变质作用的产物。通常，区域变质总是和一定地区的岩浆作用或构造作用有着一定的联系，它们是在地壳发展过程中所呈现的特定的地质作用。其内在联系表现为变质前形成的原岩建造；变质时期的超基性岩的侵入，区域变质同期或稍后的造山运动主期褶皱幕的活动；变质晚期的混合岩和混合花岗岩的形成，以及变质期后的同构造期花岗岩的发展。

## 二、常见的区域变质岩的鉴定

### （一）常见的区域变质岩类型及命名

1. 分类

（1）按构造类型分两个系列：

具定向构造的有四类：板岩、千枚岩、片岩、片麻岩。

通常不具定向构造的有五类：长英质粒岩（变粒岩、石英岩）、角闪岩、麻粒岩、榴辉岩、大理岩。

（2）按矿物组合（变质程度）级别分三级：

1）低级（两类）：板岩、千枚岩；

2）中-低级（五类）：大理岩、长英质粒岩、片岩、片麻岩、角闪岩；

3）高级（两类）：麻粒岩、榴辉岩。

其中片岩和片麻岩在高级中也可出现，但通常片岩的变质程度低于片麻岩。

（3）定名原则和方法。

1）依据：主要考虑特征变质矿物、主要矿物、次要矿物、基本岩类名称等方面。

2）原则：参加定名的矿物最多不超过三个；依不同类型矿物的含量，按“少前多后”参加命名；按不同矿物的特点，参加定名的方式不同。特征变质矿物：只要存在，通常都参加定名，按含量有：<5%时，称“含××”；>5%时，直接命名；主要矿物：按含量顺序命名；次要矿物：<5%的不参加命名，5%~10%的称“含××”，>15%的直接命名。

3）基本定名顺序：有两种方式，当含有特征变质矿物时：特征变质矿物+主要矿物+基本名称；无特征变质矿物时：次要矿物+主要矿物+基本名称

4）特殊类型的命名

①大理岩类：颜色+构造+特征变质矿物+（主要矿物）+大理岩，如：灰色条带状符山石方解石大理岩。

②具变余结构、构造的：变质+原岩名称，如：变质石英细砂岩。

③叠加变质的：次要变质作用+主要矿物+基本岩类名称，如：绢云母化黑云母二长片麻岩。

上述定名原则只是一般性的标准，对具体的各岩类有进一步的详细定名要求，其内容结合各岩类介绍时详述。

### （二）基本岩类及特征

1. 板岩

板岩是指原岩矿物成分基本没有重结晶的泥质、粉砂质、部分中酸性凝灰质岩石的低级变质岩。

重结晶不明显或弱，有变质矿物时多呈斑点状，常见变余结构和构造；板理由应力作用形成的劈理经重结晶而成（见图 9-1）。常见于造山带的低温动力变质地带，与变质砂岩、千枚岩等伴生。

定名：颜色+构造+斑点矿物或成分+板岩（见图 9-2），如：灰色斑点状黄铁矿板岩、黑色碳质板岩（见图 9-3）。

板岩类可根据它的颜色或所含杂质的不同进一步详细划分及命名，如碳质板岩、钙质板岩等、凝灰质板岩等。

图 9-1　板岩中间为板劈理面（缝）
（上部为变质粉砂岩，下部为变质页岩）

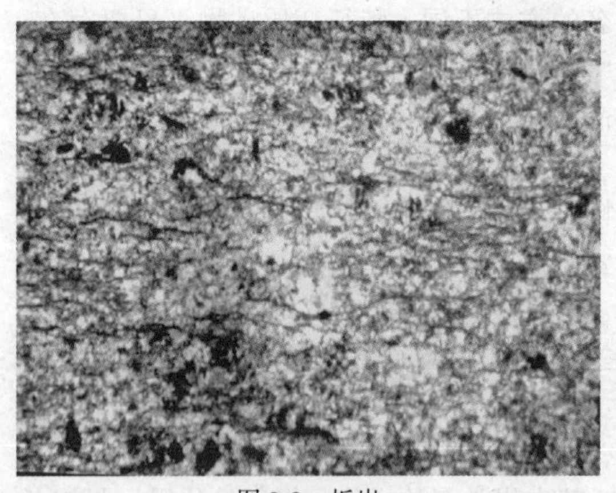

图 9-2　板岩

图 9-3　黑色（千枚状）板岩

2. 千枚岩

具有千枚状构造的低级变质岩。

重结晶较明显，可有变质结晶，构成显微变晶、斑状变晶结构；千枚解理面具有丝绢光泽，常发育有微褶皱。主要矿物为绢云母、绿泥石、石英、钠长石等，一般不出现特征变质矿物。产出同板岩。

千枚岩划分和命名时，可根据颜色，所含特征变质矿物及杂质成分加列在名称之前，如银灰色千枚岩（见图 9-4）。

定名：颜色+特殊构造+主要矿物+千枚岩，如：灰紫色皱纹状绢云母千枚岩、深灰色绿泥石石英千枚岩（见图 9-5）。

若岩石中出现少量铁铝榴石、十字石等中级变质矿物，或基质中黑云母较大量出现，而构造仍为千枚状时，则称为“千枚状片岩”。

当岩石的重结晶不完全，原岩结构构造部分保留，或外观具有板状构造特征，但矿物组合已经见有绢云母、石英、绿泥石等，可叫千枚状板岩或板状千枚岩。

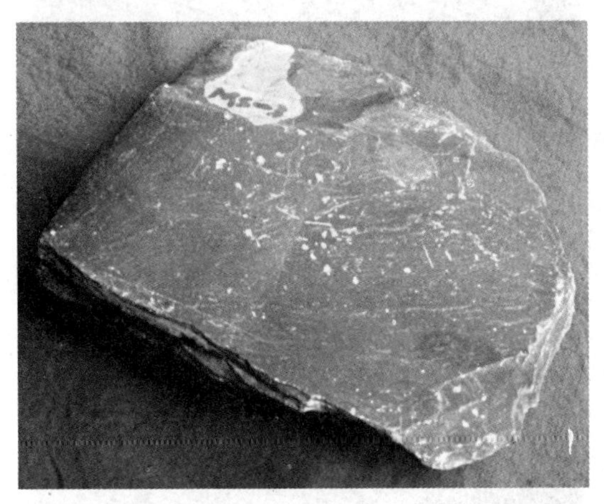

图 9-4　灰色（绢云母）千枚岩

图 9-5　硬绿泥石千枚岩

3. 片岩

具有片状构造，常为低-中级变质的产物，在高级变质中也可出现。

重结晶及变质结晶完全，具有细粒及以上的变晶结构、斑状变晶结构等，片状构造。成分中片柱状矿物>30%，常见云母、绿泥石、滑石、阳起石、角闪石等；粒状矿物以石英为主，当石英>50%时，称为石英片岩；特征变质矿物有蓝晶石、石榴石、十字石、矽线石、蓝闪石等。与千枚岩区别在于粒度较粗，与片麻岩区别在于片柱状矿物含量多。

定名：按一般原则，但以云母为主时，按云母种类及相对含量确定基本名称。也有一些片岩的粒状矿物以长石为主（需满足片柱状矿物>30%），可称为斜长片岩、钠长片岩等（见表 9-3）。

**表 9-3　按云母种类的云母片岩分类**

<table>
<tr><td rowspan="2">云母含量/%</td><td>白云母</td><td>100~75</td><td>75~50</td><td>50~25</td><td>25~0</td></tr>
<tr><td>黑云母</td><td>0~25</td><td>25~50</td><td>50~75</td><td>75~100</td></tr>
<tr><td colspan="2" rowspan="2">岩石基本名称</td><td rowspan="2">白云母片岩</td><td>黑云白云片岩</td><td>白云黑云片岩</td><td rowspan="2">黑云母片岩</td></tr>
<tr><td colspan="2">二云母片岩</td></tr>
</table>

当出现其他片、柱状矿物或两种不同的片、柱状矿物时，可参照上表基本含量及格式进行定名。

该类中有一些特殊意义的岩石，如：绿片岩（绿片岩相的典型岩石，原岩为中基性岩浆岩）、蓝片岩（蓝片岩相的典型岩石，形成于俯冲带的低温高压变质带）。

典型片岩类型见图 9-6 和图 9-7。十字石榴二云母片见图 9-8 和图 9-9，白云母片见图 9-10。

图 9-6　典型片岩类型

a—石榴蓝晶黑云片岩；b—蓝晶黑云片岩；c—斜绿泥石片岩；d—石榴石二云片岩

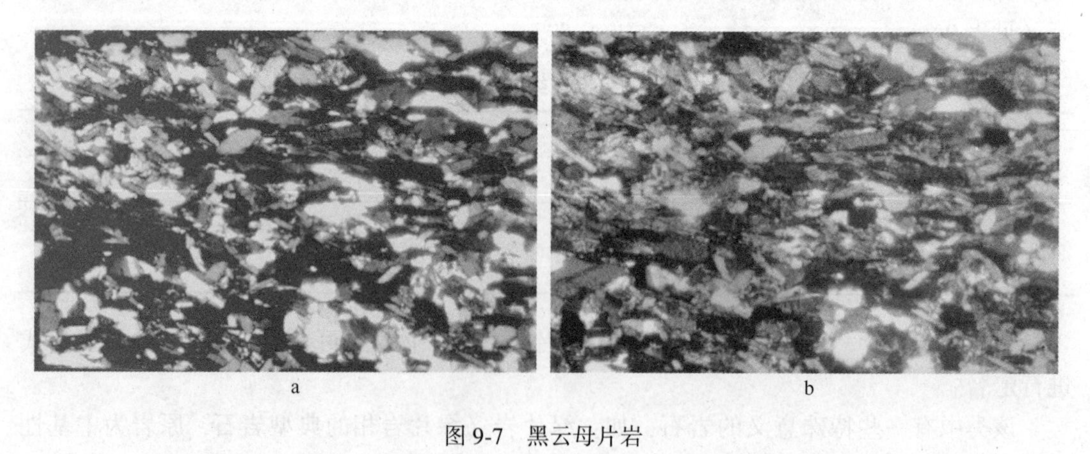

图 9-7　黑云母片岩

a—单偏光；b—正交偏光（黑云母片岩由黑云母、石英组成，具粒状鳞片变晶结构，片状构造）

(1) 石英片岩：岩石片柱状矿物一般小于浅色粒状矿物，片状矿物含量在 30%～50%之间，粒状矿物>50%，常为细粒鳞片粒状变晶结构、片状构造。

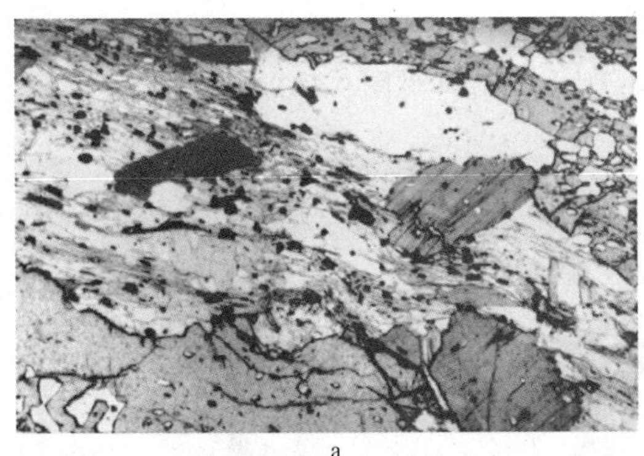
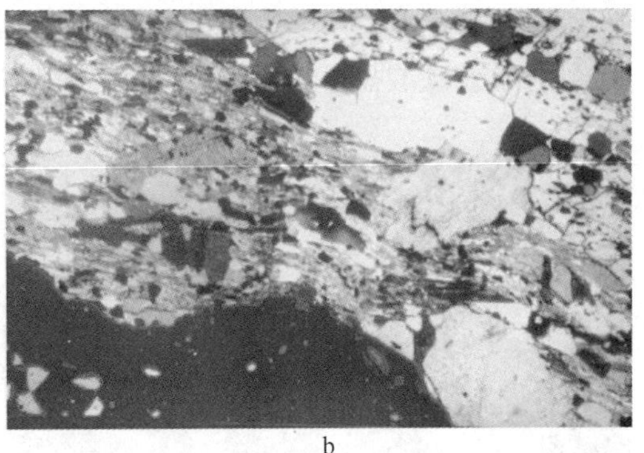

a　b

图 9-8　十字石榴二云母片状结构

a—单偏光；b—正交偏光

（十字石榴二云母片岩由石英、黑云母、白云母、绿泥石、十字石（右上角）、石榴石（左下角）、磁铁矿等组成，斑状变晶结构、粒状鳞片变晶结构，片状构造）

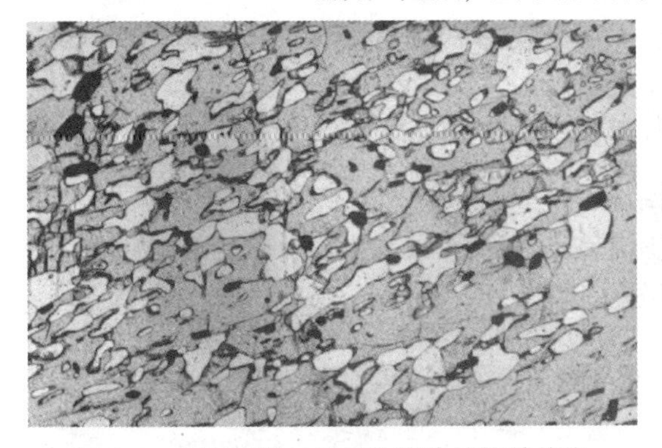

图 9-9　十字石榴二云母片筛状结构单偏光

（十字石榴二云母片岩中十字石呈筛状结构）

图 9-10　白云母片片状结构正交偏光

（白云母片岩由白云母、石英组成，鳞片变晶结构，片状构造）

（2）绿片岩：一般为细粒鳞片变晶或纤状变晶结构，片状至千枚状构造，以显绿色而得名。主要矿物成分有绿泥石、绿帘石、黝帘石、阳起石、钠长石和石英，暗色矿物含量一般大于40%，粒状矿物中的长石多是钠长石或钾钠长石，长石含量不超过25%。绿帘绿泥片岩（见图 9-11）。

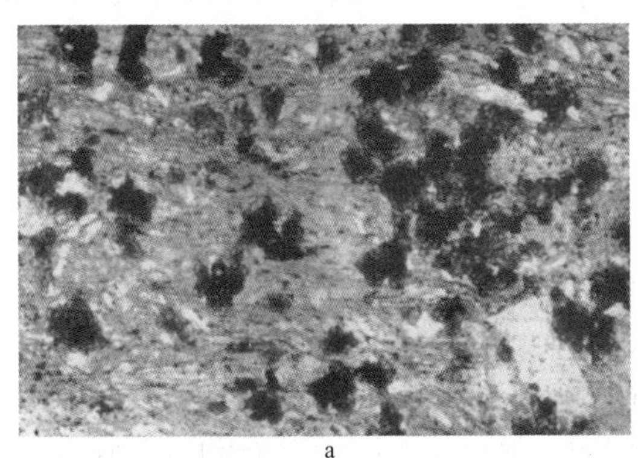
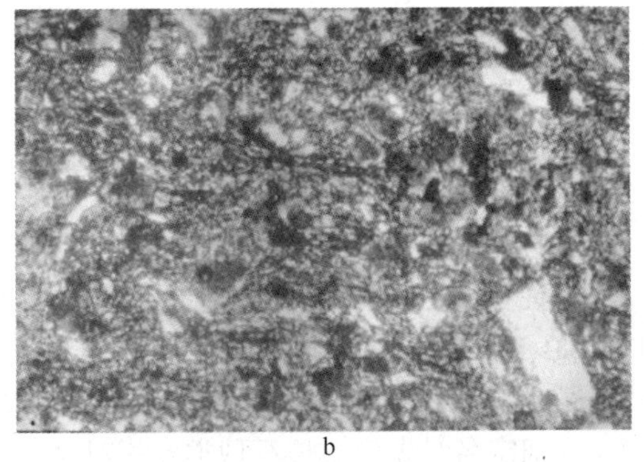

a　b

图 9-11　绿片岩片状结构

a—单偏光；b—正交偏光

（绿片岩由绿帘石、绿泥石、钠长石组成，斑状变晶结构，片状构造）

（3）角闪片岩：主要由角闪石和部分石英组成，也可能含少量绿帘石、绿泥石、黑云母、斜长石及碳酸盐矿物，细针柱状变晶结构，片状构造（见图 9-12）。

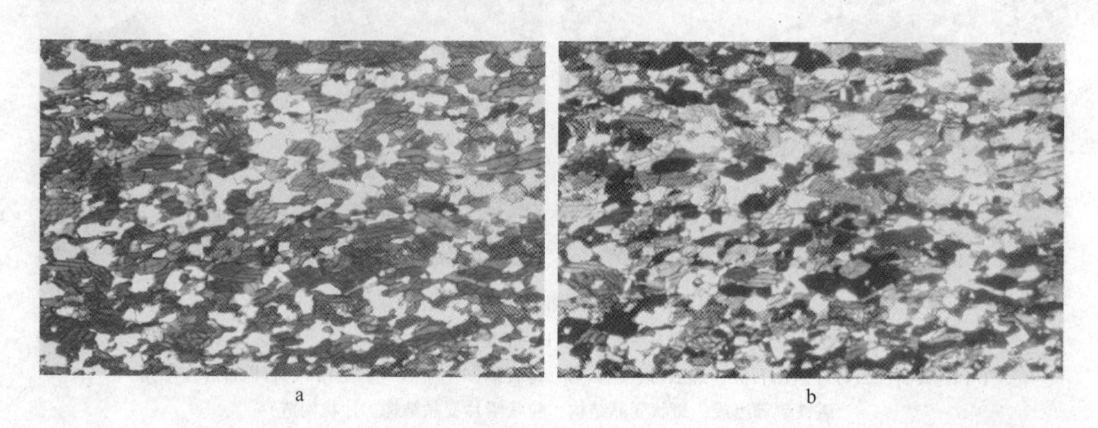

a　　b

图 9-12　角闪石片片状结构

a—单偏光；b—正交偏光

（角闪石片岩由石英、角闪石组成，粒状柱状变晶结构，片状构造）

（4）蓝闪石片岩：一般为细粒鳞片变晶结构，其矿物成分与绿片岩相近，但以含铁闪石-钠闪石系列，蓝闪石、硬柱石、硬玉，还有绿纤石、黑硬绿泥石、红帘石、霓辉石、钠云母等高压低温矿物为特征（见图 9-13 和图 9-14）。

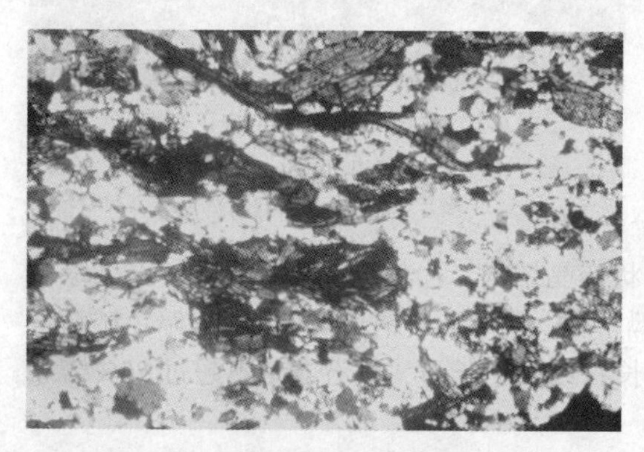

图 9-13　蓝闪石片粒状变晶结构正交偏光

（蓝闪石片岩由蓝闪石、石英组成，具斑状变晶结构，粒状变晶结构）

图 9-14　蓝晶石蛇纹石片正交偏光

（蓝晶石蛇纹石片岩由蓝晶石、蛇纹石及黑云母等组成，具斑状变晶结构、纤维状变晶结构）

4. 片麻岩

具有片麻状构造的一类变质岩，在高-低级变质中可出现。

常具有中-粗粒鳞片粒状变晶结构、斑状变晶结构，片麻状、眼球状、条带状构造。长英质>50%，其中长石>25%，多于石英，片柱状矿物<30%；特征变质矿物有蓝晶石、矽线石、十字石、刚玉、石榴石等，可含有辉石、角闪石、黑云母等暗色矿物。

详细定名时先依据长石种类及相对含量确定基本名称（表 9-4），再按下列顺序命名：特征变质矿物+主要片柱状矿物+基本名称，如：蓝晶石十字石黑云母斜长片麻岩（见图 9-15）、刚玉矽线石白云母钾长片麻岩（见图 9-16）。

**表 9-4　按长石种类的片麻岩分类**

<table>
<tr><td rowspan="2">长石含量/%</td><td>钾长石</td><td>100~75</td><td>75~50</td><td>50~25</td><td>25~0</td></tr>
<tr><td>斜长石</td><td>0~25</td><td>25~50</td><td>50~75</td><td>75~100</td></tr>
<tr><td colspan="2" rowspan="2">岩石名称</td><td rowspan="2">钾长片麻岩</td><td>斜长钾长片麻岩</td><td>钾长斜长片麻岩</td><td rowspan="2">斜长片麻岩</td></tr>
<tr><td colspan="2">二长片麻岩</td></tr>
</table>

图 9-15　黑云母斜长片麻岩正交偏光
（黑云母斜长片麻岩由黑云母、斜长石、石榴石和矽线石组成，具粒状变晶结构，片麻状构造）

图 9-16　黑云钾长片麻岩正交偏光
（黑云钾长片麻岩由黑云母、微斜长石、条纹长石和斜长石组成，具粒状变晶结构，片麻状构造）

5. 变粒岩

岩石中的长英质粒状矿物>70%，且长石>25%，片柱状矿物含量 10%~30%，具有特征的细粒均粒它形粒状变晶结构，片麻理不很清楚。变粒岩的命名方式和片麻岩相同（见图 9-17）。

图 9-17　变粒岩正交偏光
（变粒岩由黑云母、斜长石、石英和角闪石组成，具细粒等粒变晶结构，片麻状构造）

6. 斜长角闪岩

斜长角闪岩以角闪石和斜长石为主，角闪石等暗色矿物含量>50%，石英很少或无，可含少量其他暗色矿物。常见的如辉石斜长角闪岩、绿帘斜长角闪岩、黑云斜长角闪岩、石榴斜长角闪岩等。常具有片麻状构造、块状构造等。

7. 麻粒岩类

麻粒岩是一种变质程度深的区域变质岩石，组成矿物可有长石、辉石、石榴子石、石英等，以紫苏辉石为特征。麻粒岩的结构不定，细、中、粗粒均可，无定向粒状变晶结构、或麻粒结构，块状构造，或片麻状构造，或条带状构造均可（见图 9-18 和图 9-19）。

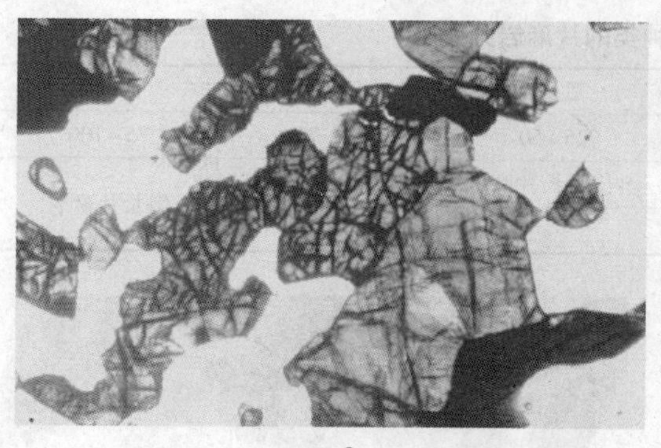
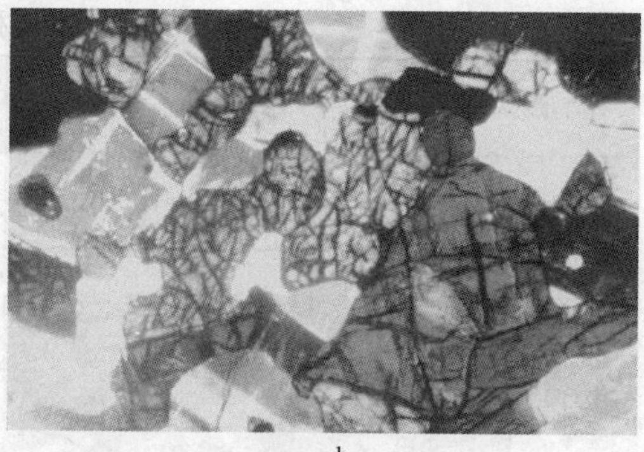

a　　　　b

图 9-18　麻粒岩
（麻粒岩由紫苏辉石，透辉石、斜长石、磁铁矿组成，具粒状变晶结构，块状构造）
a—单偏光；b—正交偏光

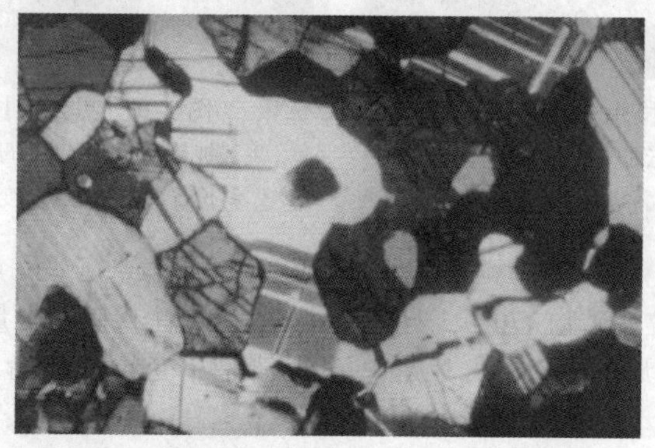

图 9-19　麻粒岩正交偏光
（麻粒岩由紫苏辉石、透辉石、基性斜长石组成，具粒状变晶结构，块状构造）

8. 榴辉岩

主要由绿辉石和铁铝榴石-镁铝榴石-钙铝榴石系列的石榴石所组成，矿物组合中还可含少量橄榄石、蓝晶石、刚玉、金刚石、斜方辉石、角闪石、石英以及金红石，但没有斜长石。粗粒不等粒变晶结构，块状构造（见图 9-20）。

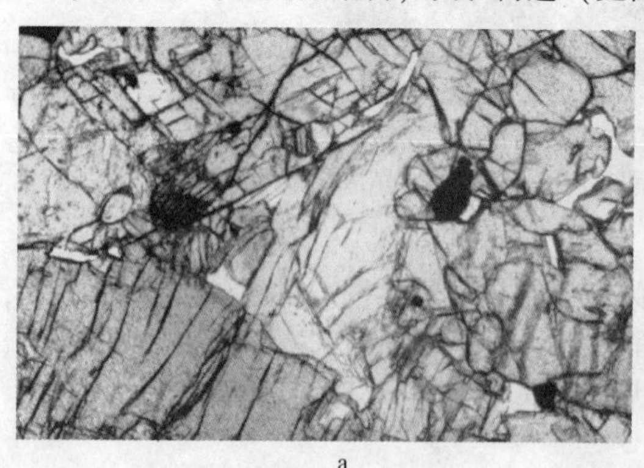
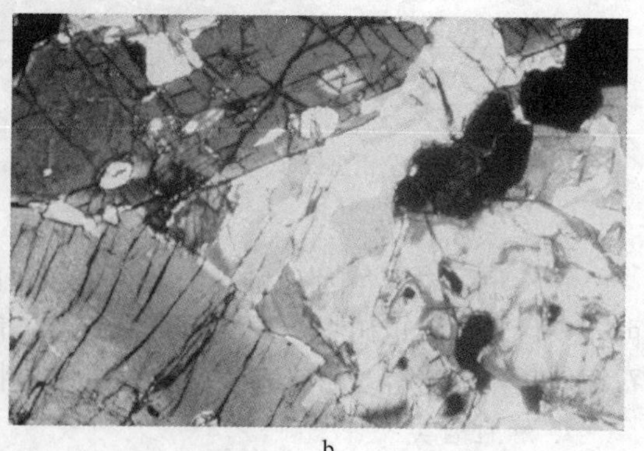

a　　　　b

图 9-20　榴辉岩
（榴辉岩由普通辉石、绿辉石、石榴石、白云母组成，具粒状变晶结构，块状构造）
a—单偏光；b—正交偏光

9. *大理岩类*

碳酸盐矿物含量占50%以上，此外含各种钙镁硅酸盐及铝硅酸盐矿物，一般为均粒状变晶结构，块状构造，其命名方式是：颜色+特征构造+非碳酸盐的变质矿物+大理岩。如绿灰色条带状金云透辉大理岩（见图9-21）。

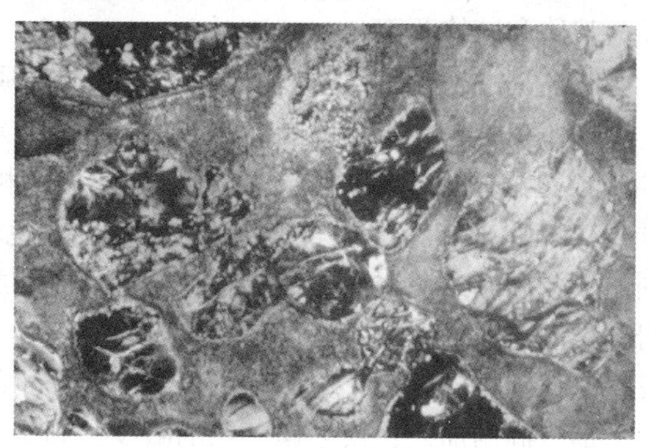

图9-21　蛇纹石大理岩正交偏光

（蛇纹石大理岩由片状蛇纹石和方解石组成，蛇纹石呈浑圆状分布）

10. *石英岩*

主要由石英组成的浅色粒状岩石，是石英含量大于85%的变质岩。因杂质引起的其他变质矿物、黑云母、绢云母、帘石、闪石、榍石等，一般为块状构造，有时可具条带状构造。粒状变晶结构。由砂岩和硅质岩经区域变质作用重结晶形成（见图9-22）。

图9-22　白云母石英岩正交偏光

（白云母石英岩由石英和白云母组成，石英缝合接触）

### 思考与练习

1. 列举主要的区域变质作用类型。
2. 简述区域变质岩的命名规则。
3. 简述区域变质岩的构造特征。

## 项目三　混　合　岩

**【知识点】** 了解混合岩常见分类以及各分类如何进行命名。

**【技能点】** 掌握混合岩的分类及命名依据，能够对给定区域变质岩进行正确分类并命名。

## 一、混合岩概述

混合岩：由混合岩化作用形成的岩石。

混合岩的基本组成为基体和脉体两部分。

（1）基体是混合岩形成过程中残留的变质岩。通常是区域变质作用的产物，主要是斜长角闪岩、片麻岩、片岩、变粒岩等；具变晶结构和块状构造或定向构造；颜色较深。

（2）脉体是混合岩形成过程中处于活动状态的新生成的流体相结晶部分。通常是花岗质、长英质（细晶质、伟晶质）和石英脉等。与基体相比，颜色较浅。

脉体与基体以不同的数量和方式混合，可组成各种不同形态和类型的混合岩。即基体与脉体的量比是混合岩分类的依据之一。

混合岩以其普遍发育交代现象而区别于区域变质岩；交代作用的强度是反映混合岩化强度的重要标志。碱质、铝、硅的加入，铁、镁、钙的减少，则是混合岩交代作用总的特点。除脉体对基体的注入-交代外，浅色组分广泛发育，基体矿物重结晶，各种交代结构常见。随交代作用进行，基体数量减少，与脉体界线渐趋模糊，最终变成较均质的花岗质岩石。

混合岩以其矿物成分、结构、构造的不均匀和交代现象普遍而区别于区域变质岩。

规模较大的混合岩通常是在区域变质作用基础上发展起来的，常与区域变质岩伴生，并在分布上与区域变质带一致，因而与区域构造线方向是协调的。

由混合岩化程度不同而构成的各种混合岩，在空间上常作带状分布，即由混合岩化程度最深的混合花岗岩，渐变为不同类型的混合岩，至基本上没有受到混合岩化的区域变质岩。但在不同地区，分带的特征和情况不完全一样，混合岩化弱时仅有一个带发育。

## 二、常见的混合岩的鉴定

### （一）混合岩的分类和命名

根据混合岩化作用的强度，即脉体占岩石的相对百分含量、混合岩构造，同时考虑交代现象的发育特点，划分为四类：

（1）混合岩化变质岩脉体数量少（<15%），交代现象不太明显，无典型的混合岩构造。

（2）混合岩脉体数量较多（15%~50%），以注入交代为主，注入型混合岩构造发育。按构造类型进一步分为：1）角砾状混合岩；2）网状混合岩；3）条带状混合岩；4）眼球状混合岩；5）肠状混合岩等。

（3）混合片麻岩脉体数量占优势（>50%~85%），交代现象普遍发育，残余的基体和脉体间界线模糊。按构造类型进一步分为：1）条带状混合片麻岩；2）眼球状混合片麻岩；3）条痕状混合片麻岩；4）阴影状混合片麻岩等。

（4）混合花岗岩脉体占绝对优势（>85%），基体已基本消失，交代现象和重结晶普遍发育，岩石向均质化花岗质方向转变。

混合岩的基本名称及命名：

（1）混合岩化变质岩。是指原岩局部发生混合岩化或混合岩化程度较轻微的变质岩，其特点为脉体数量少，交代结构不太发育，脉体和基体之间界线清楚。命名顺序为：

新生组分+混合岩化+原岩名称，如：含长英质细脉混合岩化黑云母片岩、含钾长石交代斑晶的混合岩化云母片麻岩。

（2）混合岩。是指混合岩化作用较强烈的岩石，脉体的数量较多，脉体以注入作用为主，交代作用不太强烈，因而基体和脉体的界线一般较清楚，或部分渐变。命名顺序为：

脉体成分+混合岩构造+混合岩，如：花岗细晶质网状混合岩、伟晶质条带状混合岩。

（3）混合片麻岩。指受到很强烈混合岩化作用的岩石，脉体的数量已占优势，交代结构普遍发育，残余的基体和脉体间界线模糊，有时基体在外观上已失去原来变质岩的基本特征，只是深色矿物相对集中成片麻状、条痕状分布于长英质脉体中。命名顺序为：

主要暗色矿物+混合岩构造+混合岩，如：黑云眼球状混合片麻岩。

（4）混合花岗岩。是混合岩化作用极强烈的岩石类型，脉体占绝对优势，基体已基本消失，常以交代残余的深色矿物作为稀疏的条纹或呈相对集中的阴影状团块、斑点分布于脉体中。命名顺序为：

混合岩构造+主要暗色矿物+混合+花岗岩，其中“花岗岩”可按酸性侵入岩定量矿物分类命名作为基本名称。如：黑云混合花岗闪长岩、阴影状角闪混合花岗岩。

具体岩石类别如下文所述。

1. 角砾状混合岩

基体呈角砾状碎块分布于脉体中，具有特征的角砾状构造的岩石。

角砾通常是富含铁镁矿物的块状岩石（如斜长角闪岩、角闪岩），其大小不一，形状不定；脉体呈“胶结物”状，充填于角砾之间（见图9-23）。

角砾状混合岩主要由脉体的注入和注入-交代作用形成，因而脉体与基体的界线一般较清楚。但随着交代作用的增强，角砾的轮廓趋于模糊和圆化。

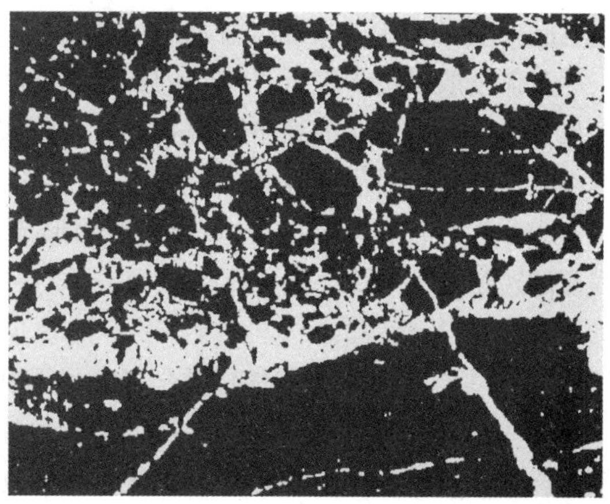

图9-23 角砾状混合岩

2. 网状混合岩

脉体呈网脉状分布于基体中的混合岩。

基体一般为厚层或块状的岩石（如：斜长角闪岩、角闪变粒岩等）；脉体的方向不定。

当脉体数量较少，以致不能切断基体构成网状充填，而只呈细脉、树枝状分布时，可称为分支混合岩或枝状混合岩。

3. 条带状混合岩

脉体呈条带状平行分布于基体的片理中，具特征的条带状构造的岩石（见图 9-24）。

基体一般有较好的片理，常见：云母片岩和角闪片麻岩、黑云母片麻岩等；脉体的物质成分以花岗质为主，它厚度不大，且较均匀，在基体中可平行延伸很远（基体片理不发育时，则脉体的厚度有变化，且延伸不远，并可斜交片理）。

混合岩一般认为是注入-交代作用形成，代表混合岩化作用程度中等或较浅的产物。

图 9-24　条带状混合岩

4. 眼球状混合岩

脉体呈眼球状、凸镜状沿基体片理分布，具特征的眼球状构造的岩石（见图 9-25）。

基体一般是富含黑云母或角闪石的片岩、片麻岩类；脉体多为碱性长石或长石、石英的集合体，呈眼球状或扁平凸镜状，有时则成较自形的交代斑状。眼球大小不一，分布疏密不定，较多时可呈串珠状。

眼球状混合岩主要由注入-交代作用形成（钾质交代作用为主），代表中等混合岩化程度的产物。

5. 肠状混合岩

脉体呈复杂的肠状弯曲的混合岩（见图 9-26）。

基体也具有较好的片理，常见如片岩、片麻岩类；脉体的厚度不等，一般为数厘米至数十厘米；可单独或成组出现。肠状褶皱的规模十分不一，变化大，一般为数厘米至数十厘米，不超过几米。

目前对肠状混合岩的成因意见尚不一致，其机理可能是多样的，可能与塑性状态下的挤压有关。

图 9-25　眼球状混合岩

图 9-26　肠状混合岩

6. 阴影状混合片麻岩（雾迷岩、云染岩）

基体呈阴影状残留于脉体中的混合岩（见图 9-27）。

基体几乎全部消失，只呈颜色较深的小斑点、团块、稀疏的条带残留分布于花岗质脉体中，而且界线模糊，只隐约可见。整个岩石的矿物成分已变为花岗质或花岗闪长质。岩石的结构往往变化很大，在深色矿物较多的阴影部分粒度较细，而浅色部分相对较粗。为强烈混合岩化作用的产物。

7. 混合花岗岩

以脉体占优势，基体残存而向均质的花岗质岩石过渡的混合岩（见图 9-28）。

基体与脉体已很难分辨，岩石外貌与岩浆成因的花岗岩类极为相似，但交代现象发育，基体均呈残留状。当基体多已重结晶时，需进行综合研究才能确定其变质成因。

是混合岩化作用和花岗岩化作用的最终产物，产于混合岩化强带。

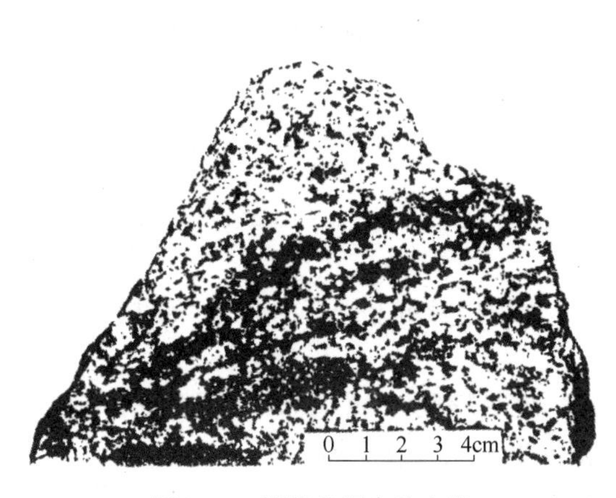


图 9-27　阴影状混合片麻岩

图 9-28　阴影状角闪石混合花岗岩

混合花岗岩与正常岩浆成因花岗岩的区别：

(1) 混合花岗岩向外渐变为其他类型的混合岩，因而与围岩没有明显的侵入接触关系；

(2) 混合花岗岩没有明显的冷凝（岩）相带；

（3）混合花岗岩常具片麻状、阴影状构造，且可与周围的变质岩具一致的片理方向；

（4）混合花岗岩中可有不定量的大理岩、磁铁石英岩等变质岩残留体；

（5）混合花岗岩的岩性不均匀，结构变化较大，交代结构普遍发育；

（6）混合花岗岩中残留矿物和重结晶矿物常见，有时可见非岩浆成因的矿物如堇青石、石榴石等。

#### （二）混合岩的研究意义

混合岩是介于变质岩和岩浆岩之间的过渡性岩类，是区域变质作用之后进一步发展的产物，因此对混合岩的深入研究，有助于更深入地了解区域构造变动、岩浆活动及区域地质作用的演化和发展；有助于了解混合岩化作用与区域成矿作用的关系，用于指导找矿。

混合岩化作用十分强烈的地区广泛发育交代作用，使某些组分容易发生迁移和富集成矿。有些学者特别强调混合岩化与成矿的关系，认为在混合岩的演化过程中，每一阶段都与一定的成矿作用相联系，特别是在混合岩化后期可能产生“热液”，运移或以交代方式聚集成矿元素。例如，我国鞍山地区的富铁矿体就与混合岩化作用有关。

**思考与练习**

1. 简述混合岩的特点。
2. 简述常见的混合岩类型。
3. 如何命名混合岩？

## 项目四　接触变质岩

**【知识点】**　了解接触变质岩常见分类以及各分类如何进行命名。

**【技能点】**　掌握接触变质岩的分类及命名依据，能够对给定接触变质岩进行正确分类并命名。

### 一、接触变质岩概述

#### （一）接触变质作用

接触变质作用是由岩浆体提供热，使岩浆岩体周围接触带上岩石的成分、结构、构造发生变化的现象，又称热变质作用。

接触变质作用以温度较高和压力较低为特点。地热梯度>60℃/km，温度范围大致为300~800℃；压力为百分之几 GPa 至 0.3GPa。多发生于地壳较浅部。

接触变质作用发生在火山岩体围岩或捕虏体中时温度更高，以至局部熔融，可称之为高热接触变质作用。高热接触变质作用由于高热烘烤，使岩石褪色，产生一些特殊的高温低压矿物，如鳞石英、多铝红柱石、莫来石、斜硅钙石等，并可出现玻璃质。

#### （二）接触（热）变质岩

岩浆岩体围岩受岩浆所散发的热量及挥分发的影响，发生变质结晶和重结晶，形成一系列具新的矿物组合及组构的岩石，称为接触热变质岩。

矿物：高温低压-红柱石、堇青石、硅灰石、透长石

构造：一般不具定向，多为块状。

结构：以角岩结构及斑状变晶结构为主。受变质条件和岩石化学成分的制约。如泥质岩，在浅变质时新生矿物雏晶成斑点状分布，变质较深时形成变斑晶，具斑状变晶结构。长英质变质岩石一般具角岩结构，而变质火山岩中则常见变余斑状结构等。

在接触变质作用中，温度是主要影响因素。与岩浆岩体靠近的围岩所达到的温度较高，离岩浆岩体愈远，温度愈低。因而从近到远常依次出现变质程度不同，具不同矿物共生组合的岩石，它们以岩体为中心成环带状分布，形成接触变质晕。

## 二、常见的接触变质岩的鉴定

### （一）分类与命名

1. 按结构构造分

（1）斑点板岩（小于黄豆的不明成分斑点）；瘤状板岩（大于黄豆的不明成分斑点）。

（2）角岩（块状构造的泥质、镁铁质、长英质和泥灰质接触变质岩）。

（3）大理岩（碳酸盐矿含量大于50%）。

（4）接触片岩、接触片麻岩（具片状或片麻状构造）。

（5）角岩化××岩：角岩化石英砂岩（变余结构构造特征明显，浅变质）。

2. 命名

（1）在岩石种属前加颜色命名：如绿色斑点板岩，适用于成分不明但可识别出斑点状构造的浅变质岩石。

（2）按矿物含量命名：

大于25%，直接命名，如红柱石角岩（长英角岩、红柱石角岩、硬绿泥石角岩、云母角岩、钠长绿帘角岩、辉石角岩、镁铁闪石角岩）。

25%~5%，参加命名，如黑云母红柱石角岩。

小于5%，“含××”，如含十字石黑云红柱石角岩。

3. 不同化学类型中岩石种属及其分布

（1）泥质变质岩。

1）低温：泥质角岩、角岩化泥岩/页岩。

2）中温：云母角岩、接触片岩。

3）高温：角岩、接触片麻岩。

（2）长英质变质岩。

1）低温：角岩化××岩（角岩化石英砂岩）。

2）中温：长英角岩、接触片麻岩。

3）高温：长英角岩、接触片麻岩。

（3）基性变质岩。

1）低温：钠长绿帘角岩、角岩化××岩。

2）中温：角闪石角岩、角闪石斜长接触片麻岩。

3）高温：辉石角岩、辉石斜长接触片麻岩。

（4）钙质变质岩。

1）低温：大理岩、钙硅角岩。

2）中温：大理岩、钙硅角岩、钙质接触片岩/片麻岩。

3）高温：大理岩、钙硅粒岩、钙质接触片麻岩。

（二）典型岩石

1. 角岩

角岩是热接触变质岩中特有而又常见的岩石。原岩是富含各种黏土矿物（高岭石、水云母、蒙脱石等）的泥质岩。角岩的变质程度较低。在热接触变质作用过程中，原岩中一些组分发生了明显的重结晶或重组合，原岩结构基本消失。角岩一般呈致密块状，其中矿物为细粒至微粒等粒状，作无定向分布，所含少量的云母也不显定向性，组成典型的角岩结构。有时具变余层理构造。角岩通常是按结构命名的，有时进一步可根据红柱石、堇青石、十字石、石榴子石等特征变质矿物的变斑晶命名，如红柱石角岩，堇青石角岩。

堇青石角岩，斑状变晶结构，基质总体具角岩结构，局部具变余泥质结构，堇青石变斑晶具六连晶。

硬绿泥石角岩，斑状变晶结构，基质具鳞片粒状变晶结构，硬绿泥石变斑晶具蒿束状变晶结构。

红柱石角岩：斑状变晶结构，基质具角岩结构。

2. 石英岩

石英岩是由碎屑岩（石英、长石砂岩）在岩浆热作用下形成的热接触变质岩。硅质胶结的纯石英砂岩，经热变质后可重结晶成为石英岩。一般砂岩中的铁质胶结物可重结晶形成赤铁矿或磁铁矿，钙质胶结物形成方解石、绿帘石、角闪石、石榴子石等，泥质杂基则重结晶生成绢云母、绿泥石、红柱石、堇青石、黑云母、白云母等。

3. 大理岩

碳酸盐岩（石灰岩、白云岩及泥灰岩）受到岩浆热接触变质时，常发生重结晶作用使矿物粒度变粗，有时还形成一些新矿物，变成热接触变质岩，也称大理岩。

由方解石组成的纯石灰岩，在热接触变质时仅发生重结晶，颗粒变粗，形成纯白色的大理岩，岩石中方解石含量超过90%。

白云岩或白云质灰岩在低或中级变质中，也仅发生重结晶形成白云石大理岩，在高级变质时，白云石发生分解而形成方镁石大理岩，经水化后形成水镁石大理岩。

大理岩常呈灰白、灰绿色，具粒状变晶结构，主要矿物成分为方解石或白云石。

4. 矽卡岩

矽卡岩是指在中酸性或酸性侵入体与碳酸盐岩（石灰岩、白云岩等）的接触带，经接触交代作用所形成的一种变质岩。矽卡岩主要由富钙的硅酸盐矿物和富镁的（铝）硅酸盐矿物组成。矽卡岩中各种矿物的含量变化较大，岩性相当复杂。肉眼观察，矽卡岩呈浅褐、红褐和暗绿等色，具细至粗粒、等粒或不等粒变晶结构，致密块状构造，有时也出现斑杂状、带状构造，还常有一些大小不等的空洞或空隙，呈疏松多孔状，孔洞常被一些不规则状或晶族状的次生矿物所充填由于矽卡岩中含较多的石榴子石，岩石密度较大。根据其矿物成分，可将矽长岩分为钙质矽卡岩和镁质矽卡岩两种类型。

钙质矽卡岩：简称矽卡岩，是酸性或中酸性岩浆侵入到石灰岩中经接触交代作用形成的矽卡岩。主要由石榴子石（钙铝榴石-钙铁榴石）、辉石（透辉石-钙铁辉石）、符山石、方柱石、硅灰石等富钙的硅酸盐矿物组成。钙质矽卡岩常按岩石中的主要矿物命名，如石榴子石矽卡岩、石榴-辉石矽卡岩、辉石矽卡岩、石榴-绿帘石矽卡岩及绿帘石矽卡岩、石榴-符山石矽卡岩及符山石矽卡岩、方柱石矽卡岩等。

镁质矽卡岩：是中酸性岩浆侵入到白云岩或白云质灰岩中，经接触交代形成的矽卡岩。主要由镁橄榄石、透辉石、尖晶石、金云母和硅镁石、硼镁石等富镁的（铝）硅酸盐矿物组成。

矽卡岩在我国分布广泛，以长江中下游地区尤其是安徽铜陵一带最具代表性，与矽卡岩有关的矿产有铁、铜、铅、锌、钨、锡、铋、钴、铍，以及硼、磷，稀土等。

## 思考与练习

1. 简述接触变质作用的特征。
2. 列举常见的接触变质岩类型。
3. 如何命名接触变质岩。

# 项目五　气-液变质岩

**【知识点】** 了解气液变质岩常见分类以及各分类如何进行命名。
**【技能点】** 能够掌握常见气液变质岩的分类并命名。

## 一、气-液变质岩概述

### （一）概念

热的气体及溶液（汽水热液）作用于已形成的岩石，使其发生矿物成分，化学成分及结构构造的变化形成新的岩石，这种交代作用称为气液变质作用。

气-液变质作用温度变化范围广（几十至800℃），压力通常较低（小于0.4GPa）。

汽水热液是以水为主要成分的化学性质活泼的流体，其成分除 $H_2O$ 外，尚含有 $CO_2$、F、Cl、B、S 等挥发组分，K、Na、Ca、Mg、Al、Si 等造岩组分，以及 W、Sn、Mo、Ca、Pb、Zn、Au、Ag、Hg 等成矿元素。交代作用是气-液变质作用的主要方式。

### （二）气-液来源

气-液来源主要有以下四个方面：

（1）岩浆热液：是从岩浆中析出的汽水热液；
（2）变质热液：主要来自变质作用过程中原岩脱水所形成的汽水热液；
（3）混合岩化过程中分泌出来的汽水热液；

（4）与地下热水有关的汽水热液。

（三）气-液变质岩的一般特点

（1）分布在岩浆岩体顶部和内外接触带、火山岩发育区、混合岩化区、断裂带附近及热液矿脉两侧等气液活动地段，产出部位常受裂隙控制，形态呈脉状、透镜状、囊状及不规则状。

（2）多为低温含挥发分的矿物组合，常含金属矿物及原岩中的残余矿物。

（3）不等粒变晶结构、交代及变余结构发育，定向构造不发育，常见块状、条带状、角砾状，斑杂状构造及变余构造。

（4）空间分布具有明显的分带性，越接近气液活动中心，原岩特征保留越少，矿物组合越简单，在气-液活动中心，甚至可出现单矿物岩。

（5）与矿床关系密切，是良好的找矿标志。

## 二、常见的气-液变质岩的鉴定

### （一）气-液变质岩的分类命名

气-液变质岩的特点主要受原岩成分控制。根据原岩成分将常见的气-液变质岩概略分类：

（1）云英岩、黄铁绢英岩、次生石英岩-原岩成分大多相当于中酸性岩石。

（2）青磐岩-原岩成分与中基性岩相当。

（3）蛇纹岩-原岩成分主要为超基性岩。

### （二）常见的气-液变质岩岩石类型

1. 云英岩

云英岩是中等深度条件下酸性侵入岩及其顶板长英质岩石在高温汽水热液影响下经交代作用所形成的一种气-液变质岩。

云英岩的基本特征：

（1）颜色：浅色，灰白、灰绿或粉红等色。

（2）结构：中粗粒鳞片粒状变晶结构。

（3）构造：块状构造。

（4）成分：石英、云母、萤石、黄玉及电气石。

（5）金属矿物：锡石、黑钨矿、辉钼矿、辉铋矿、毒砂、白钨矿及黄铁矿等。

云英岩矿物成分有下列特点：

（1）酸性介质中稳定的石英和其他铝硅酸盐矿物占优势。

（2）主要矿物中多含（OH）、F、B 等挥发分的矿物。

（3）无典型的矽卡岩矿物及硫酸盐矿物。

（4）云英岩一般分布在中等深度花岗岩侵入体的边部及接触带附近的围岩中，常存在于侵入体穹隆形顶部或岩枝部分。

（5）云英岩与钨、锡、钼、铋、砷、铍、铌、钽及多金属硫化物矿床有密切关系。

（6）我国云英岩产地以南岭地区最著名。

2. 青磐岩

青磐岩是中基性火山岩、火山碎屑岩在中低温热液及火山硫质喷气的作用下，形成的绿色致密块状的气-液变质岩石。

青磐岩一般呈灰绿色、暗绿色、黑绿色。隐晶质，但往往具变余斑状结构及变余火山碎屑结构。块状、斑杂状、角砾状构造。矿物成分较复杂，主要有阳起石、绿帘石、绿泥石、钠长石、碳酸盐矿物等，此外还常见有冰长石、沸石、葡萄石、明矾石、黄铁矿、黄铜矿、闪锌矿、方铅矿等。

青磐岩分布较广泛，尤其在活动区常为区域性分布。青磐岩既可单独出现，也可分布于次生石英岩和未蚀变岩石之间，成为过渡至原岩的边缘带，有时分布于矿脉附近。与青磐岩有关的矿产有铜、铅、锌等多金属硫化物和金、金-银脉状矿床等。

3. 黄铁绢英岩

黄铁绢英岩是酸性浅成岩在中低温热液（富含钾且为碳酸所饱和的中性至弱碱性溶液）交代作用下所形成。黄铁绢英岩呈黄绿色、浅灰色。常为中细粒至显微粒状鳞片变晶结构，如蚀变较浅，常呈变余斑状结构，块状构造。

黄铁绢英岩的主要矿物成分为石英和绢云母，经常含黄铁矿和碳酸盐等杂质。黄铁绢英岩一般分布于石英脉的两侧，是寻找含金石英脉的主要标志。

4. 蛇纹岩

蛇纹岩是一种主要由蛇纹石组成的变质岩石。蛇纹岩一般呈隐晶质致密块状，质较软，略具滑感。岩石常呈灰绿、黄绿至暗绿色，颜色分布不均匀而显示斑块状或网状结构，外表像蛇皮的花纹，故名蛇纹岩。

蛇纹岩主要是由富含 FeO、MgO 而贫 $SO_2$、$K_2O$、$Na_2O$ 的超基性岩（橄榄岩），在岩浆作用期后，遭受低温或中低温汽水热液交代引起蛇纹石化而形成的变质岩石。自然界完全新鲜的橄榄岩极为罕见，一般均遭受不同程度的蛇纹石化，蛇纹石化比较强烈的岩石中橄榄石被蛇纹石包围成岛状，甚至完全转变为蛇纹岩。

蛇纹岩主要由叶蛇纹石、利蛇纹石、纤维蛇纹石等蛇纹石族矿物组成，含有镁质碳酸盐、滑石、水镁石等富镁矿物以及磁铁矿、钛铁矿、铬铁矿等。

蛇纹岩是典型的汽水热液变质产物，蛇纹石化常可形成许多有价值的矿床，主要有铬、镍、铂、石棉、滑石、菱镁矿等。

**思考与练习**

1. 简述气-液的主要来源。
2. 简述气-液变质岩的特点。
3. 列举常见的气-液变质岩类型。

# 项目六　动力变质岩

**【知识点】**　了解动力变质岩常见分类以及各分类如何进行命名；

**【技能点】** 能够掌握常见动力变质岩的分类并命名。

## 一、动力变质岩概述

### （一）基本概念

动力变质岩是动力变质作用的产物；是原有各种岩石在应力作用下发生不同程度的破裂、粉碎、或塑性变形及重结晶所形成的岩石。

它具有一定的组构。有时由于机械能所转变的热及岩石中流体的影响，可形成新矿物。

动力变质岩主要产出于断层带、剪切带，在野外常呈带状分布。动力变质岩也称为碎裂变质岩、构造岩或断层岩。

### （二）动力变质岩一般特点

（1）在断裂带及韧性剪切带中，呈线状分布；

（2）由于与围岩的差异风化，动力变质岩在地貌上常形成洼沟或陡墙；

（3）具碎裂结构、糜棱结构，有或多或少的棱角状或眼球状碎斑或碎块；

（4）动力变质带内岩性变化大，岩石面貌受原岩、变形机制和变形强度控制；

（5）由于动力变质带是流体活动地带，所以常伴随有蚀变和矿化。

## 二、常见的动力变质岩的鉴定

### （一）碎裂岩系

以脆性变形为主，其显著特征是岩石无定向或略具定向，微破裂发育，以裂隙切割为主，无或少有重结晶作用。按其主要颗粒粒径及碎基含量划分为砾岩、粒化岩及玻化岩类。

1. 砾岩类

位置：多产于地壳较浅部。

特征：具碎裂结构，角砾状构造，角砾大于2mm，碎基含量小于30%，钙质或硅质。

按其角砾形态可分为构造角砾岩和构造砾岩。

构造角砾岩的角砾碎块多呈尖棱角或棱角状，大小混杂，排列紊乱。胶结物为泥质、硅质、铁质及钙质等，其本身破碎物（碎基）亦可作为充填物。

构造砾岩的角砾碎块多为次棱角状、扁豆状、次圆状，甚至呈浑圆状，是滚动、研磨所致。

2. 碎裂岩类

按主要颗粒大小及碎基含量进一步划分为碎裂岩、碎斑岩、碎粒岩及碎粉岩。

具碎裂结构、块状构造。主要由碎基组成。当原岩清楚时，可称为碎裂××岩，如碎裂花岗岩。当原岩不清时，则以矿物命名为××碎裂岩，如钾长石-石英碎裂岩。当碎基占绝大多数，含量>90%时，称为超碎裂岩。

断层泥岩是一种未固结的碎粉岩，多呈膏泥状，矿物颗粒难以辨认。

断层泥岩形成过程中常伴有压溶作用，其结果是使方解石、长石、石英等矿物减少而泥质、炭质、黏土矿物等显著增多，故残余难溶组分常常是断层泥岩的主要成分。

在粒化岩类中，从碎裂岩-碎粉岩，其碎裂程度都是依次递变的。在野外断层中，可见到由两侧至中心，从碎裂岩→碎粉岩的逐步变化。

3. 玻化岩类

玻化岩是岩石在高应变速率下发生变形，局部高温融熔而又迅速冷凝而成的岩石，又称假玄武玻璃。

一般具隐晶质-玻璃质结构，常见脱玻化现象。有时有少量碎粉、碎粒或碎斑，呈玻基碎粉结构。

玻化岩多在冲击变质作用下形成，在地震区或断层高应变部位也可见及。常呈薄层状或楔形状产出，一般颜色深，常呈黑色。

(二) 糜棱岩系

糜棱岩是在较高温度及负荷压力下，以塑性变形为主而形成的岩石。

糜棱岩的三个基本特征是：

(1) 粒度减小；

(2) 出现在较窄的带内；

(3) 具增强的页理或（和）线理。

根据岩石中重结晶作用的性质和强度、主要颗粒的大小以及基质（包括碎基和重结晶颗粒）的含量，将糜棱岩系分为糜棱岩类及构造片岩类。

糜棱岩类可分为以下几种：

(1) 初糜棱岩：具糜棱结构。矿物颗粒在 0.5mm 以上，重结晶颗粒占 10%～50%。可见较多碎斑；碎斑呈不规则状、眼球状或透镜状，趋于定向排列。碎斑及碎基矿物可见破裂及各种具塑性变形特征的显微构造，如长石双晶扭曲、云母褶曲、方解石的机械双晶、石英的波形消光、带状消光及扭折带等。石英中还常发育核幔构造。

(2) 糜棱岩：具糜棱结构。碎斑减少，颗粒变小，且向均匀化过渡。重结晶颗粒比初糜棱岩要多，流状构造发育，不仅有条纹状透入性面理，而且常发育明显的矿物线理，线理平行于剪切方向。初糜棱岩中出现的矿物塑性变形现象在此亦能见及。

图 9-29a 为长英质糜棱岩 $d=5$mm 碎斑为长石，基质为长石与石英。图 9-29b 为花岗

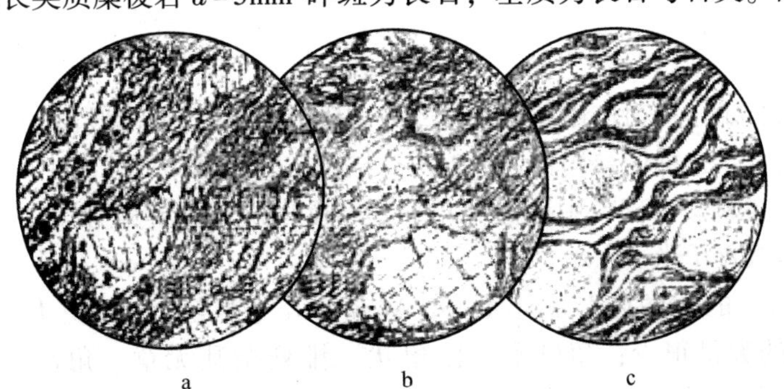


图 9-29　糜棱岩

糜棱岩 $d$=5mm 碎斑为斜长石、微斜长石，基质为石英、长石、黑云母。图 9-29c 为眼球状糜棱岩 $d$=6mm 斜长石与钾长石碎斑呈眼球状，基质由白云母、绿泥石组成，围绕碎斑分布。

（3）超糜棱岩：具糜棱结构。重结晶颗粒占半数以上，由于重结晶颗粒一般较小，故主要颗粒粒径小于 0.1mm。碎斑少见，流状构造更显著。矿物中同样可见各种塑性变形现象，且在长英质岩石中有长石减少而白云母及石英增多的趋势。

（4）千糜岩：超糜棱岩的变种，具千糜结构；重结晶明显，基质中富含含水片状或纤维状矿物，如绢云母、绿泥石、透闪石等，使岩石呈现丝绢光泽，外貌似千枚岩，岩石中仅残留极少碎斑，其中可见各种具塑性变形特征的显微构造。

图 9-30a 为千糜岩 $d$=3mm 由石英和白云母组成。图 9-30b 为含石榴石千糜岩 $d$=3mm 白云母、绿泥石定向排列，铁铝石榴石包于石英之中。图 9-30c 为含石榴石千糜岩 $d$=7mm 白云母、绿泥石及石英定向排列，见残留铁铝榴石。

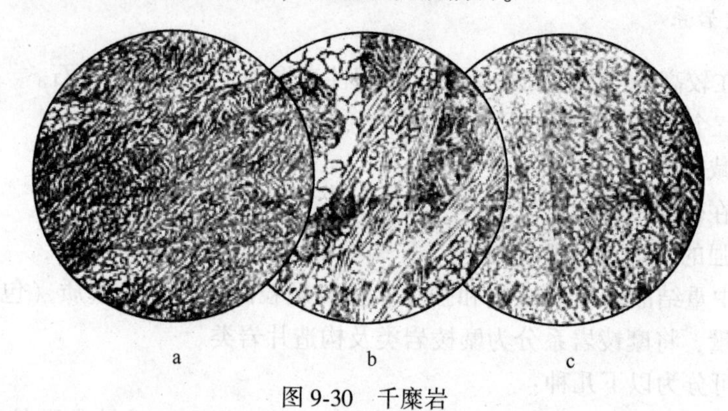


图 9-30　千糜岩

（5）变晶糜棱岩：具变余糜棱结构。重结晶作用显著，重结晶颗粒常呈拉长状、矩形状、多边形状，有的自形较好，颗粒变粗，可大于 0.5mm。

由初糜棱岩→糜棱岩→超糜棱岩→千糜岩，随着应变强度增大，动态重结晶作用加强，岩石中流动构造越来越发育，糜棱结构越来越显著，矿物的塑性变形也愈趋明显，主要颗粒粒度减小，重结晶颗粒增多，矿物成分也相应发生变化，含水矿物增多。到了变晶糜棱岩阶段，重结晶作用由动态转化为静态，糜棱结构遭到破坏，颗粒度反而加大。

### （三）构造角砾岩

构造角砾岩指由于应力作用，原岩破碎成角砾状，并被破碎细屑充填胶结或有部分外来物质胶结的岩石。这样的结构称为破碎角砾结构。它是动力变质岩中碎裂程度中等的岩石。构造角砾岩在断层破碎带中广泛分布。其厚度取决于破碎的强度，有时可厚达数百米，延伸数十至数百千米。

构造角砾岩中的“角砾”大小不一，粒径由几毫米至 1m 或更大，总体上，细小碎屑（碎基）的数量很少；角砾多呈棱角状，排列杂乱无章。角砾之间的充填物除原岩的粉砂及泥级碎屑外，还有部分外来的碳酸盐、硅质、铁质以及外来的溶解物质等。

## 思考与练习

1. 简述动力变质岩的特点。
2. 比较（1）碎裂岩系与糜棱岩系；（2）千糜岩与千枚岩。
3. 简述动力变质岩的鉴定特征。